# TMS320F2812
## 原理及其C语言程序开发

孙丽明　编著

清华大学出版社

北京

## 内 容 简 介

本书共分 12 章。第 1 章为处理器的功能以及开发环境 CCS 的介绍,用简单易懂的实例引领读者入门。第 2 章为结合工程开发的 C 语言基础介绍,重点是培养读者 C 语言开发的基本能力。第 3 章为 TMS320F2812 外设的 C 语言程序开发,重点介绍外设的 C 语言构成,使读者对 TMS320F2812 的外设编程有一个清楚的认识。第 4~10 章为 TMS320F2812 的外设介绍,重点介绍外设工作原理、寄存器位信息及功能,并且根据不同的外设提供详细的 C 语言程序开发,可以使读者对外设充分理解。第 11 章为 F2812 的 Boot ROM 介绍,重点介绍 F2812 的启动方式以及不同方式的 C 程序开发。第 12 章为以 TMS320F2812 为处理器的电气平台开发介绍,重点介绍以处理器为核心的各模块硬件设计、软件开发,更好地提升读者的开发能力。附录中还介绍 μC/OS-Ⅱ 操作系统在 TMS320F2812 上移植及实时多任务管理。

本书适合学习 DSP TMS320F2812 的初级、中级用户及有一定基础的 DSP 设计开发人员,是 DSP 方面软件和硬件工程师必备的工具书,也可以作为 TMS320F2812 DSP 爱好者的自学教材。此外,本书还可以作为高等院校相关专业的参考教材。

**图书在版编目(CIP)数据**

TMS320F2812 原理及其 C 语言程序开发/孙丽明编著.—北京:清华大学出版社,2008.12
(2017.7 重印)

　ISBN 978-7-302-18963-3

Ⅰ. T…　Ⅱ. 孙…　Ⅲ. ①数字信号－信息处理系统 ②C 语言－程序设计　Ⅳ. TN911.72
TP312

中国版本图书馆 CIP 数据核字(2008)第 185594 号

责任编辑:张占奎　赵从棉
责任校对:刘玉霞
责任印制:沈　露

出版发行:清华大学出版社
　　　网　　　址:http://www.tup.com.cn, http://www.wqbook.com
　　　地　　　址:北京清华大学学研大厦 A 座　　　邮　　编:100084
　　　社 总 机:010-62770175　　　　　　　　　　邮　　购:010-62786544
　　　投稿与读者服务:010-62776969, c-service@tup.tsinghua.edu.cn
　　　质 量 反 馈:010-62772015, zhiliang@tup.tsinghua.edu.cn
印 装 者:清华大学印刷厂
经　　销:全国新华书店
开　　本:185mm×260mm　　　印　张:30　　　字　数:728 千字
版　　次:2008 年 12 月第 1 版　　　　　　　印　次:2017 年 7 月第 8 次印刷
定　　价:56.00 元

产品编号:029590-03

# 前　言

　　数字信号处理器（digital signal processors，DSP）自 20 世纪 80 年代诞生以来，在短短的二十几年里得到了飞速发展，在通信、航空航天、医疗、工业控制方面得到广泛应用，已经成为目前最具发展潜力的技术、产业和市场之一。美国德州仪器（Texas Instruments，TI）公司是 DSP 研发和生产的领先者，也是世界上最大的 DSP 供应商，目前 TI 推出的 TMS320F2812（以下简称"F2812"）是世界上最具影响力定点 DSP 主流产品。

　　F2812 是 TI 公司的一款用于控制的高性能、多功能、高性价比的 32 位定点 DSP 芯片，最高可在 150MHz 主频下工作。F2812 片内集成众多资源：存储资源 Flash、RAM；标准通信接口，如串行通信接口（SCI）、串行外设接口（SPI）、增强型 eCAN 总线接口，方便与外设之间进行通信。在 F2812 内部还集成了一个 12 位的 ADC 转换模块，最高采样速率达 12.5 Msps；F2812 片上还包括事件管理器（EV）、定时器、看门狗以及大量的用户可开发利用的 GPIO 口等资源。众多资源可以方便用户开发利用。

　　本书为作者在长期的开发实践后编写的，作者总结了以前的相关书籍的优缺点，并结合自己的开发经验编写了此书。本书综合介绍了 F2812 芯片的功能特点、工作原理，重点介绍片内外设资源的应用开发及相关的寄存器配置；结合硬件原理图，以具体的 C 语言程序阐述各模块的应用；同时还结合实际应用，介绍以 F2812 为处理器的电气平台的硬件设计、软件开发。在附录中还介绍了现在应用非常广泛的 μC/OS-II 操作系统在 F2812 上的移植，详细介绍了实时多任务管理。本书为用户提供了大量的 C 语言实例程序，这些程序经过长期的测试验证，希望能够为读者提供良好的技术参考。如果有问题可以通过邮件联系，邮箱为 limingsun85@sina.com。

　　全书由孙丽明编写。第 8 章由孙丽明、马方编写，此外，毛福强、赵振明、黄鉴烨、宋兴武、周琦峰、丁景志、吴斐、宋明学等在素材准备、文字校对、统稿等方面做了许多不可或缺的辅助工作。本书编写中，参阅了互联网上相关的文章和杂志，由于内容比较杂且细，这里不一一列举，一并对文章的作者表示感谢。没有这些参考资料，本书的内容不会这么丰富。

　　由于时间仓促有限，加上水平有限，书中错误和欠妥之处在所难免，恳请各位读者和同行批评指正。

编　者

2008 年 5 月于国防科技大学

CONTENTS

# 目 录

# 第1章

# 芯片功能概述、软件介绍、项目流程管理研究

**要点提示**

本章概述了芯片功能和性能,介绍了 DSP 开发环境 CCS 的使用以及与 DSP 相关的项目开发管理知识。

**学习重点**

(1) TMS320F2812 的性能;

(2) 集成环境 CCS 安装及使用,以及如何生成 V1.00 版本源程序;

(3) 了解 F2812 开发的基本过程及熟悉相关程序编写方式;

(4) 项目开发管理各阶段任务,以及提交文档格式、内容等。

随着电子信息技术的不断发展,以 TI 公司为代表的数字信号处理器(DSP)技术得到广泛应用,在工业生产、医疗卫生、航空航天等领域发挥着重要作用。1982 年 TI 公司成功推出了第一代 DSP 芯片 TMS32010,之后很快又推出了第二代 DSP 芯片 TMS32020,20 世纪 80 年代后期,TI 公司推出了第三代 DSP 芯片 TMS32C3x,到 90 年代,TI 公司相继推出了第四代 DSP 芯片 TMS32C4x、第五代 DSP 芯片 TMS32C5x/C54x 以及集多个 DSP 核于一体的高性能 DSP 芯片 TMS32C8x 等,到最近第六代 DSP 芯片 TMS32C62x/C67x/C64x 诞生后,构成了 2000、5000、6000 系列的庞大 DSP 家族。

TI 公司推出的系列 DSP 一改传统的冯·诺依曼结构,采用了先进的哈佛总线结构。哈佛总线的主要特点是将程序和数据存放在不同的存储空间内,每个存储空间都可以独立访问,而且程序总线和数据总线分开,从而使数据的吞吐率提高了一倍。而冯·诺依曼结构则是将程序、数据和地址存储在同一空间中,统一编码,根据指令计数器提供的地址的不同来区分程序、数据和地址,所以程序和数据的读取不能同时进行,影响了系统的整体工作效率。

作为 TI 公司首推的 TMS320F2812 具有很高的性价比,广泛应用于工业控制,特别是应用于处理速度、处理精度方面要求较高的领域,在电子控制领域发挥着重要的作用,推动了电子信息化进程。

在工业控制方面,TMS320F2812 主要有以下显著的特点:

(1) 处理速度快,主频 150MHz(时钟周期 6.67ns);

（2）片内自带 SRAM、Flash，节省成本以及外部电路的复杂性；

（3）外部存储器接口，外部最多可扩展 1M×16b 存储空间；

（4）众多的外部设备，如 SCI、SPI、CAN、EV、ADC 等；

（5）大量的可控制的 GPIO 口，方便控制外部设备；

（6）支持 μC/OS 操作系统，提升了系统的应用效能。

## 1.1　TMS320F2812 性能概述

（1）TMS320F2812 DSP 芯片采用高性能的静态 CMOS 技术

① 主频高达 150MHz，每个时钟周期为 6.67ns。

② 采用低电压供电，当主频为 135MHz 时内核电压为 1.8V，当主频为 150MHz 时内核电压为 1.9V，I/O 引脚电压为 3.3V。

（2）支持 JTAG 在线仿真接口

（3）32 位高性能处理器

① 支持 16b×16b 和 32b×32b 的乘法加法运算。

② 支持 16b×16b 双乘法运算。

③ 采用哈佛总线结构模式。

④ 快速的中断响应和中断处理能力。

⑤ 统一的存储设计模式。

⑥ 兼容 C/C++语言以及汇编语言。

（4）片内存储空间

① 片内 Flash 空间大小为 128K×16b，分为 4 个 8K×16b 和 6 个 16K×16b 存储段。

② ROM 空间：片内含 128K×16b 大小的 ROM。

③ OTP ROM 空间大小：1K×16b。

④ L0 和 L1：两块 4K×16b 单地址寻址随机存储器（SARAM）。

⑤ H0：一块 8K×16b 随机存储器（SARAM）。

⑥ M0 和 M1：两块 1K×16b SARAM。

（5）Boot ROM 空间

空间大小为 4K×16b，内含软件启动模式以及标准数学函数库。

（6）外部接口

① 高达 1M×16b 的总存储空间。

② 可编程的等待时间。

③ 可编程的读写时序。

④ 3 个独立的片选信号。

（7）时钟和系统控制

① 支持动态锁相环倍频。

② 片内振荡器。

③ 内含看门狗定时模块。

(8) 3 个外部中断

(9) 外设中断模块(PIE)可以支持 45 个外设中断

(10) 3 个 32 位 CPU 定时器

(11) 128 位安全密钥

① 可以包含 Flash ROM OTP 以及 L0 L1 SARAM。

② 防止系统硬件、软件被修改。

(12) 用于控制电机的外设

两路事件管理器(EVA、EVB)。

(13) 串行通信端口

① 串行外设接口(SPI)。

② 两路串行通信接口(SCI),标准 URAT 口。

③ 增强型 CAN 模块(eCAN)。

④ 多通道缓冲串行接口(MSBSP)。

(14) 12 位 ADC 转换模块

① 2×8 路输入通道。

② 两个采样保持模块。

③ 单一或级联转换模式。

④ 最高转换速率为 80ns /12.5Msps。

(15) 56 个通用 GPIO 口

(16) 先进的仿真模式

① 具有实时分析以及设置断点的功能。

② 支持硬件仿真。

(17) 开发工具

① DSP 集成环境(Code Composer Studio,CCS)。

② JTAG 仿真器。

(18) 低电模式和电源存储

① 支持 IDLE、STANDBY、HALT 模式。

② 禁止/使能独立外设时钟。

(19) 封装

① 179 引脚的 BGA 封装,带有扩展存储接口。

② 176 引脚的 PGF 封装,带有扩展接口。

(20) 工作温度

① A:－40～85℃(GHH、ZHH、PGF、PBK)。

② S:－40～125℃(GHH、ZHH、PGF、PBK)。

③ Q:－40～125℃(PGF、PBK)。

## 1.2　TMS320F2812 结构概述

本节主要介绍 TMS320F2812 引脚分配以及各引脚功能,同时将详细介绍引脚外设功能、电气要求、参数信息以及相应的应用设计等。

### 1.2.1　引脚分布

图 1.1 所示为 179 脚 BGA 封装的 TMS320F2812 的引脚分布,图 1.2 所示为 176 脚 LQTP 封装的扁平 TMS320F2812 芯片引脚分布。

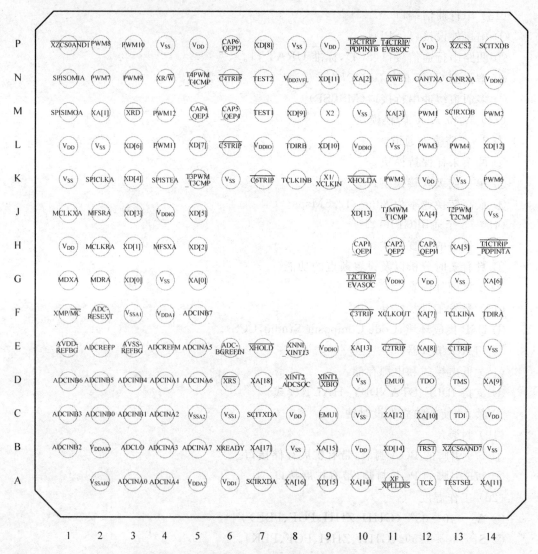

图 1.1　TMS320F2812 芯片的引脚分布(BGA 封装)

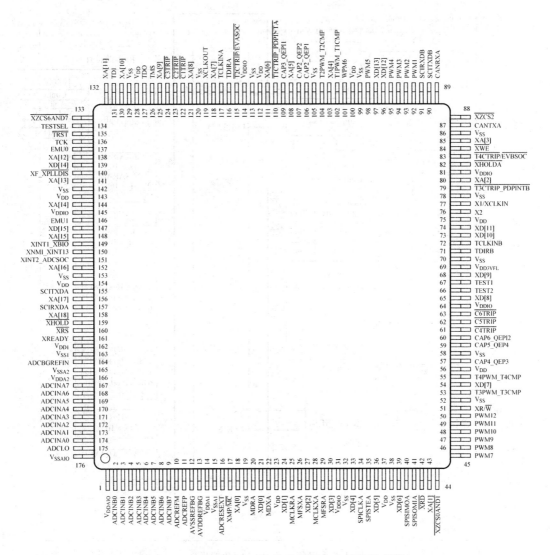

图 1.2   TMS320F2812 芯片的引脚分布(LQTP 封装)

## 1.2.2   TMS320F2812 引脚信号描述

TMS320F2812 所有引脚的输入电平均为 TTL 电平,所有的输出电平均为 3.3V CMOS 电平。输入端不允许 5V 电压输入,当内部上拉或下拉时,将产生 $100\mu A$ 或 $20\mu A$ 电流。

## 1.3   TMS320F2812 功能概览

TMS320F2812 的功能框图如图 1.3 所示。

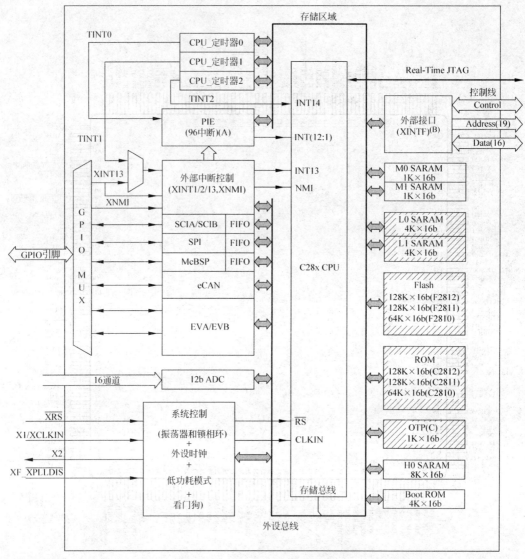

图 1.3　TMS320F2812 的功能框图

注：▨ 表示该区域将会被安全密钥模式保护。如果芯片被安全锁定，则该部分资源将不会被使用。

(A) 96 个中断中，用户可以使用的只有 45 个；(B) 只有 F2812 和 C2812 设备中才有外部接口（XINIF）；

(C) 在 C2812 芯片上 OTP 被一个 1K×16b 的 ROM 代替

## 1.3.1　存储空间示意图

TMS320F2812 存储空间如图 1.4 所示。

说明：

① 各存储空间的大小是不同的。

② 保留的空间用于将来的扩展应用，但是应用软件不能占用这部分空间。

③ F2812 的 MP/$\overline{\text{MC}}$引脚状态决定系统是从 Boot ROM 启动还是从 Zone7 外部存储
空间启动。

④ 外设 0、外设 1、外设 2 存储空间只能用于数据存储，不能用于存放程序。

⑤ 这里的保护的意思是,写操作后面的读操作被保护而不是传输时序被保护。

⑥ 确定的存储空间是受 EALLOW 保护的,防止配置完成之后的不正确读写。

Zone0 和 Zone1、Zone6 和 Zone7 分别共用同一个片选信号,因此它们的映射空间相同。

从图 1.4 中可以看出 F2812 的外部空间扩展(XINTF)包括 5 个独立的 Zone 信号,其中一个 Zone 信号单独占用一个片选信号,其他 4 个信号共用两个片选信号(Zone0 和 Zone1 共用 $\overline{\text{XZCS0AND1}}$ 片选信号,Zone6 和 Zone7 共用 $\overline{\text{XZCS6AND7}}$ 片选信号)。每个 Zone 空间都可独立的编程为相应的时序(等待时间),也可以选择是否使用外部准备信号,这样就使 F2812 易与其他外部设备连接。

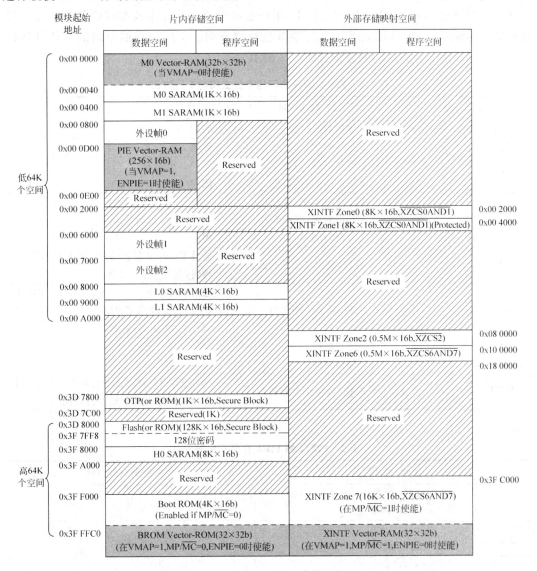

图 1.4 TMS320F2812 存储空间图

注: ▨ 图例表示下列向量中一次只能使能一个: M0 向量、PIE 向量、BROM 向量、XINTF 向量。

外设结构 1、外设结构 2 和 XINTF 的 Zone1 组合在一起共同使能外部设备的读写以及外部设备保护,这个保护保证了这些外设只能进行写操作。因为 C28 系列 DSP 的流水线中,写操作是紧跟在读操作之后的,所以导致区分不同的存储空间时会在 CPU 的存储总线上产生倒序情况,这种状况会导致某些外设不能正常工作。例如,如果用户想首先进行写操作,则外设不能正常完成。

在 F2812 系统中,如果上电复位后 XMP/$\overline{MC}$引脚为高电平状态时,则系统将从 XINTF Zone7 部分启动,这个引脚信号决定采用微处理器模式还是微计算机模式。在微处理器模式下,Zone7 被映射到存储空间的高位,这样向量表将指向外部,系统将不会从 Boot ROM 启动。在微计算机模式下,Zone7 将会被禁止,向量表指向 Boot ROM,这样系统既可以从内部存储空间启动也可从外部存储空间启动,复位后 XMP/$\overline{MC}$信号的状态被保存在 XINTCNF2 寄存器的 XMP/$\overline{MC}$模式位中,用户也可以通过软件来改变该位状态从而控制系统的启动地址,XMP/$\overline{MC}$信号不会影响其他存储空间。不同的存储空间的等待时间如表 1.1 所示,Flash 存储空间的分配如表 1.2 所示。

表 1.1　F2812 系统中不同存储空间的等待时间

| 区　域 | 等 待 时 间 | 注　释 |
|---|---|---|
| M0、M1 SARAMs | 0 个等待时间 | 固定 |
| 外设结构 0 | 0 个等待时间 | 固定 |
| 外设结构 1 | 0 个等待时间(写操作)<br>2 个等待时间(读操作) | 固定 |
| 外设结构 2 | 0 个等待时间(写操作)<br>2 个等待时间(读操作) | 固定 |
| L0、L1 SARAMs | 0 个等待时间 | 固定 |
| OTP(ROM) | 可编程(最少 1 个等待时间) | 通过 Flash 寄存器编程,在减少 CPU 主频时,为 1 个等待时间 |
| Flash(ROM) | 可编程(最少 0 个等待时间) | 通过 Flash 寄存器编程,在减少 CPU 主频时,为 0 个等待时间,CSM 密码区域固定为 16 个等待时间 |
| H0 SARAM | 0 个等待时间 | 固定 |
| Boot ROM | 1 个等待时间 | 固定 |
| XINTF | 可编程(最少 1 个等待时间) | 通过 XINTF 寄存器进行编程,可以通过外设或存储器来延长等待时间 |

表 1.2　F2812 的 Flash 存储空间段地址

| 地 址 空 间 | 程序数据空间/16b |
|---|---|
| 0x3D 8000<br>0x3D 9FFF | Sector J 8K |
| 0x3D A000<br>0x3D BFFF | Sector I 8K |
| 0x3D C000<br>0x3D FFFF | Sector H 16K |
| 0x3E 0000<br>0x3E 3FFF | Sector G 16K |

续表

| 地 址 空 间 | 程序数据空间/16b |
|---|---|
| 0x3E 4000<br>0x3E 7FFF | Sector F 16K |
| 0x3E 8000<br>0x3E BFFF | Sector E 16K |
| 0x3E C000<br>0x3E FFFF | Sector D 16K |
| 0x3F 0000<br>0x3F 3FFF | Sector C 16K |
| 0x3F 4000<br>0x3F 5FFF | Sector B 16K |
| 0x3F 6000<br>0x3F 7F80<br>0x3F 7FF5<br>0x3F 7FF6<br>0x3F 7FF7<br>0x3F 7FF8<br>0x3F 7FFF | Sector A 8K |

## 1.3.2　简要描述

### 1. C28 CPU

C28 系列 DSP 是 TMS320C2000 平台中的新成员,它是由 C24 系列 DSP 改进而成,C28 系列 DSP 是一款支持 C/C++语言设计的芯片。这样设计者不仅可以使用高级语言设计本系统的控制程序,而且还可以利用 C/C++语言的高级算法来扩展用户的应用设计。正如人们所知,C28 系列 DSP 非常适合于工业控制,它在算法控制上也有其独到的优势,是一款不可多得的微控制器。这种高效性使它可以代替任何其他处理器。C28 系列 DSP 具有 32b×32b 乘法运算能力和 64 位处理能力,使得 C28 系统能够以很高的速度处理高精度的浮点数。在 C28 系统中采用自动的中断响应方式,使得 C28 可以高速处理异步事件。

### 2. 存储总线(哈佛总线结构)

和其他 DSP 芯片一样,C28 系统在外设与内存之间采用多条存储总线来传输数据,在 C28 存储总线中分为程序读总线和数据读、写总线。程序读总线包括 22 根地址总线和 32 根数据总线,数据读、写总线包括 32 根地址总线和 32 根数据总线,32 位的数据总线使得系统每次可以直接对一个 32 位的数据进行传输。

### 3. 实时在线仿真

F2812 系统采用国际标准的 JTAG 接口,所以 F2812 DSP 支持实时在线仿真,可以在系统运行时观察内存、外设以及寄存器的变化,用户也可以进行单步运行来查找问题。F2812 一个显著的特点是,在芯片内集成实时仿真模式,使得用户可以容易地在程序中设置断点以及数据地址总线观察点,方便用户的开发工作。

### 4. 外部接口(XINTF)

在外部接口总线中包括 19 根地址线和 16 根数据线以及三根片选信号线。这三根片选信号线映射到 5 个外设区域:Zone0、1、2、6 和 Zone7,其中 Zone0 和 Zone1 共用一根片选信号线,Zone6 和 Zone7 共用一根片选信号线。这 5 个区域可以编程设置为不同数量的等待时间、选通信号、保持时间,并且每个区域都可软件编程设置为外部控制等待时间等。这种软件可编程设置的等待时间、可选择的片选信号、可设置的闸门时间等使得 F2812 系统容易与其他外设进行程序数据交换。

### 5. Flash

在 F2812 内部嵌入 128K×16b Flash,Flash 空间分成 4 个 8K×16b 和 6 个 16K×16b 块。在 F2812 芯片中还包含 1K×16b OTP,地址从 0x3D 7800~0x3D 7BFF,用户可以根据需要设置擦除程序,编写程序。Flash 既可以固化程序,也可以用于保存用户的数据。

### 6. M0、M1 SARAMs

F2812 系统内部包括两个 1K×16b 的 SARAM,当系统复位时,指针会指到 M0 块的起始位置处。在 F2812 系统中 M0、M1 和其他存储空间一样既可以存放数据,也可以用于存放程序,因此用户可以根据需要存放程序代码或数据。

### 7. L0、L1、H0 SARAMs

在 F2812 系统中集成了一个 16K×16b 的 RAM,它被分成了三部分:4K+4K+8K,每个部分都可以独立地作为用户的程序空间或数据空间。

### 8. Boot ROM

Boot ROM 是在芯片出厂时固化到芯片内部的程序,当芯片上电复位后会运行 Boot ROM 并检查几个特定的 GPIO 来确定系统的启动模式,例如用户可以通过设定 GPIO 状态来实现从 Flash 启动、从 RAM 中启动、从 SCI 启动、从 SPI 启动、从 GPIO 启动等。在 Boot ROM 中还存放经常用到的函数公式等,如 SIN/COS 函数。系统的启动方式与相应 GPIO 引脚状态有关。

### 9. 安全性

F2812 系统提供了很好的安全保证,保护用户的软硬件不被恶意修改。当用户向 Flash 中烧写程序时,要求用户提供 128 位的密码。这种 CSM 模式可以保护芯片的 Flash/ROM/OTP 以及 L0/L1 SARAMs 片段,这种安全保护模式将会禁止未授权的用户通过 JTAG 来看内存的内容,禁止观察外部存储设备中的程序以及禁止非法用户想利用某些软件来导出内存中的内容。用户要想获得芯片的使用权,必须首先输入 128 位正确的密码,系统设置的正确的密码被保存在 Flash/ROM 内。

**说明:** 如果选择了密码保护模式,则在 0x3F 7F80~0x3F 7FFF 地址段内的数据程序空间将被占用,并且当设置密码时这些空间将会被置成 0。当不需要安全保护时,这些空间可以用于存储数据、程序。

**注意:** 128 位的密码不要置成全 0。如果置成全 0,将会永久地锁住芯片,导致芯片不能被用户开发应用,这个芯片将会"死掉"。

### 10. 外设中断扩展模块(PIE)

PIE 模块可以支持多达 96 个外设中断。在 F2812 系统中,96 个可用中断中,45 个可以被外设所用。96 个可用中断分成 8 组,每组映射到 12 条中断线上(INT1~INT12)。每个中断都有自己的中断向量,这些中断向量储存在 RAM 模块中,用户可以根据设计需要进行设置修改。当发生中断时,CPU 会自动获取中断向量。因为 CPU 取中断向量以及保存当前的 CPU 寄存器的状态只需 8 个 CPU 时钟周期,所以 CPU 可以很快响应中断。在系统中,可以软件设置中断优先级以及使能中断模块。

11. 外部中断(XINT1、XINT2、XINT13、XNMI)

F2812 支持 3 个隐藏的外部中断(XINT1、2、13),XINT13 还和一个没有隐藏的外部中断(XNMI)连接在一起,它们一起组成的信号称为 XNMI-XINT13,每个中断都可以选择上升沿触发或者下降沿触发,同时还可以选择使能/禁止状态。隐藏的外部中断还包括一个 16 位的加法计数器,当系统检测到中断时,计数器将会被清零,这个计数器可以用来准确显示中断的时间。

12. 振荡器和 PLL

F2812 系统时钟可以由晶体振荡器或外围振荡电路提供,然后经过内部 PLL 锁相环电路倍频之后提供给系统。PLL 的最大倍频系数为 10,它可以通过软件来设置,用户可以根据实际运行的频率计算出所需的倍频系数。在低电压供电情况下应该这样考虑,具体的时序还要参照相应的电气属性,在设计中也可以将 PLL 模块旁路掉。

13. 看门狗模块

F2812 系统提供一个看门狗模块。如果该模块被使能,那么用户必须定时将看门狗清零复位,否则看门狗将会给系统一个复位信号,使系统复位。这种定时将看门狗清零复位的操作就是我们经常所说的"喂狗"。系统必须定时喂狗,否则将会导致系统重启,如果不需要看门狗时,可以将看门狗禁止。

14. 外设时钟

每个外围设备时钟都可以用软件设置为使能或禁止状态。当一个外设没有使用时,最好将该外设的时钟禁止以便节省能量。另外,串行接口(eCAN 除外)、事件管理器、CAP、QEP 的时钟频率高低都和 CPU 时钟有关。

15. 低电模式

在 F2812 中有三种低电模式。

(1) IDLE:使 CPU 处于低电模式,在这种模式下大部分的外设时钟将会被禁止,只有少部分必须工作的外设的时钟被使能,同时用于唤醒 CPU 的中断也被使能。

(2) STANDBY:在这种模式下,CPU 的时钟以及外设的时钟都将被关掉,只留下时钟振荡器和 PLL 锁相环倍频电路,采用外部中断唤醒 CPU 和外设的方式,系统从检测到中断的下一个周期开始工作。

(3) HALT:在这种模式下,关掉内部晶体振荡器,这种模式基本上关掉整个芯片,采用了最低供电方式,只有复位信号或 XNMI 中断信号才能唤醒 CPU。

16. 外设结构 0、1、2(PFn)

F2812 将外设分成 3 个部分,外设的映射如下所示。

(1) PF0:XINTF　外部接口配置寄存器

PIE　　　中断使能、中断控制寄存器以及中断向量表

Flash　　控制、烧写、擦除、校验寄存器

| | | |
|---|---|---|
| 定时器 | CPU 定时器 0、1、2 寄存器 | |
| CSM | 安全保护寄存器 | |

(2) PF1：eCAN　　邮箱以及控制寄存器

(3) PF2：SYS　　系统控制寄存器

GPIO　　GPIO 配置控制寄存器

EV　　事件管理器控制寄存器

McBSP　　McBSP 控制以及 TX/RX 寄存器

SCI　　串行通信接口(SCI)控制以及 TX/RX 寄存器

SPI　　串行外设接口(SPI)控制以及 TX/RX 寄存器

ADC　　12 位模/数转换寄存器

### 17. 多功能 GPIO

大多数外设信号线是与普通 I/O 口复用,当一个 GPIO 口没有被用作特殊外设信号线,则它将作为普通 I/O 口。在上电复位时所有的 GPIO 口都设置为输入状态,用户可以根据需要将 I/O 口设置为普通口或特殊信号口。如果是精确输入,用户可以根据需要设定有限个输入时间,来消除小的脉冲噪声干扰。

### 18. 32 位 CPU 定时器(0、1、2)

CPU 定时器 0、1、2 都是 32 位定时器,用户可以设置定时初值。定时器有一个 32 位递减计数寄存器,当计数减到 0 时会向 CPU 发送定时中断,同时自动装载 32 位的周期值。CPU 定时器 2 被系统保留以用于实时操作系统(OS),定时器 1 被系统保留用于系统内部功能。定时器 2 内部与 INT14 相连,定时器 1 内部与 INT13 相连,定时器 0 作为普通的定时器与 PIE 模块相连,用户可以根据需要进行开发。

### 19. 控制外设

(1) EV：事件管理器模块,它包括通用定时器、比较器模块/PWM 电路、捕获单元(CAP)、正交编码脉冲电路(QEP)。事件管理器通常用于电机控制方面。

(2) ADC：F2812 芯片内嵌入了一个 12 位 16 通道 A/D 转换电路,最高转换速率为12.5Mbps。在 ADC 模块中有两个采样保持电路,所以 F2812 最多一次转换两路输入信号。可以配置相应的寄存器来确定转换方式。

### 20. 串行端口

(1) eCAN：在 F2812 中有一路增强型 CAN 总线,支持 32 个邮箱,且符合 CAN2.0 协议。

(2) McBSP：多通道缓冲串行口,可以用于多功能数字信号编解码器、高质量音频设备输出等,McBSP 的发送接收寄存器都支持 16 级 FIFO。

(3) SPI：SPI 是一个高速的同步 I/O 口,允许数据程序流(0～16 位)按照发送速率移入移出器件。通常 SPI 用于 F2812 与其他 DSP 控制器或外围设备进行通信,SPI 的典型应用有外部 I/O 口、外接其他设备如移位寄存器、显示驱动、ADCs 等。在多个处理器之间通信时,SPI 采用主从模式,在 F2812 上 SPI 接口支持 16 级发送接收 FIFO。

(4) SCI：串行通信接口,采用两线异步收发模式的串行接口,就是我们通常所说的UART 口,在 F2812 系统中支持 16 级发送接收 FIFO。

## 1.4 DSP 集成环境 CCS 介绍

### 1.4.1 CCS 安装

双击 setup. exe 文件,弹出安装界面如图 1.5 所示。

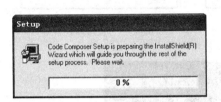

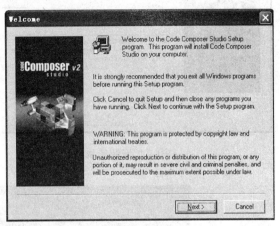

图 1.5 Setup 安装界面

图 1.6 欢迎界面

在如图 1.6 所示的欢迎界面中单击 Next 按钮,继续安装。

选择继续安装后将弹出认证界面如图 1.7 所示,在该界面中,首先需要选择同意协议,然后单击 Next 按钮,继续安装。

选择后,将弹出如图 1.8 所示的部件选择界面,在此界面中首先选择全部,然后单击 Next 按钮,继续安装。

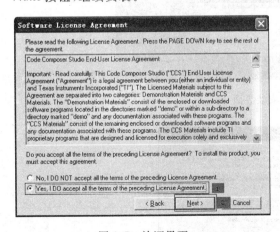

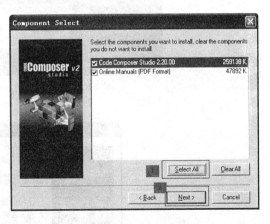

图 1.7 认证界面

图 1.8 部件选择界面

此时将跳转到安装选项界面如图 1.9 所示。在安装选项界面中,可以更改安装路径,具体操作方法为,单击 Browse 按钮,弹出如图 1.10 所示的路径选择界面,选择正确的路径,单击 OK 按钮,完成安装配置,进入安装界面如图 1.11 所示。安装完成后,单击 Finish 按钮后,退出安装。安装完成后的界面如图 1.12 所示。

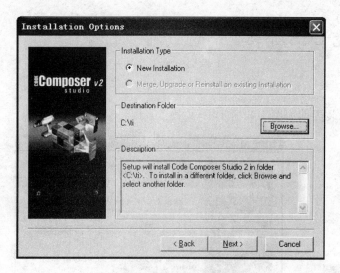

图 1.9　安装选项界面

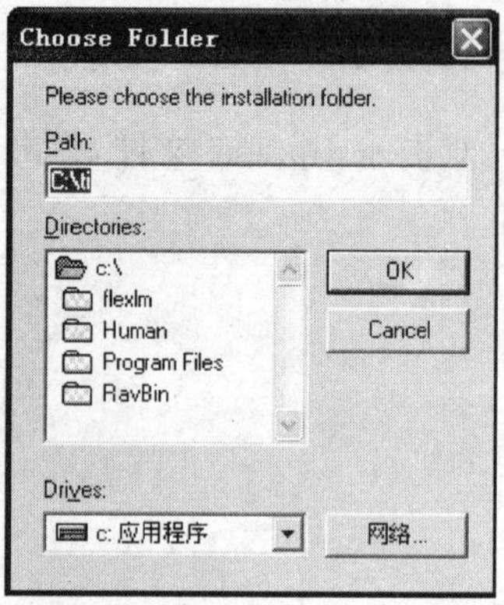

图 1.10　路径选择界面

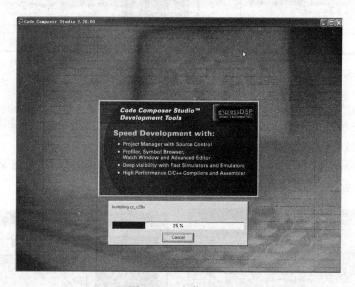

图 1.11　安装界面

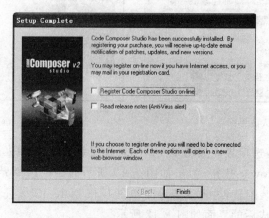

图 1.12　完成安装

### 1.4.2 CCS 配置软件设置

在使用 CCS(DSP 集成开发环境)前,需要对 CCS 进行适当的配置,选择目标板的型号(如 F28xx 系列),选择仿真器驱动,设置主处理器等。只有正确地设置 CCS,才能保证程序的正常仿真、正常下载等。在本小节中,以图、说明等形式,详细介绍 CCS 配置软件的设置。

(1) 双击配置软件图标,弹出如图 1.13 所示的配置界面。

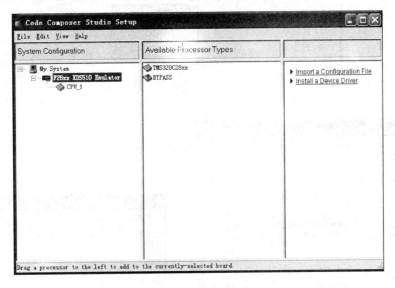

图 1.13 配置界面

(2) 删除现有的仿真器,选择新的仿真器,如图 1.14 所示。

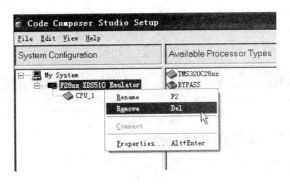

图 1.14 删除现有的仿真器配置

(3) 根据仿真器类型,添加新的仿真器配置,如图 1.15 所示。在这里因为使用的是 510 系列仿真器,所以选择 F28xx XDS510 Emulator。双击仿真器选项,弹出如图 1.16 所示的配置界面,在配置选项下拉列表中,选择额外配置,在仿真器配置文件一栏中单击 Browse... 按钮,弹出仿真器配置文件选择对话框如图 1.17 所示。选择正确的仿真器配置文件后单击"打开"按钮,然后继续配置其他文件。

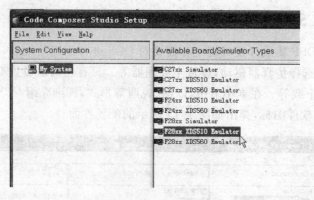

图 1.15　选择新的仿真器

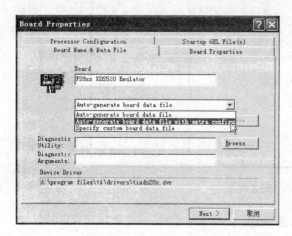

图 1.16　配置仿真器界面

图 1.17　仿真器配置文件选择

（4）配置 I/O 端口值为 0，如图 1.18 所示。

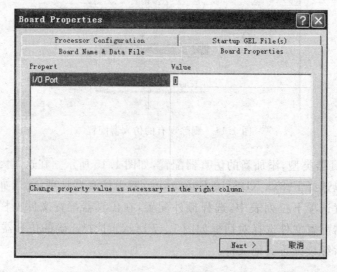

图 1.18　端口配置界面

　　(5) 单击 Next 按钮, 设置板卡属性, 首先选择处理器, 然后添加处理器, 具体的操作步骤如图 1.19 所示。单击 Next 按钮, 然后选择 f2812.gel 文件, 具体的操作步骤如图 1.20 所示。

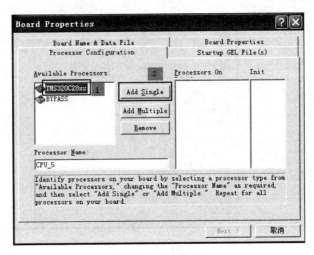

图 1.19　板卡属性

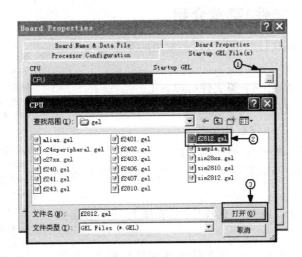

图 1.20　添加 f2812.gel 文件

　　所有设备都配置完成后, 单击右上角"关闭"按钮, 并选择保存设置, 连接仿真器, 打开 CCS 软件, 就可以使用 CCS 软件进行程序仿真了。

## 1.4.3　CCS 软件概述

　　双击 CCS 软件图标, 进入软件界面如图 1.21 所示。

　　DSP 集成开发环境 CCS 是 TI 公司专门为 DSP 软件工程师设计的集编译、仿真、下载为一体的 DSP 开发软件, 可以通过 CCS 新建工程、编译仿真工程、在线调试、下载程序。CCS 软件和其他大众软件类似, 也是由菜单栏、工具栏、工程窗口、程序窗口等组成, 具体的菜单介绍以及软件的使用方法将在下面介绍。

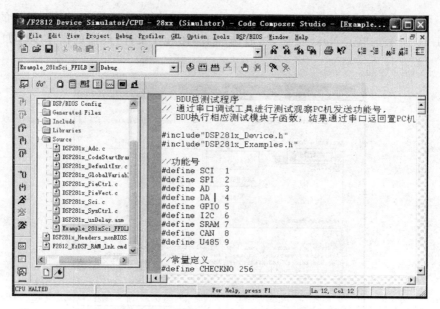

图 1.21　CCS 界面

### 1.4.4　File(文件)菜单介绍

File(文件)菜单如图 1.22 所示,其中常用的菜单选项介绍如下。

- New(新建):新建一个源文件(.c)。
- Open(打开):打开一个源文件(.c)。
- Close(关闭):关闭现有的文件。
- Save/Save As(保存):保存源文件。
- Load Program(下载程序):将生成的.out 文件下载到目标板上。
- Reload Program(重新下载程序):下载上一次生成的.out 文件。
- Data/Load(数据下载):将文件下载到目标板上,下载的数据可以指定存放地址和数据长度。
- Data/Save(数据保存):将目标板的数据保存到文件中。
- Workspace/Load(装入工作空间)。
- Workspace/Save(保存当前的工作环境)。
- Recent...:打开最近的各种文件。

### 1.4.5　Edit(编辑)菜单介绍

Edit(编辑)菜单如图 1.23 所示,其中常用的菜单选项介绍如下。

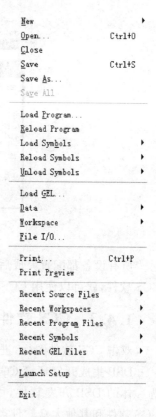

图 1.22　文件菜单

- Undo(撤销)：撤销当前操作。
- Undo History(恢复)：与撤销操作为一对反操作。
- Cut(剪切)：剪切当前选择的部分。
- Copy(复制)：复制当前选择的部分。
- Paste(粘贴)：粘贴已经复制或剪切的部分。
- Delete(删除)：删除当前选择的部分。
- Find/Replace(查找/替换)：查找或替换程序中的词。
- Commend Line(命令窗口)：可以方便地输入表达式或执行 GEL 函数。

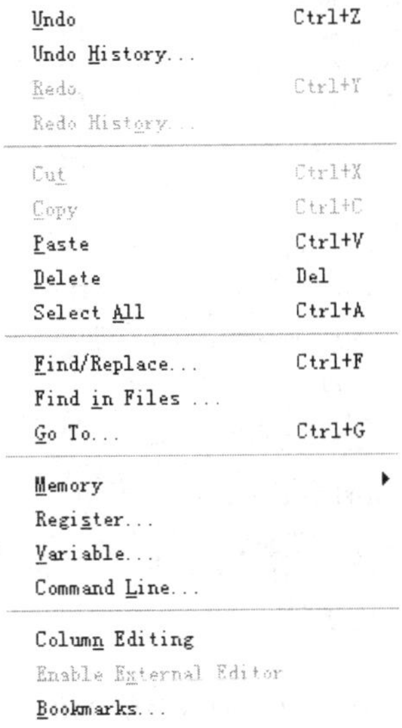

| | |
|---|---|
| Undo | Ctrl+Z |
| Undo History... | |
| Redo | Ctrl+Y |
| Redo History... | |
| Cut | Ctrl+X |
| Copy | Ctrl+C |
| Paste | Ctrl+V |
| Delete | Del |
| Select All | Ctrl+A |
| Find/Replace... | Ctrl+F |
| Find in Files... | |
| Go To... | Ctrl+G |
| Memory | ▶ |
| Register... | |
| Variable... | |
| Command Line... | |
| Column Editing | |
| Enable External Editor | |
| Bookmarks... | |

图 1.23  编辑菜单

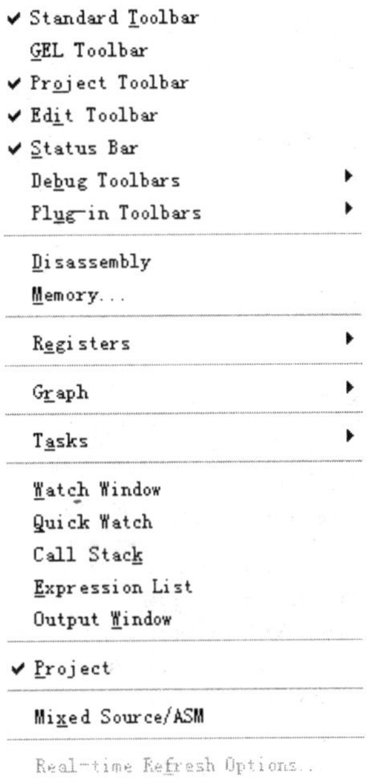

| | |
|---|---|
| ✔ Standard Toolbar | |
| GEL Toolbar | |
| ✔ Project Toolbar | |
| ✔ Edit Toolbar | |
| ✔ Status Bar | |
| Debug Toolbars | ▶ |
| Plug-in Toolbars | ▶ |
| Disassembly | |
| Memory... | |
| Registers | ▶ |
| Graph | ▶ |
| Tasks | ▶ |
| Watch Window | |
| Quick Watch | |
| Call Stack | |
| Expression List | |
| Output Window | |
| ✔ Project | |
| Mixed Source/ASM | |
| Real-time Refresh Options... | |

图 1.24  视图菜单

## 1.4.6  View(视图)菜单介绍

View(视图)菜单如图 1.24 所示，其中常用的菜单选项介绍如下。

- ...Toolbar：常用的工具栏选择，可以激活相应的工具栏。
- Registers(寄存器)：可以观察相应寄存器的状态。
- Graph/Time/Frequent：在时域或频域上显示信号波形，时域分析时数据无需进行处理，频域分析时需将数据进行 FFT 处理。
- Graph/Constellation：采用星座图显示信号波形。
- Graph/Eye Diagram：使用眼图来量化失真度。
- Watch Window：观察窗口，可以实时观察相应的变量的值。

## 1.4.7  Project(工程)菜单介绍

Project(工程)菜单如图 1.25 所示，其中常用的菜单选项介绍如下。

- New(新建)：新建一个工程文件(. pjt)。
- Open(打开)：打开一个工程文件(. pjt)。
- Add Files to Project：向工程中添加源文件(. c)。
- Compile File：编译 C 或汇编源文件。
- Build：编译并链接源文件。
- Rebuild All：对工程中所有源文件进行重新编译并输出 . out 文件。
- Recent Project Files：快速打开最近使用的工程文件(. pjt)。

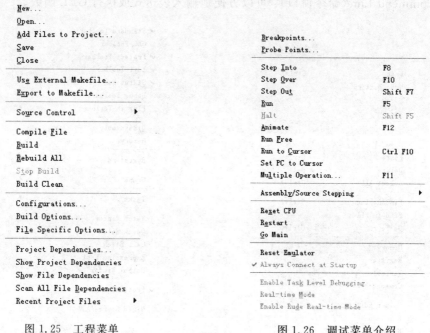

图 1.25　工程菜单　　　　　　　图 1.26　调试菜单介绍

## 1.4.8　Debug(调试)菜单介绍

Debug(调试)菜单如图 1.26 所示，其中常用的菜单选项介绍如下。

- Breakpoints：添加断点。当程序遇到断点时，程序自动停止并跳出。
- Step Into：单步运行，可以单步运行程序，并观察各变量及寄存器状态，从而很好地调试程序。
- Step Out：跳出当前执行的子程序，返回到上一级程序代码。
- Run：自由运行程序。
- Halt：中止正在运行的程序。

## 1.5　CCS 工程管理

利用 CCS 软件开发 DSP 一般需要以下步骤。

(1) 新建工程。通过 CCS 新建一个 . pjt 工程，然后向工程中添加必要的头文件和源文件，然后新建一个主程序源文件，用于编写用户设计的相关程序。

（2）编译程序，在线仿真调试程序。CCS中自带程序编译功能，而且还可以在线仿真调试程序，部分功能和 Visual C++ 软件类似，如断点调试、单步调试等，可以通过软件编译调试，实现特定的功能。

（3）程序下载。在 PC 上安装下载插件，可以利用 CCS 软件将程序下载到目标板上。

## 1.5.1　创建新的工程文件

DSP 工程文件可以通过两种方法产生：①利用 TI 公司提供的相关安装程序生成源文件（在下一节中将详细介绍）；②创建新的工程文件。在本节中，将详细介绍创建新的工程文件的步骤及方法，具体的方法及步骤如下。

（1）选择 Project New 命令，弹出如图 1.27 所示的设置对话框，设置完成后，单击【完成】按钮，生成工程文件如图 1.28 所示。

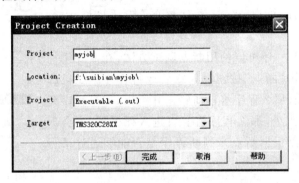

图 1.27　设置对话框

（2）向工程中添加源文件（.c）

可以从工程菜单中选择 Add Files to Project 命令，向工程中添加源文件，也可以在工程名处右击，在弹出的快捷菜单中（如图 1.29 所示），选择向工程中添加源文件。选择需要的源文件后，单击【确定】按钮，完成相应的添加。

图 1.28　生成工程文件

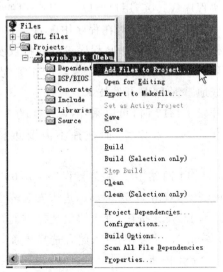

图 1.29　选择菜单

### 1.5.2　编译并运行程序

　　单击工具栏中的"编译"按钮，编译并链接相应的程序代码，如果程序没有错误，通过编译(如图1.30所示)，可以下载程序，仿真调试。选择 File|Load Program 命令(如图1.31所示)，在弹出的对话框中，选择要下载的程序输出代码(.out)，单击"打开"按钮，完成下载。如果程序编译中出现错误，那么双击错误信息，程序会自动跳转到错误的程序行，这样可以方便用户调试程序。

```
-------------------- Example_281xSci_FFDLB.pjt - Debug ---------------------
Build Complete,
   0 Errors, 0 Warnings, 0 Remarks.
```

图1.30　通过编译界面

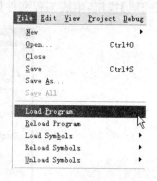

图1.31　下载程序选项

　　程序下载完成后，可以选择"运行程序"按钮，运行程序。

　　在程序调试过程中，还可以使用断点调试方法，在需要添加断点的程序行处，单击"断点"按钮，然后运行程序。如果程序能够运行到断点处，那么程序将自动停止并跳出，如果程序死掉，不能够运行到断点处，那么程序将一直进入死循环，不会自动停止跳出，所以可以根据断点来判断程序是否能够通过某行程序段。

## 1.6　一个简单的例子程序介绍

### 1.6.1　基本的程序代码生成

　　TI公司为了方便用户开发F2812，为用户提供了F2812的基本模块程序V1.00，用户可以在TI公司的模块程序基础上进行相关的开发。TI公司的模块程序简单、实用，同时在程序中配置了寄存器。作为开发DSP的新手，可以首先读TI公司的模块程序，掌握DSP程序设计的特点及编程规范，读TI公司的例子程序，帮助用户更好地理解DSP的结构以及寄存器的相关配置信息，结合本书的后续章节的介绍，可以使用户很好地掌握DSP开发技术。

　　在开发F2812时，可以采用V1.00的头文件(.h)和源文件(.c)，然后在源程序基础上进行相应的开发设计，而往往不需要重新新建工程、文件等。具体的代码生成方式如下。

　　(1) 从TI网站上下载安装程序 sprc097_C281x C/C++ Header Files and Peripheral Examples 200，双击 DSP28.exe，进入安装界面如图1.32所示。

　　(2) 单击 Next 按钮，进入协议选择界面，如图1.33所示。

　　(3) 单击 Next 按钮，进入路径选择界面，如图1.34所示。选择正确的文件保存路径，然后单击 Next 按钮。

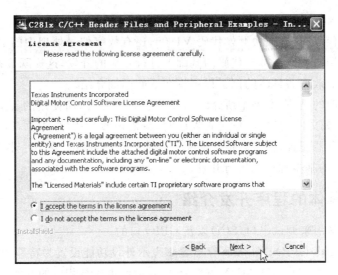

图 1.32　协议选择界面

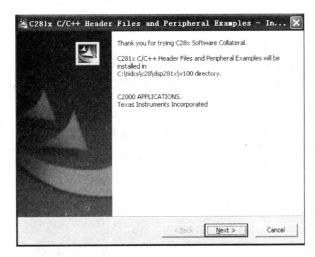

图 1.33　安装界面

图 1.34　路径选择界面

（4）单击 Next 按钮，即可生成基本开发程序代码。

在基本程序代码中，有模块开发代码 V1.00，还有数字信号处理中的 FFT（快速傅里叶变换）程序代码，用户可以在基本代码的基础上进行相应的开发，这样既节省开发时间，也可以提高程序代码的效率。具体的例子程序将在下面详细介绍。

需要特别说明的是，在本书中所介绍的 C 语言程序开发，所使用的头文件为 TI 公司提供的 V1.00 版本头文件，编写用户代码程序时，只需修改主程序，根据 TI 公司提供的头文件以及相关的寄存器配置，就可以很好地实现具体的程序开发。在下一小节中，将介绍如何利用 TI 公司提供的基本源代码进行开发。

## 1.6.2　具体的程序开发介绍

此程序主要是用来调试串口（SCI）以及 GPIO 口的。

调试串口时要将 GPIOxMUX 寄存器置 1 表示外设功能设置为特殊功能（SCI）。

调试 I/O 时则需将 GPIOxMUX 寄存器置 0，然后再执行相应的操作；同时不要启用外设功能的程序，以免产生中断。

测试 GPIO 口是用 GPIOA0 来测试的；采用取反函数来产生方波，如果正常时就会有方波产生。

注意使用的文件是基于 TI 公司的 V1.00 版本的头文件，头文件中包括相关的寄存器定义，以及内存分配等。具体的 V1.00 程序实例的生成在前面小节中已经介绍了，在这里主要介绍如何利用源程序进行具体的开发。

```
//---------------------- TI 公司提供的 V1.00 版本头文件，直接调用 --------------
# include "DSP281x_Device.h"
# include "DSP281x_Examples.h"
//------------------------------ 用户程序代码区 -------------------------
// IO 定义（设置 SCI 特殊外设功能）
# define SCI_IO   0x0030
// 基本功能函数
void Scib_init(void);                          // 串口初始化函数
void Scib_xmit(char a);                        // 串口发送函数
int m;
//----------------- 系统主函数 ---------------------------------------
void main(void)
{
//----------------- 系统自带函数，默认的初始化函数，使用时直接调用 -------------
    InitSysCtrl();                             // 初始化系统控制寄存器、PLL、看门狗和时钟
    DINT;                                      // 禁止和清除所有 CPU 中断向量表
    InitPieCtrl();                             // 初始化 PIE 控制寄存器
    IER = 0x0000;
    IFR = 0x0000;
    InitPieVectTable();                        // 初始化中断向量表
//---------------------- 用户开发的程序代码区 ------------------------
    Scib_init();
    EALLOW;
    GpioMuxRegs.GPGMUX.all| = SCI_IO;          // SCIB 口功能口
```

```
    GpioMuxRegs.GPAMUX.all = 0;
    GpioMuxRegs.GPADIR.bit.GPIOA0 = 1;
    EDIS,
    for(;;)
    {
        while(1)
        {
        Scib_xmit(0x31);                          // 通过串口向主机发送 0x31 数据
        GpioDataRegs.GPATOGGLE.bit.GPIOA0 = 1;    // 对 GPIOA0 引脚取反,用于产生方波信号
        }
    }
}
//-------------- 用户自己定义的子函数,具体的编写与 C 语言相同 ------------------
// 串口(SCI)发送函数
void Scib_xmit(char a)
{
    ScibRegs.SCITXBUF = a;
    while(ScibRegs.SCICTL2.bit.TXRDY! = 1){};
}
// --------------------- 串口(SCI)初始化函数 ---------------------------
void Scib_init()
{
    ScibRegs.SCIFFTX.all = 0xE040;                // 允许接收,使能 FIFO,没有 FIFO 中断
                                                  // 清除 TXFIFINT
    ScibRegs.SCIFFRX.all = 0x2021;                // 使能 FIFO 接收,清除 RXFFINT,16 级 FIFO
    ScibRegs.SCIFFCT.all = 0x0000;                // 禁止波特率校验
    ScibRegs.SCICCR.all = 0x0007;                 // 1 个停止位,无校验,禁止自测试
                                                  // 空闲地址模式,字长 8 位
    ScibRegs.SCICTL1.all = 0x0003;                // 复位
    ScibRegs.SCICTL2.all = 0x0003;
    ScibRegs.SCIHBAUD    = 0x0001;                // 设定波特率 9600bps
    ScibRegs.SCILBAUD    = 0x00E7;                // 设定波特率 9600bps
    ScibRegs.SCICTL1.all = 0x0023;                // 退出 RESET
}
// ---------------------------- END ------------------------------
```

通过例子程序,可以发现 F2812 的编程大部分采用 C 语言,如结构体、函数等模式,只有少部分程序采用汇编语句,或自己定义的专用语句,用户在开发程序时只需调用即可,重要的是要掌握基本的编程技巧以及算法思想。

# 1.7 嵌入式项目开发流程管理

## 1.7.1 概述

一个项目一般由几个大的部分组成,以呼吸机为例,一般由电气控制平台、机械设计、外围控制模块等组成,其中电气控制平台为核心模块。那么在项目开发前期需要根据项目的组成模块规划项目人员、时间、资源等,具体将项目分成几个大组,如电气平台研发组、机械

设计研发组、传感器研发组(外围设备模块)、产品开发组等,同时给不同的工作组分配不同的工作任务,并指定相应的负责人(即项目经理);然后由各个项目组提交项目初期计划、项目时间表、项目开发经费、所需器材等,再进行讨论验证,由项目总监或公司上层领导决定项目的启动,项目研发人员根据项目计划中指定的项目任务以及项目时间节点进行工作;完成最后的研发后,测试人员对项目产品进行测试(如 ISO 9001 标准等),产品测试通过后,公司领导向外部发布产品,标志项目研发成功完成。在项目研发中电气平台是至关重要的模块,是整个产品的核心模块,也是比较产品功能、性能的重要指标,所以合理设计控制平台是项目开发的关键,而处理速度、处理精度又是影响电气平台性能的重要因素,因此TMS320F2812 作为新型高速高性能处理芯片理所当然应被广泛应用。

作为一个项目来说,只有高素质的研发人员是不够的,还需要有管理能力强的项目管理人员。一个项目如果缺乏好的管理,那么整个项目的开发就会产生很多问题,如资源分配、时间节点制定、人员协调等,所以项目管理对于项目开发来说至关重要。纵观国内外IT 企业,最不能缺少的就是项目经理。下面就嵌入式项目如何管理、如何规划进行详细的介绍。

项目流程是指一个项目研发过程中每个阶段所必须做的工作,项目流程管理是指每个阶段所需的时间合理管理、资源合理分配、人员合理配备等。一般项目流程可以分为项目启动阶段、项目计划阶段、项目研发阶段、项目结束阶段。

任何一个项目都是从启动阶段开始的,启动阶段为项目的前期考察阶段,主要是项目负责人调查市场,以及收集研发人员对项目的看法和意见。如果能够达到很好的效果且研发问题可以克服,那么项目启动阶段结束,项目负责人宣布启动项目。

项目计划阶段为项目的整体构思阶段,项目工作组为整个项目制定具体的实施计划。项目计划是项目开发必不可少的阶段,美国软件开发项目管理专家 Steve Mconnell 曾经对项目开发进行了长时间研究,最后得出结论:任何一个开发项目的最终花费的时间周期与这个项目在进行过程中任何执行部分进行返工的操作数成正比。这就说明了项目计划的重要性,项目计划制定要尽可能详细,充分考虑各种情况,包括一些突发事件,从而减少返工次数,最终减少项目开发的时间。

项目研发阶段即硬件、软件工程师根据项目计划安排,各司其职,完成自己的工作。这个阶段是项目开发的核心阶段,也是项目开发的主要工作。在项目研发阶段需要重点注意团队合作意识,因为任何项目都不是一个人能完成的,要加强团队中人与人的协调配合,在这其中项目经理发挥了重要作用。关于项目开发的团队合作精神方面,这里有一个反面例子,是一个关于当年我国成功发射神舟五号飞船方面的报道。当时新华社报道,在飞船发射时,有一个工程师带病坚持工作,而且是由医护人员抬到实验中心,得以保证了飞船成功发射。在我们中国人眼里有的只是工程师的敬业、奉献精神,但是当报道被外国专家看到,他们却对这个报道感到很吃惊。他们认为,没有这个带病的工程师,中国的"神五"就不能正常发射,"神五"的发射只是靠单个的"牛人"。在他们的观点中,项目研发的成熟度可以这样衡量,项目组中的任何人是不是不可以被替代,他们认为一个项目的开发是靠整个团队合作完成的,任何人都可以被替代,而不是单靠几个"牛人"能够完成的。从这个报道引起的讨论中也可以看出中西方在科技开发方面的不同,也可以说是我国电子信息技术开发的弱点所在:不能很好地组织管理团队开发,项目开发只靠少数的程序开发设计工程师,缺少必要的项目管理、规划的项目经理。

项目结束阶段的主要工作为相关的测试,文档和使用手册的提交,程序等相关资料打包,项目开发总结交流以及必要的表彰等。

以上只是对项目流程在概念上的总结,具体的每个阶段的工作内容、需要完成的提交物、相关文档的格式等细节问题,将在下面几节中详细介绍。

## 1.7.2  项目启动

项目开发的需要是由最初的市场需求调查、用户的反馈、客户的要求,或对某个招标进行投标的需要,每个项目都有它的赞助者或者为本公司的领导,或者为支付研发经费的外部赞助者。在项目启动阶段,项目负责人需要归纳总结项目赞助者的要求,然后对整个项目进行考察。具体的考察内容包括以下几个方面。

(1)项目的市场需求;

(2)项目的具体实现目标;

(3)项目需要完成的相关任务;

(4)项目需要解决的问题;

(5)目前的项目经费;

(6)项目组的人员配备。

在相关考察完成后,召开相关人员讨论会议,具体讨论项目目标能否实现,项目中可能遇到的问题,项目目标是否需要修改等。如果会议认为通过考察后,项目目标可以实现而且项目目标不需要修改,那么项目负责人提交相应的文档说明,并向上级领导或项目赞助商汇报会议的最终结果,宣布项目启动。而在更多的时候,会议讨论过程中,大部分成员对项目的目标提出修改意见,项目负责人需要将修改意见分类汇总,并统计每种意见的成员个数以及占总人数的百分比,然后将汇总情况提交上级领导或赞助商,与赞助商进行会晤并协商讨论,确定新的项目目标。项目目标的制定至关重要,它是指导整个项目的指挥棒,所以在制定项目目标时一定要谨慎、细心,保证既要满足赞助商的要求,又能很好地利用现有的资源。最终项目负责人要提交项目启动文档,宣布项目正式启动。

在项目结束时项目负责人需要提交一份项目方案设计书,主要用于记录调研项目启动情况,对整个项目的目的、范围、资源、风险等进行宏观的归纳总结,同时向项目的赞助商或上级领导确证项目大要求和期望,帮助领导审核项目的合理性,使他们对项目的目标建立认同。

具体的项目启动总结书的内容包括以下部分。

(1)明确项目赞助商或上级领导的要求或者为项目的总体目标;

(2)分析项目的要求,以及市场上的竞争和各种资源分析等;

(3)项目时间的估算、风险的估计等。

## 项目方案设计书范例

对一个项目,项目方案设计书上应有如下内容。

1. 项目方案的完成者、文件的状态、文档备案标识、完成日期等,具体的格式如下表所示。

| 文件状态：<br>[　]草案<br>[　]正式发布<br>[　]正在修改 | 文件标识： | |
| | 当前版本： | |
| | 作　　者： | |
| | 批　　准： | |
| | 完成日期： | |

2．项目的总体概述

（1）项目背景，可以提供相关的项目开发背景介绍。

（2）项目术语以及相关的知识介绍，可以介绍后面缩写的特定术语，如多功能电气平台（Multi Electronic Platform，MEP）。

3．任务需求分析和整体方案设计

（1）系统设计说明，阐述系统设计的优点，以及系统的设计构造、模块等。

（2）系统功能分析，具体阐述系统可以实现的功能。

（3）方案设计，阐述整个项目的初步设计，以及相关的设计方案，必要时可以添加相关的设计框图，用于清晰说明各模块及模块间的联系。

4．系统方案设计

（1）方案的总体描述，总体描述方案的实现。

（2）模块介绍，包括模块的原理说明，芯片器件的选型、模块接口设计、相关的软件设计等。

5．计划进度和成本预算

（1）项目的初步时间计划表。

（2）项目的成本预算。

一般项目的方案要经过多次讨论，才能够最终确定，讨论过程中，也需要严密整理文档，主要记录会议讨论的议题、会议总结等，必要时也可以添加发言人的观点等。具体的会议记录范例如下所示。

## 项目技术方案评审会会议记录

| 日期 | | 参加人员： |
| 时间 | | |
| 地点 | | |
| 会议议题： | | |
| 会议总结： | | |
| 与会人员签字： | | |

## 1.7.3　项目计划

项目启动之后,进行项目管理的一个重要的工作就是项目计划。项目计划顾名思义为:为整个项目制定详细、周密的计划。

项目计划的制定可以采用中国传统的"分而治之"方式,首先将整个项目划分为几个大块,每个大块再分解成小一点的工作范围,然后在现有的基础上再进行下一步分解,直至每个工作变成不能再分解的具体的任务,即项目分解。项目分解可以将复杂的大型项目分解成具体的可以由单个人执行和完成的具体工作,这样可以有效地帮助制定项目时间计划表。将每个具体的工作任务分解到不超过几天的工作量,这样可以大大提高时间表估算的准确性。任何具体的工作的工作量越大,时间周期越长,里面的未知因素就越多,时间估算的误差就越大,从而很容易影响这个项目的进度,所以在制定项目时间计划表之前需要先将项目分解到只有几天的工作量,从而保证项目的时间的准确性。

正因为如此,有些开发团队要求他们的项目计划中,将项目分解为只有一天或更微小的工作量,所以项目管理中一个有效的管理实践就是在进行项目分解时,尽量将每个工作单元精确到工作量不超过一天。

项目计划中的另一个重要工作就是项目时间表的制定。项目时间表的制定是时间管理中的最重要工作之一,也是整个项目管理中最关键的部分之一。在项目的计划之初就需要对项目制定一个详细的时间表,从而可以使项目负责人以及上级领导对项目的进度有一个直观的认识,便于主管对项目实施管理和控制。

项目时间表的制定对项目的整体进度有很大影响,如果对时间的预算可以做到一个精确的估计,那么整个项目的进度就会处在掌控之中,项目管理自然变得容易多了。但是这偏偏也是项目管理中最难做到的,在项目开发中往往有许多意想不到的情况出现,从而导致项目计划打乱。这要求项目负责人能够对项目现状有充分的认识,能够及时处理现状,并作出相应的计划并更,以达到一个期望的效果。

在制定项目时间表时,一定要将项目的预期困难添加进去,给项目中间的设计留足不可测因素引起的这段时间。

在完成对项目的任务分解和时间表的制定后,项目负责人需要完成项目开发书(草案),将整个项目的计划详尽地描述上去,然后提交上级领导审核,需要变更的部分也要作出相应的工作记录。具体的项目开发计划书的编写案例如下所示。

### 项目开发计划书范例

对一个项目,项目开发计划书应有如下内容。

1. 项目开发计划书的名称,以及单位名称。

2. 项目方案的完成者、文件的状态、文档备案标识、完成日期等,具体的格式如下所示。

| | 文件标识： | |
|---|---|---|
| 文件状识：<br>[ ]草案<br>[ ]正式发布<br>[ ]正在修改 | 当前版本： | |
| | 作　者： | |
| | 批　准： | |
| | 完成日期： | |

3．项目的版本历史

主要介绍了项目的版本情况，以及版本的状态格式如下所示。

| 版本/状态 | 编写 | 审核 | 批准 | 起止日期 | 备注 |
|---|---|---|---|---|---|
| V0.1/草案 | | | | | |
| | | | | | |

4．文档介绍

（1）文档编写的目的

如编写项目开发计划的主要目的是根据前期需求分析和方案设计的结论，依据项目的范围、目标、资源、期限、任务等要素合理安排项目进程，统筹项目开发过程中的相关资源和要素，为项目的进程控制和质量控制提供蓝本和根据。

（2）读者对象

本项目开发计划书的主要阅读对象为以下几类人员：

① 公司管理层的相关主管和领导；

② 与项目相关的部门的主要负责人；

③ 研发中心项目运营机构相关人员；

④ 项目组成员。

（3）参考资料，介绍与项目开发计划书制定有关的资料。

（4）术语及缩写解释，主要用于介绍文档中出现的术语及其缩写解释。

5．项目介绍

（1）项目的范围、目标等；

（2）客户以及项目的最终应用介绍；

（3）开发商或赞助商介绍。

6．任务分解与时间表制定。主要包括各部分任务和输出，可以采用 MS Project 2003软件制作 Gantt 图。

7．人力资源计划。项目负责人在做项目计划书时需要根据项目分解以及时间表内容，给每个项目部分分配适当的人；进行人力资源规划时，也需要根据人员特长来划分。具体的角色以及相关职责、人员介绍如下所示。

| 角 色 | 职 责 | 人 员 | 工 作 说 明 |
|---|---|---|---|
| 机构领导 | | | |
| 项目经理 | | | |
| 需求分析人员 | | | |
| 系统设计人员 | | | |
| 设计人员 | | | |
| 测试人员 | | | |
| …… | | | |

8. 相关软件资源计划。包括需要使用的软件供给情况,是否需要向其他公司购买版权,或者使用试用版。下面所示为一个软件资源计划。

| 软、硬件资源名称 | 级别 | 获取方式与时间 | 使 用 说 明 |
|---|---|---|---|
| MS Office 2003 | 普通 | 已经存在 | 文档编制 |
| MS Visio 2003 | 普通 | 已经存在 | 文档编制 |
| MS Project 2003 | 普通 | 已经存在 | 活动任务分解、项目管理 |
| Rational Rose | 关键 | 已经存在 | 面向对象建模和测试工具 |
| Power Logic | 关键 | 可以借用 | 制作原理图 |
| Power PCB | 关键 | 可以借用 | 制作电路板 |
| Linux 编译器 | 关键 | 已经存在 | 编译 Linux 内核和应用程序 |
| …… | | | |

9. 成本管理。项目计划书中还要包括详尽的项目成本估计,将项目费用详细到每个器件或模块上,分类详细记录,并上报上级领导审批。具体的格式如下所示。

| 开 支 类 别 | 主要开支项、用途 | 金 额 | 时 间 |
|---|---|---|---|
| | | | |
| | | | |
| | | | |
| | | | |
| | | | |
| | | | |
| | | | |
| | | | |
| | | | |

10. 上级领导审批。项目计划书草案完成后,要及时上报上级领导,上级领导根据计划书的内容作出相应的批示。具体的批示内容可以参见下表。

| 项目计划检查表 | 结　论 |
|---|---|
| 项目的目标明确吗? 可以验证吗? | |
| 项目的范围清楚吗? | |
| 对项目的规模和复杂性的估计可信吗? | |
| 对项目的工作量估计可信吗? | |
| 项目的过程控制方案合理吗? | |
| 项目所有角色的职责清楚吗?<br>人员安排合理吗? | |
| 项目所需的软件和硬件资源合理吗? | |
| 对项目的成本估计可信吗? | |
| 项目开支计划合理吗? | |
| 任务分配合理吗?<br>进度合理吗? | |
| …… | |

| 审批结论 | [　]批准该计划<br>[　]不批准 |
|---|---|
| 意见建议 | |
| 部门主管审核 | 审核意见:<br><br>签字:　　　　　　日期: |
| 公司领导批准 | 审批意见:<br><br>签字:　　　　　　日期: |

　　11. 项目计划变更控制报告。项目负责人将项目的计划书草案上报领导后,领导对其作出相应的批示,然后项目负责人根据领导批示,进行相应的计划变更,同时将每次向上级领导申请的项目变更的理由及内容详细记录。可以添加计划变更后对项目造成的影响等。项目负责人要做到计划变更记录及时、准确,具体的格式如下所示。

| 项目计划的变更申请 | |
|---|---|
| 申请变更的《项目计划》 | |
| 需要变更的内容及其理由 | |
| 评估计划变更将对项目造成的影响 | |
| 项目经理签字 | 签字:          日期: |
| 变更申请的审批意见 | |
| 部门主管审核 | 审核意见:<br><br><br>签字:          日期: |
| 公司领导审批 | 审批意见:<br><br><br>签字:          日期: |
| 更改项目计划 | |
| 变更后的《项目计划》 | |
| 项目经理签字 | 签字:          日期: |
| 重新审批项目计划 | |
| 部门主管审核 | 审核意见:<br><br><br>签字:          日期: |
| 公司领导审批 | 审批意见:<br><br><br>签字:          日期: |

## 1.7.4 项目研发

项目研发阶段是整个项目的核心和重要环节,也是项目中占用时间比例最大的一个阶段,整个项目的启动、计划都是为了更好地实现项目开发做准备的。在实际的开发中,既包括技术上的攻克,同时也包括完善的运作流程和良好的项目管理,只有按照项目计划中制定的流程及流程时间,才能保证项目的整体进度,才能实现最终的项目目标。所以,项目流程管理是项目开发环节中至关重要的部分。

对于嵌入式开发而言,技术上主要可以分为硬件和软件两部分。也可以从另一个角度来看,将研发人员分为底层研发工程师和顶层系统软件工程师,底层研发工程师主要负责硬件以及相应的调试程序的开发,对于顶层系统软件工程师,主要任务就是实现系统的功能而开发相关顶层软件。

以呼吸机设计为例,进入研发阶段硬件工程师需要在计划时间内生产合格的电路板,配合软件工程师进行高层软件设计,而软件工程师需要在硬件的基础上进行必要的软件程序设计,这些任务都是按照计划书中的时间和任务节点进行的,很多人同时进行项目开发。所以在项目开发书中需要做好系统层次的设计规划,最好的开发模型就是模块化开发,将整个项目合理的分解,直至任务到个人,这样就不会造成人员分工不明或工作混乱的情况。

在研发过程中需要重点考虑以下几个方面的问题:①资源的分配,主要包括研发人员的调配、软件硬件资源的准备情况等。在项目开发过程中,应根据项目的整体进度、每个模块的开发难度以及研发人员的特点,合理配备研发人员。②各个模块的时间表制定,在项目计划阶段对项目的整体进度有了一个简单的阐述,在研发阶段,需要根据项目的整体进度,制定每个模块的具体时间表。这个时间表至关重要,关系到整个项目的进度,只有每个项目合理的衔接,才能保证整个项目顺利的进行,在时间表的制定过程中要充分考虑外部客观因素,尽量留有一定的时间,防止意外风险的发生。

## 1.7.5　项目结束

项目结束阶段主要是对产品的测试验收,根据产品要达到的标准,由专门的测试人员进行相关测试,如电磁兼容性测试,高温、高压环境测试等。具体的测试方案以及测试仪器、场所需要由测试人员提交,并将结果反馈给项目研发人员,根据测试结果进行相关修改,以达到预期的标准。针对软件性能测试可以使用 PC-LINT 软件,在 PC-LINT 软件中可以设置测试的标准,如汽车工业软件可靠性协会(MISRA)制定的协议等。软件测试主要是测试软件的健壮性、安全性、可更新性等稳定性方面。软件开发人员在开发过程中也可以根据 PC-LINT 软件提示的信息进行相关的修改,为了提高程序的可读性,软件开发人员应在必要的程序段处添加相关的解释说明。

产品测试完成后,即标志产品相关开发完成,剩下的工作为文档总结和相关文件归档等。在项目开发的最后,一定要做好文档整理工作,为后续相关开发提供技术资料。

如上所述,项目开发的整体流程包括项目启动、项目计划、项目研发、项目结束等阶段,每个阶段开发都至关重要,项目管理人员需要统筹规划、合理管理,提高项目的开发效率。

# 第 2 章

# C语言程序设计基础

**要点提示**

本章主要内容为与F2812编程相关的C语言基础介绍,包括相关语法、结构等介绍,在本章最后还结合具体的程序介绍了C语言编程规范。

**学习重点**

(1) C语言的基本语法;

(2) C语言常用的程序控制语句,做到灵活运用;

(3) 数组、指针、函数的使用方式;

(4) 结合具体的实例掌握C语言编程规范。

## 2.1 C语言数据结构及语法

### 2.1.1 C语言数据结构

1. C 数据类型

F2812支持的基本数据类型如表2.1所示,从表可以发现F2812基本兼容C数据类型,使得用户开发变得容易。

表 2.1 F2812 支持的基本数据类型

| 数 据 类 型 | 字长/b | 最 小 值 | 最 大 值 |
|---|---|---|---|
| signed char | 16 | −32768 | 32767 |
| char,unsigned char | 16 | 0 | 65535 |
| short,signed short | 16 | −32768 | 32767 |
| unsigned short | 16 | 0 | 65535 |
| int,signed int | 16 | −32768 | 32767 |
| unsigned int | 16 | 0 | 65535 |
| long,signed long | 32 | −2147483648 | 2147483647 |
| unsigned long | 32 | 0 | 4294967295 |
| float | 32 | 1.175494e−38 | 3.40282346e+38 |
| double | 32 | 1.175494e−38 | 3.40282346e+38 |

在 F2812 的开发中,为了方便,将常用的数据类型重新定义如下:

```
typedef int                 int16;
typedef long                int32;
typedef unsigned int        Uint16;
typedef unsigned long       Uint32;
typedef float               float32;
typedef long double         float64;
```

重新定义的数据类型的使用方法和基本数据类型相同,如定义一个变量为 16 位的无符号整数,则可定义为 Uint16 I;

2. C 常量与变量的定义

前面介绍了 F2812 常用的基本数据类型,以及用户为了方便而重新定义的数据类型,下面进一步介绍 C 语言定义常量和变量的方法。

(1) 常量的定义

常用的常量的定义方法有两种。

一种为:

```
const Uint16 d = 0;              // 定义 16 位无符号整数 d 的值为 0
```

另一种为宏定义方式:

```
#define SCI_IO 0x0030;           // 定义 SCI_IO 值为 0x0030
```

在程序中可以直接调用常量,并且常量值始终保持不变,不受程序影响。

```
GpioMuxRegs.GPGMUX.all| = SCI_IO;      // 将 SCIB 口配置为特殊功能口(配置成串口模式)
```

具体的 GPIO 口配置将在第 4 章介绍。

(2) 变量的定义

F2812 中的变量类型如表 2.1 所示,定义变量的规则为变量的类型加变量名字,注意变量类型与变量名字之间需添加空格。具体范例如下所示。

Uint16 I;(变量 I 为 16 位无符号整数)因为 F2812 中处理的总线模式一般为 16 位,所以经常使用 Uint16 变量类型。

在程序中使用的变量都需要在程序开始给予定义,否则程序运行时会报告如图 2.1 所示错误信息。

```
"Example_281xSci_FFDLB.c", line 440: error: identifier "phase" is undefined
```

图 2.1  错误信息报告

此信息说明变量"phase"在程序中调用了,但是程序并没有定义(undefined)。此时双击错误信息行,编译器会自动寻找错误所在行,便于用户修改错误。

同样可以利用变量定义的方式定义数组、指针等,范例如下:

```
Uint16   a[10];                  // 定义数组
Uint16   * rambase1;             // 定义指针
```

## 2.1.2  C 语言运算符与表达式

表达式是程序的核心,是一种特殊的算法结构。表达式通常由运算对象和运算符组成。

运算对象是指前面所介绍的变量、常量、函数等,运算符指连接运算对象的运算符号。在 F2812 中的 C 语言为用户提供了丰富的运算符,方便用户对运算对象进行操作,对数据进行处理。

(1) 算术运算符和算术表达式

在 F2812 中算术运算符和算术表达式和大家所了解的加减乘除一样,用法也相同,主要包括"+"(加)、"-"(减)、"*"(乘)、"/"(除)、"%"(取余)等。

注意在 F2812 中的乘法运算符为"*",除法运算符为"/",取余运算符为"%"。

在进行运算时运算符左右两边的操作数的类型必须一致才能进行运算。如果一边为整型数,一边为浮点数,那么系统会自动将整型数转换成浮点数,然后再进行运算,且运算结果也将是浮点数。

**例 2.1** 算术运算示例

$8+2=10$, $8-2=6$, $8*2=16$, $8/2=4$, $8\%2=0$;

$b=(num-a*100)/10$;

$c=num-a*100-b*10$;

算术运算符的优先级由高到低的顺序为乘除取余、加减。

(2) 关系运算符和关系表达式

关系运算主要是判断程序中关系运算符左右两边的操作数的大小,结果表示关系的成立与否,在 F2812 中提供的关系运算主要有"<"、"<="、">"、">="、"=="、"!="。

由关系运算符及操作数所组成的表达式称为关系表达式。关系表达式是一种形式最简单的逻辑表达式,其结果值只能是真或假。

关系表达式多与 if、switch、for 等控制语句结合使用,来实现不同情况下的程序设计。具体的用法在下一节控制语句中将详细介绍。

**例 2.2** 关系表达式举例

① $1>2$　　　结果值为假

② #define CHECKNO 512　　　CHECKNO == 0　　　结果值为假

**注意**:判断两个操作数是否相等使用的运算符为"==",而不是"=","="是赋值运算符。

③ int n=1;n!=0　　　结果值为真

(3) 逻辑运算符与逻辑表达式

逻辑表达式是指用形式逻辑原则来建立数值间关系的运算。在 F2812 中提供了三种逻辑运算符:"!"(逻辑非)、"&&"(逻辑与)、"‖"(逻辑或)。

由逻辑运算符与操作数组成的表达式称为逻辑表达式,逻辑表达式的结果值只能是真或假。

"!"(逻辑非)运算原则为:当操作数为真,那么经过运算后变为假;相反,如果操作数为假,那么经过运算后变为真。

"&&"(逻辑与)运算原则为:只有当两个操作数都为真时,运算结果才为真;否则运算结果为假。

"‖"(逻辑或)运算原则为:当两个操作数中有至少一个操作数为真时,运算结果就为真；只有当两个操作数都为假的情况下，运算结果才为假。

　　**例 2.3**　逻辑表达式举例

　　int a = 1, b = 2, c = 3；

则

| | |
|---|---|
| (a>0)&&(b<1) | 结果值为假(必须两个操作数都为真,结果才为真) |
| (a>0)&&(b>1) | 结果值为真 |
| (!a)\|\|(c<1) | 结果值为假(至少一个操作数为真,结果就为真) |

　　**注意**："!"(逻辑非)操作是对操作数进行取反操作，操作数为真运算结果为假，操作数为假运算结果为真，所有的非 0 数经过非运算结果都为假(0)。在本题中 a＝1 为非 0 数，那么经过逻辑非运算则为假。

| | |
|---|---|
| (a>0)\|\|(b<1) | 结果值为真(只要有一个以上的操作数为真,结果就为真) |

## 2.2　程序控制结构

　　2.1 节介绍了 F2812 中 C 语言的数据结构及用法，结合本节的程序控制结构共同构成了基本的 C 程序设计。在 F2812 中的程序控制结构主要有条件控制结构、循环控制结构、无条件控制结构三类控制结构。

　　条件控制语句主要有执行条件控制的 if 语句、switch 语句，循环控制语句主要有 for 语句、while 语句、do-while 语句，无条件控制语句主要有 break 语句、continue 语句、goto 语句等。

### 2.2.1　if 语句

　　if 语句是 C 程序设计中比较常用的语句，通过 if 语句可以根据不同条件选择不同通路。一般 if 语句由 if 和 else 两部分组成，通过判断条件的成立与否来执行不同的程序模块。

　　(1) 简单的 if 语句

　　if 语句可以只包含 if 模块而没有 else 模块，也可以既有 if 也有 else 模块。

　　形式一

```
if （表达式）
  语句
```

　　在这种形式下，当表达式成立(即值非 0)时，程序会执行 if 内的语句；当表达式不成立(即值为 0)的情况下，程序将会跳过 if 语句。如果语句多于一句，那么语句左右需添加大括号。一般为了使程序清晰，大括号单独占一行。具体的方法如下例所示。

　　**例 2.4**

```
int  a = 1, b = 2；
  if(a>0)
  {
    b = 0；
  }
```

因为 a 为 1,大于 0,所以 if 语句中的表达式(a>0)成立,程序将执行 b = 0 语句。如果 if 语句中的表达式为 a<0,显然表达式不成立,所以程序不会执行 b = 0 语句,最后变量 b 的值依然为 2。

形式二

```
if(表达式)
  语句 1
else
  语句 2
```

在这种形式下,当 if 表达式成立(即表达式的值非 0)时,程序会执行语句 1;当表达式不成立(即表达式值为 0)时,程序将会执行语句 2。

**例 2.5**

```
int  a = 1, b = 2;
  if(a<0)
  {
    b = 1;
  }
  else
{
  b = 0;
}
```

因为变量 a 的值为 1,所以表达式(a<0)值为假,不成立,程序将会执行 else 语句下的程序,即语句 2 (b = 0);如果 if 语句的表达式为 a>0,因为变量 a 的值为 1,所以显然表达式成立,程序将会执行语句 1(b = 1)。

(2) 嵌套 if 语句

嵌套 if 语句是指在简单的 if 语句内部再添加多层 if 语句,通过一系列条件判断,实现对更多种情况下的程序作出选择。嵌套 if 语句是简单 if 语句的扩展,在程序设计中一般都会用到嵌套 if 语句。

嵌套 if 语句的一般形式是:

```
if(表达式 1)
  if(表达式 2)
    语句 1
  else
    语句 2
else
  语句 3
```

当表达式 1 成立且表达式 2 成立,程序将执行语句 1;当表达式 1 成立且表达式 2 不成立时,程序将执行语句 2;当表达式 1 不成立时,程序将执行语句 3。简单的 if 嵌套语句也可以不使用 else 语句。

**例 2.6**

```
int  a = 1, b = 2, c = 3;
  if(a>0)
```

```
    if(c>4)
    {
       b = 1;
    }
    else
    {
       b = 3;
    }
  }
  else
  {
    b = 0;
  }
```

在程序中,a=1,所以表达式1成立,c=3,所以表达式2不成立,因此程序执行语句2(b=3);如果表达式2为c<4,则表达式2成立,程序执行语句1(b=1);如果表达式1为a<0,则表达式1不成立,那么程序将执行语句3(b=0)。

(3) 扩展 if 语句

扩展 if 语句也是简单 if 语句的扩展,扩展语句可以实现对多个分支的选择。

扩展 if 语句的一般形式为:

```
if(表达式 1)
    语句 1
else if(表达式 2)
    语句 2
else if(表达式 3)
    语句 3
else
    语句 4
```

当表达式1成立时,程序将执行语句1;当只有表达式2成立时,程序将执行语句2;当只有表达式3成立时,程序将执行语句3;当所有的表达式都不成立时,程序将执行语句4。

**例 2.7**

```
int  a = 1, b = 0;
  if(a<0)
  {
   b = 1;
  }
  else if(a>0&&a<1)
  {
   b = 2;
  }
  else if(a>=1&&a<10)
  {
   b = 3;
  }
  else
  {
```

```
    b = 4;
    }
```

变量 a 的值为 1,所以满足表达式 3(a>=1&&a<10),则程序将执行语句 3(b=3;);如果表达式的值都不成立,那么程序将会执行 else 下的语句。else 语句在某些程序中可以默认,根据具体的程序而定。

## 2.2.2　switch 语句

在上一小节中介绍了为了扩展选择的分支,采用扩展 if 语句。但是扩展 if 语句比较麻烦,如果表达式的值已经确定,则可以采用一种更为简单的方法来表示,这就是本小节中要介绍的 switch 语句。

switch 语句主要在选择分支比较多,而且表达式的值确定的情况下使用。switch 语句使得程序更为清晰、简单。

switch 语句的一般形式是:

```
switch(表达式)
{
  case 常量表达式 1；语句 1；break；
  case 常量表达式 2；语句 2；break；
  case 常量表达式 3；语句 3；break；
  case 常量表达式 4；语句 4；break；
  case 常量表达式 5；语句 5；break；
  case 常量表达式 6；语句 6；break；
  case 常量表达式 7；语句 7；break；
  case 常量表达式 8；语句 8；break；
  case 常量表达式 9；语句 9；break；
}
```

当表达式的值满足常量表达式时,将会调用相对应的语句,然后程序跳出整个 switch 语句。在 switch 中只要求常量表达式与后面的语句相对应,并不需要常量表达式的值严格大小排列。

**例 2.8**

```
switch(counter_low)
        {
        case 0：break；
        case 1：fenpin(0x3e6);disp_lcd("截止频率为 1KHz",3,2,1);break；
        case 2：fenpin(0x1f0);disp_lcd("截止频率为 2KHz",3,2,1);break；
        case 3：fenpin(0x148);disp_lcd("截止频率为 3KHz",3,2,1);break；
        case 4：fenpin(0xf7);disp_lcd("截止频率为 4KHz",3,2,1);break；
        case 5：fenpin(0xc4);disp_lcd("截止频率为 5KHz",3,2,1);break；
        case 6：fenpin(0xa5);disp_lcd("截止频率为 6KHz",3,2,1);break；
        case 7：fenpin(0x8d);disp_lcd("截止频率为 7KHz",3,2,1);break；
        case 8：fenpin(0x7a);disp_lcd("截止频率为 8KHz",3,2,1);break；
        case 9：fenpin(0x6c);disp_lcd("截止频率为 9KHz",3,2,1);break；
        case 10：fenpin(0x61);disp_lcd("截止频率为 10KHz",3,2,1);break；
        case 11：fenpin(0x58);disp_lcd("截止频率为 11KHz",3,2,1);break；
        case 12：fenpin(0x51);disp_lcd("截止频率为 12KHz",3,2,1);break；
```

```
case 13: fenpin(0x4b);disp_lcd("截止频率为 13KHz",3,2,1);break;
case 14: fenpin(0x46);disp_lcd("截止频率为 14KHz",3,2,1);break;
case 15: fenpin(0x41);disp_lcd("截止频率为 15KHz",3,2,1);break;
case 16: fenpin(0x3c);disp_lcd("截止频率为 16KHz",3,2,1);break;
case 17: fenpin(0x39);disp_lcd("截止频率为 17KHz",3,2,1);break;
case 18: fenpin(0x35);disp_lcd("截止频率为 18KHz",3,2,1);break;
case 19: fenpin(0x33);disp_lcd("截止频率为 19KHz",3,2,1);break;
case 20: fenpin(0x03);disp_lcd("截止频率为 20KHz",3,2,1);break;
}
```

根据变量 counter_low 的值来选择不同的分支,执行不同的子程序。在本例中子程序主要包括产生相应的分频数,并在液晶屏相应的位置处显示设置信息。

### 2.2.3　while 语句

在 C 程序中 while 是一种重要的循环控制语句,可以通过 while 语句中的表达式来控制程序循环的次数。

while 语句的一般表达形式是:

```
while(表达式 1)
   语句 1
```

当 while 语句的表达式 1 为真时,执行语句 1;当 while 语句的表达式为假,程序将跳出while 循环。

循环程序中的语句如果大于一句时,需在语句两端添加大括号。标准的表达形式为:

```
while(表达式 1)
{
   语句 1
}
```

#### 例 2.9

```
int a = 1;
while(a<= 5)
{
   GpioDataRegs.GPDTOGGLE.bit.GPIOD6 = 1;          // GPIOD6 取反操作(即高低电平转换)
   a++;
}
```

本程序使得 GPIOD6 进行了 5 次取反操作,即 while 语句实现了 5 次循环。程序开始设置了变量的初值 a=1,表达式的条件为 a<=5,当所有的 a<=5 情况下(当 a=1,2,3,4,5),程序都会执行语句(即 GpioDataRegs.GPDTOGGLE.bit.GPIOD6 = 1;// GPIOD6 取反操作)。在执行一次程序后,需要改变变量 a 的值,以实现相应的目的;如果不改变变量 a 的值,那么 while 循环将变成死循环(因为 a=1,始终小于 5)。例子中的 a++ 为自增预算符,实现的操作和 a=a+1 一样,具体使用方法将在后面章节中详细介绍。

while 语句除了可以实现可控制次数的循环程序外,还可以实现某些特殊的功能。

#### 例 2.10

```
while(ECanaRegs.CANRMP.bit.RMP16 == 0 ){}
```

这句程序表示的意思为当 CAN 总线没有接收到程序时,程序将一直在进行 while 语句循环,直到 CAN 接收到数据,跳出循环继续执行下面程序。

**例 2.11**

```
void Scib_xmit(char a)
{
    ScibRegs.SCITXBUF = a;
    while(ScibRegs.SCICTL2.bit.TXRDY!= 1){};
}
```

该程序为 SCIB 串口 B 发送子程序,在子程序中也同样使用了 while 语句。while 语句的意思为当 SCIB 的发送标志位没有被置位(即数据没有被发送出去),while 语句将一直循环下去,直到发送数据成功,while 语句跳出循环。

上面两个例子主要是介绍 while 语句如何实现等待状态,如何使程序满足条件。当两个系统的速度相差很大,为了平衡两个系统的速度时,这种操作显得尤为重要。如在字符型液晶显示操作中,字符型液晶如长沙太阳人公司的 SMG12864ZK 液晶,该款液晶要求系统控制速度很慢,而 DSP 的发送数据速度很快,这样通过 while 语句来判断应答信号可以实现 DSP 与液晶的很好通信。

while 语句除了可以平衡系统之间的速度,还可以实现无限循环等。

当 while 表达式的值为 1 时,在任何情况下,表达式都成立,那么程序将一直循环执行 while 程序中的语句,实行无限循环。

**例 2.12**

```
while(1)
{
  GpioDataRegs.GPDTOGGLE.bit.GPIOD6 = 1;      // GPIOD6 取反操作(即高低电平转换)
}
```

while 语句实现无限循环,即 GPIOD6 不断取反,高低电平不断转换,从而产生方波。通过在 while 语句中添加延时,来控制方波的频率与周期。

**例 2.13**

```
while(1)
  {
      while(ECanaRegs.CANRMP.bit.RMP16 == 0 ){}
      ECanaRegs.CANRMP.all = 0xFFFFFFFF;
  }
```

该程序为 CAN 通信中的接收程序,CAN 通信中接收时采用查询方式,用 while 循环方式,不断判断总线上是否有数据。只有当总线上有数据时,标志位置 1,ECanaRegs.CANRMP.bit.RMP16 值不等于 0,程序跳出 while 循环,否则程序一直在 while 语句中循环。

## 2.2.4　for 语句

for 语句也是 C 程序中常用的循环控制语句,在用法上,for 语句可更加清晰、有效地表达程序。它在功能上与 while 语句基本相同,都是控制循环程序。

（1）简单 for 语句

for 语句的表达形式是：

```
for(表达式 1;表达式 2;表达式 3)
    语句 1
```

在 for 语句表达式中 for 为 C 语言的关键词，3 个表达式共同控制 for 循环，3 个表达式之间采用分号连接。其中表达式 1 表示循环次数变量的初值，表达式 2 表示循环次数的范围，表达式 3 表示循环次数变量的增量。

for 循环的循环原理是首先根据表达式 1 得到循环次数变量初值。然后根据表达式 2 来判断循环次数变量是否满足条件，如果满足，则执行语句 1，然后根据表达式 3 改变循环次数变量值；如果不满足，程序将跳出 for 循环，依次进行判断循环。

**例 2.14**

```
int  a, b = 0;
for(a = 0;a<15;a++)
{
    b = b + 10;
    a++;
}
```

for 语句表达式中循环次数变量为 a，表达式 1 中确定了循环次数变量的初值为 0；表达式 2 中确定了变量的条件为 a<15；表达式 3 确定了变量的增量为每次加 1。根据表达式可以知道循环次数变量从 0 开始，每次加 1，当变量满足小于 15 的情况下执行语句，当变量大于 15 的情况下，程序将跳出 for 循环。其中表达式中的 a++ 为自增运算符，作用和 a＝a+1 相同，具体用法将在后面详细介绍。

注意 for 循环的 3 个表达式可以部分或全部省略，但是分号不能缺少。如果 for 循环的 3 个表达式全部省略，那么它将和 while(1) 一样实行无限循环。一般在 F2812 的主程序最后如果没有循环，那么或者采用 while(1){}或者采用 for(;;){}产生无限循环。

（2）嵌套 for 语句

for 语句内部也可以再添加 for 循环语句。这样构成的语句叫嵌套 for 语句。有时在同时需要考虑多个条件时，可以采用嵌套 for 语句，如：要实现液晶显示，液晶扫描为先扫描行，再扫描列，则可以把行信息的 for 循环语句放在列信息的 for 循环语句内部，从而实现嵌套 for 语句。嵌套 for 语句进入内层 for 语句后，先执行内层 for 语句，当内层 for 语句执行完后，再执行外层 for 语句，依次向外执行循环。

**例 2.15　液晶屏显示**

```
// 整屏显示
// 当 ii = 0 时显示上面 128×32
// 当 ii = 8 时显示下面 128×32
void lcdfill(unsigned char disdata)
{   unsigned char x,y,ii;
    for(ii = 0;ii<9;ii += 8)
        for(y = 0;y<0x20;y++)
            for(x = 0;x<8;x++)
            {   lcdwc(0x36);
```

```
        lcdwc(y + 0x80);                // 行地址
        lcdwc(x + 0x80 + ii);           // 列地址
        lcdwc(0x30);
        lcdwd(disdata);
        lcdwd(disdata);
        }
}
```

**例 2.16**　延时

```
void delay(unsigned int t)
{  unsigned int i,j;
   for(i = 0;i<t;i++)
       for(j = 0;j<10;j++)
            ;
}
```

在该程序中,两级 for 循环主要起延时的作用,因为执行每步程序都要花费一段时间,因此根据每步程序花费的时间可以确定延时函数。

## 2.2.5　程序控制中的特殊运算符

在程序控制中为了简化程序,引入了特殊运算符,很好地掌握这些特殊运算符可以使用户开发更加简单。特殊运算符主要包括自增运算符、自减运算符、自反赋值运算符等。

(1) 自增运算符、自减运算符

自增运算符为"++",自减运算符为"--"。

自增运算符"++"的功能是使操作数的值加 1,自减运算符"--"的功能是使操作数的值减 1,自增、自减运算符一般与变量一起使用,使用时变量与运算符的位置不同代表的运算也是不同的。当运算符位于变量的后面(即 a++ 或 a--)则变量先使用,然后再自动加或减 1;当运算符位于变量的前面(即 ++a 或 --a),则变量先加或减 1,然后再使用。

例如,在 for 循环中的表达式 3 经常采用自增运算符来改变变量取值。

**例 2.17**　延时

```
for(i = 0;i<15;i++){}
    asm(" NOP");
```

每次 for 循环,循环次数变量 i 都加 1。

(2) 自反赋值运算符

在 C 语言中为了简化程序,常常将多个运算简化成一个运算,这种方式表达清晰且提高了程序的执行效率,因此得到广泛的应用。当算术运算符和赋值运算符同时出现且表达式运算前后只是变化一个变量值,将算术运算符和赋值运算符简化为一个运算符,简化后的运算符就是自反赋值运算符。例如表达式 a=a+b,表达式中含有加法和赋值操作,且运算前后只是改变了变量 a 自身的值,则这两个操作可以简化为一个运算符,即自反赋值运算符"+="。

常用的自反赋值运算符有"+="、"-="、"/="、"*="。

自反赋值运算符的运用原则为:

① "+=" a+=b 等价于 a=a+b

② "-=" a-=b 等价于 a=a-b

③ "/=" a/=b 等价于 a=a/b

④ "*=" a*=b 等价于 a=a*b

## 2.3　数组

在 F2812 中兼容 C 语言中的数组。数组主要是具有相同属性值的一组数的集合,根据变量的个数可以将数组分为一维、二维数组。数组是具有严格顺序关系的一组数据,CPU可以根据数组中的次序来获得相应的数据。所以要想得到相应的数据,只需知道该数据在数组中的序号,这样方便 CPU 对数据的访问,提高了程序的执行效率,因此在程序设计中广泛使用。在本节中主要介绍一维数组。

一维数组是指只有一个下标的数组,如 int a[10],int 为数组中的元素类型,a 为数组名,下标 10 表示一维数组中的元素个数。从这个例子可以得出一维数组的一般表达形式为:

数组元素类型　　一维数组名[常量表达式]

其中数组元素类型和变量类型一致,可以为 int、float 以及在 F2812 中为了用户方便重新定义的 16 位无符号整型变量 Uint16;一维数组名可以随便定义;数组中的常量表达式定义了数组中元素个数,常量表达式定义的元素个数可以大于等于实际元素个数,但是不能小于实际元素个数,当定义元素个数多于实际个数时,多余的元素全部被赋值为 0。

在定义数组时一般都添加赋初值操作,具体赋初值操作为:int a[10]={0},这样就给数组所有的元素都赋值 0。

**例 2.18**　一维数组变量说明示例

```
Uint16  c[23];          一个由 23 个元素组成的数组 c,元素的类型为 Uint16。
int  d[2];              一个由 2 个元素组成的数组 d,元素的类型为 int。
float  e[9];            一个由 9 个元素组成的数组 e,元素的类型为 float。
```

**例 2.19**

```
#define CHECKNO 1024
Uint16 Count;
Uint16 tmp[3500] = {0};
for(Count = 0;Count<CHECKNO;Count++)
  {
        tmp[Count] = Count;
        tmp[Count]& = 0xff;
  }
```

该程序结合 for 循环程序,循环给数组赋值,通过程序可以看到数组定义的元素个数可以大于实际元素个数。程序结束后 tmp 数组的前 1024 位分别赋值为 0~1023,剩下的元素为 0。

**注意**:数组和变量一样,在使用前需要对数组进行定义,定义同时一般需要给数组赋初值。

## 2.4 指针

指针是 C 语言中的重要概念,指针的运用机制是:通过访问空间地址来获取空间中的数据。而存储空间一般都是通过地址来存储数据的,所以指针广泛应用于数据的存储。在 F2812 中含有大量外部存储空间,采用指针形式可以方便 CPU 快速访问外存,获得相应的数据。

指针的一般表示形式为:

数据类型 ＊指针名

数据类型是指相应地址中的数据的类型,如果指针指向的地址中的数据为整型,则这里的数据类型为 int。在 F2812 中 16 位无符号整型数据一般用 Uint16 表示。＊在这里不代表乘法,而是指针标识符。

**例 2.20**

Uint16 ＊p,说明 p 指针指向的空间中的数据为 Uint16 类型。

**注意**:p 是指针名字,＊p 代表指针所对应的地址空间中的数据。＊p 代表数据,所以定义指针为 Uint16 ＊p,是定义空间中的数据类型为 Uint16,而不是地址为 Uint16 类型。

**例 2.21**

```
#define RAMBASE  0x080000            // 总线地址
void da2(Uint16 data2)
{
    Uint16 * rambase2;
    rambase2 = (Uint16 * )RAMBASE;
    rambase2 += 1;
    * rambase2 = data2;
}
```

F2812 的外部存储空间的访问一般使用指针方式,具体的访问程序如例 2.20 所示,首先设置要访问的地址空间,在该例中选择 Zone2 空间。Zone2 空间的片选信号为 XZCS2,Zone2 对应的空间的起始地址为 0x08 0000(如图 2.2 所示),所以定义了总线空间地址(#define RAMBASE  0x08 0000),rambase2 = (Uint16 ＊)RAMBASE;。该句程序说明指针 rambase2 指向 RAMBASE 空间的起始地址,实际上说明 rambase2 指向的空间的起始地址为 0x08 0000(即指向 XZCS2 空间)。rambase2 += 1;语句将指针 rambase2 的地址加 1,＊rambase2 = data2;语句为向总线写数据语句。在 F2812 中向数据总线上写数据的方法很简单,先确定数据存放的地址,然后只需将数据放在数据总线上,CPU 会自动将数据写入相应的地址中。因为在 F2812 中,不同的外部存储空间对应不同的片选信号,当向某一地址写数据时,地址总线和片选信号会自动置位,把数据放在总线上后,数据会自动写入空间中。

通过上例,我们了解了指针如何运用,同时也掌握了总线的使用方法,具体的 F2812 的外部存储空间的使用以及总线的操作将在后续章节中详细介绍。

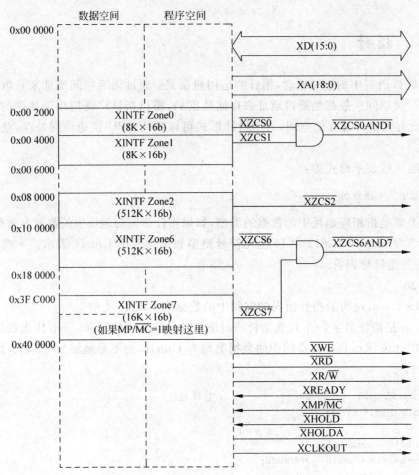

图 2.2   F2812 的外部存储空间分配

## 2.5   函数

函数是 C 程序的重要组成部分,函数设计思想是将大程序分解为多个小程序,大问题逐步分解为各个小问题,程序将这些小程序、小函数有机地结合在一起,而每个函数又各尽其职,在函数定义后,用户无须关心函数的内部工作,只需灵活使用该函数即可。一般工程化程序都是由许多函数组成的,每个函数承担一部分功能。用户编写主程序时,再调用各个子函数来完成预定的功能。在 F2812 中没有限定子函数的个数,也没有限定子函数的程序长度,所以在设计程序中,最好采用函数设计思想。

在 C 语言中,函数根据是否有参数而分为无参函数和有参函数。

（1）无参函数

无参函数是指函数中不含参数,具体的表示形式为:

函数类型标识符   函数名()

{

    程序

}

**例 2.22**

```
void tdelay(void)
{
    Uint16 i;
    for(i = 0;i<15;i++){}
        asm(" NOP");
}
```

该函数为典型的无参函数,无参函数函数名后面的小括号中可以不添加任何语句,也可以使用关键字 void。函数中的程序为可执行程序,以确定该函数的功能。该函数内部程序为延时程序,所以该函数为延时函数,定义该函数后,如果需要延时,直接调用即可。在 C 语言中规定函数中的程序由一对大括号括起来。

(2) 有参函数

有参函数是指函数中含有形式参数,具体的表示形式为:

函数类型标识符 函数名(形式参数类型 参数名)
{
  程序
}

**例 2.23**

```
void   Scib_xmit (Uint16 a)
{
    ScibRegs.SCITXBUF = (a&0xff);
    while(ScibRegs.SCICTL2.bit.TXRDY!=1){};
}
```

该程序为 SCIB 的发送函数,在函数名后面的括号中 int 为形式参数的类型,a 为形式参数。该程序为典型的有参函数,有参函数中定义的参数可以直接在函数中的程序中调用,如上例中参数 a 直接被程序调用 (ScibRegs.SCITXBUF = (a&0xff);),程序表示参数 a 取低 8 位,然后将低 8 位数据放在 SCIB 发送缓冲寄存器中等待发送。

在程序中调用有参函数时需注意调用函数中的实际参数与形式参数的类型要一致,如上例中 SCIB 的发送函数,形式参数为 Uint16 类型的,那么调用函数中的实际参数的类型也需为 Uint16。调用函数为:Scib_xmit(0x89);。十六进制的 89 与形参类型相同。

在 C 程序中,函数可以具有返回值,也可以没有返回值,根据函数是否具有返回值将函数分为无返回值函数和有返回值函数。函数类型标识符即表征函数是否有返回值。

(1) 无返回值函数

无返回值函数是指函数不带有返回值,此时函数类型标识符为 void。

**例 2.24**

```
void dds_reset()
{
 GpioDataRegs.GPACLEAR.bit.GPIOA11 = 1;
 delay(10);
 GpioDataRegs.GPASET.bit.GPIOA11 = 1;
```

```
delay(10);
GpioDataRegs.GPACLEAR.bit.GPIOA11 = 1;
delay(10);
}
```

该函数为典型的无返回值函数,函数标识符为 void,函数中的程序是改变相应的 GPIO 的值。

无返回值函数在函数调用时可以直接调用,而不需添加变量。如下例中调用 tdelay() 函数。

```
void I2C_init(void)
{
    tdelay();
    I2C_writemode();
    tdelay();
    I2C_start();
    tdelay();
    I2C_stop();
    tdelay();
}
```

(2) 有返回值函数

有返回值函数在程序最后将函数要返回的值用 return 形式返回。如要返回变量 a 的值,则可以表示为 return(a)。有返回值函数的函数类型标识符为返回值的类型,如要返回的变量为无符号整型,则函数类型标识符为 int。

**例 2.25**

```
Uint16 key_1( )
{
    Uint16 * rambase_key1, result;
    rambase_key1 = (Uint16 * )RAMBASE;
    rambase_key1 += 0x20;
    result = * rambase_key1;
    return(result);
}
```

该程序为有返回值函数,返回值为变量 result 的结果值,因为 result 变量的类型为 Uint16,所以函数类型标识符为 Uint16 类型。函数表示从总线上读取数据(result),然后将数据返回。

有返回值函数在函数调用时需要将函数值赋给同类型的变量,如下例所示。

**例 2.26**

```
Uint16   readkey(void)
{
    Uint16 M_key1 = 0;
    M_key1 = key_1();
}
```

在该程序中 key_1()函数为有返回值函数,在函数调用时,将该函数的值赋给变量

M_key1,从而变量 M_key1 就具有函数 key_1()的结果值 result。

　　**注意**：在函数赋值时,变量(M_key1)的类型需要和函数类型标识符(Uint16)相同,否则系统会报错或系统自动转换。

　　函数定义后,在函数调用前需在文件头处定义函数。定义方式为：函数标识符 函数名()(有参数时需要在括号中定义参数),以分号结束定义。

## 2.6　C语言编程规范

### 2.6.1　环境

采用多种编程语言时,必须保证模块间的兼容性。

模块间的程序设计需要重点考虑以下问题：

① 堆栈的使用情况;

② 参数的传递;

③ 数据的存储方式(数据长度、队列等)。

### 2.6.2　语言规范

(1)汇编语言应该被封装和隔离,单独处理。

具体的封装方法有：

① 汇编函数中;

② C 函数中;

③ 宏定义方式,如

```
#define NOP asm(" NOP")
```

(2)可以用/*　　　*/来添加注释,注释的内容不参加编译。

(3)已经编译的程序段不要再重复编译。

可以采用#if　　　#endif 来实现。

### 2.6.3　字符类

(1)标识符只能用 31 个字符中的某个或某几个,且标识符不能以下画线开始和结束。

需要特别注意不要将以下几对标识符混淆：

0 和 O、1 和 L、2 和 Z、5 和 S、n 和 h

(2)内部标识符与外部标识符不能有相同的名。如：

```
int a;     ①
{
  int a;     ②    ②处定义的标识符不能与①处相同,否则会导致变量值混淆。
  a = 3;
}
```

(3)不能重复定义标识符

下面的程序段就是重复定义标识符,所以错误。

```
{
    type unsigned char uint8;
}
{
    type unsigned char uint8;
}
```

(4) 一个变量已经被定义,那么再次调用时,应该采用相同的标识符。如:

```
struct sci
{
    uint16 a;
    uint16 b;
};
struct sci s1 = {0,0};        正确调用方法
union sci s2 = {0,0};         错误调用方法,与定义的 sci 标识符不符
```

(5) 其他变量不能与标识符命名的量有相同的名字,结构体或共同体成员除外。如:

```
type struct vec { uint16 x; uint16 y; } vec
```

程序中变量 vec 与标识符定义的结构体变量有相同的名字,所以错误。

但是结构体和共同体成员可以使用相同的名字。如:

```
struct sta { struct sta * next; };
struct bac{struct bac * next;};
```

(6) 标识符的命名要清晰、明了,且能代表一定的含义,可以使用功能的完整单词,或单词缩写。如:

```
temp 可以缩写为 tmp
maximum 可以缩写为 max
increment 可以缩写为 inc 等
```

(7) 在同一程序中,应规划好接口部分的标识符的命名,防止编译、链接时产生冲突。不同模块的变量标识符定义时,可以添加模块的功能名字,如模块为 DA 模块,那么变量名可以定义为 da_i,这样就可以避免变量冲突。

(8) 程序中避免使用不易理解的数字,可以用有意义的标识符来代替,涉及一些具有特殊意义的常量,一般不直接使用数字,而是用有意义的常量来代替。

如:设置 GPIOG4 和 GPIO5 为 SCI 口时,一般不要直接用数字赋值

```
GpioMuxRegs.GPGMUX.all| = 0x0030;
```

而是采用中间常量 SCI_IO 来代替,这样可以用一个常量来代替毫无意义的数值,使得程序易懂。如:

```
#define SCI_IO   0x0030
GpioMuxRegs.GPGMUX.all| = SCI_IO;          // SCIB 功能口
```

## 2.6.4　变量类型

(1) char 类型用于定义存储空间或字符型变量。

（2）变量的类型应该与变量的值相符，如浮点数必须用浮点数标准定义。

如 f＝1.2345，必须定义为 float f;

（3）有符号和无符号 char 用于定义存储空间和数值变量。

（4）可以自定义数据类型，typedef 定义的量的大小和类型必须与对应的基本类型相同。如：

```
typedef     int           int16;
typedef     long          int32;
typedef     unsigned int  Uint16;
typedef     unsigned long Uint32;
typedef     float         float32;
typedef     long double   float64;
```

## 2.6.5　函数声明和定义

（1）功能函数必须有原型声明和功能定义，且声明、定义以及函数调用时的参数、返回值必须对应相同。

（2）无论是工程还是功能函数声明、定义必须明确说明其类型。如果有返回值，那么函数的类型要与返回值的类型相同；如果没有返回值，那么函数的类型为 void。最好不要将返回值进行强制转换与函数类型相匹配，而且函数中的参数最好减少类型的强制转换。如：

```
Uint16 I2C_readOne(void);
void DA_start(void);
```

（3）如果一个变量的定义和使用都是在一个函数中，那么变量定义可以用 static，同理函数也可以定义为 static。

（4）可以通过宏定义方式编写简单的函数。如：

```
#define max( a , b ) ( ( a ) > ( b ) ) ? ( a ) : ( b )
```

上面的宏定义定义了一个求两个数中大的那个函数，具体的用法与其他功能函数一样，如：

```
m = max( a , b );
```

（5）尽量减少函数的参数个数，不使用的参数要从接口中去掉，从而减少函数接口的复杂度。

（6）函数名应该能够简单描述函数的功能。

如 max(a,b)求最大值函数，min(a,b)求最小值函数等。

（7）对于提供了返回值的函数，在引用时最好使用其返回值。

## 2.6.6　变量初始化

（1）变量在使用前应该被初始化为一个值。

（2）在用等号初始化列举列表时，等号只能初始化第一个，而不能初始化所有的变量，要想对所有的变量初始化，那么需要分开设置。如：

```
int a = 3, b, c, d = 5;           错误
int a = 3, b = 5, c = 5, d = 5    正确
```

## 2.6.7　算法类型转换

（1）类型转换需要注意以下几个问题：

① 防止转换后,符号丢失,如 signed→unsigned。

② 防止转换后,精度损失,如 float→int。

正确的类型转换为：int→float or double,float→double 等。

（2）防止赋值时类型混乱错误,如：

Uint32 k = Uint16 i + Uint16 j;　　错误

如果确实需要输出 32 位结果,那么需要将结果值强制转换一下。如：

Uint32 k = Uint32(Uint16 i + Uint16 j);

所以在一个表达式中,应尽量减少多种类型操作数的复杂运算,避免类型转换时导致数值错误。

## 2.6.8　编程风格

（1）不要把多个程序语句放在一行。

如下面程序不符合规范：

```
I2C_write(0x00,CHECKNO);　delay();
```

尽量一行只写一条程序语句,这样可以使程序清晰、明了,而且可以便于添加注释。

（2）if、for、while、case、switch 等语句独占一行,且无论语句的执行程序多少都要添加大括号{},且大括号也独占一行并与语句左对齐,而且语句的执行程序要有适当的缩进。

下面的语句不符合编程规范,for 语句要单独占用一行,且无论语句程序多少都要添加大括号。

```
for(i = 0;i<15;i++) asm(" NOP");
```

正确的编写程序为：

```
for(i = 0;i<15;i++)
{
    asm(" NOP");
}
```

下面的语句不符合编程规范,因为大括号要与语句左对齐,所以应将大括号左移两个字符。

```
for(Count = 0;Count<CHECKNO;Count++)
    {
        * rambase = Count;
        rambase++;
    }
```

# 第3章

## TMS320F2812外设的C语言程序设计

**要点提示**

本章主要介绍 F2812 外设的 C 语言程序设计,具体介绍外设寄存器的位操作和结构体定义方式,以及如何对寄存器位、整体进行配置。

**学习重点**

(1) 位定义和结构体定义方式;

(2) 如何对寄存器进行配置(特别注意 eCAN 控制寄存器的配置)。

## 3.1 导言

TMS320F2812 是 TI 公司 28 系列 DSP 的典型代表,为了使 C 语言运用得更容易、更有效,TI 公司采用特殊的硬件方式寻址外设寄存器,这种方式是采用位和寄存器结构体访问方式。以结构体方式先定义寄存器的各位,然后将寄存器映射到器件的物理地址处,实现通过寄存器方式控制器件。

## 3.2 传统的 #define 方法

用户可以采用传统的 #define 方法定义 DSP 的寄存器,为了更好地说明这种方法,下面将以 F2812 的 SCI 模块为例详细介绍。

定义外设的寄存器地址可以采用指针形式或地址列表形式,下面通过两个例子说明用户如何使用传统 #define 形式定义外设寄存器。即使两个外设是用的同样的寄存器定义,如 SCIA 和 SCIB,也要分开定义。

**例 3.1**　传统的 #define 形式定义

```
#define SCICCRA (volatile Uint16 *)0x7050      // 0x7050 对应 SCI-A 通信控制寄存器
#define SCICTL1A (volatile Uint16 *)0x7051      // 0x7051 对应 SCI-A 控制寄存器 1
#define SCIHBAUDA (volatile Uint16 *)0x7052     // 0x7052 对应 SCI-A 波特率寄存器
#define SCILBAUDA (volatile Uint16 *)0x7053     // 0x7053 对应 SCI-A 波特率寄存器
#define SCICTL2A (volatile Uint16 *)0x7054      // 0x7054 对应 SCI-A 控制寄存器 2
#define SCIRXSTA (volatile Uint16 *)0x7055      // 0x7055 对应 SCI-A 接收状态寄存器
#define SCIRXEMUA (volatile Uint16 *)0x7056     // 0x7056 对应 SCI-A 接收仿真数据寄存器
```

```
# define SCIRXBUFA (volatile Uint16 * )0x7057      // 0x7057 对应 SCI-A 接收数据缓冲器
# define SCITXBUFA (volatile Uint16 * )0x7059      // 0x7059 对应 SCI-A 发送数据缓冲器
# define SCIFFTXA (volatile Uint16 * )0x705A       // 0x705A 对应 SCI-A FIFO 发送寄存器
# define SCIFFRXA (volatile Uint16 * )0x705B
# define SCIFFCTA (volatile Uint16 * )0x705C
# define SCIPRIA (volatile Uint16 * )0x705F
# define SCICCRB (volatile Uint16 * )0x7750
# define SCICTL1B (volatile Uint16 * )0x7751
# define SCIHBAUDB (volatile Uint16 * )0x7752
# define SCILBAUDB (volatile Uint16 * )0x7753
# define SCICTL2B (volatile Uint16 * )0x7754
# define SCIRXSTB (volatile Uint16 * )0x7755
# define SCIRXEMUB (volatile Uint16 * )0x7756
# define SCIRXBUFB (volatile Uint16 * )0x7757
# define SCITXBUFB (volatile Uint16 * )0x7759
# define SCIFFTXB (volatile Uint16 * )0x775A
# define SCIFFRXB (volatile Uint16 * )0x775B
# define SCIFFCTB (volatile Uint16 * )0x775C
# define SCIPRIB (volatile Uint16 * )0x775F
```

可以采用下例所示的指针形式定义寄存器的位。

**例 3.2**　用 # define 形式访问寄存器

```
* SCICTL1A = 0x0003;        // 对整个寄存器进行写操作
* SCICTL1B | = 0x0001;      // 使能接收位
```

传统 # define 形式的宏定义的优点：

(1) 这样的宏定义简单、快速、容易分类；

(2) 直接采用寄存器的名字来定义，易于记忆。

传统 # define 形式的宏定义的缺点：

(1) 对位操作比较困难，需要用户另行处理。

(2) 在 CCS 观察窗口很难显示位信息。

(3) 这种宏定义不能充分发挥 CCS 的自动完成的优势。

## 3.3　位定义和寄存器结构体定义方式

与 # define 宏定义访问寄存器方式相比，位定义和寄存器结构体定义方式对位操作更灵活、更有效。

(1) 寄存器结构体定义文件

一个寄存器文件中包含外设所有的寄存器，这些寄存器统一作为 C 结构体形式下的元素。这个文件称为寄存器的结构体定义文件。在程序编译时，这些结构体直接映射到寄存器的相应地址空间中。这种映射使编译器可以通过 CPU 的数据指针直接访问寄存器。

(2) 位定义

位区域用于定义一个寄存器的每个功能位的名字和长度，这种位定义形式允许编译器对单一的位进行操作。

具体的结构体定义步骤如下：

⑴ 为SCI寄存器文件创造一个可变类型,在这个文件中不包含位信息;

② 将SCI的每个部分都设置成这种可变类型;

③ 将寄存器结构体的首地址映射到寄存器的相应地址处;

④ 为每个有效的SCI寄存器添加位信息;

⑤ 添加共同体定义,以便用户可以选择使用寄存器的位信息或整体信息;

⑥ 重新定义寄存器文件的类型,将位信息和共同体定义包含进去。

本书所介绍的程序例子中的头文件都是采用位定义和寄存器结构体定义方式的,这种方式已经广泛应用于2000系列DSP的应用开发中,使用户很方便地对内部寄存器进行操作。

## 3.3.1 定义寄存器结构体

例3.1所述为采用传统的♯define定义寄存器,在这部分将介绍使用结构体方式定义寄存器。表3.1和表3.2所示为SCIA和SCIB模块的所有寄存器。

**注意**：SCIA和SCIB模块具有相同的寄存器文件。

表 3.1　SCIA 寄存器文件

|  | 地　址 | 占用空间/16b | 功　能　描　述 |
|---|---|---|---|
| SCICCR | 0x0000 7050 | 1 | SCI-A 通信控制寄存器 |
| SCICTL1 | 0x0000 7051 | 1 | SCI-A 控制寄存器 1 |
| SCIHBAUD | 0x0000 7052 | 1 | SCI-A 波特率设置寄存器高字节 |
| SCILBAUD | 0x0000 7053 | 1 | SCI-A 波特率设置寄存器低字节 |
| SCICTL2 | 0x0000 7054 | 1 | SCI-A 控制寄存器 2 |
| SCIRXST | 0x0000 7055 | 1 | SCI-A 接收状态寄存器 |
| SCIRXEMU | 0x0000 7056 | 1 | SCI-A 接收仿真数据缓冲寄存器 |
| SCIRXBUF | 0x0000 7057 | 1 | SCI-A 接收数据缓冲寄存器 |
| SCITXBUF | 0x0000 7059 | 1 | SCI-A 发送数据缓冲寄存器 |
| SCIFFTX | 0x0000 705A | 1 | SCI-A FIFO 发送寄存器 |
| SCIFFRX | 0x0000 705B | 1 | SCI-A FIFO 接收寄存器 |
| SCIFFCT | 0x0000 705C | 1 | SCI-A FIFO 控制寄存器 |
| SCIPRI | 0x0000 705F | 1 | SCI-A 极性控制寄存器 |

表 3.2　SCIB 寄存器文件

|  | 地　址 | 占用空间/16b | 功　能　描　述 |
|---|---|---|---|
| SCICCR | 0x0000 7750 | 1 | SCI-B 通信控制寄存器 |
| SCICTL1 | 0x0000 7751 | 1 | SCI-B 控制寄存器 1 |
| SCIHBAUD | 0x0000 7752 | 1 | SCI-B 波特率设置寄存器高字节 |
| SCILBAUD | 0x0000 7753 | 1 | SCI-B 波特率设置寄存器低字节 |
| SCICTL2 | 0x0000 7754 | 1 | SCI-B 控制寄存器 2 |
| SCIRXST | 0x0000 7755 | 1 | SCI-B 接收状态寄存器 |
| SCIRXEMU | 0x0000 7756 | 1 | SCI-B 接收仿真数据缓冲寄存器 |
| SCIRXBUF | 0x0000 7757 | 1 | SCI-B 接收数据缓冲寄存器 |

续表

| | 地　址 | 占用空间/16b | 功　能　描　述 |
|---|---|---|---|
| SCITXBUF | 0x0000 7759 | 1 | SCI-B 发送数据缓冲寄存器 |
| SCIFFTX | 0x0000 775A | 1 | SCI-B FIFO 发送寄存器 |
| SCIFFRX | 0x0000 775B | 1 | SCI-B FIFO 接收寄存器 |
| SCIFFCT | 0x0000 775C | 1 | SCI-B FIFO 控制寄存器 |
| SCIPRI | 0x0000 775F | 1 | SCI-B 极性控制寄存器 |

**注意**：(1)这些寄存器映射到外设结构 2 上，这个结构只允许 16 位访问，如果使用 32 位访问将产生不确定的结果。

(2) SCIB 是一个可选择的外设，在一些设计中可以不使用，应根据外围设备的需要来决定是否使用。

例 3.3 所示的代码为所有的 SCI 寄存器都作为 C 结构体的一个元素，具有较低地址的寄存器位于结构体的前面，较高地址的寄存器位于结构体的后面。保留的寄存器空间仍然采用变量来代替，但是该变量将不会被调用，如 rsvd1、rsvd2、rsvd3 等。在文件中寄存器的大小由变量的类型决定，Uint16 为 16 位无符号的整数，Uint32 为 32 位无符号的长整数。因为 SCI 的外设寄存器都是 16 位的，所以采用 Uint16 来定义变量。

**例 3.3**　SCI 的寄存器结构体文件的定义

```
struct SCI_REGS {
    union SCICCR_REG      SCICCR;       // 通信控制寄存器
    union SCICTL1_REG     SCICTL1;      // 控制寄存器 1
    Uint16                SCIHBAUD;     // 波特率寄存器(高字节)
    Uint16                SCILBAUD;     // 波特率寄存器(低字节)
    union SCICTL2_REG     SCICTL2;      // 控制寄存器 2
    union SCIRXST_REG     SCIRXST;      // 接收状态寄存器
    Uint16                SCIRXEMU;     // 接收仿真缓冲寄存器
    union SCIRXBUF_REG    SCIRXBUF;     // 接收数据寄存器
    Uint16                rsvd1;        // 保留
    Uint16                SCITXBUF;     // 发送数据缓冲器
    union SCIFFTX_REG     SCIFFTX;      // 发送 FIFO 寄存器
    union SCIFFRX_REG     SCIFFRX;      // 接收 FIFO 寄存器
    union SCIFFCT_REG     SCIFFCT;      // FIFO 控制寄存器
    Uint16                rsvd2;        // 保留
    Uint16                rsvd3;        // 保留
    union SCIPRI_REG      SCIPRI;       // FIFO 优先级控制寄存器
};
```

在例 3.3 的程序中定义了一个 SCI_REGS 的结构体，单独这样定义是不能创造任何变量的。例 3.4 介绍了结构体 SCI_REGS 如何像 int 或 unsigned int 变量一样使用，多个模块具有相同的寄存器可以采用相同的类型定义，例如如果有两个 SCI 模块，那么将产生两个变量。

**例 3.4**　SCI 寄存器结构体变量

```
volatile struct SCI_REGS ScibRegs;
volatile struct SCI_REGS SciaRegs;
```

在例 3.4 中关键字 volatile 很重要，变量 volatile 使寄存器的值被外部代码任意改变，例如,外设的寄存器的值可以被外部硬件或中断任意改变,如果不使用变量 volatile,则寄存器的值只能被程序代码所改变。

## 3.3.2　使用 DATA_SECTION 将寄存器结构体映射到地址空间

编译器可以产生数据和地址空间,这些空间位于内存中可以配置不同的系统,而这些地址数据空间是在连接器命令文件(.cmd 文件)中定义的。

默认情况下,编译器分配全局静态变量如(SciaRegs 和 ScibRegs)到.ebss 或.bss 空间处,然而在提取层的情况下,寄存器结构体变量直接连接到外设的寄存器地址空间文件,采用编译器的 DATA_SECTION,每个变量都被分配到特殊的数据空间。这种 DATA_SECTION 语法在 C 语言中的表示方式如下:

```
#ifdef __cplusplus
#pragma DATA_SECTION("ScibRegsFile")
#else
#pragma DATA_SECTION(ScibRegs,"ScibRegsFile");
```

从上可以看出 DATA_SECTION 连接的空间名为 ScibRegsFile。

在例 3.5 中 DATA_SECTION 用于将变量 SciaRegs 和 ScibRegs 分配到数据空间 SciaRegsFile 和 ScibRegsFile,这样数据空间直接映射到内存中相应 SCI 寄存器。

**例 3.5**　将变量分配到数据空间

```
// ---------------------------------------
#ifdef __cplusplus
#pragma DATA_SECTION("SciaRegsFile")
#else
#pragma DATA_SECTION(SciaRegs,"SciaRegsFile");
#endif
volatile struct SCI_REGS SciaRegs;

// ---------------------------------------
#ifdef __cplusplus
#pragma DATA_SECTION("ScibRegsFile")
#else
#pragma DATA_SECTION(ScibRegs,"ScibRegsFile");
#endif
volatile struct SCI_REGS ScibRegs;
```

数据空间中包含每个外设的信息,连接器命令文件(.cmd 文件)将数据空间直接分配到内存寄存器中。例如,表 3.1 说明了 SCI_A 寄存器的内存起始地址为 0x0000 7050,利用已经分配的数据空间,变量 SciaRegs 直接映射到内存的寄存器起始地址 0x0000 7050,内存的地址分配定义在.cmd 文件中,如例 3.6 所示。

**例 3.6**　将数据空间映射到内存的寄存器空间

```
MEMORY
{
  PAGE 0:     /* Program Memory */
```

```
PAGE 1:     /* Data Memory */
    ......
    SCIA          : origin = 0x007050, length = 0x000010        /* SCI-A 寄存器 */
    SCIB          : origin = 0x007750, length = 0x000010        /* SCI-B 寄存器 */

}
SECTIONS
{
    ......
    SciaRegsFile    : > SCIA,        PAGE = 1
    ScibRegsFile    : > SCIB,        PAGE = 1

}
```

将寄存器结构体变量直接映射到内存的相应外设寄存器空间后,用户可以使用 C 模式调用结构体中的元素。每个结构体中的元素可以被看成一个普通的变量,但是它的名字必须是一位长,例如要对 SCIB 的控制寄存器(SCICCR)进行操作,可以直接访问 ScibRegs 结构体中的寄存器元素,如例 3.7 所示。

**例 3.7**  访问 SCI 结构体中寄存器元素

```
ScibRegs.SCIFFTX.all = 0xE040;          // 允许接收,使能 FIFO,没有 FIFO 中断
                                        // 清除 TXFIFINT
ScibRegs.SCIFFRX.all = 0x2021;          // 使能 FIFO 接收,清除 RXFFINT,16 级 FIFO
ScibRegs.SCIFFCT.all = 0x0000;          // 禁止波特率校验
ScibRegs.SCICCR.all  = 0x0007;          // 1 个停止位,无校验,禁止自测试
                                        // 空闲地址模式,字长 8 位
ScibRegs.SCICTL1.all = 0x0003;          // 复位
ScibRegs.SCICTL2.all = 0x0003;
ScibRegs.SCIHBAUD    = 0x0001;          // 设定波特率 9600bps
ScibRegs.SCILBAUD    = 0x00E7;          // 设定波特率 9600bps
ScibRegs.SCICTL1.all = 0x0023;          // 退出 RESET
```

### 3.3.3  添加位定义

位访问是寄存器访问中最常用的方式,为了方便用户使用和记忆,使用寄存器的位名字定义结构体中的位列表,在每个位名字后面都定义了位的长度。

这种位定义使在 C 模式下的困难操作变得容易、方便,但是位定义不是随便使用的,使用位定义时需要遵循的准则如下。

(1) 使用的位定义从右到左必须依次是其成员,即最低有效位必须是次低有效位的成员,依次类推。

(2) F2812 规定了位的长度,每个寄存器的位长度不能超过 16b。

(3) 当一个结构体中定义的位超过 16b,那么下一位将被保存在下一个存储空间里。

下面以例 3.8 中的 SCICCR 和 SCICTL1 寄存器为例说明如何将寄存器中的位信息转换成 C 语言程序。SCICCR 和 SCICTL1 寄存器的位信息如表 3.3 和 3.4 所示。[①]

---

① 表中出现的字母意义为:R—可读;W—可写;S—只能置 1;C—可清除;W1C—写 1 清除该位;RW2—任何时间都可读取;-0—复位后的值为 0;-1—复位后的值为 1;-x—状态不确定;RWI—任何时间都可读取。本书余同。

在寄存器中被保留的空间也要在结构体中定义,只是定义的变量将不会被调用。像其他结构体一样,成员的调用也采用圆点形式连接。

**表 3.3 SCICCR 寄存器位信息**

| 7 | 6 | 5 | 4 | 3 | 2 | 1 | 0 |
|---|---|---|---|---|---|---|---|
| STOP BITS | EVEN/ODD PARITY | PARITY ENABLE | LOOPBACK ENA | ADDR/IDLE MODE | SCICHAR2 | SCICHAR1 | SCICHAR0 |
| R/W-0 | R/W-0 | R/W-0 | R/W-0 | R/W-0 | R/W-0 | R/W-0 | R/W-0 |

**表 3.4 SCI 控制寄存器 1(SCICTL1)位信息**

| 7 | 6 | 5 | 4 | 3 | 2 | 1 | 0 |
|---|---|---|---|---|---|---|---|
| Reserved | RX ERR INT ENA | SW RESET | Reserved | TXWAKE | SLEEP | TXENA | RXENA |
| R-0 | R/W-0 | R/W-0 | R-0 | R/S-0 | R/W-0 | R/W-0 | R/W-0 |

**例 3.8 采用位定义方式定义寄存器**

```
struct  SCICCR_BITS {              // 位定义
    Uint16 SCICHAR:3;              // 2～0    字符长度控制位
    Uint16 ADDRIDLE_MODE:1;        // 3       地址线/空闲线模式控制位
    Uint16 LOOPBKENA:1;            // 4       自测模式使能位
    Uint16 PARITYENA:1;            // 5       优先级使能位
    Uint16 PARITY:1;               // 6       奇偶校验位
    Uint16 STOPBITS:1;             // 7       停止位个数
    Uint16 rsvd1:8;                // 15～8   保留
};
struct  SCICTL1_BITS {             // 位定义
    Uint16 RXENA:1;                // 0       SCI 接收使能位
    Uint16 TXENA:1;                // 1       SCI 发送使能位
    Uint16 SLEEP:1;                // 2       SCI 休眠位
    Uint16 TXWAKE:1;               // 3       发送唤醒位
    Uint16 rsvd:1;                 // 4       保留
    Uint16 SWRESET:1;              // 5       软件复位位
    Uint16 RXERRINTENA:1;          // 6       接收中断使能位
    Uint16 rsvd1:9;                // 15～7   保留
};
```

注意观察寄存器结构体定义和寄存器的位信息之间的关系,一般结构体中的元素是按地址的顺序定义的,而且中间如果有空间保留,那么需要一个变量来代替,虽然变量并不会被调用,但是必须要添加,防止后续寄存器位的地址混乱。

## 3.3.4 共同体定义

位定义使得用户可以方便地对单独的寄存器位进行操作,但是有时如果需要对整个寄存器进行操作,位操作就显得麻烦,为此引入寄存器整体操作方式。引入共同体,用户可以方便选择对位或寄存器整体进行操作,例3.9所示为对SCI的通信控制寄存器和控制寄存器1进行共同体定义。

**例 3.9** 共同体定义

```
union SCICCR_REG {
    Uint16              all;
    struct SCICCR_BITS  bit;
};
union SCICTL1_REG {
    Uint16              all;
    struct SCICTL1_BITS bit;
};
```

当寄存器的位定义和共同体确定后,寄存器结构体文件就需要重新编写,如例 3.10 所示。

**例 3.10** 寄存器结构体文件

```
struct SCI_REGS {
    union SCICCR_REG    SCICCR;       // 通信控制寄存器
    union SCICTL1_REG   SCICTL1;      // 控制寄存器 1
    Uint16              SCIHBAUD;     // 波特率寄存器(高字节)
    Uint16              SCILBAUD;     // 波特率寄存器(低字节)
    union SCICTL2_REG   SCICTL2;      // 控制寄存器 2
    union SCIRXST_REG   SCIRXST;      // 接收状态寄存器
    Uint16              SCIRXEMU;     // 接收仿真缓冲寄存器
    union SCIRXBUF_REG  SCIRXBUF;     // 接收数据寄存器
    Uint16              rsvd1;        // 保留
    Uint16              SCITXBUF;     // 发送数据缓冲器
    union SCIFFTX_REG   SCIFFTX;      // 发送 FIFO 寄存器
    union SCIFFRX_REG   SCIFFRX;      // 接收 FIFO 寄存器
    union SCIFFCT_REG   SCIFFCT;      // FIFO 控制寄存器
    Uint16              rsvd2;        // 保留
    Uint16              rsvd3;        // 保留
    union SCIPRI_REG    SCIPRI;       // FIFO 优先级控制寄存器
};
```

和其他结构体一样,每个成员(.all 或 .bit)都可以通过 C 格式访问,访问时中间以点号连接,如例 3.11 所示。当确定对寄存器整体赋值选择 .all;当对寄存器某位进行操作时选择 .bit,后面加寄存器位名字,之间连接方式同样采用点号。

**例 3.11** 对外设寄存器进行操作实例

```
ScibRegs.SCIPRI.bit.FREE = 1;        // 自由运行
ScibRegs.SCICTL1.all = 0x0023;       // 退出 RESET
```

## 3.4　位操作和寄存器结构体定义方式的优点

位操作和寄存器结构体定义方式有以下优点。

(1) 用户可以方便地对位进行读、写操作。

用户可以直接对位进行操作,而不需改变整个寄存器的值,而且用户还可以选择对位还是整个寄存器的值进行操作。

（2）位操作方式能够充分发挥 CCS 软件的优势，可以通过软件方式观察程序的相应状态。

以往定义的方式很难记忆寄存器的名称，采用位操作和寄存器结构体定义方式可以根据寄存器名称来写程序，而且 CCS 软件可以像 C++ 软件一样为用户提供许多结构体域信息，这样用户可以根据提示更容易编写相应的程序。图 3.1 所示为 CCS 软件为用户提供的域信息提示，在提示中，CCS 把所有的包括在这个结构体中的元素都列举出来，用户可以根据需要进行相应的选择。

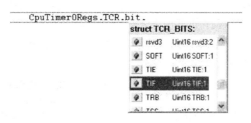

图 3.1 CCS 提供的提示信息

（3）增加了 CCS 观察窗口。

用户可以在 CCS 的观察窗口（Watch Window）中添加想要观察的寄存器，如图 3.2 所示。

| Name | Value | Type | Radix |
|---|---|---|---|
| ⊟ 🐛 CpuTimer0Regs | {...} | struct CPUTIMER_REGS | hex |
| ⊞ 🐛 TIM | {...} | union TIM_GROUP | hex |
| ⊞ 🐛 PRD | {...} | union PRD_GROUP | hex |
| ⊟ 🐛 TCR | {...} | union TCR_REG | hex |
| 🔹 all | 1 | Uint16 | unsigned |
| ⊟ 🐛 bit | {...} | struct TCR_BITS | hex |
| 🔹 rsvd1 | 0001 | (unsigned int:0:4) | bin |
| 🔹 TSS | 0 | (unsigned int:4:1) | bin |
| 🔹 TRB | 0 | (unsigned int:5:1) | bin |
| 🔹 rsvd2 | 0000 | (unsigned int:6:4) | bin |
| 🔹 SOFT | 0 | (unsigned int:10:1) | bin |
| 🔹 FREE | 0 | (unsigned int:11:1) | bin |
| 🔹 rsvd3 | 00 | (unsigned int:12:2) | bin |
| 🔹 TIE | 0 | (unsigned int:14:1) | bin |
| 🐾 Watch Locals　☜❞ Watch 1 | | | |

图 3.2 CCS 观察窗口

# 3.5 对位或寄存器整体进行操作

本节将以 SCI 寄存器为例来说明如何对位或寄存器进行操作，如何编写 DSP 程序。通过本章的前几节介绍，相信大家对位以及寄存器结构体定义有了一定的了解，如何利用这种对外设的定义来编写相应的外设程序是本节的重点。关于 SCI 的寄存器介绍见第 6 章。

（1）对位进行操作。如：

```
ScibRegs.SCICCR.bit.LOOPBKENA = 0;      // 禁止芯片内部连接
```

首先编写的是 SCI 寄存器 SCICCR，然后是位操作的标志 bit，最后是要操作寄存器的位 LOOPBKENA,需要注意的是结构体之间采用点号相连接。

（2）对寄存器整体进行操作。如：

```
ScibRegs.SCICTL1.all = 0x0003;              // 复位
```

与位操作不同的是寄存器整体操作的标志是 all,all 表示对寄存器整体进行操作,后面不需跟任何内容,数值为十六进制,因为寄存器 DSP 的寄存器一般是 16 位的,所以一般整体赋值时值为 4 位十六进制数。0x0003 代表 SCICTL1 寄存器的最低位和倒数第三位为 1,其余的寄存器各位均为 0。

整体的 SCI 寄存器操作程序如下所示：

```
void Scib_init( )
{
    ScibRegs.SCIFFTX.all = 0xE040;           // 允许接收,使能 FIFO,没有 FIFO 中断
                                             // 清除 TXFIFINT
    ScibRegs.SCIFFRX.all = 0x204f;           // 使能 FIFO 接收,清除 RXFFINT,16 级 FIFO
    ScibRegs.SCIFFCT.all = 0x0000;           // 禁止波特率校验
    ScibRegs.SCICCR.all = 0x0007;            // 1 个停止位,无校验,禁止自测试
                                             // 空闲地址模式,字长 8b
    ScibRegs.SCICTL1.all = 0x0003;           // 复位
    ScibRegs.SCICTL2.all = 0x0000;
    ScibRegs.SCIHBAUD    = 0x0001;           // 设定波特率 9600bps
    ScibRegs.SCILBAUD    = 0x00E7;           // 设定波特率 9600bps
    ScibRegs.SCICCR.bit.LOOPBKENA = 0;       // 禁止芯片内部连接
    ScibRegs.SCIPRI.bit.FREE = 1;            // 自由运行
    ScibRegs.SCICTL1.all = 0x0023;           // 退出 RESET
}
```

# 3.6 一个特殊的例子（eCAN 控制寄存器）

28 系列的 DSP 的外设都是依赖于 3 种外设帧（或总线）,外设的寄存器也是基于各自的外设帧,所以相应的寄存器寻址也与外设帧有关。

（1）外设帧 0

这种外设帧主要用于存储总线上,这种总线可以 16 位寻址或 32 位寻址,例如 CPU 的定时器就是基于这种总线。

（2）外设帧 1

外设帧 1 使用的总线能够兼容 16 位和 32 位总线寻址,例如外设 ePWM 和 eCAN。

（3）外设帧 2

外设帧 2 使用的总线只能兼容 16 位总线寻址,所以所有的基于外设帧 2 的外设寄存器都是 16 位长,例如 SCI、SPI、ADC。

当确定 eCAN 的控制和状态寄存器为 32 位寻址（即选择了增强型 CAN 总线模式）,如果 16 位寻址将会产生不确定的结果,所以 eCAN 的控制和状态寄存器需要作为一个特例来处理,它们是外设帧 1 中唯一的 32 位寻址的寄存器。

对 eCAN 的控制和状态寄存器有两种处理方式。

（1）设置 CAN 总线为标准模式（SCC），此时只有 16 个邮箱（0～15）可用，此时 eCAN 的控制和状态寄存器可以采用 16 位寻址。

```
EALLOW
  ECanaRegs.CANMC.bit.SCB = 1;
EDIS;
```

**注意**：EALLOW 和 EDIS 在 C 的头文件中和外设例子程序中定义，主要屏蔽 CPU 对某些寄存器进行写操作，当程序运行至 EALLOW 处时，CPU 可以对寄存器进行写操作，当程序运行至 EDIS 时，就会再次屏蔽 CPU 的写操作，保护内部的寄存器。

（2）设置 CAN 总线为增强型 CAN 总线模式，此时 eCAN 的控制和状态寄存器必须采用 32 位寻址。

一种方法先将数据写入临时寄存器（Shadow Register）中，处理完数据后将 32 位数据用.all 形式写入寄存器中。

例 3.12 所示程序将介绍如何将数据变成 32 位赋给相应的寄存器。

**例 3.12**　利用一个临时寄存器（Shadow Register）将数据变换成 32 位寻址

```
struct ECAN_REGS ECanaShadow;

// 配置邮箱为发送邮箱
ECanaShadow.CANMD.all = ECanaRegs.CANMD.all;
ECanaShadow.CANMD.bit.MD5 = 0;
ECanaRegs.CANMD.all = ECanaShadow.CANMD.all;

// 使能邮箱
ECanaShadow.CANME.all = ECanaRegs.CANME.all;
ECanaShadow.CANME.bit.ME5 = 1;
ECanaRegs.CANME.all = ECanaShadow.CANME.all;
```

# 第 4 章

# TMS320F2812系统控制及中断

**要点提示**

本章主要介绍 F2812 的系统控制及中断。

**学习重点**

(1) 如何使能各种外设时钟;

(2) 产生中断的流程;

(3) 看门狗复位与看门狗中断的区别;

(4) 定时器寄存器配置及定时器中断程序设计;

(5) GPIO 寄存器配置及相关程序设计。

## 4.1 存储空间

### 4.1.1 Flash 存储器

片内 Flash 存储器既可以作为数据存储空间,也可以作为程序存储空间,在 F2812 中片内 Flash 存储器总是被使能,且具有下列特性:

(1) 多扇区存储;

(2) 代码保护;

(3) 低功耗模式;

(4) 可配置等待时间(可以根据 CPU 频率校正);

(5) 采用 Flash 流水线模式有效提高系统性能。

### 4.1.2 OTP 存储器

OTP 存储器是指只能进行一次编程,不能擦除的存储器,在 F2812 中有 1K×16b OTP 存储器用于存放数据、程序。

### 4.1.3 Flash 和 OTP 寄存器

Flash 和 OTP 的配置寄存器如表 4.1 所示。

表4.1　Flash 和 OTP 的配置寄存器

| 名　　称 | 地　　址 | 大小/16b | 描　　述 |
|---|---|---|---|
| FOPT | 0x0000 0A80 | 1 | Flash 选择寄存器 |
| 保留 | 0x0000 0A81 | 1 | 保留 |
| FPWR | 0x0000 0A82 | 1 | Flash 供电模式寄存器 |
| FSTATUS | 0x0000 0A83 | 1 | 状态寄存器 |
| FSTDBYWAIT | 0x0000 0A84 | 1 | Flash 由休眠态到备用态等待寄存器 |
| FACTIVEWAIT | 0x0000 0A85 | 1 | Flash 由备用态到激活态等待寄存器 |
| FBANKWAIT | 0x0000 0A86 | 1 | Flash 读访问等待状态寄存器 |
| FOTPWAIT | 0x0000 0A87 | 1 | OTP 读访问等待状态寄存器 |

　　需要特别说明的是：这些寄存器都受 EALLOW 保护。CPU 只有在执行 EALLOW 指令后才能对寄存器进行写操作；当执行 EDIS 指令后，CPU 将不能对寄存器执行写操作，寄存器被保护，防止其他途径对寄存器的误操作。这些寄存器也可以通过 JTAG 操作而不需要执行 EALLOW 指令，这些寄存器支持 16 位和 32 位访问。

　　(1) Flash 选择寄存器(FOPT)

　　Flash 选择寄存器(FOPT)位信息及功能介绍如表 4.2 和表 4.3 所示。

表4.2　Flash 选择寄存器(FOPT)位信息

| 15 | 2 1 | 0 |
|---|---|---|
| Reserved | ENPIPE | |
| R-0 | R-0 | |

表4.3　Flash 选择寄存器位功能介绍

| 位 | 名　　称 | 功 能 描 述 |
|---|---|---|
| 15～2 | Reserved | 保留 |
| 1,0 | ENPIPE | 使能 Flash 流水线模式位，该位如果置位，Flash 流水线模式将使能。流水线模式有利于提高指令提取效率，当流水线模式被使能，Flash 的等待状态时间(按页或随机)必须大于 0 |

　　(2) Flash 供电模式寄存器(FPWR)

　　Flash 供电模式寄存器(FPWR)位信息及功能介绍如表 4.4 和表 4.5 所示。

表4.4　Flash 供电模式寄存器位信息

| 15 | 2 1 | 0 |
|---|---|---|
| Reserved | PWR | |
| R-0 | R/W-0 | |

　　(3) Flash 状态寄存器(FSTATUS)

　　Flash 状态寄存器(FSTATUS)位信息及功能介绍如表 4.6 和表 4.7 所示。

表 4.5　Flash 供电模式寄存器位功能介绍

| 位 | 名称 | 功能描述 |
|---|---|---|
| 15~2 | Reserved | 保留 |
| 1,0 | PWR | Flash 供电模式位,可以通过该位改变 Flash 的供电模式(Pump 或 Bank 模式)<br>00　Pump and bank sleep（功耗最低）<br>01　Pump and bank standby<br>10　保留（没有影响）<br>11　Pump and bank active（功耗最高） |

表 4.6　Flash 状态寄存器位信息

| 15 | | | | | | | 9 | 8 |
|---|---|---|---|---|---|---|---|---|
| Reserved | | | | | | | | 3VSTAT |
| R-0 | | | | | | | | R/W1C-0 |

| 7 | | 4 | 3 | | 2 | | 1 | 0 |
|---|---|---|---|---|---|---|---|---|
| Reserved | | | ACTIVEWAITS | | STDBYWAITS | | PWRS | |
| R-0 | | | R-0 | | R-0 | | R-0 | |

表 4.7　Flash 状态寄存器位功能介绍

| 位 | 名　称 | 功能描述 |
|---|---|---|
| 15~9 | Reserved | 保留 |
| 8 | 3VSTAT | VDD3V 状态锁存位,当该位置高,表示 3VSTAT 信号（Pump 模块）达到一个更高的等级,该信号反映 3V 供电电压是否超出正常范围,写 1 清除该位,写 0 没有影响 |
| 7~4 | Reserved | 保留 |
| 3 | ACTIVEWAITS | Bank and Pump 从备用到激活状态的等待计数状态位<br>1　计数器正在计数；<br>0　计数器没有计数 |
| 2 | STDBYWAITS | Bank and Pump 从休眠到备用状态的等待计数状态位<br>1　计数器正在计数；<br>0　计数器没有计数 |
| 1 | PWRS | 供电模式状态位,该位反映 Flash 和 OTP 当前的供电模式<br>00　Pump and bank sleep（功耗最低）；<br>01　Pump and bank standby；<br>10　保留（没有影响）；<br>11　Pump and bank active（功耗最高） |

# 4.2　时钟及系统控制

## 4.2.1　时钟及系统控制概述

如图 4.1 所示为 F2812 内部的不同时钟及复位管理电路。

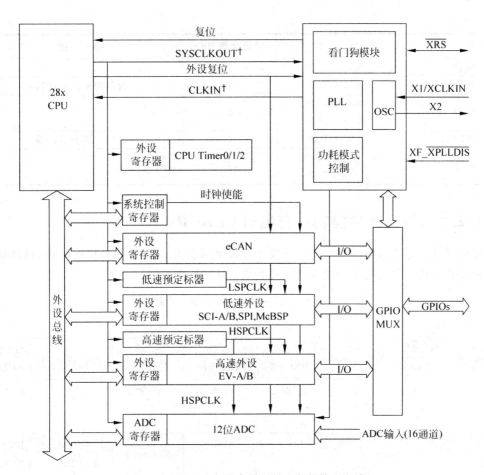

图4.1 F2812内部的各种时钟和复位管理电路

F2812的所有的时钟、锁相环、看门狗以及低功耗模式等都是通过表4.8中的控制寄存器配置的。

表4.8 控制寄存器

| 名　　　称 | 地　　　址 | 地址空间/16b | 描　　　述 |
| --- | --- | --- | --- |
| 保留 | 0x0000 7010<br>0x0000 7019 | 10 | |
| HISPCP | 0x0000 701A | 1 | 高速外设时钟预定标寄存器 |
| LOSPCP | 0x0000 701B | 1 | 慢速外设时钟预定标寄存器 |
| PCLKCR | 0x0000 701C | 1 | 外设时钟控制寄存器 |
| 保留 | 0x0000 701D | 1 | |
| LPMCR0 | 0x0000 701E | 1 | 低功耗模式控制寄存器0 |
| LPMCR1 | 0x0000 701F | 1 | 低功耗模式控制寄存器1 |
| 保留 | 0x0000 7020 | 1 | |
| PLLCR | 0x0000 7021 | 1 | 锁相环(PLL)控制寄存器 |
| SCSR | 0x0000 7022 | 1 | 系统控制和状态寄存器 |
| WDCNTR | 0x0000 7023 | 1 | 看门狗计数寄存器 |

| 名　称 | 地　址 | 地址空间/16b | 描　述 |
|---|---|---|---|
| 保留 | 0x0000 7024 | 1 | |
| WDKEY | 0x0000 7025 | 1 | 看门狗复位寄存器 |
| 保留 | 0x0000 7026<br>0x0000 7028 | 3 | |
| WDCR | 0x0000 7029 | 1 | 看门狗控制寄存器 |
| 保留 | 0x0000 702A<br>0x0000 702F | 6 | |

## 4.2.2　外设时钟控制寄存器（PCLKCR）

外设时钟控制寄存器（PCLKCR）主要用于使能或禁止片上各种模块的时钟，具体的时钟控制寄存器位信息及功能介绍如表4.9和表4.10所示。

表4.9　外设时钟控制寄存器位信息

| 15 | 14 | 13 | 12 | 11 | 10 | 9 | 8 |
|---|---|---|---|---|---|---|---|
| Reserved | ECAN<br>ENCLK | Reserved | MCBSP<br>ENCLK | SCIB<br>ENCLK | SCIA<br>ENCLK | Reserved | SPIA<br>ENCLK |
| R-0 | R/W-0 | R-0 | R/W-0 | R/W-0 | R/W-0 | R-0 | R/W-0 |

| 7 | 6 | 5 | 4 | 3 | 2 | 1 | 0 |
|---|---|---|---|---|---|---|---|
| Reserved | | | | ADC<br>ENCLK | Reserved | EVB<br>ENCLK | EVA<br>ENCLK |
| R-0 | | | | R/W-0 | R-0 | R/W-0 | R/W-0 |

表4.10　外设时钟控制寄存器位功能介绍

| 位 | 名　称 | 功能描述 |
|---|---|---|
| 15 | Reserved | 保留 |
| 14 | ECANENCLK | CAN模块时钟使能位，如果ECANENCLK＝1，将使能CAN外设的系统时钟。对于低功耗操作模式，该位可以通过软件或复位方式清除 |
| 13 | Reserved | 保留 |
| 12 | MCBSPENCLK | McBSP模块时钟使能位，如果MCBSPENCLK＝1，使能McBSP的低速外设时钟（LSPCLK）。对于低功耗操作模式，用户可以通过软件或复位将MCBSPENCLK位清零 |
| 11 | SCIBENCLK | SCIB模块时钟使能位，如果SCIBENCLK＝1，使能SCIB模块的低速外设时钟（LSPCLK）。对于低功耗操作模式，该位可以通过软件或复位方式清除 |
| 10 | SCIAENCLK | SCIA模块时钟使能位，如果SCIAENCLK＝1，使能SCIA模块的低速外设时钟（LSPCLK）。对于低功耗操作模式，该位可以通过软件或复位方式清除 |
| 9 | Reserved | 保留 |

续表

| 位 | 名 称 | 功 能 描 述 |
|---|---|---|
| 8 | SPIAENCLK | SPI 模块时钟使能位,如果 SPIAENCLK＝1,使能 SPI 模块的低速外设时钟(LSPCLK)。对于低功耗操作模式,该位可以通过软件或复位方式清除 |
| 7～4 | Reserved | 保留 |
| 3 | ADCENCLK | ADC 模块时钟使能位,如果 ADCENCLK＝1,使能 ADC 模块的高速外设时钟(HSPCLK)。对于低功耗操作模式,该位可以通过软件或复位方式清除 |
| 2 | Reserved | 保留 |
| 1 | EVBENCLK | EVB 模块时钟使能位,如果 EVBENCLK＝1,使能 EVB 模块的高速外设时钟(HSPCLK)。对于低功耗操作模式,该位可以通过软件或复位方式清除 |
| 0 | EVAENCLK | EVA 模块时钟使能位,如果 EVAENCLK＝1,使能 EVA 模块的高速外设时钟(HSPCLK)。对于低功耗操作模式,该位可以通过软件或复位方式清除 |

## 4.2.3 系统控制和状态寄存器(SCSR)

系统控制和状态寄存器(SCSR)包含看门狗溢出位和看门狗中断使能/禁止位,具体的控制位信息及功能介绍如表 4.11 和表 4.12 所示。

表 4.11 系统控制和状态寄存器位信息

| 15 | | | 8 |
|---|---|---|---|
| Reserved | | | |
| R-0 | | | |

| 7 | 3 | 2 | 1 | 0 |
|---|---|---|---|---|
| Reserved | | WDINTS | WDENINT | WDOVEFRIDE |
| R-0 | | R-1 | R/W-0 | R/W1C-1 |

表 4.12 系统控制和状态寄存器位功能介绍

| 位 | 名 称 | 功 能 描 述 |
|---|---|---|
| 15～3 | Reserved | 保留 |
| 2 | WDINTS | 看门狗中断状态位,该位反映看门狗模块的 $\overline{\text{WDINT}}$ 信号的当前状态。如果看门狗中断信号用于将器件从空闲状态(IDLE)或准备状态(STANDBY)唤醒,那么用户需要保证再次进入到 IDLE 或 STANDBY 状态之前 WDINTS 信号无效(WDINTS＝1) |
| 1 | WDENINT | 看门狗中断使能位<br>0 $\overline{\text{WDRST}}$输出信号(看门狗复位信号)被使能,$\overline{\text{WDINT}}$输出信号(看门狗中断信号)被屏蔽,系统复位时该位默认值为 0;<br>1 $\overline{\text{WDRST}}$输出信号(看门狗复位信号)被屏蔽,$\overline{\text{WDINT}}$输出信号(看门狗中断信号)被使能 |

续表

| 位 | 名　称 | 功　能　描　述 |
|---|---|---|
| 0 | WDOVERRIDE | 如果 WDOVERRIDE 位被置 1,那么用户可以改变看门狗控制寄存器(WDCR)中的看门狗禁止位(WDDIS)的状态;如果 WDOVERRIDE 位被清除(向相应位写 1,写 0 没有影响),那么 WDDIS 位将不能被用户改变。如果该位被清除,那么将一直保持当前状态不变,直到系统复位,用户可以读取该位的当前状态 |

## 4.2.4　高/低速外设时钟预定标寄存器(HISPCP/LOSPCP)

　　HISPCP 和 LOSPCP 分别用于配置高/低速的外设时钟,具体寄存器位信息及功能介绍如表 4.13～表 4.16 所示。

表 4.13　高速外设时钟预定标寄存器位信息

| 15 | | | 3 | 2 | | 0 |
|---|---|---|---|---|---|---|
| Reserved | | | | HSPCLK | | |
| R-0 | | | | R/W-001 | | |

表 4.14　高速外设时钟预定标寄存器位功能介绍

| 位 | 名　称 | 功　能　描　述 |
|---|---|---|
| 15～3 | Reserved | 保留 |
| 2～0 | HSPCLK | 该位用于配置高速外设时钟相对于 SYSCLKOUT 时钟的比例。<br>如果 HISPCP 不等于 0,高速外设时钟=SYSCLKOUT/(寄存器的值×2);<br>如果 HISPCP 等于 0,HSPCLK=SYSCLKOUT。<br>000　高速时钟=SYSCLKOUT/1;<br>001　高速时钟=SYSCLKOUT/2(复位默认值);<br>010　高速时钟=SYSCLKOUT/4;<br>011　高速时钟=SYSCLKOUT/6;<br>100　高速时钟=SYSCLKOUT/8;<br>101　高速时钟=SYSCLKOUT/10;<br>110　高速时钟=SYSCLKOUT/12;<br>111　高速时钟=SYSCLKOUT/14 |

表 4.15　低速外设时钟预定标寄存器位信息

| 15 | | | 3 | 2 | | 0 |
|---|---|---|---|---|---|---|
| Reserved | | | | LSPCLK | | |
| R-0 | | | | R/W-010 | | |

表 4.16　低速外设时钟预定标寄存器位功能介绍

| 位 | 名　　称 | 功 能 描 述 |
|---|---|---|
| 15～3 | Reserved | 保留 |
| 2～0 | LSPCLK | 该位用于配置高速外设时钟相对于 SYSCLKOUT 时钟的比例。<br>如果 LOSPCP 不等于 0；<br>低速外设时钟＝SYSCLKOUT/(寄存器的值×2)；<br>如果 LOSPCP 等于 0,LSPCLK＝SYSCLKOUT。<br>000　低速时钟＝SYSCLKOUT/1；<br>001　低速时钟＝SYSCLKOUT/2；<br>010　低速时钟＝SYSCLKOUT/4(复位默认值)；<br>011　低速时钟＝SYSCLKOUT/6；<br>100　低速时钟＝SYSCLKOUT/8；<br>101　低速时钟＝SYSCLKOUT/10；<br>110　低速时钟＝SYSCLKOUT/12；<br>111　低速时钟＝SYSCLKOUT/14 |

## 4.3　振荡器及锁相环模块

晶体振荡器及锁相环电路(PLL)为整个器件提供时钟信号,同时还控制着器件的低功耗模式的进入。在本节中主要介绍基于锁相环电路的时钟模块。

在 F2812 片内有一个基于锁相环电路的时钟模块,锁相环有 4 位寄存器位用于配置CPU 的不同时钟频率,基于锁相环电路的时钟模块提供以下两种操作模式,如图 4.2 所示。

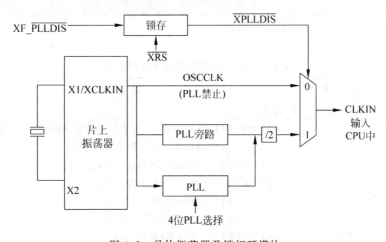

图 4.2　晶体振荡器及锁相环模块

(1) 晶体振荡器模式:这种模式允许一个外部的晶体振荡器来为整个器件提供时钟信号。

(2) 外部时钟源操作模式:这种模式将屏蔽内部晶体振荡器,通过外部时钟源为整个器件提供时钟信号。

OSC 电路允许晶体振荡器通过 X1/XCLKIN 和 X2 两个引脚输入时钟信号,如果不用振荡器,采用外部时钟源信号,那么时钟信号可以直接通过 X1/XCLKIN 输入,此时 X2 引脚悬空。具体的 PLL 可能的配置模式介绍如表 4.17 所示。

表 4.17　锁相环三种配置模式

| PLL 模式 | 功 能 描 述 | SYSCLKOUT |
|---|---|---|
| PLL 被禁止 | 复位时将$\overline{\text{XPLLDIS}}$引脚置低,PLL 完全被禁止。时钟信号从引脚 X1/XCLKIN 输入 | XCLKIN |
| PLL 旁路 | 上电时的默认配置,如果 PLL 没有被禁止,则 PLL 将变成旁路,在 X1/XCLKIN 引脚输入的时钟被/2 模块除 2 后的信号直接供给 CPU | XCLKIN/2 |
| PLL | 向 PLLCR 寄存器中写入一个非零值 n,完成设置,PLL 电路的除 2 模块将信号除 2 后直接供给 CPU | (XCLKIN×n)/2 |

　　PLLCR 寄存器的 DIV 区域(DIV3～0)用于改变器件的 PLL 的倍数,当 CPU 对 DIV 进行写操作时,PLL 逻辑开关将 CPU 的时钟信号线(CLKIN)连接到 OSCCLK/2;当 PLL 设置稳定,且产生了新的频率时,PLL 逻辑开关才连接到新的频率上。从 OSCCLK/2 到连接到新的频率需要 131072 个 OSCCLK 时钟周期,而且为了频率稳定,需要在改变寄存器配置后添加一段延时。具体的寄存器位信息及功能介绍如表 4.18 和表 4.19 所示。

表 4.18　锁相环控制寄存器位信息

| 15 | | 4 | 3 | 0 |
|---|---|---|---|---|
| | Reserved | | | DIV |
| | R-0 | | | R/W-0 |

表 4.19　锁相环控制寄存器位功能介绍

| 位 | 名　称 | 功　能　描　述 |
|---|---|---|
| 15～4 | Reserved | 保留 |
| 3～0 | DIV | DIV 选择 PLL 是否为旁路,如果不是旁路,则设置相应的比例系数。<br>0000　CLKIN＝OSCCLK/2(PLL 被旁路);<br>0001　CLKIN＝(OSCCLK×1.0)/2;<br>0010　CLKIN＝(OSCCLK×2.0)/2;<br>0011　CLKIN＝(OSCCLK×3.0)/2;<br>0100　CLKIN＝(OSCCLK×4.0)/2;<br>0101　CLKIN＝(OSCCLK×5.0)/2;<br>0110　CLKIN＝(OSCCLK×6.0)/2;<br>0111　CLKIN＝(OSCCLK×7.0)/2;<br>1000　CLKIN＝(OSCCLK×8.0)/2;<br>1001　CLKIN＝(OSCCLK×9.0)/2;<br>1010　CLKIN＝(OSCCLK×10.0)/2;<br>其他状态　保留 |

## 4.4 低功耗模式

F2812的低功耗模式与F240x的低功耗模式基本相同,具体的各种模式介绍如表4.20所示。

表 4.20 F2812 低功耗模式

| 低功耗模式 | LPMCR0(1:0) | OSCCLK | CLKIN | SYSCLLOUT | 唤醒信号 |
|---|---|---|---|---|---|
| IDLE | 00 | 运行 | 运行 | 运行 | $\overline{XRS}$ <br> WAKEINT <br> 任何被使能的中断 |
| HALT | 01 | 运行 <br> (看门狗仍然运行) | 停止工作 | 停止工作 | $\overline{XRS}$ <br> WAKEINT <br> XINT1 <br> XNMI_XINT13 <br> $\overline{T1/2/3/4CTRIP}$ <br> $\overline{C1/2/3/4/5/6TRIP}$ <br> SCIRXDA <br> SCIRXDB <br> CANRX <br> 仿真调试 |
| STANDBY | 1x | 停止工作 <br> (晶振和锁相环关闭,看门狗不工作) | 停止工作 | 停止工作 | $\overline{XRS}$ <br> XNMI_XINT13 <br> 仿真调试 |

不同的低功耗模式的操作如下所示。

(1) IDLE 模式:处理器可以通过被使能的中断或 NMI 中断退出 DLE 模式。在这种模式下,如果 LPMCR(1:0)位都设置为零,LPM 模块将不执行任何工作。

(2) HALT 模式:只有复位 $\overline{XRS}$ 和 XNMI_XINT13 外部信号能够唤醒器件退出 HALT 模式。CPU 可以通过 XMNICR 寄存器来使能或禁止 XNMI。

(3) STANDBY 模式:所有信号(在 LPMCR1 寄存器中被选中的信号)包括 XNMI 都能够将处理器从 STANDBY 模式唤醒,在唤醒处理器之前,要通过 OSCCLK 确定被选定的信号。OSCCLK 的周期数可以通过 LPMCR0 寄存器确定。

F2812 的低功耗模式是由 LPMCR0 寄存器(表 4.21)和 LPMCR1 寄存器(表 4.22)控制。具体寄存器介绍如表 4.21~表 4.24 所示。

1. 低功耗模式控制寄存器 0(LPMCR0)

表 4.21 低功耗模式控制寄存器 0 位信息

| 15 | | | 8 7 | | | 2 1 | 0 |
|---|---|---|---|---|---|---|---|
| Reserved | | | QUALSTDBY | | | LPM | |
| R-0 | | | R/W-1 | | | R/W-0 | |

表4.22　低功耗模式控制寄存器0位功能介绍

| 位 | 名　称 | 类型 | 功　能　描　述 |
|---|---|---|---|
| 15~8 | Reserved | 只读 | |
| 7~2 | QUALSTDBY | 读/写 | 确定从低功耗模式唤醒到正常工作模式,需要的时钟周期的个数:<br>000000=2 OSCCLKs;<br>000001=3 OSCCLKs;<br>…<br>111111=65 OSCCLKs |
| 1,0 | LPM | 读/写 | 设置低功耗模式:<br>00　设置为 IDLE 低功耗模式;<br>01　设置为 STANDBY 低功耗模式;<br>1x　设置为 HALT 低功耗模式 |

## 2. 低功耗模式控制寄存器1(LPMCR1)

表4.23　低功耗模式控制寄存器1位信息

| 15 | 14 | 13 | 12 | 11 | 10 | 9 | 8 |
|---|---|---|---|---|---|---|---|
| CANRX | SCIRXB | SCIRXA | C6TRIP | C5TRIP | C4TRIP | C3TRIP | C2TRIP |
| R/W-0 | R/W-0 | R/W-0 | R/W-0 | R/W-0 | R/W-0 | R/W-0 | R/W-0 |

| 7 | 6 | 5 | 4 | 3 | 2 | 1 | 0 |
|---|---|---|---|---|---|---|---|
| C1TRIP | T4CTRIP | T3CTRIP | T2CTRIP | T1CTRIP | WDINT | XNMI | XINT1 |
| R/W-0 | R/W-0 | R/W-0 | R/W-0 | R/W-0 | R/W-0 | R/W-0 | R/W-0 |

表4.24　低功耗模式控制寄存器1位功能介绍

| 位 | 名　称 | 功　能　描　述 |
|---|---|---|
| 15 | CANRX | |
| 14 | SCIRXB | |
| 13 | SCIRXA | |
| 12 | C6TRIP | |
| 11 | C5TRIP | |
| 10 | C4TRIP | |
| 9 | C3TRIP | |
| 8 | C2CTRIP | |
| 7 | C1CTRIP | |
| 6 | T4CTRIP | 如果某位设置为1,那么将使能相应的信号将器件从 STANDBY 模式唤醒。如果某位被清除,那么对应的信号将没有影响 |
| 5 | T3CTRIP | |
| 4 | T2CTRIP | |
| 3 | T1CTRIP | |
| 2 | WDINT | |
| 1 | XNMI | |
| 0 | XINT1 | |

## 4.5　F2812外设结构

### 4.5.1　外设结构寄存器

F2812器件包括三个外设寄存器空间,它们的空间分类如下。

(1)外设结构0:属于第零种的外设直接映射到CPU的存储总线上,如表4.25所示。

(2)外设结构1:属于第一种的外设映射到32位外设总线上,如表4.26所示。

(3)外设结构2:属于第二种的外设映射到16位外设总线上,如表4.27所示。

**表4.25　外设结构0寄存器**

| 名　　称 | 地 址 范 围 | 大小/16b | 访 问 方 式 |
|---|---|---|---|
| Device Emulation Registers (设备仿真寄存器) | 0x0000 0880 0x0000 09FF | 384 | 受 EALLOW 保护 |
| Reserved(保留) | 0x0000 0A00 0x0000 0B00 | 128 | |
| Flash Registers (Flash 寄存器) | 0x0000 0A80 0x0000 0ADF | 96 | 受 EALLOW 保护 |
| Code Security Module Registers (代码安全模块寄存器) | 0x0000 0AE0 0x0000 0AEF | 16 | 受 EALLOW 保护 |
| Reserved(保留) | 0x0000 0AF0 0x0000 0B1F | 48 | |
| XINTF Registers (外部接口寄存器) | 0x0000 0B20 0x0000 0B3F | 32 | 不受 EALLOW 保护 |
| Reserved(保留) | 0x0000 0B40 0x0000 0BFF | 192 | |
| CPU-TIMER0/1/2 Registers (定时器寄存器) | 0x0000 0C00 0x0000 0C3F | 64 | 不受 EALLOW 保护 |
| Reserved(保留) | 0x0000 0C40 0x0000 0CDF | 160 | |
| PIE Registers (扩展中断寄存器) | 0x0000 0CE0 0x0000 0CFF | 32 | 不受 EALLOW 保护 |
| PIE Vector Table | 0x0000 0D00 0x0000 0DFF | 256 | 受 EALLOW 保护 |
| Reserved(保留) | 0x0000 0E00 0x0000 0FFF | 512 | |

表 4.26　外设结构 1 寄存器

| 名　　称 | 地址范围 | 大小/16b | 访问方式 |
|---|---|---|---|
| eCAN Registers<br>（eCAN 寄存器） | 0x00 6000<br>0x00 60FF | 256<br>（128×32b） | 部分 CAN 控制寄存器受<br>EALLOW 保护 |
| eCAN<br>Mailbox RAM | 0x00 6100<br>0x00 61FF | 256b<br>（128×32b） | 不受 EALLOW 保护 |
| Reserved（保留） | 0x00 6200<br>0x00 6FFF | 3584 | |

表 4.27　外设结构 2 寄存器

| 名　　称 | 地址范围 | 大小/16b | 访问方式 |
|---|---|---|---|
| Reserved（保留） | 0x0000 7000<br>0x0000 700F | 16 | |
| System Control Registers<br>（系统控制寄存器） | 0x0000 7010<br>0x0000 702F | 32 | 受 EALLOW 保护 |
| Reserved（保留） | 0x0000 7030<br>0x0000 703F | 16 | |
| SPI Registers<br>（SPI 寄存器） | 0x0000 7040<br>0x0000 704F | 16 | 不受 EALLOW 保护 |
| SCIA Registers<br>（SCIA 寄存器） | 0x0000 7050<br>0x0000 705F | 16 | 不受 EALLOW 保护 |
| Reserved（保留） | 0x0000 7060<br>0x0000 706F | 16 | |
| External Interrupt Registers<br>（内部中断寄存器） | 0x0000 7070<br>0x0000 707F | 16 | 不受 EALLOW 保护 |
| Reserved（保留） | 0x0000 7080<br>0x0000 70BF | 64 | |
| GPIO MUX Registers<br>（GPIO 功能选择寄存器） | 0x0000 70C0<br>0x0000 70DF | 32 | 受 EALLOW 保护 |
| GPIO Data Registers<br>（GPIO 数据寄存器） | 0x0000 70E0<br>0x0000 70FF | 32 | 不受 EALLOW 保护 |
| ADC Registers<br>（ADC 寄存器） | 0x0000 7100<br>0x0000 711F | 32 | 不受 EALLOW 保护 |
| Reserved（保留） | 0x0000 7120<br>0x0000 73FF | 736 | |
| EVA Registers<br>（EVA 寄存器） | 0x0000 7400<br>0x0000 743F | 64 | 不受 EALLOW 保护 |
| Reserved（保留） | 0x0000 7440<br>0x0000 74FF | 192 | |
| EVB Registers<br>（EVB 寄存器） | 0x0000 7500<br>0x0000 753F | 64 | 不受 EALLOW 保护 |
| Reserved（保留） | 0x0000 7540<br>0x0000 774F | 528 | |

| 名　　称 | 地 址 范 围 | 大小/16b | 访 问 方 式 |
|---|---|---|---|
| SCIB Registers<br>（SCIB 寄存器） | 0x0000 7750<br>0x0000 775F | 16 | 不受 EALLOW 保护 |
| Reserved（保留） | 0x0000 7760<br>0x0000 77FF | 160 | |
| MCBSP Registers<br>（MCBSP 寄存器） | 0x0000 7800<br>0x0000 783F | 64 | 不受 EALLOW 保护 |
| Reserved（保留） | 0x0000 7840<br>0x0000 7FFF | 1984 | |

## 4.5.2　受 EALLOW 保护的寄存器

在 F2812 中，为了防止 CPU 的误操作，许多控制寄存器都通过 EALLOW 来保护。状态寄存器（ST1）中的 EALLOW 位表示该状态是否受 EALLOW 保护，如表 4.28 所示。

表 4.28　受 EALLOW 保护的寄存器的有效性

| EALLOW 位 | CPU 写操作 | CPU 读操作 | JTAG 写操作 | JTAG 读操作 |
|---|---|---|---|---|
| 0 | 忽略 | 允许 | 允许 | 允许 |
| 1 | 允许 | 允许 | 允许 | 允许 |

在复位时，EALLOW 位将被清除，从而使能 EALLOW 保护，当寄存器处于 EALLOW 保护中时，所有的 CPU 写操作将忽略，只允许 CPU 读操作及 JTAG 写、读操作。当 EALLOW 位置位，且保护指令执行结束，CPU 可以对寄存器自由读写。寄存器修改完毕后，根据用户需求，寄存器可以再次被保护。

有以下寄存器受 EALLOW 保护。

（1）设备仿真寄存器，具体介绍如表 4.29 所示。

表 4.29　EALLOW 保护的设备仿真寄存器

| 名　　称 | 地 址 范 围 | 大小/16b | 描　　述 |
|---|---|---|---|
| DEVICECNF | 0x0000 0880<br>0x0000 0881 | 2 | 设备配置寄存器 |
| PROTSTART | 0x0000 0884 | 1 | 块保护起始地址寄存器 |
| PROTRANGE | 0x0000 0885 | 1 | 块保护扩展地址寄存器 |

（2）Flash 寄存器，具体介绍如表 4.30 所示。

表 4.30　EALLOW 保护的 Flash/OTP 寄存器

| 名　　称 | 地　　址 | 大小/16b | 描　　述 |
|---|---|---|---|
| FOPT | 0x0000 0A80 | 1 | Flash 选择寄存器 |
| FPWR | 0x0000 0A82 | 1 | Flash 供电模式寄存器 |
| FSTATUS | 0x0000 0A83 | 1 | 状态寄存器 |

| 名　称 | 地　址 | 大小/16b | 描　述 |
|---|---|---|---|
| FSTDBYWAIT | 0x0000 0A84 | 1 | Flash 从休眠状态到标准状态的等待状态寄存器 |
| FACTIVEWAIT | 0x0000 0A85 | 1 | Flash 从标准到激活状态的等待状态寄存器 |
| FBANKWAIT | 0x0000 0A86 | 1 | Flash 读取通道的等待状态寄存器 |
| FOTPWAIT | 0x0000 0A87 | 1 | OTP 读取通道的等待状态寄存器 |

(3) CSM 寄存器,具体介绍如表 4.31 所示。

表 4.31　EALLOW 保护的 CSM 寄存器

| 寄存器名称 | 存储地址 | 复位值 | 寄存器描述 |
|---|---|---|---|
| KEY0 | 0x0000 0AE0 | 0xFFFF | 128 位 key 寄存器的最低字节 |
| KEY1 | 0x0000 0AE1 | 0xFFFF | 128 位 key 寄存器的第二个字节 |
| KEY2 | 0x0000 0AE2 | 0xFFFF | 128 位 key 寄存器的第三个字节 |
| KEY3 | 0x0000 0AE3 | 0xFFFF | 128 位 key 寄存器的第四个字节 |
| KEY4 | 0x0000 0AE4 | 0xFFFF | 128 位 key 寄存器的第五个字节 |
| KEY5 | 0x0000 0AE5 | 0xFFFF | 128 位 key 寄存器的第六个字节 |
| KEY6 | 0x0000 0AE6 | 0xFFFF | 128 位 key 寄存器的第七个字节 |
| KEY7 | 0x0000 0AE7 | 0xFFFF | 128 位 key 寄存器的高字节 |
| CSMSCR | 0x0000 0AEF | | CSM 状态和控制寄存器 |

(4) 中断向量表,具体介绍如表 4.32 所示。

表 4.32　EALLOW 保护的中断向量表(PIE Vector Table)寄存器

| 名　称 | 地　址 | 大小/16b | 描　述 | CPU 优先级 | PIE 组优先级 |
|---|---|---|---|---|---|
| 没有使用 | 0x0000 0D00 | 2 | Reserved（保留） | | |
| | 0x0000 0D02 | | | | |
| | 0x0000 0D04 | | | | |
| | 0x0000 0D06 | | | | |
| | 0x0000 0D08 | | | | |
| | 0x0000 0D0A | | | | |
| | 0x0000 0D0C | | | | |
| | 0x0000 0D0E | | | | |
| | 0x0000 0D10 | | | | |
| | 0x0000 0D12 | | | | |
| | 0x0000 0D14 | | | | |
| | 0x0000 0D16 | | | | |
| | 0x0000 0D18 | | | | |

| 名　　称 | 地　　址 | 大小/16b | 描　　述 | CPU 优先级 | PIE 组优先级 |
|---|---|---|---|---|---|
| INT13 | 0x0000 0D1A | 2 | 外部中断 13（XINT13）或 CPU_TIMER1（用于实时操作系统 RTOS） | 17 | |
| INT14 | 0x0000 0D1C | 2 | CPU-Timer 2（用于实时操作系统 RTOS） | 18 | |
| DATALOG | 0x0000 0D1E | 2 | CPU 数据转移中断 | 19（最低） | |
| RTOSINT | 0x0000 0D20 | 2 | CPU 实时操作系统 OS 中断 | 4 | |
| EMUINT | 0x0000 0D22 | 2 | CPU 仿真中断 | 2 | |
| NMI | 0x0000 0D24 | 2 | 内部不可屏蔽中断 | 3 | |
| ILLEGAL | 0x0000 0D26 | 2 | 非法操作 | | |
| USER0 | 0x0000 0D28 | 2 | 用户定义的陷阱 | | |
| USER11 | 0x0000 0D3E | 2 | 用户定义的陷阱 | | |
| INT1.1 | 0x0000 0D40 | 2 | 第 1 组中断向量 | 5 | 1（最高） |
| INT1.8 | 0x0000 0D4E | 2 | 第 2 组中断到第 11 组中断 | 6～15 | 8（最低） |
| INT12.1 | 0x0000 0DF0 | 2 | 第 12 组中断 | 16 | 1（最高） |
| INT12.8 | 0x00000DFE | 2 | | | 8（最低） |

（5）系统控制寄存器，具体介绍如表 4.33 所示。

表 4.33　EALLOW 保护的 PLL、看门狗、时钟、低功耗模式寄存器

| 名　　称 | 地　　址 | 大小/16b | 描　　述 |
|---|---|---|---|
| HISPCP | 0x0000 701A | 1 | 高速外设预定标寄存器 |
| LOSPCP | 0x0000 701B | 1 | 低速外设预定标寄存器 |
| PCLKCR | 0x0000 701C | 1 | 外设时钟控制寄存器 |
| LPMCR0 | 0x0000 701E | 1 | 低功耗模式控制寄存器 0 |
| LPMCR1 | 0x0000 701F | 1 | 低功耗模式控制寄存器 1 |
| PLLCR | 0x0000 7021 | 1 | PLL 控制寄存器 |
| SCSR | 0x0000 7022 | 1 | 系统控制和状态寄存器 |
| WDCNTR | 0x0000 7023 | 1 | 看门狗计数寄存器 |
| WDKEY | 0x0000 7025 | 1 | 看门狗复位寄存器 |
| WDCR | 0x0000 7029 | 1 | 看门狗控制寄存器 |

(6) GPIO MUX(功能选择)寄存器,具体介绍如表 4.34 所示。

表 4.34　EALLOW 保护的 GPIO MUX 寄存器

| 名　　称 | 地　　址 | 大小/16b | 描　　述 |
|---|---|---|---|
| GPAMUX | 0x0000 70C0 | 1 | GPIOA 功能选择寄存器 |
| GPADIR | 0x0000 70C1 | 1 | GPIOA 方向控制寄存器 |
| GPAQUAL | 0x0000 70C2 | 1 | GPIOA 输入限制控制寄存器 |
| GPBMUX | 0x0000 70C4 | 1 | GPIOB 功能选择寄存器 |
| GPBDIR | 0x0000 70C5 | 1 | GPIOB 方向控制寄存器 |
| GPBQUAL | 0x0000 70C6 | 1 | GPIOB 输入限制控制寄存器 |
| GPDMUX | 0x0000 70CC | 1 | GPIOD 功能选择寄存器 |
| GPDDIR | 0x0000 70CD | 1 | GPIOD 方向控制寄存器 |
| GPDQUAL | 0x0000 70CE | 1 | GPIOD 输入限制控制寄存器 |
| GPEMUX | 0x0000 70D0 | 1 | GPIOE 功能选择寄存器 |
| GPEDIR | 0x0000 70D1 | 1 | GPIOE 方向控制寄存器 |
| GPEQUAL | 0x0000 70D2 | 1 | GPIOE 输入限制控制寄存器 |
| GPFMUX | 0x0000 70D4 | 1 | GPIOF 功能选择寄存器 |
| GPFDIR | 0x0000 70D5 | 1 | GPIOF 方向控制寄存器 |
| GPGMUX | 0x0000 70D8 | 1 | GPIOG 功能选择寄存器 |
| GPGDIR | 0x0000 70D9 | 1 | GPIOG 方向控制寄存器 |

(7) 某些 eCAN 寄存器,具体介绍如表 4.35 所示。

表 4.35　EALLOW 保护的 eCAN 寄存器

| 名　　称 | 地　　址 | 大小/16b | 描　　述 |
|---|---|---|---|
| CANMC | 0x0000 6014 | 2 | 主控制寄存器 |
| CANBTC | 0x0000 6016 | 2 | 位时间配置寄存器 |
| CANGIM | 0x0000 6020 | 2 | 全局中断屏蔽寄存器 |
| CANMIM | 0x0000 6024 | 2 | 邮箱中断屏蔽寄存器 |
| CANTSC | 0x0000 602E | 2 | 时间标志寄存器 |
| CANTIOC | 0x0000 602A | 1 | IO 控制寄存器 |
| CANRIOC | 0x0000 602C | 1 | IO 控制寄存器 |

## 4.6　F2812 外设中断扩展模块

外设中断扩展模块(PIE)最多可支持 96 个独立的中断,共分成 8 个中断模块,每个模块有 12 组中断线路(INT1~INT12)。这 96 个中断都有自己的中断向量(存放在 RAM 中),用户可以任意修改。在处理中断服务程序时,CPU 将自动获取相应的中断向量,并使中断向量指向中断服务子程序。CPU 需要花费 9 个 CPU 时钟周期获取中断向量和保存瞬时寄存器值。因此,CPU 能够对中断事件做出快速响应。可以通过硬件和软件控制每个中断的优先级,每一个独立的中断也可以在 PIE 模块内使能或禁止。

### 4.6.1　PIE控制器概述

F2812支持一个不可屏蔽中断(NMI)和16个可屏蔽且优先级可设置的中断(INT1～INT14、RTOSINT和DLOGINT)。F2812器件还有很多外设,每个外设都会产生一个或者多个不同优先级的外设级中断。由于CPU没有足够的能力处理所有的外设中断请求,因此需要一个专门的外设中断扩展控制器来控制这些外设或外部引脚来的中断源。

PIE向量表用于存放每个中断服务程序(ISR)的地址(或向量),每个中断源都有自己的中断向量,在设备初始化时,需要设置中断向量表,在程序运行中可以更新向量表。

### 4.6.2　中断操作步骤

图4.3所示为所有的PIE中断操作步骤的功能框图,在这里中断源如果没有复用,将直接连接到CPU上。

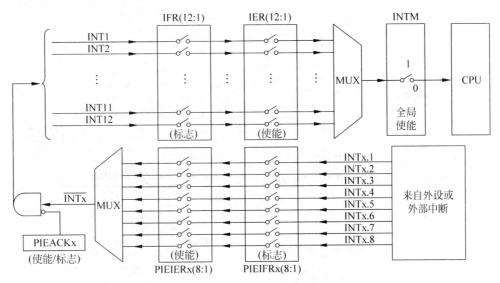

图4.3　PIE模块的多路中断

1. 外设级中断

如果外设产生中断事件,那么寄存器中相应标志位(特殊外设位对应的位)将被置1,如果相应的中断使能位有效,那么外设将向PIE控制器发出中断请求。如果相应的外设级中断没有被使能,中断标志位将保持不变,直到采用软件清除。如果中断延时一段时间后被使能,且中断标志位没有清除,那么同样会向PIE发出中断请求。需要特别说明的是,外设寄存器中的中断标志位必须通过软件手动清除。

2. PIE级中断

PIE模块8个外设中断和外部引脚中断复用一组CPU中断,这些中断被分成12组,每一组拥有一个CPU中断。例如:PIE第1组复用CPU的中断1(INT1),PIE第12组复用CPU的中断12(INT12),其中直接连接到CPU中断上的中断不复用。这些没有复用的中断,将直接向CPU发送中断请求。

对于复用的中断源,每个中断组都有相应的中断标志位(PIEIFRx.y)和使能位

（PIEIERx. y）。另外，每组 PIE 中断（INT1～INT12）有一个响应标志位（PIEACK）。图 4.4 所示为 PIEIFR 和 PIEIER 不同设置时，PIE 的中断响应。

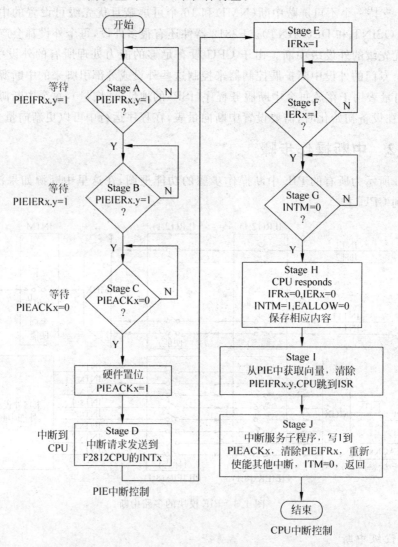

图 4.4　典型的 PIE/CPU 中断响应——INTx. y

当外设向 PIE 控制器发出中断请求，相应的 PIE 中断标志位（PIEIFRx. y）将被置位，如果相应的 PIE 中断使能位（PIEIERx. y）也有效，那么 PIE 将检查相应的中断响应位（PIEACKx），来确定 CPU 是否准备好。如果相应的 PIEACKx 被清零，那么 PIE 将向 CPU 发出中断请求；如果相应的 PIEACKx 位为 1 时，PIE 将一直等待直到响应位清零后才向 CPU 发出中断请求。

3. CPU 级中断

当向 CPU 发出了中断请求，那么相应的 CPU 级中断标志（IFR）位将置位。当中断标志锁存到标志寄存器后，且 CPU 中断使能（IER）寄存器或调试中断使能寄存器（DBGIER）相应的使能位和全局中断屏蔽位（INTM）有效时才会执行相应的中断服务程序。

### 4.6.3 向量表的映射

在 F2812 器件中,中断向量表可以映射到 5 个不同的存储空间。而实际在 F2812 中只有 PIE 中断向量表映射被使用。向量映射是由下列模式位或信号控制的。

(1) VMAP:状态寄存器 1 中的第 3 位(ST1.3),器件复位后该位将置 1。该位的状态可以通过向 ST1 写入或使用 SETC/CLRC VMAP 指令改变,正常操作时该位默认值为 1。

(2) M0M1MAP:状态寄存器 1 中第 11 位(ST1.11),设备复位后该位将置 1。该位的状态可以通过向 ST1 写入或使用 SETC/CLRC VMAP 指令改变,正常操作时该位默认值为 1。M0M1MAP=0 保留,用于 TI 测试。

(3) MP/MC:XINTCNF2 寄存器的第 8 位。对于 F2812 中有外部接口(XINTF)的器件,复位时该位的值将由 XMP/MC 引脚上的输入信号决定。

(4) ENPIE:PIECTRL 寄存器的第 0 位,复位的默认值为 0(PIE 被禁止)。器件复位后,可以通过向 PIECTRL 寄存器(地址 0x0000 0CE0)中写入数值改变该位的值。

根据这些位或信号的不同设置,可能的中断向量表映射如表 4.36 所示。

表 4.36 中断向量表映射配置表

| 向 量 映 射 | 向量获取地址 | 地 址 范 围 | VMAP | M0M1MAP | MP/MC | ENPIE |
|---|---|---|---|---|---|---|
| M1 向量 | M1 SARAM | 0x00 0000~0x00 003F | 0 | 0 | x | x |
| M0 向量 | M0 SARAM | 0x00 0000~0x00 003F | 0 | 1 | x | x |
| BROM 向量 | ROM | 0x3F FFC0~x3F FFFF | 1 | x | 0 | 0 |
| XINTF 向量 | XINTF Zone7 | 0x3F FFC0~x3F FFFF | 1 | x | 1 | 0 |
| PIE 向量 | PIE | 0x00 0D00~0x00 0DFF | 1 | x | x | 1 |

注:X 表示状态忽略不影响向量的获取。其中 M1 和 M0 向量表映射被保留,供 TI 测试使用,当用作其他向量表映射时,M0 和 M1 存储器作为 RAM 使用,而且可以随意使用,没有任何限制。

复位和 Boot 完成后,用户需要重新初始化 PIE 向量表,然后应用程序使能 PIE 中断向量表,中断将从 PIE 向量表中获取中断向量。需要特别说明的是,当复位时,复位向量总是从表 4.36 所示的向量表中获取。复位完成后。PIE 向量表将被禁止。图 4.5 的复位流程图具体说明向量表映射选择过程。

复位后器件默认的向量映射如表 4.37 所示。

表 4.37 复位操作后向量表映射

| 向 量 映 射 | 向量获取位置 | 地 址 范 围 | VMAP | M0M1MAP | MP/$\overline{MC}$ | ENPIE |
|---|---|---|---|---|---|---|
| BROM 向量 | ROM | 0x3F FFC0~0x3F FFFF | 1 | 1 | 0 | 0 |
| XINTF 向量 | XINTF Zone7 | 0x3F FFC0~0x3F FFFF | 1 | 1 | 1 | 0 |

### 4.6.4 中断源

图 4.6 给出了 F2812 数字信号处理器上的各种中断源。

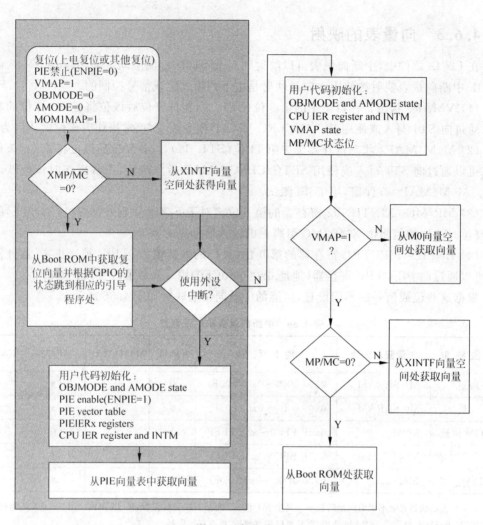

图 4.5  复位流程

## 4.6.5  复用中断操作过程

PIE 模块的 8 个复用中断和外部引脚中断复用一个 CPU 中断,这些中断分为 12 组(PIE 中断组 1～PIE 中断组 12)。每组都有与之对应的中断使能(PIEIR)和标志(PIEIFR)寄存器,这些寄存器用于控制 PIE 向 CPU 发送中断请求。CPU 根据 PIEIFR 和 PIEIER 寄存器译码结果确定执行哪个中断服务程序。在清除 PIEIFR 和 PIEIER 的位时,有 3 个规则需要遵循。

1. 不要清除 PIEIFR 位

执行该操作时,可能会引起中断丢失,在清除 PIEIFR 时,所有中断必须已经执行相应的中断服务程序,如果用户希望清除 PIEIFR 但不执行正常的服务程序,可以执行下列程序。

(1) 将 EALLOW 位置 1 从而可以修改 PIE 向量表;

(2) 修改 PIE 向量表,使外设服务程序指针向量指向临时 ISR,临时 ISR 只执行中断返

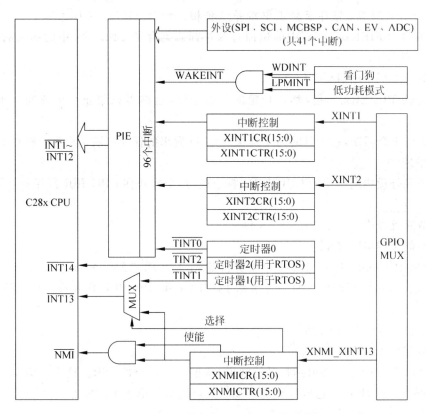

图4.6 F2812数字信号处理器上的中断源

回操作；

(3) 使能中断，使中断能够执行临时 ISR；

(4) 在执行完临时中断服务程序后，清除 PIEIFR 标志位；

(5) 修改 PIE 向量表，重新映射到相应的外设服务程序；

(6) 清除 EALLOW 位。

2. 软件设置中断优先级

使用 CPU IER 寄存器作为全局优先级，单独的 PIEIER 寄存器作为每个组的优先级，在这种情况下，PIEIER 寄存器只有在产生中断时才被修改，且只有被服务的中断所在的组被修改。只有在 PIEACK 响应寄存器保持 CPU 响应时，修改操作才能执行，即使执行其他组中断服务程序时，也不要禁止 PIEIER 位。

3. 使用 PIEIER 禁止中断

PIEIER 寄存器可以用来使能中断，也可以用来禁止中断，具体的操作将在 4.6.6 小节中介绍。

### 4.6.6 使能/禁止复用外设中断的程序步骤

使用外设中断使能/禁止标志位使能/禁止一个中断，PIEIER 和 CPU IFR 寄存器的主要功能为在同一个中断组内软件设置优先级。要清除 PIEIER 寄存器的位，可以执行下列程序步骤。

1. 使用 PIEIERx 寄存器禁止中断并保护相应的 PIEIFRx 的标志位

为了清除 PIEIERx 寄存器中的位而且保护标志寄存器 PIEIFRx 中的相关的标志位，需要执行下列程序。

(1) 禁止全局中断(INTM=1)。

(2) 清除 PIEIERx.y 位，禁止特定的外设中断,这样可以禁止一个或同一组中多个中断。

(3) 等待 5 个周期,这个延时为了确保向 CPU 发出的任何中断请求都能够在 CPU IFR 寄存器中响应。

(4) 清除外设中断组中的 CPU IFRx 标志位,这个操作在 CPU IFR 寄存器上执行比较安全。

(5) 清除外设中断组的 PIEACKx 位。

(6) 使能全局中断(INTM=0)。

2. 使用 PIEIERx 寄存器禁止中断并清除相应的 PIEIFRx 的标志位

为了执行外设中断的软件复位并清除 PIEIFRx 和 CPU IFR 内相应的标志位,需要执行下列操作程序。

(1) 禁止全局中断(INTM=1)。

(2) 将 EALLOW 位置 1。

(3) 修改 PIE 向量表映射到临时的映射,映射到一个空的 ISR。这个空的 ISR 只完成从中断返回指令(IRET)。这样操作能够比较安全地清除单个中断标志位 PIEIFRx.y,而同一组内其他外设产生的中断不会丢失。

(4) 禁止外设中断(外设寄存器中)。

(5) 使能全局中断(INTM=0)。

(6) 等待所有的未决的外设中断都调用了空 ISR 程序。

(7) 禁止全局中断(INTM=1)。

(8) 修改 PIE 向量表,重新执行原来的 ISR 服务程序。

(9) 清除 EALLOW 位。

(10) 禁止给定的外设的 PIEIER 位。

(11) 清除给定的外设组的标志位 IFR。

(12) 清除 PIE 组的 PIEACK 位。

(13) 使能全局中断。

## 4.6.7  外设向 CPU 发出的复用中断请求流程

图 4.7 所示为复用中断请求流程。

向 CPU 发送中断请求分为以下操作步骤。

(1) 任何外设或外部中断(由 PIE 组产生的中断)都可产生的中断,如果中断由外设模块使能那么中断请求将被送到 PIE 模块。

(2) PIE 模块识别出从 PIE 中断组 x 内的 y 中断(INTx.y)发出的请求,然后相应的中断标志位被锁存(PIEIFRx.y=1)。

(3) 只有当下列条件成立,中断请求才能以 PIE 模块发送到 CPU。

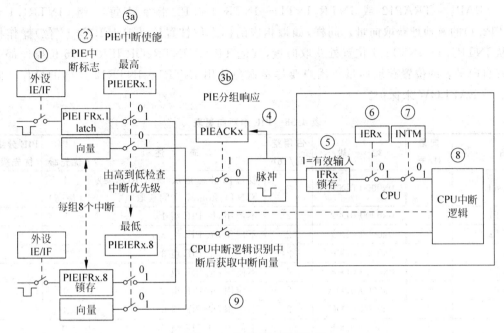

图 4.7　复用中断请求流程

① 相应的使能位必须设置(PIEIERx. y=1)；

② PIEACKx 位必须被清除。

(4) 如果(3)中的两个条件都成立,中断请求将被送到 CPU,并且相应寄存器相应的位重新被置位(PIECKx=1)。PIEACKx 位将保持不变,除非清除该位,清除该位预示着允许该组其他中断向 CPU 发出请求。

(5) CPU 中断标志位被置位(CPU IFRx=1),表明有一个 CPU 级中断未决。

(6) 如果 CPU 中断被使能(CPU IERx=1,或 DBGIERx=1)且全局中断使能(INTM=0),CPU 将处理中断 x(INTx)的服务程序。

(7) CPU 识别到相应的中断,自动保存相关的中断信息,清除 IER 位,将 INTM 置位,清除 EALLOW,准备执行中断服务程序。

(8) CPU 从 PIE 中调用相应的中断向量。

(9) 对于复用中断,PIE 模块用 PIEIERx 和 PIEIFRx 寄存器中的值译码确定响应中断的向量地址。

## 4.6.8　PIE 向量表

PIE 向量表(如表 4.38 所示)由 256×16b 的 SARAM 空间构成,所以如果这部分空间不用作 PIE 模块时,可用作数据 RAM。在复位时,并没有定义中断向量表的内容,CPU 固定的中断的优先级由高到低分别是 INT1~INT12。PIE 控制每组 8 个中断的优先级。例如,如果 INT1.1 和 INT8.1 中断同时产生且同时向 CPU 发出中断请求,那么 CPU 首先响应 INT1.1;如果 INT1.1 和 INT1.8 中断同时产生,那么 INT1.1 首先向 CPU 发出中断请求,然后 INT1.8 再发送请求信号。

TRAP1~TRAP12 或 INTR INT1~INTR INT12 指令从每一组（INTR1.1~INT12.1)的首地址获取向量。同样,如果相应的标志位被置位,OR IFR(♯16 位)操作将会从 INTR1.1~INT12.1 位置处获取向量,其他 TRAP、INTR、OR IFR、♯16 位操作都是从各自向量表的位置获取向量。用户要尽量避免使用 INTR1~INTR12 这样的操作。向量表被 EALLOW 来保护。

表 4.38　PIE 中断向量表

| 名　　称 | 向量 ID 号 | 地　　址 | 占用空 间/16b | 描　　述 | CPU 优先级 | PIE 分组 优先级 |
|---|---|---|---|---|---|---|
| Reset | 0 | 0x0000 0D00 | 2 | 复位向量总是从 Boot ROM 或 XINTF Zone 7 空间获取 | 1 （最高） | — |
| INT1 | 1 | 0x0000 0D02 | 2 | 不使用,见 PIE 组 1 | 5 | — |
| INT2 | 2 | 0x0000 0D04 | 2 | 不使用,见 PIE 组 2 | 6 | — |
| INT3 | 3 | 0x0000 0D06 | 2 | 不使用,见 PIE 组 3 | 7 | — |
| INT4 | 4 | 0x0000 0D08 | 2 | 不使用,见 PIE 组 4 | 8 | — |
| INT5 | 5 | 0x0000 0D0A | 2 | 不使用,见 PIE 组 5 | 9 | — |
| INT6 | 6 | 0x0000 0D0C | 2 | 不使用,见 PIE 组 6 | 10 | — |
| INT7 | 7 | 0x0000 0D0E | 2 | 不使用,见 PIE 组 7 | 11 | — |
| INT8 | 8 | 0x0000 0D10 | 2 | 不使用,见 PIE 组 8 | 12 | — |
| INT9 | 9 | 0x0000 0D12 | 2 | 不使用,见 PIE 组 9 | 13 | — |
| INT10 | 10 | 0x0000 0D14 | 2 | 不使用,见 PIE 组 10 | 14 | — |
| INT11 | 11 | 0x0000 0D16 | 2 | 不使用,见 PIE 组 11 | 15 | — |
| INT12 | 12 | 0x0000 0D18 | 2 | 不使用,见 PIE 组 12 | 16 | — |
| INT13 | 13 | 0x0000 0D1A | 2 | 外部中断 13（XINT13）或 CPU 定时器 1(用于 TI/RTOS) | 17 | — |
| INT14 | 14 | 0x0000 0D1C | 2 | CPU 定时器 2(TI/RTOS 使用) | 18 | — |
| DATALOG | 15 | 0x0000 0D1E | 2 | CPU 数据记录中断 | 19(最低) | — |
| RTOSINT | 16 | 0x0000 0D20 | 2 | CPU 实时操作系统中断 | 4 | — |
| EMUINT | 17 | 0x0000 0D22 | 2 | CPU 仿真中断 | 2 | — |
| NMI | 18 | 0x0000 0D24 | 2 | 外部不可屏蔽中断 | 3 | — |
| ILLIGAL | 19 | 0x0000 0D26 | 2 | 非法操作 | — | — |
| USER1 | 20 | 0x0000 0D28 | 2 | 用户定义的陷阱 | — | — |
| USER2 | 21 | 0x0000 0D2A | 2 | 用户定义的陷阱 | — | — |
| USER3 | 22 | 0x0000 0D2C | 2 | 用户定义的陷阱 | — | — |
| USER4 | 23 | 0x0000 0D2E | 2 | 用户定义的陷阱 | — | — |
| USER5 | 24 | 0x0000 0D30 | 2 | 用户定义的陷阱 | — | — |
| USER6 | 25 | 0x0000 0D32 | 2 | 用户定义的陷阱 | — | — |
| USER7 | 26 | 0x0000 0D34 | 2 | 用户定义的陷阱 | — | — |
| USER8 | 27 | 0x0000 0D36 | 2 | 用户定义的陷阱 | — | — |
| USER9 | 28 | 0x0000 0D38 | 2 | 用户定义的陷阱 | — | — |
| USER10 | 29 | 0x0000 0D3A | 2 | 用户定义的陷阱 | — | — |
| USER11 | 30 | 0x0000 0D3C | 2 | 用户定义的陷阱 | — | — |
| USER12 | 31 | 0x0000 0D3E | 2 | 用户定义的陷阱 | — | — |

续表

| 名　　称 | 向量 ID号 | 地　　址 | 占用空间/16b | 描　　述 | CPU 优先级 | PIE分组 优先级 |
|---|---|---|---|---|---|---|
| PIE第1组向量——CPU INT1复用 | | | | | | |
| INT1.1 | 32 | 0x0000 0D40 | 2 | PDPINTA(EVA) | 5 | 1(最高) |
| INT1.2 | 33 | 0x0000 0D42 | 2 | PDPINTB(EVB) | 5 | 2 |
| INT1.3 | 34 | 0x0000 0D44 | 2 | 保留 | 5 | 3 |
| INT1.4 | 35 | 0x0000 0D46 | 2 | XINT1 | 5 | 4 |
| INT1.5 | 36 | 0x0000 0D48 | 2 | XINT2 | 5 | 5 |
| INT1.6 | 37 | 0x0000 0D4A | 2 | ADCINT(ADC 模块) | 5 | 6 |
| INT1.7 | 38 | 0x0000 0D4C | 2 | TINT0(CPU 定时器 0) | 5 | 7 |
| INT1.8 | 39 | 0x0000 0D4E | 2 | WAKEINT (LPM/WD) | 5 | 8(最低) |
| PIE第2组向量——CPU INT2复用 | | | | | | |
| INT2.1 | 40 | 0x0000 0D50 | 2 | CMP1INT(EVA) | 6 | 1(最高) |
| INT2.2 | 41 | 0x0000 0D52 | 2 | CMP2INT(EVA) | 6 | 2 |
| INT2.3 | 42 | 0x0000 0D54 | 2 | CMP3INT(EVA) | 6 | 3 |
| INT2.4 | 43 | 0x0000 0D56 | 2 | T1PINT(EVA) | 6 | 4 |
| INT2.5 | 44 | 0x0000 0D58 | 2 | T1CINT (EVA) | 6 | 5 |
| INT2.6 | 45 | 0x0000 0D5A | 2 | T1UFINT(EVA) | 6 | 6 |
| INT2.7 | 46 | 0x0000 0D5C | 2 | T1OFINT(EVA) | 6 | 7 |
| INT2.8 | 47 | 0x0000 0D5E | 2 | 保留 | 6 | 8(最低) |
| PIE第3组向量——CPU INT3复用 | | | | | | |
| INT3.1 | 48 | 0x0000 0D60 | 2 | T2PINT(EVA) | 7 | 1(最高) |
| INT3.2 | 49 | 0x0000 0D62 | 2 | T2CINT(EVA) | 7 | 2 |
| INT3.3 | 50 | 0x0000 0D64 | 2 | T2UFINT(EVA) | 7 | 3 |
| INT3.4 | 51 | 0x0000 0D66 | 2 | T2OFINT(EVA) | 7 | 4 |
| INT3.5 | 52 | 0x0000 0D68 | 2 | CAPINT1(EVA) | 7 | 5 |
| INT3.6 | 53 | 0x0000 0D6A | 2 | CAPINT2(EVA) | 7 | 6 |
| INT3.7 | 54 | 0x0000 0D6C | 2 | CAPINT2(EVA) | 7 | 7 |
| INT3.8 | 55 | 0x0000 0D6E | 2 | 保留 | 7 | 8(最低) |
| PIE第4组向量——CPU INT4复用 | | | | | | |
| INT4.1 | 56 | 0x0000 0D70 | 2 | CMP4INT(EVB) | 8 | 1(最高) |
| INT4.2 | 57 | 0x0000 0D72 | 2 | CMP5INT(EVB) | 8 | 2 |
| INT4.3 | 58 | 0x0000 0D74 | 2 | CMP6INT(EVB) | 8 | 3 |
| INT4.4 | 59 | 0x0000 0D76 | 2 | T3PINT(EVB) | 8 | 4 |
| INT4.5 | 60 | 0x0000 0D78 | 2 | T3CINT(EVB) | 8 | 5 |
| INT4.6 | 61 | 0x0000 0D7A | 2 | T3UFINT(EVB) | 8 | 6 |
| INT4.7 | 62 | 0x0000 0D7C | 2 | T3OFINT(EVB) | 8 | 7 |
| INT4.8 | 63 | 0x0000 0D7E | 2 | 保留 | 8 | 8(最低) |
| PIE第5组向量——CPU INT5复用 | | | | | | |
| INT5.1 | 64 | 0x0000 0D80 | 2 | T4PINT(EVB) | 9 | 1(最高) |
| INT5.2 | 65 | 0x0000 0D82 | 2 | T4CINT(EVB) | 9 | 2 |
| INT5.3 | 66 | 0x0000 0D84 | 2 | T4UFINT(EVB) | 9 | 3 |
| INT5.4 | 67 | 0x0000 0D86 | 2 | CAPINT4(EVB) | 9 | 4 |

| 名　称 | 向量 ID 号 | 地　址 | 占用空间/16b | 描　述 | CPU 优先级 | PIE 分组优先级 |
|---|---|---|---|---|---|---|
| PIE 第 5 组向量——CPU INT5 复用 | | | | | | |
| INT5.5 | 68 | 0x0000 0D88 | 2 | CAPINT4(EVB) | 9 | 5 |
| INT5.6 | 69 | 0x0000 0D8A | 2 | CAPINT5(EVB) | 9 | 6 |
| INT5.7 | 70 | 0x0000 0D8C | 2 | CAPINT6(EVB) | 9 | 7 |
| INT5.8 | 71 | 0x0000 0D8E | 2 | 保留 | 9 | 8(最低) |
| PIE 第 6 组向量——CPU INT6 复用 | | | | | | |
| INT6.1 | 72 | 0x0000 0D90 | 2 | SPIRXINTA(SPI 模块) | 10 | 1(最高) |
| INT6.2 | 73 | 0x0000 0D92 | 2 | SPITXINTA(SPI 模块) | 10 | 2 |
| INT6.3 | 74 | 0x0000 0D94 | 2 | 保留 | 10 | 3 |
| INT6.4 | 75 | 0x0000 0D96 | 2 | 保留 | 10 | 4 |
| INT6.5 | 76 | 0x0000 0D98 | 2 | MRINT(McBSP 模块) | 10 | 5 |
| INT6.6 | 77 | 0x0000 0D9A | 2 | MXINT(McBSP 模块) | 10 | 6 |
| INT6.7 | 78 | 0x0000 0D9C | 2 | 保留 | 10 | 7 |
| INT6.8 | 79 | 0x0000 0D9E | 2 | 保留 | 10 | 8(最低) |
| PIE 第 7 组向量——CPU INT7 复用 | | | | | | |
| INT7.1 | 80 | 0x0000 0D90 | 2 | 保留 | 11 | 1(最高) |
| INT7.2 | 81 | 0x0000 0D92 | 2 | 保留 | 11 | 2 |
| INT7.3 | 82 | 0x0000 0D94 | 2 | 保留 | 11 | 3 |
| INT7.4 | 83 | 0x0000 0D96 | 2 | 保留 | 11 | 4 |
| INT7.5 | 84 | 0x0000 0D98 | 2 | 保留 | 11 | 5 |
| INT7.6 | 85 | 0x0000 0D9A | 2 | 保留 | 11 | 6 |
| INT7.7 | 86 | 0x0000 0D9C | 2 | 保留 | 11 | 7 |
| INT7.8 | 87 | 0x0000 0D9E | 2 | 保留 | 11 | 8(最低) |
| PIE 第 8 组向量——CPU INT8 复用 | | | | | | |
| INT8.1 | 88 | 0x0000 0DB0 | 2 | 保留 | 12 | 1(最高) |
| INT8.2 | 89 | 0x0000 0DB2 | 2 | 保留 | 12 | 2 |
| INT8.3 | 90 | 0x0000 0DB4 | 2 | 保留 | 12 | 3 |
| INT8.4 | 91 | 0x0000 0DB6 | 2 | 保留 | 12 | 4 |
| INT8.5 | 92 | 0x0000 0DB8 | 2 | 保留 | 12 | 5 |
| INT8.6 | 93 | 0x0000 0DBA | 2 | 保留 | 12 | 6 |
| INT8.7 | 94 | 0x0000 0DBC | 2 | 保留 | 12 | 7 |
| INT8.8 | 95 | 0x0000 0DBE | 2 | 保留 | 12 | 8(最低) |
| PIE 第 9 组向量——CPU INT9 复用 | | | | | | |
| INT9.1 | 96 | 0x0000 0DC0 | 2 | SCIRXINTA(SCIA 模块) | 13 | 1(最高) |
| INT9.2 | 97 | 0x0000 0DC2 | 2 | SCITXINTA(SCIA 模块) | 13 | 2 |
| INT9.3 | 98 | 0x0000 0DC4 | 2 | SCIRXINTB(SCIB 模块) | 13 | 3 |
| INT9.4 | 99 | 0x0000 0DC6 | 2 | SCITXINTB(SCIB 模块) | 13 | 4 |
| INT9.5 | 100 | 0x0000 0DC8 | 2 | CEAN0INT(ECAN 模块) | 13 | 5 |
| INT9.6 | 101 | 0x0000 0DCA | 2 | ECAN1INT(ECAN 模块) | 13 | 6 |
| INT9.7 | 102 | 0x0000 0DCC | 2 | 保留 | 13 | 7 |
| INT9.8 | 103 | 0x0000 0DCE | 2 | 保留 | 13 | 8(最低) |

续表

| 名　　　称 | 向量 ID 号 | 地　　址 | 占用空间/16b | 描　　　述 | CPU 优先级 | PIE 分组 优先级 |
|---|---|---|---|---|---|---|
| PIE 第 10 组向量——CPU INT10 复用 | | | | | | |
| INT10.1 | 104 | 0x0000 0DD0 | 2 | 保留 | 14 | 1(最高) |
| INT10.2 | 105 | 0x0000 0DD2 | 2 | 保留 | 14 | 2 |
| INT10.3 | 106 | 0x0000 0DD4 | 2 | 保留 | 14 | 3 |
| INT10.4 | 107 | 0x0000 0DD6 | 2 | 保留 | 14 | 4 |
| INT10.5 | 108 | 0x0000 0DD8 | 2 | 保留 | 14 | 5 |
| INT10.6 | 109 | 0x0000 0DDA | 2 | 保留 | 14 | 6 |
| INT10.7 | 110 | 0x0000 0DDC | 2 | 保留 | 14 | 7 |
| INT10.8 | 111 | 0x0000 0DDE | 2 | 保留 | 14 | 8(最低) |
| PIE 第 11 组向量——CPU INT11 复用 | | | | | | |
| INT11.1 | 112 | 0x0000 0DD0 | 2 | 保留 | 14 | 1(最高) |
| INT11.2 | 113 | 0x0000 0DD2 | 2 | 保留 | 14 | 2 |
| INT11.3 | 114 | 0x0000 0DD4 | 2 | 保留 | 14 | 3 |
| INT11.4 | 115 | 0x0000 0DD6 | 2 | 保留 | 14 | 4 |
| INT11.5 | 116 | 0x0000 0DD8 | 2 | 保留 | 14 | 5 |
| INT11.6 | 117 | 0x0000 0DDA | 2 | 保留 | 14 | 6 |
| INT11.7 | 118 | 0x0000 0DDC | 2 | 保留 | 14 | 7 |
| INT11.8 | 119 | 0x0000 0DDE | 2 | 保留 | 14 | 8(最低) |
| PIE 第 12 组向量——CPU INT12 复用 | | | | | | |
| INT12.1 | 120 | 0x0000 0DD0 | 2 | 保留 | 15 | 1(最高) |
| INT12.2 | 121 | 0x0000 0DD2 | 2 | 保留 | 15 | 2 |
| INT12.3 | 122 | 0x0000 0DD4 | 2 | 保留 | 15 | 3 |
| INT12.4 | 123 | 0x0000 0DD6 | 2 | 保留 | 15 | 4 |
| INT12.5 | 124 | 0x0000 0DD8 | 2 | 保留 | 15 | 5 |
| INT12.6 | 125 | 0x0000 0DDA | 2 | 保留 | 15 | 6 |
| INT12.7 | 126 | 0x0000 0DDC | 2 | 保留 | 15 | 7 |
| INT12.8 | 127 | 0x0000 0DDE | 2 | 保留 | 15 | 8(最低) |

外设和外部中断分组连接到 PIE 模块的情况如表 4.39 所示,每行表示 8 个中断复用一个 CPU 中断。

表 4.39　PIE 中断分组情况

| CPU 中断 | PIE 中断 | | | | | | | |
|---|---|---|---|---|---|---|---|---|
| | INTx.8 | INTx.7 | INTx.6 | INTx.5 | INTx.4 | INTx.3 | INTx.2 | INTx.1 |
| INT1.y | WAKEINT (LPM/WD) | TINT0 (ADC) | ADCINT (ADC) | XINT2 | XINT1 | 保留 | PDPINTB (EVB) | PDPINTA (EVA) |
| INT2.y | 保留 | T1OFINT (EVA) | T1UFINT (EVA) | T1CINT (EVA) | T1PINT (EVA) | CMP3INT (EVA) | CMP2INT (EVA) | CMP1INT (EVA) |
| INT3.y | 保留 | CAPINT3 (EVA) | CAPINT2 (EVA) | CAPINT1 (EVA) | T2OFINT (EVA) | T2UFINT (EVA) | T2CINT (EVA) | T2PINT (EVA) |

| CPU 中断 | PIE 中断 | | | | | | | |
|---|---|---|---|---|---|---|---|---|
| | INTx. 8 | INTx. 7 | INTx. 6 | INTx. 5 | INTx. 4 | INTx. 3 | INTx. 2 | INTx. 1 |
| INT4. y | 保留 | T3OFINT (EVB) | T3UFINT (EVB) | T3CINT (EVB) | T3PINT (EVB) | CMP6INT (EVB) | CMP5INT (EVB) | CMP4INT (EVB) |
| INT5. y | 保留 | CAPINT6 (EVB) | CAPINT5 (EVB) | CAPINT4 (EVB) | T4OFINT (EVB) | T4UFINT (EVB) | T4CINT (EVB) | T4PINT (EVB) |
| INT6. y | 保留 | 保留 | MXINT (McBSP) | MRINT (McBSP) | 保留 | 保留 | SPITXINTA (SPI) | SPIRXINTA (SPI) |
| INT7. y | 保留 | 保留 | 保留 | 保留 | 保留 | 保留 | 保留 | 保留 |
| INT8. y | 保留 | 保留 | 保留 | 保留 | 保留 | 保留 | 保留 | 保留 |
| INT9. y | 保留 | 保留 | ECAN1INT (eCAN) | ECAN0INT (eCAN) | SCITXINTB (SCIB) | SCIRXINTB (SCIB) | SCITXINTA (SCIA) | SCIRXINTA (SCIA) |
| INT10. y | 保留 | 保留 | 保留 | 保留 | 保留 | 保留 | 保留 | 保留 |
| INT11. y | 保留 | 保留 | 保留 | 保留 | 保留 | 保留 | 保留 | 保留 |
| INT12. y | 保留 | 保留 | 保留 | 保留 | 保留 | 保留 | 保留 | 保留 |

## 4.6.9 PIE 配置寄存器

所有的控制 PIE 模块的寄存器如表 4.40 所示。

表 4.40 控制 PIE 模块的寄存器

| 名　称 | 地　址 | 占用空间/16b | 描　述 |
|---|---|---|---|
| PIECTRL | 0x0000 0CE0 | 1 | PIE,控制寄存器 |
| PIEACK | 0x0000 0CE1 | 1 | PIE,响应寄存器 |
| PIEIER1 | 0x0000 0CE2 | 1 | PIE,INT1 组使能寄存器 |
| | 0x0000 0CE3 | 1 | PIE,INT1 组标志寄存器 |
| PIEIER2 | 0x0000 0CE4 | 1 | PIE,INT2 组使能寄存器 |
| | 0x0000 0CE5 | 1 | PIE,INT2 组标志寄存器 |
| PIEIER3 | 0x0000 0CE6 | 1 | PIE,INT3 组使能寄存器 |
| | 0x0000 0CE7 | 1 | PIE,INT3 组标志寄存器 |
| PIEIER4 | 0x0000 0CE8 | 1 | PIE,INT4 组使能寄存器 |
| | 0x0000 0CE9 | 1 | PIE,INT4 组标志寄存器 |
| PIEIER5 | 0x0000 0CEA | 1 | PIE,INT5 组使能寄存器 |
| | 0x0000 0CEB | 1 | PIE,INT5 组标志寄存器 |
| PIEIER6 | 0x0000 0CEC | 1 | PIE,INT6 组使能寄存器 |
| | 0x0000 0CED | 1 | PIE,INT6 组标志寄存器 |
| PIEIER7 | 0x0000 0CEE | 1 | PIE,INT7 组使能寄存器 |
| | 0x0000 0CEF | 1 | PIE,INT7 组标志寄存器 |
| PIEIER8 | 0x0000 0CF0 | 1 | PIE,INT8 组使能寄存器 |
| | 0x0000 0CF1 | 1 | PIE,INT8 组标志寄存器 |

| 名　　　称 | 地　　　址 | 占用空间/16b | 描　　　述 |
|---|---|---|---|
| PIEIER9 | 0x0000 0CF2 | 1 | PIE,INT9 组使能寄存器 |
| | 0x0000 0CF3 | 1 | PIE,INT9 组标志寄存器 |
| PIEIER10 | 0x0000 0CF4 | 1 | PIE,INT10 组使能寄存器 |
| | 0x0000 0CF5 | 1 | PIE,INT10 组标志寄存器 |
| PIEIER11 | 0x0000 0CF6 | 1 | PIE,INT11 组使能寄存器 |
| | 0x0000 0CF7 | 1 | PIE,INT11 组标志寄存器 |
| PIEIER12 | 0x0000 0CF8 | 1 | PIE,INT12 组使能寄存器 |
| | 0x0000 0CF9 | 1 | PIE,INT12 组标志寄存器 |
| 保留 | 0x0000 0CFA | 6 | 保留 |
| | 0x0000 0CFF | | |

## 4.6.10　中断程序设计

```
// -------------------------------------------------------------------------

//            ################# 中断程序实例 #################
// -------------------------------------------------------------------------
// 程序描述:
// 对于大多数应用来说,PIE模块的硬件优先级有效,本程序主要介绍如何通过软件处理优先级问题
// 以及模拟PIE模块如何同时处理多个中断源
// -------------------------------------------------------------------------
# include "DSP281x_Device.h"        // 头文件
# include "DSP281x_Examples.h"

    // 定义 PIE 模块中使用的每一组中断,具体的分组可以参考表 4.38
# define ISRS_GROUP1   (M_INT1|M_INT2|M_INT4|M_INT5|M_INT6|M_INT7|M_INT8)
# define ISRS_GROUP2   (M_INT1|M_INT2|M_INT3|M_INT4|M_INT5|M_INT6|M_INT7)
# define ISRS_GROUP3   (M_INT1|M_INT2|M_INT3|M_INT4|M_INT5|M_INT6|M_INT7)
# define ISRS_GROUP4   (M_INT1|M_INT2|M_INT3|M_INT4|M_INT5|M_INT6|M_INT7)
# define ISRS_GROUP5   (M_INT1|M_INT2|M_INT3|M_INT4|M_INT5|M_INT6|M_INT7)
# define ISRS_GROUP6   (M_INT1|M_INT2|M_INT5|M_INT6)
# define ISRS_GROUP9   (M_INT1|M_INT2|M_INT3|M_INT4|M_INT5)
// -------------------------------------------------------------------------
// 数组用于跟踪检测中断处理的顺序
Uint16   ISRTrace[50];
Uint16   ISRTraceIndex;       // 用于更新跟踪缓冲器中的元素
// -------------------------------------------------------------------------
//          ################# 主程序 #################
// -------------------------------------------------------------------------
void main(void)
{
Uint16 i;

                // Step 1. 初始化系统控制寄存器(PLL、看门狗、使能外设时钟)

InitSysCtrl();

          // Step 2. 初始化 GPIO,具体的 GPIO 的配置可以参考后续章节中介绍的 GPIO 知识
```

```
// InitGpio();                        // 在本程序中根据需要可以省略

                                      // Step 3. 清除所有的中断标志位和初始化 PIE 向量表
                                      // 禁止 CPU 中断
DINT;

                                      // 初始化 PIE 控制寄存器为默认状态
                                      // PIE 控制寄存器的默认状态为 PIE 所有的中断都被禁止,且标志位都清零
InitPieCtrl();

                                      // 禁止 CPU 中断并清除所有的 CPU 中断标志位
IER = 0x0000;
IFR = 0x0000;

                                      // 初始化 PIE 向量表
InitPieVectTable();

                                      // Step 4. 初始化所有的设备外设
// InitPeripherals();                 // Not required for this example

                                      // Step 5. 下面为用户代码(使能所需的中断)
// ------------------------------------------------------------------------
//       ################ 例 1################
// ------------------------------------------------------------------------
                                      // 通过向 PIEIFR1 寄存器中写 1 控制第一组中断
                                      // 准备测试,禁止中断,清除跟踪缓冲器、PIE 控制寄存器、CPU IER IFR 寄存器
DINT;
for(i = 0; i < 50; i++) ISRTrace[i] = 0;
ISRTraceIndex = 0;
InitPieCtrl();
IER = 0;
IFR & = 0;

                                      // 使能 PIE 模块
PieCtrlRegs.PIECRTL.bit.ENPIE = 1;

                                      // 使能第一组的 1~8 中断
PieCtrlRegs.PIEIER1.all = 0x00FF;

                                      // 确保复位后第一组中断响应标志位(PIEACK)被清除
 PieCtrlRegs.PIEACK.all = M_INT1;

                                      // 使能 CPU 中断 1
IER |= M_INT1;

                                      // 强制第一组中断有效
PieCtrlRegs.PIEIFR1.all = ISRS_GROUP1;

                                      // 使能全局 CPU 中断级
EINT;                                 // 使能全局中断 INTM
```

```
                     // 等待第一组的所有中断都被使用
        while(PieCtrlRegs.PIEIFR1.all != 0x0000 ){}
        asm("ESTOP0");
// ------------------------------------------------------------------
//          ############### 例 2 ###############
// ------------------------------------------------------------------
                         // 通过向 PIEIFR2 寄存器中写 1 控制第二组中断
                     // 准备测试,禁止中断,清除跟踪缓冲器、PIE 控制寄存器、CPU IER IFR 寄存器
        DINT;
        for(i = 0; i < 50; i++) ISRTrace[i] = 0;
        ISRTraceIndex = 0;
        InitPieCtrl();
        IER = 0;
        IFR &= 0;

                     // 使能 PIE 模块
        PieCtrlRegs.PIECRTL.bit.ENPIE = 1;

                     // 使能 PIE 第二组的 1~8 中断
        PieCtrlRegs.PIEIER2.all = 0x00FF;

                     // 使能 CPU 中断 2
        IER |= (M_INT2);

                     // 确保复位后第二组中断响应标志位(PIEACK)被清除
        PieCtrlRegs.PIEACK.all = M_INT2;

                     // 强制第二组中断有效
        PieCtrlRegs.PIEIFR2.all = ISRS_GROUP2;

                     // 使能全局 CPU 中断级
        EINT;


                     // 等待第二组的所有中断都被使用
        while(PieCtrlRegs.PIEIFR2.all != 0x0000 ){}
                     // 停止并检测 ISRTrace,跟踪中断服务程序
        asm("ESTOP0");

// ------------------------------------------------------------------
//          ############### 例 3 ###############
// ------------------------------------------------------------------
                         // 通过向 PIEIFR3 寄存器中写 1 控制第三组中断
                     // 准备测试,禁止中断,清除跟踪缓冲器、PIE 控制寄存器、CPU IER IFR 寄存器
        DINT;
        for(i = 0; i < 50; i++) ISRTrace[i] = 0;
        ISRTraceIndex = 0;
        InitPieCtrl();
        IER = 0;
        IFR &= 0;
```

```
                            // 使能 PIE 模块
        PieCtrlRegs.PIECRTL.bit.ENPIE = 1;

                            // 使能 PIE 第三组的 1~8 中断
        PieCtrlRegs.PIEIER3.all = 0x00FF;

                            // 确保复位后第三组中断响应标志位(PIEACK)被清除
        PieCtrlRegs.PIEACK.all = M_INT3;

                            // 使能 CPU 中断 3
        IER |= (M_INT3);

                            // 强制第三组中断有效
        PieCtrlRegs.PIEIFR3.all = ISRS_GROUP3;

                            // 使能全局 CPU 中断级
        EINT;

                            // 等待第三组的所有中断都被使用
        while(PieCtrlRegs.PIEIFR3.all != 0x0000 ){}

                            // 停止并检测 ISRTrace,跟踪中断服务程序
        asm("ESTOP0");

// ----------------------------------------------------------------------

// ############## 下面的程序操作过程和上面的程序操作过程相似 ##############
// ----------------------------------------------------------------------

// ----------------------------------------------------------------------
//          ############### 例 4 ###############
// ----------------------------------------------------------------------
        DINT;
        for(i = 0; i < 50; i++) ISRTrace[i] = 0;
        ISRTraceIndex = 0;
        InitPieCtrl();
        IER = 0;
        IFR &= 0;

        PieCtrlRegs.PIECRTL.bit.ENPIE = 1;

        PieCtrlRegs.PIEIER4.all = 0x00FF;
        PieCtrlRegs.PIEACK.all = M_INT4;

        IER |= (M_INT4);
        PieCtrlRegs.PIEIFR4.all = ISRS_GROUP4;


        EINT;
        while(PieCtrlRegs.PIEIFR4.all != 0x0000 ){}
```

```
        asm("ESTOP0");

// ---------------------------------------------------------------------
//         ################ 例5 ################
// ---------------------------------------------------------------------
        DINT;
        for(i = 0; i < 50; i++) ISRTrace[i] = 0;
        ISRTraceIndex = 0;
        InitPieCtrl();
        IER = 0;
        IFR &= 0;

        PieCtrlRegs.PIECRTL.bit.ENPIE = 1;

        PieCtrlRegs.PIEIER5.all = 0x00FF;
        PieCtrlRegs.PIEACK.all = M_INT5;
        IER |= (M_INT5);
        PieCtrlRegs.PIEIFR5.all = ISRS_GROUP5;
        EINT;

        while(PieCtrlRegs.PIEIFR5.all != 0x0000 ){}

        asm("ESTOP0");

// ---------------------------------------------------------------------
//         ################ 例6 ################
// ---------------------------------------------------------------------
        DINT;
        for(i = 0; i < 50; i++) ISRTrace[i] = 0;
        ISRTraceIndex = 0;
        InitPieCtrl();
        IER = 0;
        IFR &= 0;
        PieCtrlRegs.PIECRTL.bit.ENPIE = 1;

        PieCtrlRegs.PIEIER6.all = 0x00FF;
        PieCtrlRegs.PIEACK.all = M_INT6;
        IER |= (M_INT6);
        PieCtrlRegs.PIEIFR6.all = ISRS_GROUP6;
        EINT;

        while(PieCtrlRegs.PIEIFR6.all != 0x0000 ){}

        asm("ESTOP0");

// ---------------------------------------------------------------------
//         ################ 例7 ################
// ---------------------------------------------------------------------
        DINT;
        for(i = 0; i < 50; i++) ISRTrace[i] = 0;
        ISRTraceIndex = 0;
```

```
        InitPieCtrl();
        IER = 0;
        IFR &= 0;
        PieCtrlRegs.PIECRTL.bit.ENPIE = 1;

        PieCtrlRegs.PIEIER9.all = 0x00FF;
        PieCtrlRegs.PIEACK.all = M_INT9;
        IER |= (M_INT9);
        PieCtrlRegs.PIEIFR9.all = ISRS_GROUP9;
        EINT;

 \      while(PieCtrlRegs.PIEIFR9.all != 0x0000 ){}
        asm("ESTOP0");

// --------------------------------------------------------------------
//           ############### 例 8 ###############
// --------------------------------------------------------------------
        DINT;
        for(i = 0; i < 50; i++) ISRTrace[i] = 0;
        ISRTraceIndex = 0;
        InitPieCtrl();
        IER = 0;
        IFR &= 0;
        PieCtrlRegs.PIECRTL.bit.ENPIE = 1;
        PieCtrlRegs.PIEIER1.all = 0x00FF;
        PieCtrlRegs.PIEIER2.all = 0x00FF;

        PieCtrlRegs.PIEACK.all = (M_INT3 | M_INT2);
        IER |= (M_INT1|M_INT2);

        PieCtrlRegs.PIEIFR1.all = ISRS_GROUP1;
        PieCtrlRegs.PIEIFR2.all = ISRS_GROUP2;
        EINT;

        while(PieCtrlRegs.PIEIFR1.all != 0x0000
        || PieCtrlRegs.PIEIFR2.all != 0x0000 ){}

        asm("ESTOP0");

// --------------------------------------------------------------------
//           ############### 例 9 ###############
// --------------------------------------------------------------------
        DINT;
        for(i = 0; i < 50; i++) ISRTrace[i] = 0;
        ISRTraceIndex = 0;
        InitPieCtrl();
        IER = 0;
        IFR &= 0;

        PieCtrlRegs.PIECRTL.bit.ENPIE = 1;
        PieCtrlRegs.PIEIER1.all = 0x00FF;
```

```
        PieCtrlRegs.PIEIER2.all = 0x00FF;
        PieCtrlRegs.PIEIER3.all = 0x00FF;
        PieCtrlRegs.PIEACK.all = (M_INT3|M_INT2|M_INT3);

        IER |= (M_INT1|M_INT2|M_INT3);

        PieCtrlRegs.PIEIFR1.all = ISRS_GROUP1;
        PieCtrlRegs.PIEIFR2.all = ISRS_GROUP2;
        PieCtrlRegs.PIEIFR3.all = ISRS_GROUP3;

        EINT;
        while(PieCtrlRegs.PIEIFR1.all != 0x0000
            || PieCtrlRegs.PIEIFR2.all != 0x0000
            || PieCtrlRegs.PIEIFR3.all != 0x0000 ) {}

        asm("ESTOP0");


//  --------------------------------------------------------------------
//          ############### 例10###############
//  --------------------------------------------------------------------
        DINT;
        for(i = 0; i < 50; i++) ISRTrace[i] = 0;
        ISRTraceIndex = 0;
        InitPieCtrl();
        IER = 0;
        IFR &= 0;
        PieCtrlRegs.PIECRTL.bit.ENPIE = 1;

        PieCtrlRegs.PIEIER1.all = 0x00FF;
        PieCtrlRegs.PIEIER2.all = 0x00FF;
        PieCtrlRegs.PIEIER3.all = 0x00FF;
        PieCtrlRegs.PIEIER4.all = 0x00FF;
        PieCtrlRegs.PIEIER5.all = 0x00FF;
        PieCtrlRegs.PIEIER6.all = 0x00FF;
        PieCtrlRegs.PIEIER9.all = 0x00FF;

        PieCtrlRegs.PIEACK.all =
                    (M_INT1|M_INT2|M_INT3|M_INT4|M_INT5|M_INT6|M_INT9);

        IER |= (M_INT1|M_INT2|M_INT3|M_INT4|M_INT5|M_INT6|M_INT9);

        PieCtrlRegs.PIEIFR1.all = ISRS_GROUP1;
        PieCtrlRegs.PIEIFR2.all = ISRS_GROUP2;
        PieCtrlRegs.PIEIFR3.all = ISRS_GROUP3;
        PieCtrlRegs.PIEIFR4.all = ISRS_GROUP4;
        PieCtrlRegs.PIEIFR5.all = ISRS_GROUP5;
        PieCtrlRegs.PIEIFR6.all = ISRS_GROUP6;
        PieCtrlRegs.PIEIFR9.all = ISRS_GROUP9;

        EINT;
```

```
while(PieCtrlRegs.PIEIFR1.all != 0x0000
    || PieCtrlRegs.PIEIFR2.all != 0x0000
    || PieCtrlRegs.PIEIFR3.all != 0x0000
    || PieCtrlRegs.PIEIFR4.all != 0x0000
    || PieCtrlRegs.PIEIFR5.all != 0x0000
    || PieCtrlRegs.PIEIFR6.all != 0x0000
    || PieCtrlRegs.PIEIFR9.all != 0x0000 ) {}

    asm("ESTOP0");

}
```

## 4.7  看门狗模块

### 4.7.1  看门狗模块介绍

F2812 中的看门狗模块与 240x 器件上的看门狗模块基本相同。当 8 位看门狗递增计数器计数达到最大值时,看门狗模块输出一个脉冲信号(512 个振荡器时钟宽度)。为了阻止这种情况发生,用户可以屏蔽计数器或利用软件定时向看门狗复位控制寄存器写"0x55＋0xAA"序列(可以复位看门狗计数器)。图 4.8 所示为看门狗的不同功能模块介绍框图。

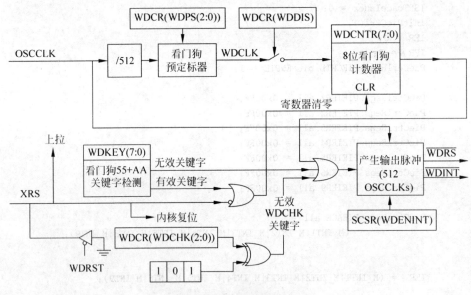

图 4.8  看门狗模块框图

看门狗模块可以利用看门狗中断信号($\overline{\text{WDINT}}$)将处理器从 IDLE/STANDBY 模式唤醒。如果看门狗中断信号用于将系统从低功耗模式下唤醒,那么需要在处理器唤醒后保证中断信号恢复高电平。用户可以通过读取 SCSR 寄存器的 WDENINT 位来决定中断信号的状态。

在 STANDBY 模式下,所有外设都将被关闭,只有看门狗仍然保持功能。看门狗模块将脱离 PLL 时钟运行,而中断信号 $\overline{\text{WDINT}}$ 直接反馈到 LPM 模块,以便可以将器件从

STANDBY模式唤醒。

在IDLE模式下，$\overline{\text{WDINT}}$信号能够向CPU产生中断（该中断为WAKEINT），使CPU脱离IDLE工作模式。

在HALT模式下，由于PLL和OSC单元被关闭，所以看门狗模块也将关闭，因此不能实现上述功能。

### 4.7.2 看门狗计数寄存器(WDCNTR)

看门狗计数寄存器位信息和功能介绍如表4.41和表4.42所示。

**表4.41 看门狗计数寄存器位信息**

| 15 | 8 7 | 0 |
|---|---|---|
| Reserved | WDCNTR | |
| R-0 | R-0 | |

**表4.42 看门狗计数寄存器位功能介绍**

| 位 | 名　称 | 功　能　描　述 |
|---|---|---|
| 15～8 | Reserved | 保留 |
| 7～0 | WDCNTR | 该区域内的信息为看门狗计数器当前的值。8位计数器将根据看门狗时钟(WDCLK)连续增加。如果计数器溢出，看门狗将发出一个复位信号，如果向WDKEY寄存器写有效的数据组合(0x55+0xAA)，将使计数器清零，看门狗模块的时钟基准将在WDCR寄存器中配置 |

### 4.7.3 看门狗复位寄存器(WDKEY)

看门狗复位寄存器位信息和功能介绍如表4.43和表4.44所示。

**表4.43 看门狗复位寄存器位信息**

| 15 | 8 7 | 0 |
|---|---|---|
| Reserved | WDKEY | |
| R-0 | R/W-0 | |

**表4.44 看门狗复位寄存器位功能介绍**

| 位 | 名　称 | 功　能　描　述 |
|---|---|---|
| 15～8 | Reserved | 保留 |
| 7～0 | WDKEY | 首先写0x55，然后再写0xAA到WDKEY会使WDCNTR(看门狗计数器)清零。写其他的任何值都会使看门狗产生复位信号；读操作将返回WDCR寄存器的值 |

### 4.7.4 看门狗控制寄存器(WDCR)

看门狗控制寄存器位信息和位功能介绍如表4.45和表4.46所示。

表 4.45　看门狗控制寄存器位信息

| 15 | | | | | | 8 |
|---|---|---|---|---|---|---|
| Reserved | | | | | | |
| R-0 | | | | | | |

| 7 | 6 | 5 | | 3 | 2 | 0 |
|---|---|---|---|---|---|---|
| WDFLAG | WDDIS | WDCHK | | | WDPS | |
| RW1C-0 | R/W-0 | R/W-0 | | | R/W-0 | |

表 4.46　看门狗控制寄存器位功能介绍

| 位 | 名　称 | 功　能　描　述 |
|---|---|---|
| 15～8 | Reserved | 保留 |
| 7 | WDFLAG | 看门狗复位状态标志位：<br>1　表示看门狗复位($\overline{\text{WDRST}}$)满足了复位条件；<br>0　表示是外部设备或上电复位条件。<br>该位值将一直锁存直到写 1 到 WDFLAG 位将该位清零,写 0 没有影响 |
| 6 | WDDIS | 1　屏蔽看门狗模块；<br>0　使能看门狗模块。<br>只有当 SCSR2 寄存器的 WDOVERIDE 位等于 1 时,WDDIS 的值才能改变,器件复位时,看门狗模块的默认状态为使能 |
| 5～3 | WDCHK(2:0) | 看门狗检测位,需要向 WDCHK(2～0)写 1,0,1,写其他任何值都会引起器件内核的复位(看门狗已经使能),读操作将返回 0、0、0 |
| 2～0 | WDPS(2:0) | 该区域用于配置看门狗计数时钟(WDCLK)比例(相对于 OSCCLK/512 的倍率)<br>000　WDCLK=OSCCLK/512/1；<br>001　WDCLK=OSCCLK/512/1；<br>010　WDCLK=OSCCLK/512/2；<br>011　WDCLK=OSCCLK/512/4；<br>100　WDCLK=OSCCLK/512/8；<br>101　WDCLK=OSCCLK/512/16；<br>110　WDCLK=OSCCLK/512/32；<br>111　WDCLK=OSCCLK/512/64 |

当 $\overline{\text{XRS}}$＝0 时,看门狗标志位(WDFLAG)会强制拉低。只有当 $\overline{\text{XRS}}$＝1 且检测到 $\overline{\text{WDRST}}$ 信号的上升沿(同步后四个周期的延时)时,WDFLAG 才会被置 1。如果 XRS 是低电平且 $\overline{\text{WDRST}}$ 为高电平时,标志位(WDFLAG)仍然为 0。在典型应用中,用户可以将 $\overline{\text{WDRST}}$ 信号连接到 $\overline{\text{XRS}}$ 信号上。因此,要想区分看门狗复位和外部器件复位,必须使外部复位信号比看门狗的脉冲长。

## 4.7.5　看门狗模块程序设计

下面的程序为看门狗中断程序,程序中定时对看门狗计数器清零即"喂狗",如果程序进入死循环,不能及时"喂狗",那么程序将进入看门狗中断服务子程序中。

```
// --------------------------------------------------------------
//          ################ 看门狗中断程序 ################
// --------------------------------------------------------------

# include "DSP281x_Device.h"
# include "DSP281x_Examples.h"
interrupt void wakeint_isr(void);
void KickDog(void);
# define BIT1      0x0002
// 全局变量 -----------------------------------------------------
Uint32 WakeCount;
Uint32 LoopCount;

void main(void)
{
    InitSysCtrl();                            // 初始化系统控制寄存器、PLL、看门狗和时钟

    DINT;                                     // 关闭全局中断响应
    InitPieCtrl();

    IER = 0x0000;                             // 关闭中断开关
    IFR = 0x0000;                             // 清除中断标志位

    InitPieVectTable();

    EALLOW;                                   // 保护中断向量
    PieVectTable.WAKEINT = &wakeint_isr;      // 看门狗中断向量指向中断服务子程序
    EDIS;                                     // 操作完成

    WakeCount = 0;
    LoopCount = 0;

    EALLOW;                                   // 保护中断向量
    SysCtrlRegs.SCSR = BIT1;                  // 选择看门狗中断,禁止看门狗复位
    EDIS;                                     // 操作完成

    PieCtrlRegs.PIECRTL.bit.ENPIE = 1;        // 允许 PIE1 组中断
    PieCtrlRegs.PIEIER1.bit.INTx8 = 1;        // 打开第一组的 watchdog 中断
    IER |= M_INT1;                            // 允许 CPU 响应 1 组中断
    EINT;                                     // 允许全局中断

    KickDog();                                // 定时清零(喂狗)

    EALLOW;
    SysCtrlRegs.WDCR = 0x0028;                // 使能看门狗,WDCLK = OSCCLK/512/1
    EDIS;

    for(;;)
    {
        LoopCount++;
    }
```

```
// ------------------------------------------------------------------
//          ##############看门狗中断服务子程序##############
// ------------------------------------------------------------------
interrupt void wakeint_isr(void)
{
    WakeCount++;

    PieCtrlRegs.PIEACK.all = PIEACK_GROUP1;// 写 1 继续响应中断
}

void KickDog(void)                          // 看门狗计数器清零
{
    EALLOW;
    SysCtrlRegs.WDKEY = 0x0055;             // 看门狗计数器清零
    SysCtrlRegs.WDKEY = 0x00AA;
    EDIS;
}
```

　　需要特别说明的是,看门狗模块可以产生复位信号和中断信号,但是两者不能同时产生。当产生复位信号时,出现故障时,信号直接使器件复位;当产生中断信号时,出现故障时,模块只是产生中断信号,如果中断使能,则执行中断服务子程序。看门狗模块的中断信号和复位信号是通过寄存器 SCSR 的第二位 WDENTIN 位决定的,具体的位信息在前面已经介绍了,在本程序中,设置该位信息为 1,即屏蔽看门狗复位信号,使能看门狗中断信号,所以在产生故障时,不会复位芯片,而是执行中断服务子程序。

## 4.8　32 位 CPU 定时器

　　本节主要介绍 F2812 器件上的 3 个 32 位 CPU 定时器(TIMER0/1/2)。其中定时器 1 和定时器 2 是专门用于实时操作系统(例如 DSPBIOS),用户设计时只能使用定时器 0。如图 4.9 所示为定时器功能框图。

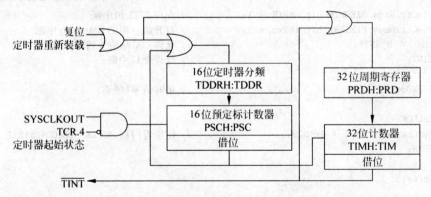

图 4.9　CPU 定时器功能框图

在 F2812 中 CPU 定时中断信号($\overline{\text{TINT0}}$、$\overline{\text{TINT1}}$、$\overline{\text{TINT2}}$)的连接方式如图 4.10 所示。

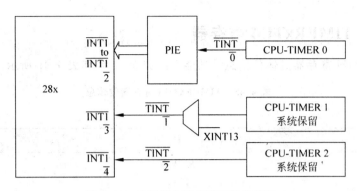

图 4.10 定时器中断信号和输出信号

定时器的常用操作方式如下:

(1) 首先周期寄存器(PRDH:PRD)内部的值装载到 32 位计数寄存器(TIMH:TIM)中;

(2) 然后计数寄存器根据 SYSCLKOUT 时钟递减计数;

(3) 当计数寄存器的值等于 0 时,定时器中断输出产生一个中断脉冲。

用于配置各定时器功能的寄存器如表 4.47 所示。

表 4.47 定时器配置和控制寄存器

| 名 称 | 地 址 | 占用空间/16b | 描 述 |
|---|---|---|---|
| TIMER0TIM | 0x0000 0C00 | 1 | CPU 定时器 0,计数器寄存器 |
| TIMER0TIMH | 0x0000 0C01 | 1 | CPU 定时器 0,计数器寄存器高位 |
| TIMER0PRD | 0x0000 0C02 | 1 | CPU 定时器 0,周期寄存器 |
| TIMER0PRDH | 0x0000 0C03 | 1 | CPU 定时器 0,周期寄存器高位 |
| TIMER0TCR | 0x0000 0C04 | 1 | CPU 定时器 0,控制寄存器 |
| 保留 | 0x0000 0C05 | 1 | |
| TIMER0TPR | 0x0000 0C06 | 1 | CPU 定时器 0,预定标寄存器 |
| TIMER0TPRH | 0x0000 0C07 | 1 | CPU 定时器 0,预定标寄存器高位 |
| TIMER1TIM | 0x0000 0C08 | 1 | CPU 定时器 1,计数器寄存器 |
| TIMER1TIMH | 0x0000 0C09 | 1 | CPU 定时器 1,计数器寄存器高位 |
| TIMER1PRD | 0x0000 0C0A | 1 | CPU 定时器 1,周期寄存器 |
| TIMER1PRDH | 0x0000 0C0B | 1 | CPU 定时器 1,周期寄存器高位 |
| TIMER1TCR | 0x0000 0C0C | 1 | CPU 定时器 1,控制寄存器 |
| 保留 | 0x0000 0C0D | 1 | |
| TIMER1TPR | 0x0000 0C0E | 1 | CPU 定时器 1,预定标寄存器 |
| TIMER1TPRH | 0x0000 0C0F | 1 | CPU 定时器 1,预定标寄存器高位 |
| TIMERTIM | 0x0000 0C10 | 1 | CPU 定时器 2,计数器寄存器 |
| TIMER2TIMH | 0x0000 0C11 | 1 | CPU 定时器 2,计数器寄存器高位 |
| TIMER2PRD | 0x0000 0C12 | 1 | CPU 定时器 2,周期寄存器 |
| TIMER2PRDH | 0x0000 0C13 | 1 | CPU 定时器 2,周期寄存器高位 |
| TIMER2TCR | 0x0000 0C14 | 1 | CPU 定时器,控制寄存器 |
| 保留 | 0x0000 0C15 | 1 | |
| TIMER2TPR | 0x0000 0C16 | 1 | CPU 定时器 2,预定标寄存器 |
| TIMER2TPRH | 0x0000 0C17 | 1 | CPU 定时器 2,预定标寄存器高位 |
| 保留 | 0x0000 0C18<br>0x0000 0C3F | 1 | |

## 4.8.1 TIMERxTIM 寄存器

TIMERxTIM 寄存器具体位信息及功能介绍如表 4.48 和表 4.49 所示。

**表 4.48 TIMERxTIM 寄存器位信息**

| 15 | | 0 |
|---|---|---|
| | TIM | |
| | R/W-0 | |

| 15 | | 0 |
|---|---|---|
| | TIMH | |
| | R/W-0 | |

**表 4.49 TIMERxTIM 寄存器位功能介绍**

| 位 | 名 称 | 功 能 描 述 |
|---|---|---|
| 15~0 | TIM | CPU 定时器计数寄存器(TIMH：TIM)(低 16 位)<br>TIM 寄存器的值为当前 32 位定时器计数值的低 16 位，TIMH 寄存器内的值为计数器的高 16 位。每隔(TDDRH：TDDR＋1)个时钟周期TIMH：TIM 减 1(TDDRH：TDDR 为定时器预定标分频系数)。当TIMH：TIM 递减到 0 时，TIMH：TIM 寄存器重新装载 PRDH：PRD寄存器中的周期值，同时产生定时器中断$\overline{TINT}$信号 |
| 15~0 | TIMH | CPU 定时器计数寄存器(TIMH：TIM)(高 16 位) |

## 4.8.2 TIMERxPRD 寄存器

TIMERxPRD 寄存器具体位信息及功能介绍如图 4.50 和表 4.51 所示。

**表 4.50 TIMERxPRD 寄存器位信息**

| 15 | | 0 |
|---|---|---|
| | PRD | |
| | R/W-0 | |

| 15 | | 0 |
|---|---|---|
| | PRDH | |
| | R/W-0 | |

**表 4.51 TIMERxPRD 寄存器位功能介绍**

| 位 | 名 称 | 功 能 描 述 |
|---|---|---|
| 15~0 | PRD | CPU 周期寄存器(PRDH：PRD)(低 16 位)<br>PRD 寄存器中的值为 32 位周期值的低 16 位，PRDH 中的值为高16 位。当 TIMH：TIM 递减到零时，在下一个输入时钟时 TIMH：TIM寄存器重新装载 PRDH：PRD 寄存器中的周期值；当用户将定时器控制寄存器(TCR)的定时器重新装载位(TRB)置位时，PRDH：PRD 寄存器中的周期值也会重新装载到 TIMH：TIM 中 |
| 15~0 | PRDH | CPU 周期寄存器(PRDH：PRD)(高 16 位) |

## 4.8.3　TIMERxTCR 寄存器

TIMERxTCR 寄存器的位信息及功能介绍如表4.52和表4.53所示。

**表 4.52　TIMERxTCR 寄存器位信息**

| 15 | 14 | 13 | 12 | 11 | 10 | 9 | 8 |
|---|---|---|---|---|---|---|---|
| TIF | TIE | Reserved | | FREE | SOFT | Reserved | |
| R/W-0 | R/W-0 | R-0 | | R/W-0 | R/W-0 | R-0 | |

| 7 | 6 | 5 | 4 | 3 | | | 0 |
|---|---|---|---|---|---|---|---|
| Reserved | | TRB | TSS | Reserved | | | |
| R-0 | | R/W-0 | R/W-0 | R-0 | | | |

**表 4.53　TIMERxTCR 寄存器位功能介绍**

| 位 | 名　称 | 功 能 描 述 |
|---|---|---|
| 15 | TIF | CPU 定时器中断标志位<br>当定时器计数器递减到0时,标志位将置1,TIF 位可以通过软件写1清零,但只有计数器递减到0时该位才会被置位。<br>0　写0对该位没有影响;<br>1　写1将清除该位 |
| 14 | TIE | CPU 定时器中断使能位<br>如果定时器计数器递减到零且 TIE 位置位,定时器将会向 CPU 发出中断请求 |
| 13,12 | Reserved | 保留 |
| 11,10 | FREE,SOFT | CPU 定时器仿真模式<br>这些位决定了在高级语言编程中遇到断点时,定时器的状态。<br>如果 FREE 值设置为1,那么在遇到断点时,定时器继续运行(即自由运行)。在这种情况下,SOFT 位不起作用。但是如果 FREE 位为0时,SOFT 位将起作用,在这种情况下,如果 SOFT=0,定时器在下一个 TIMH：TIM 寄存器递减操作完成后停止工作;如果 SOFT=1,定时器在 TIMH：TIM 寄存器递减到0后停止工作。<br>FREE　SOFT　CPU 定时器仿真模式<br>　0　　　0　　定时器在下一个 TIMH：TIM 递减操作完成后停止(硬停止)<br>　0　　　1　　定时器在 TIMH：TIM 寄存器递减到0后停止(软停止)<br>　1　　　0　　自由运行<br>　1　　　1　　自由运行 |
| 9～6 | Reserved | 保留 |
| 5 | TRB | CPU 定时器重新装载位<br>当该位置1时,TIMH：TIM 寄存器会自动重新装载 PRDH：PRD 寄存器中的周期值,并且预定标计数器(PSCH：PSC)也会重新装载定时器分频寄存器(TDDRH：TDDR)中的值;读 TRB 位总是返回0 |

续表

| 位 | 名　称 | 功　能　描　述 |
|---|---|---|
| 4 | TSS | CPU 定时器停止状态位<br>该位为启动和停止定时器的状态位<br>0　启动并复位定时器,系统复位后,TSS 清零且立即启动定时器;<br>1　停止定时器 |
| 3~0 | Reserved | 保留 |

## 4.8.4　TIMERxTPR 寄存器

TIMERxTPR 寄存器的具体位信息及功能介绍如表 4.54 和表 4.55 所示。

**表 4.54　TIMERxTPR 寄存器位信息**

| 15 | 8 | 7 | 0 |
|---|---|---|---|
| PSC | | TDDR | |
| R-0 | | R/W-0 | |

| 15 | 8 | 7 | 0 |
|---|---|---|---|
| PSCH | | TDDRH | |
| R-0 | | R/W-0 | |

**表 4.55　TIMERxTPR 寄存器位功能介绍**

| 位 | 名　称 | 功　能　描　述 |
|---|---|---|
| 15~8 | PSC,PSCH | CPU 定时器预先设置比例计数器<br>PSCH 为预先设置比例计数器的高 8 位,PSC 为预先设置比例计数器的低 8 位,这些位中的值为定时器当前的预定标值。PSCH:PSC 大于 0 时,每个定时器源时钟周期 PSCH:PSC 减 1。当 PSCH:PSC 递减到 0 时,PSCH:PSC 重新装载 TDDRH:TDDR 内的值,定时器计数寄存器减 1。通过软件将该位置 1 也可以实现 PSCH:PSC 重新装载。可以读取 PSCH:PSC 寄存器内的值,但不能直接设置这些位,寄存器中的值必须从分频计数寄存器(TDDRH:TDDR)获取。复位时 PSCH:PSC 清零 |
| 7~0 | TDDR,TDDRH | CPU 定时器分频器<br>TDDRH 为分频器的高 8 位,TDDR 为分频器的低 8 位<br>每(TDDRH:TDDR+1)个定时器源时钟周期,定时器计数寄存器(TIMH:TIM)将减 1;复位时 TDDRH:TDDR 清零。当预定标计数器(PSCH:PSC)等于 0 时,一个定时器源时钟周期后,重新将 TDDRH:TDDR 内的值装载到 PSCH:PSC,TIMH:TIM 减 1,通过软件将 TRB 位置 1 也可以实现将 TDDRH:TDDR 内的值装载到 PSCH:PSC |

## 4.8.5　定时器程序设计

该程序为定时器定时中断程序,通过设定定时器周期,且使能定时中断,即可完成定时中断功能,用户可以在中断函数内处理需要的程序,如定时通过串口(SCI)向主机发送数据等。

```
// --------------------------------------------------------------------
//              ################# 定时器程序设计 #################
// --------------------------------------------------------------------
# include "DSP281x_Device.h"              // DSP281x Headerfile Include File
# include "DSP281x_Examples.h"            // DSP281x Examples Include File
// 中断函数------------------------------------------------------------
interrupt void cpu_timer0_isr(void);
// 主程序--------------------------------------------------------------
void main(void)
{

    InitSysCtrl();                        // 初始化系统控制寄存器、PLL、看门狗和时钟
    DINT;                                 // 禁止和清除所有 CPU 中断向量表
    InitPieCtrl();                        // 初始化 PIE 控制寄存器

    IER = 0x0000;
    IFR = 0x0000;
    InitPieVectTable();                   // 初始化中断向量表
    EALLOW;
    PieVectTable.TINT0 = &cpu_timer0_isr; // 中断向量指向中断服务子程序处
    EDIS;

    InitCpuTimers();                      // 初始化定时器 0 的寄存器
    ConfigCpuTimer(&CpuTimer0, 100, 1000000); // 设定定时周期
    StartCpuTimer0();

    IER |= M_INT1;                        // CPU 第 1 组中断

    PieCtrlRegs.PIEIER1.bit.INTx7 = 1;    // 第 1 组中断的第 7 位中断

    EINT;                                 // 允许全局中断
    ERTM;                                 // 允许 DEBUG 中断
    for(;;);                              // 空循环
}
// --------------------------------------------------------------------
//            ################# 中断服务程序 #################
// --------------------------------------------------------------------
interrupt void cpu_timer0_isr(void)
{
    CpuTimer0.InterruptCount++;
    // 用户可以在中断服务子程序中添加应用程序
    PieCtrlRegs.PIEACK.all = PIEACK_GROUP1;   // 允许继续响应中断
}
```

其中定时器初始化函数 InitCpuTimers( )以及定时器配置函数 ConfigCpuTimer(&CpuTimer0,100,1000000)都是在 DSP281x_CpuTimers.c 源程序中定义的。初始化函数以及定时器配置函数主要是对定时器 0 对应的寄存器进行配置,可以结合前面所介绍的寄

存器位信息来解读程序,具体的程序代码如下。

```
// --------------------------------------------------------------------
//           ############### 定时器寄存器初始化程序段 ###############
// --------------------------------------------------------------------

# include "DSP281x_Device. h"
# include "DSP281x_Examples. h"

struct CPUTIMER_VARS CpuTimer0;

void InitCpuTimers(void)
{
    CpuTimer0. RegsAddr = &CpuTimer0Regs;
    CpuTimer0Regs. PRD. all = 0xFFFFFFFF;
    CpuTimer0Regs. TPR. all = 0;                  // 预定标寄存器低位
    CpuTimer0Regs. TPRH. all = 0;                 // 预定标寄存器高位
    CpuTimer0Regs. TCR. bit. TSS = 1;             // 停止控制器的计数器
    CpuTimer0Regs. TCR. bit. TRB = 1;             // 重新装载
    CpuTimer0. InterruptCount = 0;                // 用户自己定义
}

void ConfigCpuTimer(struct CPUTIMER_VARS * Timer, float Freq, float Period)
{
    Uint32   temp;

    Timer ->CPUFreqInMHz = Freq;//
    Timer ->PeriodInUSec = Period;
    temp = (long) (Freq * Period);
    Timer ->RegsAddr ->PRD. all = temp;

    Timer ->RegsAddr ->TPR. all = 0;
    Timer ->RegsAddr ->TPRH. all = 0;

    Timer ->RegsAddr ->TCR. bit. TSS = 1;
    Timer ->RegsAddr ->TCR. bit. TRB = 1;         // 重装计数器
    Timer ->RegsAddr ->TCR. bit. SOFT = 1;        // 自由运行
    Timer ->RegsAddr ->TCR. bit. FREE = 1;        // 自由运行
    Timer ->RegsAddr ->TCR. bit. TIE = 1;         // 中断使能

    // Reset interrupt counter:
    Timer ->InterruptCount = 0;                   // 用户定义
}
```

## 4.9  通用输入输出口(GPIO)

### 4.9.1  GPIO 介绍

在 F2812 中系统提供了许多通用目的数字量 I/O 引脚,这些引脚绝大部分是多功能复用引脚,即这些 I/O 引脚既可以作为通用数字 I/O 口,也可以作为特殊功能口(如 SCI、SPI、CAN 等),可以根据设计需要,通过 GPIO MUX(复用开关)寄存器来选择配置工作方式。如果引脚工作在通用数字量 I/O 模式,可以通过方向控制寄存器(GPxDIR)控制通用 I/O 的方向,还可以通过量化寄存器(GPxQUAL)对输入信号进行量化限制,从而消除外部噪声干扰。表 4.56 所示为 GPIO MUX 寄存器。需要特别说明的是 GPIO MUX 寄存器都需要 EALLOW 保护。

**表 4.56　GPIO MUX 寄存器**

| 名　　称 | 地　　址 | 容量/16b | 描　　述 |
|---|---|---|---|
| GPAMUX | 0x0000 70C0 | 1 | GPIO A 功能选择控制寄存器 |
| GPADIR | 0x0000 70C1 | 1 | GPIO A 方向控制寄存器 |
| GPAQUAL | 0x0000 70C2 | 1 | GPIO A 输入限制寄存器 |
| 保留 | 0x0000 70C3 | 1 | 保留空间 |
| GPBMIUX | 0x0000 70C4 | 1 | GPIO B 功能选择控制寄存器 |
| GPBDIR | 0x0000 70C5 | 1 | GPIO B 方向控制寄存器 |
| GPBQUAL | 0x0000 70C6 | 1 | GPIO B 输入限制寄存器 |
| 保留 | 0x0000 70C7<br>0x0000 70CB | 5 | 保留空间 |
| GPDMUX | 0x0000 70CC | 1 | GPIO D 功能选择控制寄存器 |
| GPDDIR | 0x0000 70CD | 1 | GPIO D 方向控制寄存器 |
| GPDQUAL | 0x0000 70CE | 1 | GPIO D 输入限制寄存器 |
| 保留 | 0x0000 70CF | 1 | 保留空间 |
| GPEMUX | 0x0000 70D0 | 1 | GPIO E 功能选择控制寄存器 |
| GPEDIR | 0x0000 70D1 | 1 | GPIO E 方向控制寄存器 |
| GPDQUAL | 0x0000 70D2 | 1 | GPIO E 输入限制寄存器 |
| 保留 | 0x0000 70D3 | 1 | 保留空间 |
| GPEMUX | 0x0000 70D4 | 1 | GPIO F 功能选择控制寄存器 |
| GPEDIR | 0x0000 70D5 | 1 | GPIO F 方向控制寄存器 |
| 保留 | 0x0000 70D6<br>0x0000 70D7 | 2 | 保留空间 |
| GPFMUX | 0x0000 70D8 | 1 | GPIO G 功能选择控制寄存器 |
| GPFDIR | 0x0000 70D9 | 1 | GPIO G 方向控制寄存器 |
| 保留 | 0x0000 70DA<br>0x0000 70DF | 6 | 保留空间 |

如果多功能引脚配置成数字量 I/O 模式,可以通过下列寄存器对相应的引脚进行操作:GPxSET 寄存器可以将相应的 I/O 口置为1(高电平);GPxCLEAR 寄存器可以清除相应的 I/O 信号(置为低电平);GPxTOGGLE 寄存器可以对相应的 I/O 信号取反;GPxDAT 寄存器可以读/写相应的数字量 I/O 信号,直接控制 I/O 引脚。表 4.57 给出了 GPIO 的重要寄存器。

表 4.57　GPIO 的重要寄存器

| 名　称 | 地　址 | 容量/16b | 描　述 |
|---|---|---|---|
| GPADAT | 0x0000 70E0 | 1 | GPIO A 数据寄存器 |
| GPASET | 0X0000 70E1 | 1 | GPIO A 置位寄存器 |
| GPACLEAR | 0x0000 70E2 | 1 | GPIO A 清除寄存器 |
| GPATOGGLE | 0x0000 70E3 | 1 | GPIO A 取反寄存器 |
| GPBDAT | 0x0000 70E4 | 1 | GPIO B 数据寄存器 |
| GPBSET | 0x0000 70E5 | 1 | GPIO B 置位寄存器 |
| GPBCLEAR | 0x0000 70E6 | 1 | GPIO B 清除寄存器 |
| GPBTOGGLE | 0x0000 70E7 | 1 | GPIO B 取反寄存器 |
| 保留 | 0x0000 70E8<br>0x0000 70EB | 4 | |
| GPDDAT | 0x0000 70EC | 1 | GPIO D 数据寄存器 |
| GPDSET | 0x0000 70ED | 1 | GPIO D 置位寄存器 |
| GPDCLEAR | 0x0000 70EE | 1 | GPIO D 清除寄存器 |
| GPDTOGGLE | 0x0000 70EF | 1 | GPIO D 取反寄存器 |
| GPEDAT | 0x0000 70F0 | 1 | GPIO E 数据寄存器 |
| GPESET | 0x0000 70F1 | 1 | GPIO E 置位寄存器 |
| GPECLEAR | 0x0000 70F2 | 1 | GPIO E 清除寄存器 |
| GPETOGGLE | 0x0000 70F3 | 1 | GPIO E 取反寄存器 |
| GPFDAT | 0x0000 70F4 | 1 | GPIO F 数据寄存器 |
| GPFSET | 0X0000 70F5 | 1 | GPIO F 置位寄存器 |
| GPFCLEAR | 0x0000 70F6 | 1 | GPIO F 清除寄存器 |
| GPFTOGGLE | 0x0000 70F7 | 1 | GPIO F 取反寄存器 |
| GPGDAT | 0x0000 70F8 | 1 | GPIO G 数据寄存器 |
| GPGSET | 0x0000 70F9 | 1 | GPIO G 置位寄存器 |
| GPGCLEAR | 0x0000 70FA | 1 | GPIO G 清除寄存器 |
| GPGTOGGLE | 0x0000 70FB | 1 | GPIO G 取反寄存器 |
| 保留 | 0x0000 70FC<br>0x0000 70FF | 4 | |

　　图 4.11 所示的 GPIO 与外设引脚复用图介绍了寄存器的相应位与 I/O 口功能的关系，通过图例可以很好地理解 GPIO 的工作方式，以及具体的寄存器的操作方式。首先从大的方向上，GPIO 分为数字 I/O 和外设 I/O，这个功能是通过 GPIO MUX 寄存器选择的，然后数字 I/O 的操作又包括输入输出，以及对数据的操作（置高、置低、取反等）。

## 4.9.2　输入限制

F2812 提供两类输入限制方式。

（1）方式 1

输入信号需要先和 SYSCLKOUT 同步，在输入信号允许改变前，信号被指定数量的信号限制,图 4.12 所示为方式 1 如何限制输入信号以及如何消除噪声。

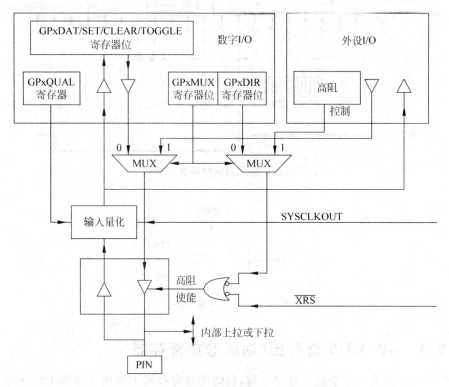

图 4.11 GPIO 与外设引脚复用图

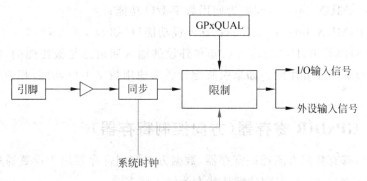

图 4.12 方式 1 输入限制

为了限制信号,输入信号首先和 SYSCLKOUT 同步,然后在特定的周期进行采样。采样周期是由 GPxQUAL 寄存器的值决定的,采样窗口为 6 个信号宽度,输入信号只有在 6 个被采样的信号相同时才发生变化,如图 4.13 所示。因为后来的信号不同步,为了保证同步,在采样窗口开始前需要有至少一个 SYSCLKOUT 周期的延时。

(2) 方式 2

方式 2 中只有数字 I/O 才与 SYSCLKOUT 同步,外设信号直接连接到器件引脚上,因为有些外设 I/O 有自己的同步方式。方式 2 输入限制如图 4.14 所示。

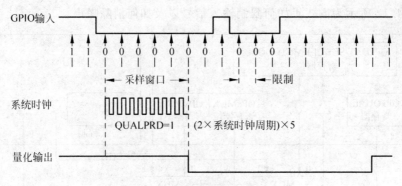

图 4.13　输入限制时钟脉冲周期

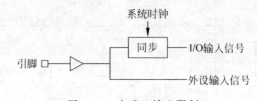

图 4.14　方式 2 输入限制

### 4.9.3　GPxMUX 寄存器（功能选择寄存器）

每个 I/O 口都有一个功能选择寄存器，功能选择寄存器主要用于选择 I/O 工作在特殊功能还是通用数字 I/O 模式。在复位时所有 GPIO 配置成通用数字 I/O 功能。

① 如果 GPxMUX.bit＝0，配置为通用数字 I/O 功能；

② 如果 GPxMUX.bit＝1，配置为特殊外设功能口（如 SCI、CAN）。

从图 4.11 可以看出，I/O 的输入功能和外设的输入通道总是被使能的，输出通道是通用数字 I/O 和特殊外设复用的。如果引脚配置成为通用数字 I/O 功能，相应的外设功能将被禁止。

### 4.9.4　GPxDIR 寄存器（方向控制寄存器）

每个 I/O 口都有数据方向控制寄存器，数据方向控制寄存器用于设置通用数字 I/O 为输入还是输出口，在复位时，引脚的默认状态为输入状态。

① 如果 GPxDIR.bit＝0，引脚设置为通用数字量输入；

② 如果 GPxDIR.bit＝1，引脚设置为通用数字量输出。

复位时，GPxMUX 和 GPxDIR 默认值都为 0，所以在复位时，引脚的默认状态为数字 I/O 输入。

### 4.9.5　GPxDAT 寄存器（数据寄存器）

每个 I/O 口都有一个数据寄存器，数据寄存器是可读可写寄存器。

① I/O 口设置为输出功能时，如果 GPxDAT.bit＝0，那么操作将会使相应的引脚拉低；

② I/O口设置为输入功能时,如果 GPxDAT. bit＝0,反映相应的引脚状态为低电平;

③ I/O口设置为输出功能时,如果 GPxDAT. bit＝1,那么操作将会使相应的引脚拉高;

④ I/O口设置为输入功能时,如果 GPxDAT. bit＝1,反映相应的引脚状态为高电平。

需要说明的是,当用户试图改变一个数字 I/O 的状态时,不要改变另一个 I/O 的引脚状态。

## 4.9.6　GPxSET 寄存器(置位寄存器)

每个 I/O 口都有一个置位寄存器,置位寄存器是只写寄存器,任何读操作都返回 0。如果相应的引脚配置成数字量输出,写 1 后相应的引脚会置高,写 0 时没有影响。

① 如果 GPxSET. bit＝0,没有影响;

② 引脚设置为输出时,如果 GPxSET. bit＝1,那么操作将使相应的引脚置成高电平。

## 4.9.7　GPxCLEAR 寄存器(清除寄存器)

每个 I/O 口都有一个清除寄存器,清除寄存器是只写寄存器,任何读操作都返回 0。

① 如果 GPxCLEAR. bit＝0,没有影响;

② 引脚设置为输出时,如果 GPxCLEAR. bit＝1,将相应的引脚置成低电平。

## 4.9.8　GPxTOGGLE 寄存器(取反触发寄存器)

每个 I/O 口都有一个取反触发寄存器,该寄存器是只写寄存器,任何读操作都返回 0。

① 如果 GPxTOGGLE. bit＝0,没有影响;

② 引脚设置为输出时,如果 GPxTOGGLE. bit＝1,那么操作将使相应的引脚取反。

## 4.9.9　寄存器位与 I/O 引脚的映射

本小节主要介绍 GPIO 的寄存器位与 I/O 引脚的映射关系,对于每个端口,不同的寄存器(功能、方向、置位、清零、取反寄存器)的位映射关系是一样的,具体的寄存器位信息与 I/O 引脚的对应关系如下列表所示。

表 4.58 所示为 GPIOA 端口的功能选择、方向、置位、清零、取反寄存器的位信息与 I/O 引脚的映射关系。

表 4.58　GPIOA 的位信息与 I/O 引脚的映射关系

| 寄存器位 | 外设名称<br>GPAMUX. bit ＝ 1 | GPIO 名称<br>GPAMUX. bit ＝0 | GPAMUX/DIR | 输入限制 |
|---|---|---|---|---|
| EVA 外设 | | | | |
| 0 | PWM1 (O) | GPIOA0 | R/W-0 | 方式 1 |
| 1 | PWM2 (O) | GPIOA1 | R/W-0 | 方式 1 |
| 2 | PWM3 (O) | GPIOA2 | R/W-0 | 方式 1 |
| 3 | PWM4 (O) | GPIOA3 | R/W-0 | 方式 1 |
| 4 | PWM5 (O) | GPIOA4 | R/W-0 | 方式 1 |

| 寄存器位 | 外设名称<br>GPAMUX. bit = 1 | GPIO 名称<br>GPAMUX. bit = 0 | GPAMUX/DIR | 输 入 限 制 |
|---|---|---|---|---|
| 5 | PWM6 (O) | GPIOA5 | R/W-0 | 方式 1 |
| 6 | T1PWM_T1CMP (O) | GPIOA6 | R/W-0 | 方式 1 |
| 7 | T2PWM_T2CMP (O) | GPIOA7 | R/W-0 | 方式 1 |
| 8 | CAP1_QEP1 (I) | GPIOA8 | R/W-0 | 方式 1 |
| 9 | CAP2_QEP2(I) | GPIOA9 | R/W-0 | 方式 1 |
| 10 | CAP3_QEPI1 (I) | GPIOA10 | R/W-0 | 方式 1 |
| 11 | TDIRA (I) | GPIOA11 | R/W-0 | 方式 1 |
| 12 | TCLKINA (I) | GPIOA12 | R/W-0 | 方式 1 |
| 13 | $\overline{\text{C1TRIP}}$ (I) | GPIOA13 | R/W-0 | 方式 1 |
| 14 | $\overline{\text{C2TRIP}}$ (I) | GPIOA14 | R/W-0 | 方式 1 |
| 15 | $\overline{\text{C3TRIP}}$ (I) | GPIOA15 | R/W-0 | 方式 1 |

注意：GPIO MUX 和 DIR 寄存器是受 EALLOW 保护的。

表 4.59 所示为 GPIOB 的位信息与 I/O 引脚的映射关系。

表 4.59　GPIOB 的位信息与 I/O 引脚的映射关系

| 寄存器位 | 外设名称<br>GPBMUX. bit = 1 | GPIO 名称<br>GPBMUX. bit = 0 | GPBMUX/DIR | 输 入 限 制 |
|---|---|---|---|---|
| | EVB 外设 | | | |
| 0 | PWM7 (O) | GPIOB0 | R/W-0 | 方式 1 |
| 1 | PWM8 (O) | GPIOB1 | R/W-0 | 方式 1 |
| 2 | PWM9 (O) | GPIOB2 | R/W-0 | 方式 1 |
| 3 | PWM10 (O) | GPIOB3 | R/W-0 | 方式 1 |
| 4 | PWM11 (O) | GPIOB4 | R/W-0 | 方式 1 |
| 5 | PWM12 (O) | GPIOB5 | R/W-0 | 方式 1 |
| 6 | T3PWM_T3CMP (O) | GPIOB6 | R/W-0 | 方式 1 |
| 7 | T4PWM_T4CMP (O) | GPIOB7 | R/W-0 | 方式 1 |
| 8 | CAP4_QEP4 (I) | GPIOB8 | R/W-0 | 方式 1 |
| 9 | CAP5_QEP5(I) | GPIOB9 | R/W-0 | 方式 1 |
| 10 | CAP6_QEPI6 (I) | GPIOB10 | R/W-0 | 方式 1 |
| 11 | TDIRB (I) | GPIOB11 | R/W-0 | 方式 1 |
| 12 | TCLKINB (I) | GPIOB12 | R/W-0 | 方式 1 |
| 13 | $\overline{\text{C4TRIP}}$ (I) | GPIOB13 | R/W-0 | 方式 1 |
| 14 | $\overline{\text{C5TRIP}}$ (I) | GPIOB14 | R/W-0 | 方式 1 |
| 15 | $\overline{\text{C6TRIP}}$ (I) | GPIOB15 | R/W-0 | 方式 1 |

表 4.60 所示为 GPIOD 的位信息与 I/O 引脚的映射关系。

表 4.60　GPIOD 的位信息与 I/O 引脚的映射关系

| 寄存器位 | 外设名称<br>GPDMUX. bit = 1 | GPIO 名称<br>GPDMUX. bit = 0 | GPDMUX/DIR | 输 入 限 制 |
|---|---|---|---|---|
| EVA 外设 | | | | |
| 0 | T1CTRIP_PDPINTA (I) | GPIOD0 | R/W-0 | 方式 1 |
| 1 | $\overline{T2CTRIP}$ (I) | GPIOD1 | R/W-0 | 方式 1 |
| 2 | 保留 | 保留 | R-0 | 方式 1 |
| 3 | 保留 | 保留 | R-0 | 方式 1 |
| 4 | 保留 | 保留 | R-0 | 方式 1 |
| EVB 外设 | | | | |
| 5 | T3CTRIP_PDPINTB (I) | GPIOD5 | R/W-0 | 方式 1 |
| 6 | $\overline{T4CTRIP}$ (I) | GPIOD6 | R/W-0 | 方式 1 |
| 7 | 保留 | 保留 | R-0 | 方式 1 |
| 8 | 保留 | 保留 | R-0 | 方式 1 |
| 9 | 保留 | 保留 | R-0 | 方式 1 |
| 10 | 保留 | 保留 | R-0 | 方式 1 |
| 11 | 保留 | 保留 | R-0 | 方式 1 |
| 12 | 保留 | 保留 | R-0 | 方式 1 |
| 13 | 保留 | 保留 | R-0 | 方式 1 |
| 14 | 保留 | 保留 | R-0 | 方式 1 |
| 15 | 保留 | 保留 | R-0 | 方式 1 |

表 4.61 所示为 GPIOE 的位信息与 I/O 引脚的映射关系。

表 4.61　GPIOE 的位信息与 I/O 引脚的映射关系

| 寄存器位 | 外设名称<br>GPEMUX. bit = 1 | GPIO 名称<br>GPEMUX. bit = 0 | GPEMUX/DIR | 输 入 限 制 |
|---|---|---|---|---|
| 中断 | | | | |
| 0 | XINT1_XBIO (I) | GPIOE0 | R/W-0 | 方式 1 |
| 1 | XINT2_ADCSOC (I) | GPIOE1 | R/W-0 | 方式 1 |
| 2 | XNMI_XINT13 (I) | GPIOE2 | R/W-0 | 方式 1 |
| 3~15 | 保留 | 保留 | R-0 | 方式 1 |

表 4.62 所示为 GPIOF 的信息与 I/O 引脚的映射关系。

表 4.62　GPIOF 的位信息与 I/O 引脚的映射关系

| 寄存器位 | 外设名称<br>GPFMUX. bit = 1 | GPIO 名称<br>GPFMUX. bit = 0 | GPFMUX/DIR | 输 入 限 制 |
|---|---|---|---|---|
| SPI 外设 | | | | |
| 0 | SPISIMO (O) | GPIOF0 | R/W-0 | 方式 2 |
| 1 | SPISOMI (I) | GPIOF1 | R/W-0 | 方式 2 |
| 2 | SPICLK (I/O) | GPIOF2 | R/W-0 | 方式 2 |
| 3 | SPISTE (I/O) | GPIOF3 | R/W-0 | 方式 2 |

续表

| 寄存器位 | 外设名称 GPFMUX. bit=1 | GPIO 名称 GPFMUX. bit =0 | GPFMUX/DIR | 输入限制 |
|---|---|---|---|---|
| SCIA 外设 | | | | |
| 4 | SCITXDA (O) | GPIOF4 | R/W-0 | 方式 2 |
| 5 | SCIRXDA (I) | SCIRXDA (I) | R/W-0 | 方式 2 |
| CAN 外设 | | | | |
| 6 | CANTX (O) | GPIOF6 | R/W-0 | 方式 2 |
| 7 | CANRX (I) | GPIOF7 | R/W-0 | 方式 2 |
| McBSP 外设 | | | | |
| 8 | MCLKX (I/O) | GPIOF8 | R/W-0 | 方式 2 |
| 9 | MCLKR (I/O) | GPIOF9 | R/W-0 | 方式 2 |
| 10 | MFSX (I/O) | GPIOF10 | R/W-0 | 方式 2 |
| 11 | MFSR (I/O) | GPIOF11 | R/W-0 | 方式 2 |
| 12 | MDX (O) | GPIOF12 | R/W-0 | 方式 2 |
| 13 | MDR (I) | GPIOF13 | R/W-0 | 方式 2 |
| XF CPU 输出信号 | | | | |
| 14 | XF (O) | GPIOF14 | R/W-0 | 方式 2 |
| 15 | 保留 | 保留 | R-0 | |

表 4.63 所示为 GPIOG 的位信息与 I/O 引脚的映射关系。

**表 4.63　GPIOG 的位信息与 I/O 引脚的映射关系**

| 寄存器位 | 外设名称 GPGMUX. bit = 1 | GPIO 名称 GPGMUX. bit =0 | GPGMUX/DIR | 输入限制 |
|---|---|---|---|---|
| 0~3 | 保留 | 保留 | R-0 | |
| SCIB 外设 | | | | |
| 4 | SCITXDB (O) | GPIOG4 | R/W-0 | 方式 2 |
| 5 | SCIRXDB (I) | GPIOG5 | R/W-0 | 方式 2 |
| 6~15 | 保留 | 保留 | R-0 | |

## 4.9.10　GPIO 程序设计

配置 GPIO 口需要以下操作步骤：

(1) 配置 I/O 口为数字 I/O 口或特殊外设 I/O 口(通过 GPxMUX 寄存器)；

(2) 如果 I/O 口为数字 I/O 口,那么配置 I/O 口为输入输出口(通过 GPxDIR 寄存器)；

(3) 如果 I/O 口为输入口,则通过 GPxDAT 寄存器读取 I/O 口状态；

(4) 如果 I/O 口为输出口,那么配置 GPxDAT 或 GPxCLEAR 寄存器来控制 I/O 口状态。

```
// ----------------------------------------------------------------
//      ############### 例 1 ###############
// ----------------------------------------------------------------
```

设置 GPIOA0 为输出口,且输出高电平。

```
EALLOW;
  GpioMuxRegs.GPAMUX.bit.GPIOA0 = 0;        // 设置 GPIOA0 口为数字 I/O 口
  GpioMuxRegs.GPADIR.bit.GPIOA0 = 1;        // 设置 GPIOA0 口为输出 I/O 口
EDIS;
GpioDataRegs.GPADAT.bit.GPIOA0 = 1;        // 将 GPIOA0 口置高
```

上例所示为对位操作,即对单个 I/O 引脚进行操作,在 F2812 的集成环境 CCS 中同样提供了对寄存器的整体赋值,即对整个 GPIOA(GPIOA0～GPIOA15)的操作。

```
// -------------------------------------------------------------------
//          ################ 例 2 ################
// -------------------------------------------------------------------
     GpioMuxRegs.GPAMUX.all = 0;
```

将 GPIOA 的所有 16 个引脚都设置为数字 I/O 口,如果需要对几个 I/O 口进行操作,且要求不影响其他 I/O 口状态时,则可参照例 3 的算法:

```
// -------------------------------------------------------------------
//          ################ 例 3 ################
// -------------------------------------------------------------------
GpioMuxRegs.GPGMUX.all| = 0x0030
```

该程序只是对 GPIOA4 和 GPIOA5 进行操作,分别将两个 GPIO 设置为特殊外设 I/O 口,并未影响其他 I/O 引脚。

```
// -------------------------------------------------------------------
//          ################ 例 4 ################
// -------------------------------------------------------------------
  void gpio_set(Uint16 dispdata)
  {
EALLOW;
GpioDataRegs.GPBDAT.bit.GPIOB3 = (dispdata&0x01);
GpioDataRegs.GPBDAT.bit.GPIOB4 = ((dispdata>>1)&0x01);
GpioDataRegs.GPBDAT.bit.GPIOB5 = ((dispdata>>2)&0x01);
GpioDataRegs.GPBDAT.bit.GPIOB6 = ((dispdata>>3)&0x01);
GpioDataRegs.GPBDAT.bit.GPIOB7 = ((dispdata>>4)&0x01);
GpioDataRegs.GPFDAT.bit.GPIOF12 = ((dispdata>>5)&0x01);
GpioDataRegs.GPBDAT.bit.GPIOB9 = ((dispdata>>6)&0x01);
GpioDataRegs.GPBDAT.bit.GPIOB10 = ((dispdata>>7)&0x01);
EDIS;
  }
```

例 4 所示的程序算法思想为:将 dispdata(十六进制)的每一位状态赋给对应的 GPIOB 数据寄存器。此时 GPIOB 相应的引脚作为输出引脚,所以实际上程序的含义是将 dispdata 的数据赋给相应的引脚。

# 第 5 章

# TMS320F2812外部接口(XINTF)

**要点提示**

本章主要介绍 F2812 的外部接口(XINTF)模块。

**学习重点**

(1) 外部接口引脚与内部存储区域的对应关系;

(2) XINTF 寄存器配置;

(3) XINTF 操作时序图;

(4) 应用开发(如何外部扩展 RAM、Flash)及相关的 C 程序设计。

## 5.1 外部接口功能概述

外部接口是 F2812 与外部设备进行通信的重要接口,这些外部接口分别对应着 CPU 内部某个存储空间,CPU 通过对存储空间进行操作(读、写)间接控制外部接口(使相应的信号有效)。在使用外部接口与外部设备进行通信时,无论是读操作还是写操作,CPU 都作为主设备,外部设备作为从设备,外部设备不能控制 F2812 的外部接口信号线,只能判断、读取信号线的状态,来进行相应的操作。F2812 的外部接口通常用于扩展 SRAM、Flash、ADC、DAC 等,外部接口的信号线分为片选信号线($\overline{\text{XZCS0AND1}}$(低电平有效)、$\overline{\text{XZCS2}}$、$\overline{\text{XZCS6AND7}}$)、数据总线(XD(15:0))、地址总线(XA(18:0))、读写使能信号线以及其他信号线。

在 F2812 中,外部接口(XINTF)被映射到 5 个固定的存储空间区域,如图 5.1 所示。

从结构框图中可以看出,每个存储区域都有一个片选信号。当系统使能片选信号后,数据自动存储到对应的存储空间内。在 F2812 的外部接口中有些存储空间共用一条片选信号,用户可以根据需要,设计成一个存储空间或采用外部逻辑来产生两个寻址空间。每个存储区域都可以独立地设置等待信号、选通信号以及时序的建立和保持,对于读操作和写操作,等待信号、时序的建立和保持都是需要单独设置的。用户可以通过配置 XTIMINGx 寄存器来确定时序以及访问等待状态。其中所有的 XINTF 模块的时序都是参照 F2812 的内部时钟 XTIMCLK,XTIMCLK 的大小可以软件设置为 SYSCLKOUT(系统时钟),或为系统时钟的一半。

从图 5.1 可以看出,一个 XINTF 空间就是一片直接连接到外部接口的存储空间,

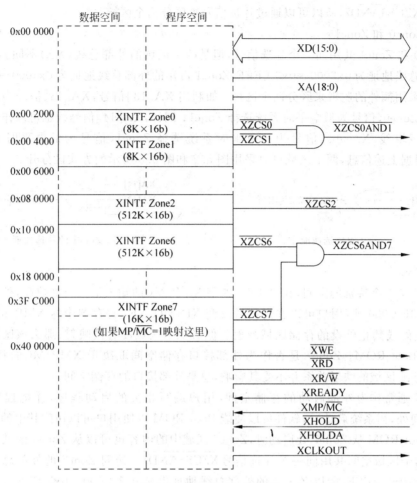

图 5.1　外部接口结构框图

注：(1) 每个存储区域都可以单独设置等待状态、建立保持时序，且被片选信号（$\overline{\text{XCS0AND1}}$（低电平有效）、$\overline{\text{XZCS2}}$、$\overline{\text{XZCS6AND7}}$）支持。

(2) Zone(3~5)，系统保留，用于扩展开发。

(3) XMP/$\overline{\text{MC}}$设备的输入信号和 MP/$\overline{\text{MC}}$ 的模式状态决定是否使能 Zone7 区域的映射。

F2812 的 CPU 或 CCS(Code Composer Studio，DSP 开发的集成环境)可以直接访问区域的存储或外设寄存器。

对于 F2812，每个区域的读、写操作的时序都可以单独配置，且每个区域都有片选信号，当片选信号被置低（置 0），那么当前用户将访问相应的存储空间（读、写操作）。在 F2812 器件中，有两对区域分别共用一个片选信号，如：区域 0 和区域 1（Zone1）共用一个片选信号 $\overline{\text{XZCS0AND1}}$，区域 6 和区域 7 共用片选信号$\overline{\text{XZCS6AND7}}$。在外部，5 个区域共用一组外设地址总线 XA（共 19 根）和外设数据总线 XD（共 16 根），因为外设地址总线为 19 根，所以一条片选信号线对应的外部寻址空间最大为 512K×16b。具体的每个区域的访问方式如下：

（1）Zone2 和 Zone6

Zone2 和 Zone6 空间共用同样的外部地址，它们对应的外部首地址（XA）为 0x0 0000，外部尾地址为 0x7 FFFF。两个区域唯一的不同就是片选信号不同，它们的片选信号分别为

$\overline{\text{XZCS2}}$和$\overline{\text{XZCS6AND7}}$,所以可以通过片选信号来区分两个区域。

（2）Zone0 和 Zone1

Zone0 和 Zone1 共用同一个片选信号,但是两个区域的外部总线(XA)不同。Zone0 占用的外部总线地址为 0x2000～0x3 FFFF,Zone1 占用的外部总线地址为 0x4000～0x5FFF,因此可以采用额外的逻辑来区分两个区域:如利用 XA[13]信号,XA[13]信号为高电平时系统选择 Zone0,信号为低电平时系统选择 Zone1;同样,XA[14]信号线也可以作为区分两个区域的逻辑线,XA[14]信号为高电平时系统选择 Zone1,信号为低电平时系统选择Zone0。根据上述信息,两个区域可以采用图 5.2 和图 5.3 所示的方式区分开。

图 5.2　Zone0 的片选使能逻辑　　　　图 5.3　Zone1 的片选使能逻辑

（3）Zone7

Zone7 是一个特别的空间,在复位时,如果 XMP/$\overline{\text{MC}}$的输入信号位被拉高,外部接口都映射到 0x3F C000 处,用户可以在启动后改变 XINTTCNF2 寄存器中的 XMP/$\overline{\text{MC}}$模式位状态,来使能或禁止外设的存储区域映射。但 Zone7 区域没有被映射,那么该区域将用于映射内部 Boot ROM。Zone7 是否作为外部接口存储空间取决于 XMP/$\overline{\text{MC}}$的状态,但是Zone0、1、2、6 区域的映射关系并不受其影响,总是外部接口的存储空间。

Zone7 通常作为外部启动的存储空间,用户编写相关的启动程序,并把程序存储在Zone7 空间处,当系统启动后,软件可以使能 Boot ROM 以便用户可以访问其中的数学公式表。当 Boot ROM 从 Zone7 处启动时,Zone7 区域中的内容也可以从 Zone6 区域空间中读取,因为两个区域空间共用同一个片选信号$\overline{\text{XZCS6AND7}}$。访问 Zone7 的外部总线地址为0x7 C000～0x7 FFFF,所以 Zone6 的外部总线地址也是 0x7 C000～0x7 FFFF,因此会对Zone7 空间(Zone6 空间的低 16 位)有微小的影响。具体的位置关系如图 5.4 所示。

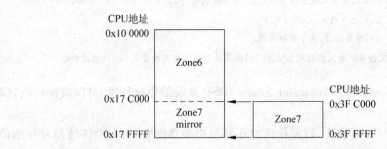

图 5.4　Zone7 的存储映射关系

## 5.2　XINTF 配置概述

XINTF 的实际配置取决于 F2812 的外设运行频率、XINTF 的转换特性以及外部接口所需的时序要求等。本节将根据系统需求,详细介绍 XINTF 参数设置。因为 XINTF 的每个参数的改变都会影响访问时序,所以配置 XINTF 的代码最好不要从 XINTF 内部区域执行。

## 5.2.1　改变 XINTF 配置和时序寄存器的程序

首先需要保证在改变 XINTF 配置和时序寄存器时没有其他进程从 XINTF 区域中运行，这些进程包括 CPU 的流水线上的指令、XINTF 写缓冲中的写访问操作、数据的读写操作以及获取指令前的操作等。为了确保没有指令运行，用户需要执行图 5.5 所示的程序步骤。

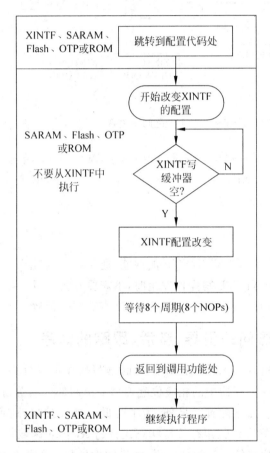

图 5.5　改变 XINTF 配置的程序步骤图

## 5.2.2　XINTF 时钟

在 F2812 的 XINTF 模块中使用了两个时钟，图 5.6 所示为两个时钟模块与 CPU 模块以及 SCLKOUT 之间的关系。

所有的访问 XINTF 区域的操作时序都是基于 XINTF 时钟（XTIMCLK），当配置 XINTF 时，需要确定 XINTF 内部时钟的比率（XTIMCLK），用户可以通过软件配置 XINTFCNF2 寄存器的 XTIMCLK 位来确定 XTIMCLK 大小为 SYSCLKOUT 或其频率的一半。默认值时的 XTIMCLK 大小为 SYSCLKOUT 频率的一半。

在 F2812 中所有对 XINTF 区域的访问都是在外部时钟输出（XCLKOUT）的下降沿时

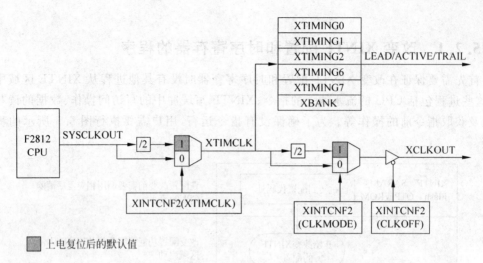

图 5.6    XTIMCLK 与 SYSCLKOUT 之间的关系

进行,且外部逻辑可以禁止 XCLKOUT 时钟输出。外部时钟的输出频率可以设置为内部时钟的 n 分频,用户可以通过软件配置 XINTFCNF2 寄存器的 CLKMODE 位来确定 XCLKOUT 大小为 XTIMCLK 或其频率的一半。

### 5.2.3 写缓冲器

默认情况下,写缓冲器被禁止,但是为了提高 XINTF 的性能,通常需要使能 XINTF 写缓冲器。写缓冲器的优点在于当有 3 个 XINTF 写操作发生时,不需要延时 CPU,系统会自动将数据放在写缓冲器内。缓冲器的深度可以通过 XINTFCNF2 寄存器来设置。

### 5.2.4 XINTF 每个区域访问的引导、激活、跟踪的时序

XINTF 空间是一个外部接口映射的存储区域,对 XINTF 的读写操作可以分为下面三部分:引导、激活、跟踪,通过 XTIMING 寄存器中的相应位配置每个访问部分的等待时间。对 XINTF 空间的读、写操作的时序可以独立配置。另外,为了与低速外设接口,还可以使用 X2TIMING 位使访问特定空间的引导、激活、跟踪等待状态比普通 XINTF 区域长 1 倍。

(1) 在引导部分,要访问的区域的片选信号变为低电平,相应的地址放在外设地址总线(XA)上,整个引导部分的周期可以通过 XTIMCLK 寄存器来配置。默认情况下,读、写操作的访问周期都设置为最大值 6 个 XTIMCLK 周期。

(2) 在激活阶段可以访问外部设备。读操作时,读使能信号线(XRD)被拉低,外部接口数据锁到 DSP 内部。写操作时,写使能信号线(XWE)被拉低,要写的数据被放在外设数据总线(XD)上,等待外设读取数据。如果区域被配置成对 XREADY 信号采样,那么外部设备可以控制 XREADY 信号,用于进一步扩展激活状态周期。如果没有对 XREADY 信号采样,每种访问的总的激活周期为 1 个 XTIMCLK 加上 XTIMING 寄存器相应位规定的等待周期。读写操作等待周期的默认状态为 14 个 XTIMCLK 周期。

(3) 跟踪周期。跟踪周期是指读写信号(XRD/XWE)置成高电平后,片选信号(XZCS0AND1等)仍然保持低电平一段时间。具体的跟踪周期的长短通过区域的

XTIMING 寄存器设置。读写操作跟踪周期的默认状态为最大 6 个 XTIMCLK 周期。

根据系统需求，通过对引导、激活、跟踪等待状态的设置，实现外部设备与特定的 XINTF 区域的最佳结合。当设置时序参数时，应考虑以下几点：

（1）最小等待状态需要；

（2）XINTF 的时序特性；

（3）外部设备的时序要求；

（4）F2812 与外部设备之间的时间延时。

### 5.2.5 XREADY 信号采样

通过对 XREADY 信号进行采样，外部设备可以扩展访问的激活状态。在 F2812 中所有的外设区域共用同一个 XREADY 采样输入信号，但是每个 XINTF 区域都可以独立配置 XREADY 采样信号或是屏蔽采样信号，另外采样信号可以设置成同步采样或异步采样。

（1）同步采样

如果 XREADY 信号被设置成同步采样模式，那么 XREADY 信号的建立保持时序必须与一个 XTIMCLK 的边沿相关联。也就是说，在总的引导、激活周期确定前对 XREADY 信号采样一个 XTIMCLK 周期。

（2）异步采样

如果 XREADY 信号被设置成异步采样模式，那么 XREADY 信号的建立保持时序必须与 3 个 XTIMCLK 的边沿相关联，也就是说，在总的引导、激活周期确定前对 XREADY 信号采样 3 个 XTIMCLK 周期。

无论在同步采样还是异步采样，如果采集到 XREADY 信号为低电平时，激活状态将延时一个 XTIMCLK 周期，在下一个 XTIMCLK 周期再对 XREADY 信号进行采样，一直重复采样，直到采集到 XREADY 信号为高电平，访问正常结束。

如果 XINTF 的区域配置成 XREADY 信号采样，那么对该区域的读写操作都将进行采样，默认情况下，设置异步对 XREADY 信号采样。当使用 XREADY 信号时，下列几点需要考虑：

① 最小等待状态需要；

② XINTF 的时序特性；

③ 外部设备的时序要求；

④ F2812 与外部设备之间的时间延时。

### 5.2.6 区域切换

当需要从 XINTF 的一个区域跳转到另一个区域时，速度较慢的设备需要一定的延时，以便在另一个设备占用总线前释放总线。区域切换允许用户指定一个特定的区域，可以在该区域与其他区域之间的切换过程中增加额外的周期延时，区域以及延时的周期可以通过 XBANK 寄存器配置。

### 5.2.7 XMP/MC信号对 XINTF 的影响

在复位时，XMP/MC信号的状态将被采样并锁存到寄存器 XINTFCNF2 中，信号状态将决定系统将从 Boot ROM 处启动还是从 Zone7 处启动。

（1）如果在复位时，XMP/MC状态为1（微处理器模式），那么 Zone7 将使能，复位向量将从外部存储空间处获得。在这种情况下，用户需要将复位向量指向指定程序所在的空间。

（2）如果在复位时，XMP/MC状态为0（微计算机模式），Boot ROM 将被使能，Zone7 将被禁止。在这种情况下，复位向量将从内部 Boot ROM 处获取，XINTF 的 Zone7 将不能被访问。

复位后，可以通过改变 XINTFCNF2 中的状态位来改变 XMP/MC的状态，因此系统可以从 Boot ROM 处启动，然后软件设置 XMP/MC为1，使能访问 Zone7。

## 5.3　引导、激活、跟踪等待状态的配置

当与特定外部设备连接时，需要调整 XINTF 信号的时序，如读写操作的建立和保持时序。这些时序参数可以通过每个区域的 XTIMING 寄存器独立配置，每个区域也可以选择是否使用 XREADY 信号进行采样，用户可以根据访问的存储器或外设，最大程度提高 XINTF 的效率。表 5.1 所示为 XTIMING 寄存器配置的参数与脉冲持续宽度（以 XTIMCLK 周期为单位）之间的关系。

表 5.1　每个 XTIMCLK 周期内脉冲持续时间

| 描　述 | | 持　续　时　间 | |
| --- | --- | --- | --- |
| | | X2TIMING＝0 | X2TIMING＝1 |
| LR | 引导周期，读操作 | XRDLEAD×tc(xtim) | (XRDLEAD×2)×tc(xtim) |
| AR | 激活周期，读操作 | (XRDACTIVE+WS+1)×tc(xtim) | (XRDACTIVE×2+WS+1)×tc(xtim) |
| TR | 跟踪周期，读操作 | XRDTRAIL×tc(xtim) | (XRDTRAIL×2)×tc(xtim) |
| LW | 引导周期，写操作 | XWRLEAD×tc(xtim) | (XWRLEAD×2)×tc(xtim) |
| AW | 激活周期，写操作 | (XWRACTIVE+WS+1)×tc(xtim) | (XWRACTIVE×2+WS+1)×tc(xtim) |
| TW | 跟踪周期，写操作 | XWRTRAIL×tc(xtim) | (XWRTRAIL×2)×tc(xtim) |

注：① tc(xtim)，周期时间，XTIMCLK；
　　②当使用 XREADY 信号时，WS 指硬件插入的等待状态数。

最小等待状态必须通过 XTIMING 寄存器配置，这些等待状态需要满足特定的外部接口的时序要求，具体的时序要求需要参照外部接口设备使用手册。需要特别说明的是，DSP 内部没有专门硬件来检测相关的非法设置。

（1）如果 XREADY 信号被屏蔽（USEREADY＝0），需要满足下列条件。

引导部分：LR >= tc(xtim)
　　　　　　LW >= tc(xtim)

XTIMING 寄存器的配置约束条件如表 5.2 所示。

表 5.2　XTIMING 寄存器的配置约束条件

| XRDLEAD | XRDACTIVE | XRDTRAIL | XWRLEAD | XWRACTIVE | XWRTRAIL | X2TIMING |
| --- | --- | --- | --- | --- | --- | --- |
| 有效值≥1 | ≥0 | ≥0 | ≥1 | ≥0 | ≥0 | 0，1 |

当不使用外部采样 XREADY 信号时，有效设置和无效设置实例如表 5.3 所示。

表 5.3　XTIMING 寄存器设置实例

| XRDLEAD | XRDACTIVE | XRDTRAIL | XWRLEAD | XWRACTIVE | XWRTRAIL | X2TIMING |
|---|---|---|---|---|---|---|
| 有效值≥1 | ≥0 | ≥0 | ≥1 | ≥0 | ≥0 | 0,1 |
| 有效值=1 | 0 | 0 | 1 | 0 | 0 | 0,1 |
| 无效值=0 | 0 | 0 | 0 | 0 | 0 | 0,1 |

（2）如果 XREADY 信号设置为同步采样方式（USEREADY＝1，READYMODE＝0），需要满足下列条件。

　① 引导部分：LR >= tc(xtim)

　　　　　　　LW >= tc(xtim)

　② 激活部分：AR >= 2 x tc(xtim)

　　　　　　　AW >= 2 x tc(xtim)

XTIMING 寄存器的配置约束条件如表 5.4 所示。

表 5.4　XTIMING 寄存器的配置约束条件

| XRDLEAD | XRDACTIVE | XRDTRAIL | XWRLEAD | XWRACTIVE | XWRTRAIL | X2TIMING |
|---|---|---|---|---|---|---|
| 有效值≥1 | ≥1 | ≥0 | ≥1 | ≥1 | ≥0 | 0,1 |

当 XREADY 信号采用同步采样方式时，有效设置和无效设置实例如表 5.5 所示。

表 5.5　XTIMING 寄存器的配置设置实例

| XRDLEAD | XRDACTIVE | XRDTRAIL | XWRLEAD | XWRACTIVE | XWRTRAIL | X2TIMING |
|---|---|---|---|---|---|---|
| 有效值=1 | 1 | 0 | 1 | 1 | 0 | 0,1 |
| 无效值=0 | 0 | 0 | 0 | 0 | 0 | 0,1 |
| 无效值=1 | 0 | 0 | 1 | 0 | 0 | 0,1 |

（3）如果 XREADY 信号设置为异步采样方式时（USEREADY＝1，READYMODE＝1），需要满足下列条件。

　① 引导部分：LR >= tc(xtim)

　　　　　　　LW >= tc(xtim)

　② 激活部分：AR >= 2 × tc(xtim)

　　　　　　　AW >= 2 × tc(xtim)

　③ 引导＋激活：LR + AR >= 4 × tc(xtim)

　　　　　　　LW + AW >= 4 × tc(xtim)

XTIMING 寄存器的 3 种可能的配置约束条件如表 5.6 所示。

表 5.6　XTIMING 寄存器的配置约束条件

| XRDLEAD | XRDACTIVE | XRDTRAIL | XWRLEAD | XWRACTIVE | XWRTRAIL | X2TIMING |
|---|---|---|---|---|---|---|
| 有效值≥1 | ≥2 | ≥0 | ≥1 | ≥2 | ≥0 | 0,1 |
| 有效值≥2 | ≥1 | ≥0 | ≥2 | ≥1 | ≥0 | 0,1 |
| 有效值≥1 | ≥1 | ≥0 | ≥1 | ≥1 | ≥0 | 0,1 |

当 XREADY 信号采用异步采样方式时,有效设置和无效设置实例如表 5.7 所示。

表 5.7　XTIMING 寄存器的配置设置实例

| XRDLEAD | XRDACTIVE | XRDTRAIL | XWRLEAD | XWRACTIVE | XWRTRAIL | X2TIMING |
|---------|-----------|----------|---------|-----------|----------|----------|
| 有效值＝1 | 1 | 0 | 1 | 1 | 0 | 1 |
| 有效值＝1 | 2 | 0 | 1 | 2 | 0 | 0,1 |
| 有效值＝2 | 1 | 0 | 2 | 1 | 0 | 0,1 |
| 无效值＝0 | 0 | 0 | 0 | 0 | 0 | 0,1 |
| 无效值＝1 | 0 | 0 | 1 | 0 | 0 | 0,1 |
| 无效值＝1 | 1 | 0 | 1 | 1 | 0 | 0 |

表 5.8 和表 5.9 所示为引导、激活、跟踪值与 XTIMCLK/X2TIMING 的模式之间的关系。

表 5.8　引导、跟踪值与 XTIMCLK/X2TIMING 的模式之间的关系

| 引导/跟踪值 | XTIMCLK 模式 | X2TIMING 模式 | SYSCLKOUT 周期数 | SYSCLKOUT 周期数 |
|-----------|-------------|--------------|-----------------|-----------------|
| 公式 | 0 | 0 | 引导值×1 | 跟踪值×1 |
| | 0 | 1 | 引导值×2 | 跟踪值×2 |
| | 1 | 0 | 引导值×2 | 跟踪值×2 |
| | 1 | 1 | 引导值×4 | 跟踪值×4 |
| 0 | x | x | （无效值） | 0 |
| 1 | 0 | 0 | 1 | 1 |
| | 0 | 1 | 2 | 2 |
| | 1 | 0 | 2 | 2 |
| | 1 | 1 | 4 | 4 |
| 2 | 0 | 0 | 2 | 2 |
| | 0 | 1 | 4 | 4 |
| | 1 | 0 | 4 | 4 |
| | 1 | 1 | 8 | 8 |
| 3 | 0 | 0 | 3 | 3 |
| | 0 | 1 | 6 | 6 |
| | 1 | 0 | 6 | 6 |
| | 1 | 1 | 12 | 12 |

表 5.9　激活值与 XTIMCLK/X2TIMING 的模式之间的关系

| 激活值 | XTIMCLK 模式 | X2TIMING 模式 | 总的激活 SYSCLKOUT 周期（包括一个隐含的激活周期） |
|-------|-------------|--------------|-----------------------------------------------|
| 公式 | 0 | 0 | 激活值×1＋1 |
| | 0 | 1 | 激活值×2＋1 |
| | 1 | 0 | 激活值×2＋2 |
| | 1 | 1 | 激活值×4＋2 |
| 0 | 0 | x | 1 或者无效(如果使用 XREADY) |
| | 1 | x | 2 或者无效(如果使用 XREADY) |

续表

| 激活值 | XTIMCLK 模式 | X2TIMING 模式 | 总的激活 SYSCLKOUT 周期<br>(包括一个隐含的激活周期) |
|---|---|---|---|
| 1 | 0 | 0 | 2 |
| | 0 | 1 | 3 |
| | 1 | 0 | 4 |
| | 1 | 1 | 6 |
| 2 | 0 | 0 | 3 |
| | 0 | 1 | 5 |
| | 1 | 0 | 6 |
| | 1 | 1 | 10 |
| 3 | 0 | 0 | 4 |
| | 0 | 1 | 7 |
| | 1 | 0 | 8 |
| | 1 | 1 | 14 |
| 4 | 0 | 0 | 5 |
| | 0 | 1 | 9 |
| | 1 | 0 | 10 |
| | 1 | 1 | 18 |
| 5 | 0 | 0 | 6 |
| | 0 | 1 | 11 |
| | 1 | 0 | 12 |
| | 1 | 1 | 22 |
| 6 | 0 | 0 | 7 |
| | 0 | 1 | 13 |
| | 1 | 0 | 14 |
| | 1 | 1 | 26 |
| 7 | 0 | 0 | 8 |
| | 0 | 1 | 15 |
| | 1 | 0 | 16 |
| | 1 | 1 | 30 |

## 5.4 XINTF 寄存器

表 5.10 所示为 XINTF 模块所有的寄存器,修改寄存器的值可以改变 XINTF 模块的访问时序,需要特别说明的是,配置寄存器代码应该在其他区域执行。

**表 5.10 XINTF 模块寄存器**

| 名 称 | 地 址 | 大小/16b | 描 述 |
|---|---|---|---|
| XTIMING0 | 0x0000 0B20 | 2 | XINTF 时序寄存器,Zone0 |
| XTIMING1 | 0x0000 0B22 | 2 | XINTF 时序寄存器,Zone1 |
| XTIMING2 | 0x0000 0B24 | 2 | XINTF 时序寄存器,Zone2 |
| XTIMING6 | 0x0000 0B2C | 2 | XINTF 时序寄存器,Zone6 |
| XTIMING7 | 0x0000 0B2E | 2 | XINTF 时序寄存器,Zone7 |
| XINTCNF2 | 0x0000 0B34 | 2 | XINTF 配置寄存器 |
| XBANK | 0x0000 0B38 | 1 | XINTF 切换控制寄存器 |
| XREVISION | 0x0000 0B3A | 1 | XINTF 版本寄存器 |

## 5.4.1 XINTF 时序寄存器（XTIMINGx）

每个 XINTF 区域都有自己的时序寄存器,改变寄存器的值将改变该区域的访问时序,改变时序寄存器的程序代码需要从别的区域执行。具体的时序寄存器的介绍如表 5.11 和表 5.12 所示。

**表 5.11 时序寄存器位信息**

| 31 | | | | | | | 24 |
|---|---|---|---|---|---|---|---|
| Reserved | | | | | | | |
| R-0 | | | | | | | |

| 23 | 22 | 21 | | | 18 17 | | 16 |
|---|---|---|---|---|---|---|---|
| Reserved | X2TMING | | Reserved | | | XSIZE | |
| R/W-0 | R/W-0 | | R/W-0 | | | R/W-0 | |

| 15 | 14 | 13 | 12 11 | 9 | 8 |
|---|---|---|---|---|---|
| READYMODE | USEREADY | XRDLEAD | XRDACTIVE | | XRDTRAIL |
| R/W-1 | R/W-1 | R/W-1 | R/W-1 | | R/W-1 |

| 7 | 6 | 5 4 | 2 1 | 0 |
|---|---|---|---|---|
| XRDTRAIL | XWRLEAD | XWRACTIVE | | XWRTRAIL |
| R/W-1 | R/W-1 | R/W-1 | | R/W-1 |

**表 5.12 时序寄存器位功能介绍**

| 位 | 名　称 | 功 能 描 述 |
|---|---|---|
| 31～23 | Reserved | 保留 |
| 22 | X2TIMING | 该位确定每个区域的 XRDLEAD, XRDACTIVE, XRDTRAIL, XWRLEAD, XWRACTIVE 及 XWRTRAIL 的比例因数。<br>0　比例值为 1∶1;<br>1　比例值为 2∶1(上电复位后的默认状态) |
| 21～18 | Reserved | 保留 |
| 17,16 | XSIZE | 这两位必须被设置为1,其他任何组合将导致外设接口错误。<br>00　保留——导致外部接口错误;<br>01　保留——导致外部接口错误;<br>10　保留——导致外部接口错误;<br>11　16 位接口——唯一有效的设置 |
| 15 | READYMODE | 选择 XREADY 输入采样信号的工作方式,同步采样或者异步采样,当输入采样信号被屏蔽(USEREADY=0),该位将不起作用。<br>0　XREADY 输入信号采用同步采样方式;<br>1　XREADY 输入信号采用异步采样方式 |
| 14 | USEREADY | 访问区域时是否采用采样 XREADY 输入信号<br>0　访问区域时 XREADY 信号被屏蔽;<br>1　访问区域时 XREADY 信号将被采样,扩展等待时间 |

| 位 | 名　称 | 功　能　描　述 |
|---|---|---|
| 13,12 | XRDLEAD | 决定读操作引导阶段的周期<br><br><table><tr><td>XRDLEAD</td><td>X2TIMING</td><td>周期</td></tr><tr><td>00</td><td>x</td><td>无效</td></tr><tr><td>01</td><td>0</td><td>1 个 XTIMCLK 周期</td></tr><tr><td>01</td><td>1</td><td>2 个 XTIMCLK 周期</td></tr><tr><td>10</td><td>0</td><td>2 个 XTIMCLK 周期</td></tr><tr><td>10</td><td>1</td><td>4 个 XTIMCLK 周期</td></tr><tr><td>11</td><td>0</td><td>3 个 XTIMCLK 周期</td></tr><tr><td>11</td><td>1</td><td>6 个 XTIMCLK 周期</td></tr></table> |
| 11～9 | XRDACTIVE | 决定读操作激活阶段等待状态的周期<br><br><table><tr><td>XRDACTIVE</td><td>X2TIMING</td><td>周期</td></tr><tr><td>000</td><td>x</td><td>0</td></tr><tr><td>001</td><td>0</td><td>1 个 XTIMCLK 周期</td></tr><tr><td>001</td><td>1</td><td>2 个 XTIMCLK 周期</td></tr><tr><td>010</td><td>0</td><td>2 个 XTIMCLK 周期</td></tr><tr><td>010</td><td>1</td><td>4 个 XTIMCLK 周期</td></tr><tr><td>011</td><td>0</td><td>3 个 XTIMCLK 周期</td></tr><tr><td>011</td><td>1</td><td>6 个 XTIMCLK 周期</td></tr><tr><td>100</td><td>0</td><td>4 个 XTIMCLK 周期</td></tr><tr><td>100</td><td>1</td><td>8 个 XTIMCLK 周期</td></tr><tr><td>101</td><td>0</td><td>5 个 XTIMCLK 周期</td></tr><tr><td>101</td><td>1</td><td>10 个 XTIMCLK 周期</td></tr><tr><td>110</td><td>0</td><td>6 个 XTIMCLK 周期</td></tr><tr><td>110</td><td>1</td><td>12 个 XTIMCLK 周期</td></tr><tr><td>111</td><td>0</td><td>7 个 XTIMCLK 周期</td></tr><tr><td>111</td><td>1</td><td>14 个 XTIMCLK 周期</td></tr></table> |
| 8,7 | XRDTRAIL | 决定读操作跟踪阶段的周期<br><br><table><tr><td>XRDTRAIL</td><td>X2TIMING</td><td>周期</td></tr><tr><td>00</td><td>x</td><td>0</td></tr><tr><td>01</td><td>0</td><td>1 个 XTIMCLK 周期</td></tr><tr><td>01</td><td>1</td><td>2 个 XTIMCLK 周期</td></tr><tr><td>10</td><td>0</td><td>2 个 XTIMCLK 周期</td></tr><tr><td>10</td><td>1</td><td>4 个 XTIMCLK 周期</td></tr><tr><td>11</td><td>0</td><td>3 个 XTIMCLK 周期</td></tr><tr><td>11</td><td>1</td><td>6 个 XTIMCLK 周期</td></tr></table> |

续表

| 位 | 名 称 | 功能 描述 |
|---|---|---|
| 6,5 | XWRLEAD | 决定写操作引导阶段的周期<br><br>| XWRLEAD | X2TIMING | 周期 |<br>\|---\|---\|---\|<br>\| 00 \| x \| 无效 \|<br>\| 01 \| 0 \| 1 个 XTIMCLK 周期 \|<br>\| 01 \| 1 \| 2 个 XTIMCLK 周期 \|<br>\| 10 \| 0 \| 2 个 XTIMCLK 周期 \|<br>\| 10 \| 1 \| 4 个 XTIMCLK 周期 \|<br>\| 11 \| 0 \| 3 个 XTIMCLK 周期 \|<br>\| 11 \| 1 \| 6 个 XTIMCLK 周期 \| |
| 4~2 | XWRACTIVE | 决定写操作激活阶段等待状态的周期<br><br>| XWRACTIVE | X2TIMING | 周期 |<br>\|---\|---\|---\|<br>\| 000 \| x \| 0 \|<br>\| 001 \| 0 \| 1 个 XTIMCLK 周期 \|<br>\| 001 \| 1 \| 2 个 XTIMCLK 周期 \|<br>\| 010 \| 0 \| 2 个 XTIMCLK 周期 \|<br>\| 010 \| 1 \| 4 个 XTIMCLK 周期 \|<br>\| 011 \| 0 \| 3 个 XTIMCLK 周期 \|<br>\| 011 \| 1 \| 6 个 XTIMCLK 周期 \|<br>\| 100 \| 0 \| 4 个 XTIMCLK 周期 \|<br>\| 100 \| 1 \| 8 个 XTIMCLK 周期 \|<br>\| 101 \| 0 \| 5 个 XTIMCLK 周期 \|<br>\| 101 \| 1 \| 10 个 XTIMCLK 周期 \|<br>\| 110 \| 0 \| 6 个 XTIMCLK 周期 \|<br>\| 110 \| 1 \| 12 个 XTIMCLK 周期 \|<br>\| 111 \| 0 \| 7 个 XTIMCLK 周期 \|<br>\| 111 \| 1 \| 14 个 XTIMCLK 周期 \| |
| 1,0 | XWRTRAIL | 决定写操作跟踪阶段的周期<br><br>| XWRTRAIL | X2TIMING | 周期 |<br>\|---\|---\|---\|<br>\| 00 \| x \| 0 \|<br>\| 01 \| 0 \| 1 个 XTIMCLK 周期 \|<br>\| 01 \| 1 \| 2 个 XTIMCLK 周期 \|<br>\| 10 \| 0 \| 2 个 XTIMCLK 周期 \|<br>\| 10 \| 1 \| 4 个 XTIMCLK 周期 \|<br>\| 11 \| 0 \| 3 个 XTIMCLK 周期 \|<br>\| 11 \| 1 \| 6 个 XTIMCLK 周期 \| |

## 5.4.2 XINTF 配置寄存器（XINTCNFx）

XINTF 配置寄存器的位信息及功能介绍如表 5.13 和表 5.14 所示。

**表 5.13 XINTF 配置寄存器位信息**

| 31 | | | | | | | | | 19 18 | 16 |
|---|---|---|---|---|---|---|---|---|---|---|
| | | | | | | | | | XTIMCLK | |
| | | | | R-0 | | | | | | |

| 15 | | | 12 | 11 | 10 | 9 | 8 |
|---|---|---|---|---|---|---|---|
| Reserved | | | | HOLDAS | HOLDS | HOLD | MP/$\overline{MC}$ 模式 |
| R/W-0 | | | | R/W-0 | R/W-0 | R/W-0 | R/W-0 |

| 7 | 6 | 5 | 4 | 3 | 2 | 1 | 0 |
|---|---|---|---|---|---|---|---|
| WLEVEL | Reserved | Reserved | CLKOFF | CLKMODE | Write Buffer Depth | | |
| R-0 | R-0 | R-1 | R/W-0 | R/W-1 | R/W-0 | | |

**表 5.14 XINTF 配置寄存器位功能介绍**

| 位 | 名　称 | 功　能　描　述 |
|---|---|---|
| 31～19 | Reserved | 保留 |
| 18～16 | XTIMCLK | 设置引导、激活、跟踪时序的基本时钟（由 XTIMING 和 XBANK 寄存器定义）<br>000　XTIMCLK＝SYSCLKOUT/1；<br>001　XTIMCLK＝SYSCLKOUT/2；<br>010　保留；<br>011　保留；<br>100　保留；<br>101　保留；<br>110　保留；<br>111　保留 |
| 15～12 | Reserved | 保留 |
| 11 | HOLDAS | 该位反映$\overline{XHOLDA}$输出信号的当前状态，用户可以通过该位确定是否可以访问外部设备。<br>0　$\overline{XHOLDA}$输出低电平；<br>1　$\overline{XHOLDA}$输出高电平 |
| 10 | HOLDS | 该位反映$\overline{XHOLD}$输入信号的当前状态，用户可以通过该位确定外部接口是否请求访问外设总线。<br>0　$\overline{XHOLD}$输入低电平；<br>1　$\overline{XHOLD}$输入高电平 |

续表

| 位 | 名　称 | 功 能 描 述 |
|---|---|---|
| 9 | HOLD | 同意外部设备请求,驱动 $\overline{XHOLD}$ 输入信号和 $\overline{XHOLDA}$ 输出信号。<br>0　自动同意外部设备的请求,驱动 $\overline{XHOLD}$ 输入信号和 $\overline{XHOLDA}$ 输出信号为低电平;<br>1　不同意外部设备的请求,驱动 $\overline{XHOLD}$ 输入信号为低电平且保持 $\overline{XHOLDA}$ 输出信号为高电平<br>如果在 $\overline{XHOLD}$ 和 $\overline{XHOLDA}$ 都为低电平情况下将该位置高,那么在当前周期结束时 $\overline{XHOLDA}$ 将会强制拉高,外设总线将置为高阻态。<br>复位时,该位将被置低,如果在复位时 $\overline{XHOLD}$ 信号有效(低电平),那么外设总线以及所有的信号线都将被置成高阻态, $\overline{XHOLDA}$ 信号将被置低。<br>当 HOLD 模式使能且 $\overline{XHOLDA}$ 信号为低电平,那么 CPU 可以继续从内部存储空间中执行程序,如果此时请求访问外部接口,那么 CPU 将产生一个未准备好信号,并推迟访问,直到 $\overline{XHOLD}$ 信号被清除 |
| 8 | MP/$\overline{MC}$模式 | 在复位时,该位反映了 XMP/$\overline{MC}$ 输入信号的状态,复位后用户可以改变该位的状态(置0或置1),从而改变 XMP/$\overline{MC}$ 输出信号的状态。该位也影响 Zone7 作为外部接口区域还是 Boot ROM 区,但是该位对其他外部接口区没有影响。<br>0　微计算机状态(外部接口 Zone7 禁止,Boot ROM 区使能);<br>1　微处理器状态(外部接口 Zone7 使能,Boot ROM 区禁止) |
| 7,6 | WLEVEL | 当前写缓冲中要写的数据个数。<br>00　空;<br>01　当前写缓冲中有1个要写的数据;<br>10　当前写缓冲中有2个要写的数据;<br>11　当前写缓冲中有3个要写的数据 |
| 5,4 | Reserved | 保留 |
| 3 | CLKOFF | 关闭 XCLKOUT 模式,该模式是为了节电和减少噪声,在复位时该位被置0。<br>0　XCLKOUT 被使能;<br>1　XCLKOUT 被禁止 |
| 2 | CLKMODE | XCLKOUT 除2模式选择位,所有的总线时序,如果不考虑该位的影响都是在 XCLKOUT 上升沿时发生变化,上电复位时的默认模式为除2模式(/2)。<br>0　XCLKOUT 等于 XTIMCLK;<br>1　XCLKOUT 等于 XTIMCLK/2 |
| 1,0 | Write Buffer Depth | 写缓冲深度位<br>写缓冲使得处理器不用等待外部接口访问结束就可执行程序。具体的写缓冲深度定义如下:<br>00　没有写缓冲,CPU 等待外部接口访问结束才可执行程序;<br>01　写缓冲深度为1;<br>10　写缓冲深度为2;<br>11　写缓冲深度为3 |

## 5.4.3 XBANK 寄存器

XBANK 寄存器的位信息及功能介绍如表 5.15 和表 5.16 所示。

**表 5.15 XBANK 寄存器位信息**

| 15 | | | | | 6 | 5 | | | 3 | 2 | | | 0 |
|---|---|---|---|---|---|---|---|---|---|---|---|---|---|
| | | Reserved | | | | | BCYC | | | | BANK | | |
| | | R-0 | | | | | R/W-1 | | | | R/W-1 | | |

**表 5.16 XBANK 寄存器位功能介绍**

| 位 | 名 称 | 功 能 描 述 |
|---|---|---|
| 15～6 | Reserved | 保留 |
| 5～3 | BCYC | 确定连续访问之间添加的 XTIMCLK 周期个数（0～7 个），复位时设置为 7 个 XTIMCLK 周期。<br>000　0 个周期；<br>001　1 个 XTIMCLK 周期；<br>010　2 个 XTIMCLK 周期；<br>011　3 个 XTIMCLK 周期；<br>100　4 个 XTIMCLK 周期；<br>101　5 个 XTIMCLK 周期；<br>110　6 个 XTIMCLK 周期；<br>111　7 个 XTIMCLK 周期 |
| 2～0 | BANK | 确定 XINTF 映射的内部区域（Zone0～7）中哪个区域被使能，复位时选择 Zone7 被使能<br>000　Zone0；<br>001　Zone1；<br>010　Zone2；<br>011　保留；<br>100　保留；<br>101　保留；<br>110　Zone6；<br>111　Zone7 |

## 5.5 信号描述

XINTF 模块的所有信号线及其功能描述如表 5.17 所示。

**表 5.17 XINTF 模块信号功能介绍**

| 名 称 | 输入/输出/高阻<br>(I/O/Z) | 功 能 描 述 |
|---|---|---|
| XD(15：0) | (I/O/Z) | 双向的 16 位数据总线 |
| XA(19：0) | (O/Z) | 地址总线，地址总线状态是在 XCLKOUT 上升沿时发生变化，且保持状态直到在下一个地址访问 |

续表

| 名 称 | 输入/输出/高阻 (I/O/Z) | 功 能 描 述 |
|---|---|---|
| XCLKOUT | (O/Z) | 由 XTIMCLK 产生的单一时钟输出 |
| $\overline{XWE}$ | (O/Z) | 写使能信号线,当 CPU 要向外部设备发送数据,数据写到数据总线上时,写使能信号线自动置低,用于片选外部设备 |
| $\overline{XRD}$ | (O/Z) | 读使能信号线,当 CPU 要从外部设备读取数据时,自动将读使能信号线置低,用于片选外部设备 |
| $XRN\overline{W}$ | (O/Z) | 只读不写控制线,当信号线为高电平时,读周期激活;为低电平时,写周期激活 |
| $\overline{XZCS0\,AND1}$ $\overline{XZCS2}$ $\overline{XZCS6\,AND7}$ | O | XINTF 区域片选信号线,当访问相应的地址空间时,片选信号线自动置低 |
| XREADY | I | 当信号线为高电平(置 1)指示外设已经完成访问,对于每个 XINTF 区域都可以配置为同步输入或异步输入。在同步模式,XINTF 接口需要 XREADY 在激活阶段结束前一个 XTIMCLK 周期(有效);在异步输入时,XINTF 接口在激活阶段结束前三个 XTIMCLK 周期对 XREADY 采样 |
| $\overline{XHOLD}$ | I | 信号线置低时,向 XINTF 发出释放外设总线请求(释放总线且将总线置为高阻态),当所有的访问都处理后,XINTF 释放总线。该信号为异步输入信号,与 XTIMCLK 时钟同步 |
| $\overline{XHOLDA}$ | (O/Z) | 当 XINTF 同意 $\overline{XHOLD}$ 的请求时,将 $\overline{XHOLDA}$ 信号线置低,然后释放总线并将总线置为高阻状态。当 $\overline{XHOLD}$ 信号线释放时,$\overline{XHOLDA}$ 也将释放,外部设备只有在 $\overline{XHOLDA}$ 信号线为低时才能访问外设总线 |
| $XMP/\overline{MC}$ | I | 设置系统工作模式(微处理器模式/微计算机模式)。当信号线为高电平,XINTF 接口的 Zone7 被使能;为低电平时,Zone7 被禁止,系统将从内部存储空间启动,在复位时信号线的状态被锁存到 XINTCNF2 寄存器中。复位后,用户可以通过软件改变信号线的状态,且复位后信号线的状态将不产生任何影响 |

# 5.6 XINTF 操作时序图

图 5.7 所示为假定 X2TIMING = 0, Lead = 2, Active = 2, Trail = 2 时不同的 XTIMCLK 和 XCLKOUT 模式的实例时序图。

每个 XINTF 区域的 XREADY 信号可以设置为同步采样或异步采样。如果采样模式

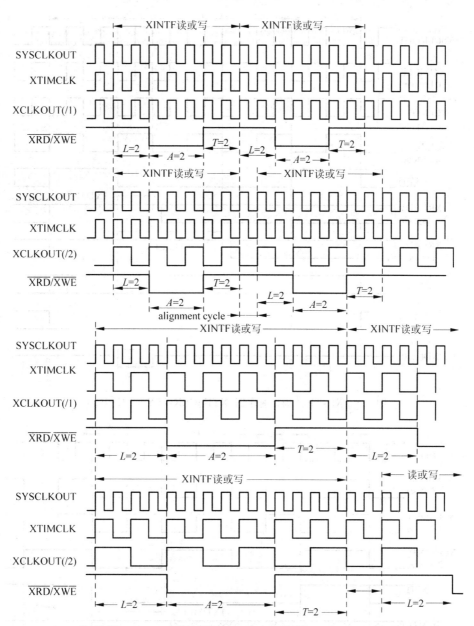

$A$(Active)：激活周期，$L$(Lead)：引导周期，$T$(Trail)：跟踪周期，alignment cycle为调整周期，确保所有的总线操作周期都是从XCLKOUT下降沿开始的

图5.7 XTIMCLK和XCLKOUT模式的时序图

设置为同步采样,那么 XREADY 信号的建立和保持时序必须和激活周期结束前的 XTIMCLK 的一个沿相关;如果采样模式设置为异步采样,那么 XREADY 信号的建立和保持时序必须和激活周期结束前的 XTIMCLK 的三个沿相关。如果在采样间隔,XREADY 信号线为低电平,那么在激活阶段还需增加一个 XTIMCLK 周期,且在下一个 XTIMCLK 上升沿时对 XREADY 输入信号重新采样,XCLKOUT 对采样间隔没有影响。具体的时序图如图 5.8～图 5.10 所示。

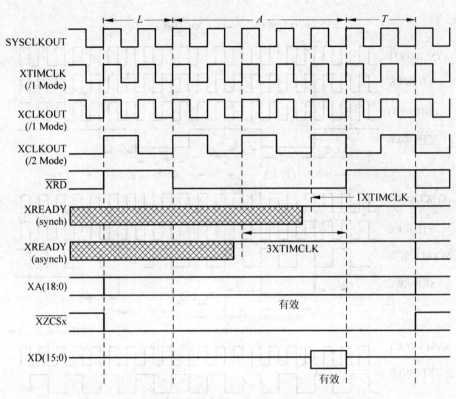

图 5.8 XINTF 读周期时序图(XTIMCLK＝SYSCLKOUT)

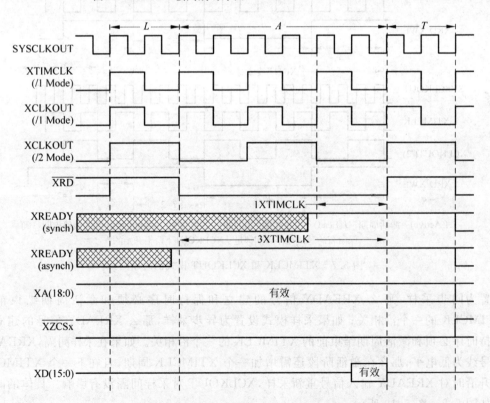

图 5.9 XINTF 读周期时序图(XTIMCLK＝SYSCLKOUT/2)

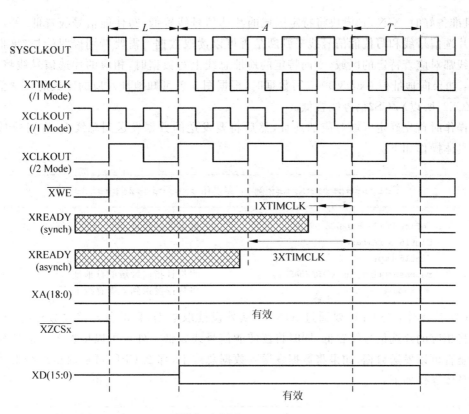

图 5.10 XINTF 写周期时序图（XTIMCLK＝SYSCLKOUT）

# 5.7 XINTF 应用开发及 C 语言程序设计

## 5.7.1 XINTF 应用开发概述

外部接口的性能体现了器件的扩展功能，F2812 中很好地集成了 XINTF（外设接口模块），所以可以利用 XINTF 扩展 SRAM、AD 等。在第 12 章电气平台设计中，将介绍利用 XINTF 扩展 SARAM（静态随机存储器）。通常系统需要与外部设备进行数据交换，如果外部设备也支持总线模式，那么就可以利用 XINTF 模块与外部设备进行通信，且通信速率块，通信质量高，经常用于外部设备扩展，本节基于 XINTF 介绍其外部扩展方法以及相应的程序设计。

在外部接口扩展中，有三根重要的信号线：片选信号线（$\overline{\text{XZCS0 AND1}}$、$\overline{\text{XZCS2}}$、$\overline{\text{XZCS6 AND7}}$）、写使能信号线（$\overline{\text{XWE}}$）、读使能信号线（$\overline{\text{XRD}}$）。外部接口总线包括数据总线（XD）、地址总线（XA）。在进行硬件设计时，只需将总线相连接，片选信号线、写使能信号线、读使能信号线分别连接到外部器件的相应的使能线上（如片选信号线连接外设的片选线）。

## 5.7.2 XINTF 模块的 C 语言程序设计

XINTF 模块软件设计包括两部分：总线写操作、读操作。

（1）写操作：CPU 通过 XINTF 向外设发送（写）数据。当 CPU 将数据放在数据总线上,且准备好时,XINTF模块将特定区域的片选信号线置低、写使能信号线置低,外设可以根据片选信号线和写使能信号线来判断是否可以读取数据。需要特别说明的是,每根片选信号线都对应着特定的区域,当向特定的地址总线上写数据时,相应的片选信号线将置低。例如:如果向地址位0x008 0000写数据时,根据图5.1可知地址对应的区域的片选信号线为$\overline{\text{XZCS2}}$,所以$\overline{\text{XZCS2}}$信号线置低。

操作时首先确定区域对应的地址,然后将要发送的数据发送到总线上,即可完成写操作。具体操作如下:

```
// --------------------------------------------------------------------
//            ############## 例 1:写操作 ##############
// --------------------------------------------------------------------
    # define RAMBASE 0x008 0000              // 确定区域地址,对应于片选线(XZCS2)
    Uint16 * rambase;
    Uint16 tmp;
    rambase = (Uint16 * )RAMBASE;            // 将指针指向区域的首地址
    * rambase = tmp;                         // 将数据发送到数据总线上
```

(2) 读操作:当CPU要通过XINTF从外设读取数据,且准备好接收数据时,XINTF模块将相应的片选信号线置低,同时将读使能信号线置低。外设可以根据读使能信号线来判断是否可以发送数据,如果将数据发送到数据总线上,那么CPU可从数据总线上读取数据。具体操作如下:

```
// --------------------------------------------------------------------
//            ############## 例 2:读操作 ##############
// --------------------------------------------------------------------
    # define RAMBASE 0x0080000               // 确定区域地址,对应于片选线(XZCS2)
    Uint16 * rambase;
    Uint16 tmp;
    rambase = (Uint16 * )RAMBASE;            // 将指针指向区域的首地址
    tmp = * rambase;                         // 将数据总线上的数据读到变量 tmp 中
```

下例所示为总线开发的经典算法程序,包括对总线进行写操作(单个置位、清除以及整体写控制),读取总线的数据(整体读取、单个读取)。程序包括单个信号线的控制方法以及读取算法,用户可以结合综合程序深层次了解总线以及总线的操作方法。如果将相应的片选线、读写使能线、数据地址总线连接到外部设备上,即可实行对外设操作。

```
// --------------------------------------------------------------------
// ############## 例 3:总线操作经典程序 ##############
// --------------------------------------------------------------------
# include "DSP281x_Device.h"
# include "DSP281x_Examples.h"

# define RAMBASE 0x0080000                   // 总线地址,对应于片选线(XZCS2)
# define RAMBASE1 0x0002000                  // 总线地址,对应于片选线(XZCS0AND1)

void delay(void);
```

```
// 总线读取函数 ----------------------------------------------------------
Uint16 FPGA_IO_IN_bit(char port);        // 按位读取总线函数
Uint16 FPGA_IO_IN();                     // 整体读取总线函数


// 总线写函数 ------------------------------------------------------------
void clear(int port);                    // 单个清除(置 0)总线函数
void set(int port);                      // 单个置位(置 1)总线函数


void DA1(Uint16 data);                   // 总线整体写函数
void DA2(Uint16 data);
// 变量 ----------------------------------------------------------------
Uint16 ReceivedChar;
Uint16 rdata[8];
int err,m;
int setdata[7];
Uint16 * rambase;
Uint16 tmp;
char q;
Uint16 * rambase0;
Uint16 ce,n,t,f = 0;
// --------------------------------------------------------------------
//         ################ 主程序 ################
// --------------------------------------------------------------------
void main(void)
{
                                // 系统初始化
    InitSysCtrl();

    DINT;
                                // 初始化中断控制寄存器
    InitPieCtrl();
    IER = 0x0000;
    IFR = 0x0000;
                                // 初始化中断向量表
    InitPieVectTable();

    f = 0;
    rambase0 = (Uint16 * )RAMBASE1;

    DA1(0xff06);                // 通过总线整体写数据
    DA2(0x9cff);                // 通过总线整体写数据
    set(1);                     // 对总线单个写数据,将总线的 XD[1]信号线置高
    set(2);
    set(3);
    set(4);
    clear(1);                   // 对总线单个写数据,将总线的 XD[1]信号线置低
    n = FPGA_IO_IN();           // 整体读取总线数据
    ce = FPGA_IO_IN_bit(4);     // 读取 XD[4]信号线上的数据
    while(1){};
}
// (控制总线的 port 位输出高电平) --------------------------------------
```

```
void set(int port)
{
    f = f|(1<<port);
    * rambase0 = f;
}
// 控制总线的 port 位输出低电平 ------------------------------------------
void clear( int port)
{
    f& = ~(1<<port);
    * rambase0 = f;
}
// 测试总线输入,返回十六进制数 -----------------------------------------
--
Uint16   FPGA_IO_IN()
{
  Uint16 m;
  Uint16 * rambase1;
  rambase1 = (Uint16 * )RAMBASE1;
  m = * rambase1;
  return(m);
}
// 测试总线输入,返回 port 位 -------------------------------------------
Uint16 FPGA_IO_IN_bit(char port)
{
    Uint16 a;
    int c;
  a = FPGA_IO_IN();
  if((a&(1<<port)) == (1<<port))      // 注意:测试中发现必须采用这种判断方式
  {
      c = 1;
  }
  else
  {
      c = 0;
  }
  return(c);
}
// 延时程序 1 --------------------------------------------------------
void delay(void)
{
    Uint16 i;
    for(i = 0;i<0xffff;i++)
      asm(" NOP");
}
// 延时程序 2 --------------------------------------------------------
void tdelay(void)
{
    Uint16 i;
    for(i = 0;i<15;i++)
      asm(" NOP");
}
```

```
// 通过总线向地址为 0x008 0003 的外部设备写数据 ------------------------------------
void DA1(Uint16 data)
{
    Uint16  * rambase3;
    rambase3 = (Uint16  * )RAMBASE;
    rambase3 += 3;
     * rambase3 = data;
}
// 通过总线向地址为 0x008 0002 的外部设备写数据 ------------------------------------
void DA2(Uint16 data)
{
    Uint16  * rambase4;
    rambase4 = (Uint16  * )RAMBASE;
    rambase4 += 2;
     * rambase4 = data;
}
// -----------------------------------------------------------------------
// ############## 例 4：通过 XINTF 从外部存储器启动程序 ##############
// -----------------------------------------------------------------------
// 程序功能描述：
//            该程序通过配置定时器 0,在每次定时器中断时,增加一个计数值。
//
//            测试变量：
//                CpuTimer0. InterruptCount
//                BackGroundCounter
// -----------------------------------------------------------------------
                                        // Step 0. 首先向文件添加必要的头文件
# include "DSP281x_Device. h"
# include "DSP281x_Examples. h"


// 本文件中的功能函数原型 -------------------------------------------------
// 将功能函数映射到内部 RAM 空间中 ---------------------------------------
# pragma CODE_SECTION(xintf_Zone6and7_timing,"ramfuncs");
void xintf_Zone6and7_timing(void);
interrupt void ISR_CPUTimer0(void);
void error(void);


// 全局变量 -------------------------------------------------------------
Uint32 BackgroundCount = 0;
                        // RAM 计数值,该值存储在 RAM 中,用于与 XINTF 中的数值进行比较
# pragma DATA_SECTION(RamInterruptCount,"ramdata");
Uint32 RamInterruptCount = 0;


void main(void)
{
                                // Step 1. 禁止并清除所有的 CPU 中断

        DINT;
        IER = 0x0000;
        IFR = 0x0000;


                                // Step 2. 初始化系统控制寄存器 PLL、看门狗、时钟到默认状态
```

```
        InitSysCtrl();

                        // Step 3. 可以根据需要设置 F2812 的 GPIO 状态,在本程序中省略
        // InitGpio();

                        // Step 4. 初始化 PIE 模块(控制寄存器和向量表)
                        // 以及 PIE 模块控制寄存器到默认状态
        InitPieCtrl();

                        // 初始化 PIE 中断向量表
        InitPieVectTable();

                        // 使能 CPU 和 PIE 中断
        EnableInterrupts();

                        // Step 5. 初始化外部设备以及定时器时钟
        // InitPeripherals();       // 在本例中只需要初始化定时器时钟
        InitCpuTimers();
// ---------------------------------------------------------------
                        /* 用户程序段 */
// ---------------------------------------------------------------
                        // 初始化 XINTF Zone6 and Zone7 时序
                        // 首先将功能函数复制到 RAM 中,然后调用函数改变 Zone 时序
MemCopy(&RamfuncsLoadStart, &RamfuncsLoadEnd, &RamfuncsRunStart);
xintf_Zone6and7_timing();

EALLOW;
                        // 注意该寄存器需要 EALLOW 来保护
PieVectTable.TINT0 = &ISR_CPUTimer0;
EDIS;                   // 与 EALLOW 对应使用
                        // 使能 CPU 定时器 0 对应的 INT1.7
PieCtrlRegs.PIEIER1.bit.INTx7 = 1;
IER |= M_INT1;

                        // 使能 INT1,使器件工作在实时模式下
SetDBGIER(M_INT1);
EINT;                   // 使能全局中断 INTM
ERTM;                   // 使能全局调试工具 DBGM

// ---------- 配置和初始化 CPU 定时器:-------------------------------
//        ＞将 CPU 定时器 0 连接到 INT1.7
//        ＞设置中断周期为 1s
//        ＞将中断指向中断服务程序 ISR_CPUTimer0

ConfigCpuTimer(&CpuTimer0, 150, 1000000);
StartCpuTimer0();       // 启动定时器 0

for(;;)
    BackgroundCount++;  // 无用的循环,只是让程序在这里循环
exit(0);                // 程序将不会到达这里,除非程序错误
}
                        // 中断服务程序
interrupt void ISR_CPUTimer0(void)
{
```

```
    PieCtrlRegs.PIEACK.all = 0xFFFF;
    ERTM;                               // 使能全局实时调试工具 DBGM

    CpuTimer0.InterruptCount++;         // 每秒钟增 1
    RamInterruptCount++;
    if(RamInterruptCount != CpuTimer0.InterruptCount)
        error();
}



// ---------------------------- 配置 Zone6 和 Zone7 时序参数----------------------
// 注意：该配置函数不能够从同一个区域执行
void xintf_Zone6and7_timing()
{

    // 所有的 Zone 区域 ------------------------------------------------------
                                        // 所有 Zone 的时序都是基于 XTIMCLK = SYSCLKOUT
    XintfRegs.XINTCNF2.bit.XTIMCLK = 0;
                                        // 设置为 3 个写缓冲
    XintfRegs.XINTCNF2.bit.WRBUFF = 3;
                                        // 使能 XCLKOUT
    XintfRegs.XINTCNF2.bit.CLKOFF = 0;
                                        // 设置 XCLKOUT = XTIMCLK
    XintfRegs.XINTCNF2.bit.CLKMODE = 0;
  // Zone6 -----------------------------------------------------------------
                                        // 当使用该区间时，激活状态必须设置为 1
                                        // 引导状态必须总是为 1
    // Zone 写时序 ----------------------------------------------------------
    XintfRegs.XTIMING6.bit.XWRLEAD = 1;
    XintfRegs.XTIMING6.bit.XWRACTIVE = 1;
    XintfRegs.XTIMING6.bit.XWRTRAIL = 1;
    // Zone 读时序 ----------------------------------------------------------
    XintfRegs.XTIMING6.bit.XRDLEAD = 1;
    XintfRegs.XTIMING6.bit.XRDACTIVE = 2;
    XintfRegs.XTIMING6.bit.XRDTRAIL = 0;

                            // 不要将所有的 Zone read/write lead/active/trail 时序加倍
    XintfRegs.XTIMING6.bit.X2TIMING = 0;

                                        // Zone 不对 READY 信号采样
    XintfRegs.XTIMING6.bit.USEREADY = 0;
    XintfRegs.XTIMING6.bit.READYMODE = 0;
    XintfRegs.XTIMING6.bit.XSIZE = 3;


    // Zone7 -----------------------------------------------------------------
                                        // 当使用该区间时，激活状态必须设置为 1
                                        // 引导状态必须总是为 1
    // Zone 写时序 ----------------------------------------------------------
    XintfRegs.XTIMING7.bit.XWRLEAD = 1;
    XintfRegs.XTIMING7.bit.XWRACTIVE = 1;
```

```
    XintfRegs.XTIMING7.bit.XWRTRAIL = 1;
    // Zone 读时序 -------------------------------------------------------
    XintfRegs.XTIMING7.bit.XRDLEAD = 1;
    XintfRegs.XTIMING7.bit.XRDACTIVE = 2;
    XintfRegs.XTIMING7.bit.XRDTRAIL = 0;

                            // 不要将所有的 Zone read/write lead/active/trail 时序加倍
    XintfRegs.XTIMING7.bit.X2TIMING = 0;

                        // Zone 不对 XREADY 信号采样
    XintfRegs.XTIMING7.bit.USEREADY = 0;
    XintfRegs.XTIMING7.bit.READYMODE = 0;
    XintfRegs.XTIMING7.bit.XSIZE = 3;
    asm(" RPT #7 || NOP");
}
void error(void)
{
    asm(" ESTOP0");                        // 软件设置断点
}
```

# 第6章

# TMS320F2812串行通信接口(SCI)

**要点提示**

本章主要介绍 F2812 的 SCI 模块,分为 4 节介绍:

6.1 节　概述 SCI 的特点以及结构。

6.2 节　详细介绍 SCI 模块寄存器,重点介绍寄存器各位配置含义。

6.3 节　C 语言程序设计实例介绍。本节主要结合串口开发与应用,介绍了串口硬件设计,然后结合 C 语言给出了串口发送程序、串口中断接收程序并给出 SCI 头文件介绍。

6.4 节　主要介绍作者关于 SCI 开发的经验。

**学习重点**

(1) SCI 模块工作原理及数据发送接收协议;

(2) 串口的硬件设计;

(3) SCI 寄存器的配置及相关的 C 程序设计(串口发送/接收程序、串口中断程序)。

## 6.1　SCI 概述

串行通信接口(SCI)是一个采用发送、接收双线制的异步串行通信接口,即通常所说的 UART 口,它支持 16 级的接收发送 FIFO,从而降低了串口通信时 CPU 的开销。SCI 模块支持 CPU 和其他使用非归零制(NRZ)的外围设备之间的数字通信。在不使用 FIFO 的情况下,SCI 接收器和发送器采用双级缓冲模式,此时 SCI 接收器和发送器都有独立的使能和中断位,也都可以设置成独立操作或同时进行的全双工通信模式。

为了保证数据的完整,SCI 模块对接收到的数据进行间断检测(break detection)、奇偶校验(parity)、超限检测(overrun)以及帧的错误检测(framing errors)。通过对 16 位的波特率控制寄存器进行编程,可以配置不同的 SCI 通信速率。

在 F2812 的 SCI 模块中还增加了其他许多 DSP 所没有的增强功能,具体的功能、寄存器的配置以及硬件软件设计在本章中将详细介绍。

### 6.1.1　增强型 SCI 模块特点概述

SCI 接口如图 6.1 所示。

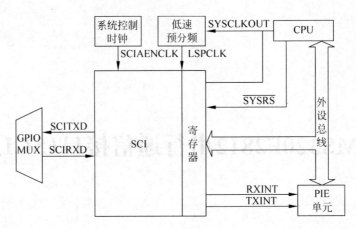

图 6.1　SCI 接口图

SCI 通信接口的主要特点如下。

(1) 两个外部引脚

① SCITXD：SCI 数据发送引脚；

② SCIRXD：SCI 数据接收引脚。

在 F2812 上有两路可配置的 SCI 接口，分别为 GPIOG5(接收)、GPIOG4(发送)和 GPIOF5(接收)、GPIOF4(发送)，它们都是多功能复用 I/O 口。将 GPIO 设置为特殊功能口时，接口作为 SCI 通信接口；设置成普通口时，接口将作为通用 I/O 口(具体的寄存器配置见 4.9 节)。

(2) 可编程配置为多达 64K 种不同的通信速率。

(3) 数据格式

① 一位起始位；

② 可编程 1～8b 的数据字长度；

③ 可选择奇偶校验或无奇偶校验位模式；

④ 1～2 位停止位。

(4) 四个错误检测标志位：间断检测(break detection)、奇偶校验(parity)、超限检测(overrun)、帧的错误检测(framing errors)。

(5) 半双工或者全双工通信模式。

(6) 双缓冲接收和发送功能。

(7) 发送和接收可以采用中断或查询的方式进行。

(8) 具有独立的发送和接收中断使能位(除 BRKDT)。

(9) NRZ(非归 0 码)格式。

(10) 13 个 SCI 模块控制寄存器位于控制寄存器的结构体里，控制寄存器的结构体的初始地址位 7050h。

(11) 增强功能

① 自动波特率检测；

② 16 级发送/接收 FIFO。

## 6.1.2 SCI 模块框图

SCI 的模块框图如图 6.2 所示。

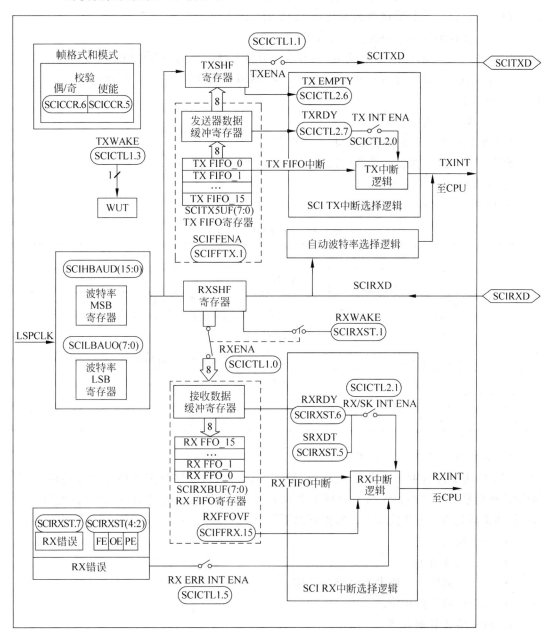

图 6.2 串行通信接口(SCI)模块框图

## 6.1.3 SCI 模块结构

全双工通信模式的主要功能单元如图 6.2 所示,具体包括以下功能单元。

（1）发送器和与它相关的主要寄存器。

SCITXBUF：发送器数据缓冲寄存器，内部存放 CPU 要发送的数据。

TXSHF：发送器移位寄存器，它的作用是从发送器数据缓冲寄存器 SCITXBUF 中读取数据，然后移位，将数据逐位地发送到 SCITXD 引脚上。

（2）接收器和与它相关的主要寄存器。

RXSHF：接收器移位寄存器，将 SCIRXD 引脚上接收到的数据逐位移入保存。

SCIRXBUF：接收器数据缓冲寄存器，将 RXSHF 中移位好的寄存器数据读入，等待 CPU 读取数据。

（3）可编程的波特率发生器。

（4）数据存储器映射的控制和状态寄存器。

SCI 接口的接收器和发送器可以独立操作，也可以同时操作。

1. SCI 模块信号介绍

SCI 模块信号介绍如表 6.1 所示。

表 6.1 SCI 模块信号介绍

| 信 号 名 称 | 介　　绍 |
| --- | --- |
| 外部信号 | |
| RXD | SCI 异步串行端口接收数据 |
| TXD | SCI 异步串行端口发送数据 |
| 控制信号 | |
| Baud Clock | 低速外设定标时钟 |
| 中断信号 | |
| TXINT | 发送中断 |
| RXINT | 接收中断 |

2. 多处理器异步通信模式

SCI 模块支持通用异步接收/发送（UART）通信模式，能够与多种外设进行连接。SCI 的异步通信模式需要两根线与其他标准外设相连，如 SCI 可以通过 RS-232 模式与终端设备、打印机相连等。SCI 模块发送数据有以下特点。

- 一个起始位；
- 1～8 个数据位；
- 一个奇偶校验位或没有奇偶校验位；
- 一个或两个停止位。

3. SCI 编程数据格式

SCI 是以非归零数据格式发送接收数据的，非归零数据格式具体包括：

- 一个起始位；
- 1～8 个数据位；
- 一个奇偶校验位（可选择）；
- 一个或两个停止位；
- 区分地址位与数据位如图 6.4（1 个额外位区分地址和数据）。

传输数据的基本单元叫字符,它有1~8位长,每个字符数据包括:一个起始位、一个或两个停止位、一个可选择的奇偶校验位和地址位。具有这种格式的字符数据叫做一帧,典型的 SCI 数据帧格式如图6.3和图6.4所示。

图6.3 典型的 SCI 数据帧格式(1)

图6.4 典型的 SCI 数据帧格式(2)

为了使用寄存器 SCICCR 更好地设置数据的格式,用于对数据格式进行编程的位描述如表6.2所示。

表6.2 数据格式编程位描述

| 位 | 位 名 称 | 描 述 | 功 能 |
|---|---|---|---|
| 2~0 | SCI CHAR(2:0) | SCICCR | 选择数据的长度(1~8b) |
| 5 | PARITY ENABLE | SCICCR | 置1则使能奇偶校验,置0则禁止 |
| 6 | EVEN/ODD PARITY | SCICCR | 如果使能奇偶校验,该位置0则选择奇校验,该位置1则选择偶校验 |
| 7 | STOP BITS | SCICCR | 决定发送的停止位个数,置0表示一个停止位,置1表示有两个停止位 |

**4. 多处理器通信**

多处理器通信模式允许一个处理器在同一串行线上将数据块发送给其他处理器。但是一条串行线上,每次只能实现一次数据传送,也就是在一条串行线上每次只能有一个处理器发送数据。

发送处理器(talker)发送信息的第一个字节中包括地址信息,所有接收处理器(listener)都读取该地址信息。只有接收到的地址信息与某个接收处理器本身的地址信息相符时,才能中断接收。如果接收处理器的地址和接收到的地址信息不符,接收处理器将不会被中断,等待接收下一个地址信息。

休眠位(SLEEP):

连接到串行总线上的所有处理器都将 SCI SLEEP 位置1(SCICTL1.2),这样只有串行总线上检测到有地址信息后才会被中断。当一个处理器读到数据块地址信息与用户应用软件设置的处理器地址信息相符时,用户程序必须清除 SLEEP 位,使能 SCI 产生一个中断去接收每一位数据。

尽管当 SLEEP 位为1接收器仍然能工作,但是它不会使 RXRDY、RXINT 以及任何接收器错误状态位置1,除非检测到地址字节,并且接收到帧中地址位为1(适合于地址位模式)。SCI 并不会改变 SLEEP 位的值,必须由用户软件改变 SLEEP 位的值。

（1）识别地址字节

处理器根据使用的多处理器模式不同,采用不同的识别地址方式。例如:

① 空闲线模式(idle-mode)　在地址字节前留下一个静态空间,这种模式没有额外的地址/数据位。在处理包含 10B 以上的数据块方面它比地址位模式效率高。空闲线模式一般用于典型非多处理器的 SCI 通信中。空闲线模式的数据格式如图 6.3 所示。

② 地址位模式　为了区别地址和数据,在每个字节中添加了一个附加地址位。这种模式在处理多个小块数据时效率更高,因为数据块之间需要等待,但是如果发送数据速度很快,程序难以避免在传输流中出现一个 10b 的空闲。地址位模式的数据格式如图 6.4 所示。

（2）控制 SCI TX 和 RX 的特性

多处理器模式是可以使用软件通过 ADDR/IDLE MODE 位(SCICCR.3)来选择的。两种模式都使用 TXWAKE (SCICTL1,位 3),RXWAKE (SCIRXST,位 1)和 SLEEP 标志位(SCICTL1,位 2)控制 SCI 的发送器和接收器的特性。

（3）接收步骤

在两种多处理器模式中,接收步骤如下。

① 在接收地址块时,SCI 端口唤醒并请求中断(为了请求中断,必须使能 SCICTL2 的 RX/BK INT ENA 位),读取地址块的第一帧,该帧内容包含目标处理器的地址。

② 通过中断和检查引入一个地址进入一个软件服务程序,然后重新比较接收到的地址信息和内存块中的器件的地址信息。

③ 如果检测模块与器件地址信息相同,那么 CPU 清除 SLEEP 位,并读取块中剩余的数据位;否则,软件子程序将退出并保持 SLEEP 位置位,并且在下一个模块开始之前不接收中断。

5. SCI 通信格式

SCI 异步通信采用单线(半双工)或双线(全双工)通信方式。在这种模式下,SCI 的数据帧包括一个起始位、1~8b 的数据位、一个可选的奇偶校验位和 1~2 个停止位,如图 6.5 所示。每个数据位占用 8 个 SCICLK 时钟周期。

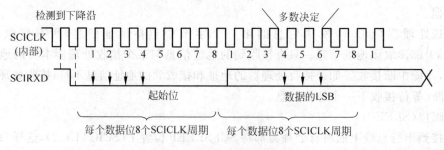

图 6.5　SCI 异步通信时序图

当接收到一个起始位时接收器开始工作,有效的起始位是由 4 个连续 SCICLK 周期的低电平表示,如图 6.5 所示。如果没有连续的低电平,则处理器重新寻找另一个起始位。

对于起始位后面的位,处理器在每位的中间进行 3 次采样,确定该位的值。三次采样点分别发生在第 4、5、6 个 SCICLK 周期,三次采样中两次以上相同的值即为最终接收位的值。图 6.5 举例说明了异步通信格式的起始位的边缘检测,并描述如何确定起始位后面的位的值的采样位置。

因为接收器与自身帧同步,所以外部发送和接收器不需要使用串行同步时钟,时钟可以由内部产生。

(1) 通信模式中的接收器信号

假设满足下列条件中接收器的时序图如图 6.6 所示。

① 地址位唤醒模式（地址位在空闲线模式下不存在）;

② 每个字符含有 6b 数据。

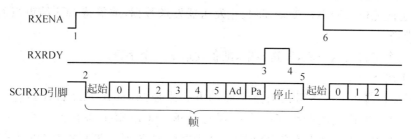

图 6.6　在通信模式下的 SCI 接收信号

**说明：**

① 接收使能标志位（SCICTL1.0）置高,使能接收器接收数据。

② 当数据到达接收引脚,起始位会探测到。

③ 数据从 RXSHF 寄存器转移到接收数据缓冲寄存器（SCIRXBUF）时,会产生一个中断请求,标志位 RXRDY（SCIRXST.6）变高表示一个新字符已被接收到。

④ 数据从 SCIRXBUF 寄存器读走,标志位 RXRDY 会自动被清除。

⑤ 数据的下一字节到达 SCIRXD 引脚时,检测到起始位,然后被清除。

⑥ 当接收使能位 RXENA 变为低,将会禁止接收器接收数据,数据继续装载入 RXSHF 中,只是不移入到接收缓冲寄存器。

(2) 通信模式中的发送器信号

假设满足下列条件,发送器时序图如图 6.7 所示。

① 地址位唤醒模式（地址位在空闲线模式下不存在）;

② 每个字符有 3b 数据。

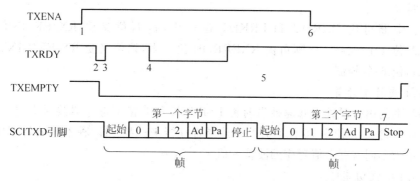

图 6.7　在通信模式下的 SCI 发送信号

**说明：**

① 将发送使能位 TXENA（SCICTL1，位 1）置高，使能发送器发送数据。

② 写数据到 SCITXBUF 寄存器，从而发送器不再为空，同时 TXRDY 变低。

③ SCI 发送数据到移位寄存器（TXSHF）。发送器准备发送第二个字符（TXRDY 变高）并发出中断请求（中断使能位 TXINTENA-SCICTL2 中的第 0 位必须置 1）。

④ 在 TXRDY 变高后，CPU 向 SCITXBUF 寄存器写第二个字符（在第二个字符写入到 SCITXBUF 后 TXRDY 又变低）。

⑤ 第一个字符发送完后，CPU 开始将第二个字符转移到寄存器 TXSHF。

⑥ 发送使能位 TXENA 变低，将禁止发送器发送数据，或等待 SCI 结束当前字符的发送后结束发送。

⑦ 第二个字符发送完成，发送器空，准备发送下一个字符。

**6. SCI 端口中断**

SCI 的接收器和发送器可以通过中断的方式来控制，SCICTL2 寄存器有一个标志位（TXRDY），该位置位说明产生了一个有效的中断。SCIRXST 寄存器有两个中断标志位（RXRDY 和 BRKDT），此外还有 RXERROR 中断标志位，该中断标志是 OE、PE 和 FE 3 个条件的逻辑或。发送器和接收器有独立的中断使能位，当使能位禁止，系统将不会产生中断，但条件标志位仍保持有效，用于反映发送和接收状态。

SCI 的接收器、发送器有独立的外设中断向量，外设中断的优先级有高有低，这是由外设与中断控制器之间的优先级位决定的。当 RX 和 TX 中断请求为相同的优先级时，接收器总是比发送器具有更高的优先级，这样可以减少接收溢出错误。

如果 RX/BK INTENA 位（SCICTL2.1）被置 1，发生下列情况之一时，接收器就会产生外设中断请求。

① SCI 接收到一个完整的帧，并把数据从 RXSHF 寄存器中转移到 SCIRXBUF 寄存器。该操作会将 RXRDY 标志位（SCIRXST.6）置 1，并启动一个中断。

② 突变检测条件成立（在一个停止位丢失后，SCIRXD 保持 10 个周期的低电平）。该操作将 BRKDT 标志位（SCIRXST.5）置 1，并启动一个中断。

如果发送中断使能位 TX INT ENA（SCICTL2.0）被置 1，当 SCITXBUF 寄存器中的数据转移到移位寄存器 TXSHF 中时，就会产生发送器中断请求，表示 CPU 可以向 SCITXBUF 寄存器写下一个数据。该操作会使 TXRDY 标志位（SCICTL2，位 7）置 1，并启动一个中断。

**注意**：中断可由 RXRDY 和 BRKDT 位产生，这两位又受 RX/BK INT ENA 位（SCICTL2，位 1）的控制。中断可由 RXERROR 位产生，该位又受 RX ERR INT ENA 位（SCICTL1，位 6）的控制。

**7. SCI 波特率计算**

内部产生的串行时钟由低速外设时钟 LSPCLK 和波特率寄存器共同决定。对于给定的低速外设时钟，SCI 使用 16 位的波特率选择寄存器来选择 64K 种不同波特率中的一种。表 6.3 所示为不同寄存器值对应的波特率值。

（1）SCI 增强功能特点

图 6.8 所示为 SCI 中断标志位和使能逻辑，表 6.4 所示为 SCI 中断标志。

表 6.3　SCI 波特率的确定

| 理想波特率/bps | LSPCLK 时钟频率为 37.5MHz | | |
| --- | --- | --- | --- |
| | BRR | 实际波特率/bps | 误差/% |
| 2400 | 1952(7A0h) | 2400 | 0 |
| 4800 | 976(3D0h) | 4798 | −0.04 |
| 9600 | 487(1E7h) | 9606 | 0.06 |
| 19200 | 243(F3h) | 19211 | 0.06 |
| 38400 | 121(79h) | 38422 | 0.06 |

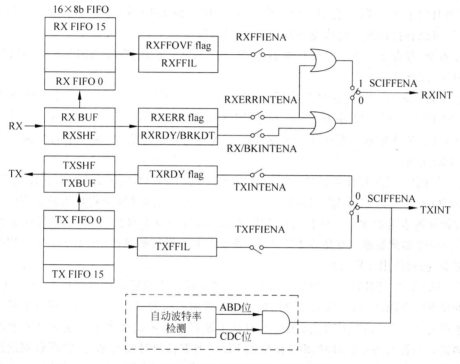

图 6.8　SCI FIFO 标志位以及使能逻辑位

表 6.4　SCI 中断标志

| FIFO 选择 | SCI 中断源 | 中断标志位 | 中断使能位 | FIFO 使能 SCIFFENA | 中断线 |
| --- | --- | --- | --- | --- | --- |
| SCI 无 FIFO | 接收错误 | RX ERR | RXERR INT ENA | 0 | RXINT |
| | 接收中断 | BRKDT | RX/BK INT ENA | 0 | RXINT |
| | 数据接收 | RXRDY | RX/BK INT ENA | 0 | RXINT |
| | 发送内容空 | TXRDY | TX INT ENA | 0 | TXINT |
| SCI 有 FIFO | 接收错误和接收间断 | RX ERR | RXERR INT ENA | 1 | RXINT |
| | FIFO 接收 | RXFFIL | RXFFIENA | 1 | RXINT |
| | 发送内容空 | TXFFIL | TXFFIENA | 1 | TXINT |
| 自动波特率 | 自动波特率检测 | ABD | 无关 | | TXINT |

**说明**：① RXERR 能由 BRKDT、FE、OE 和 PE 标志位置位。在 FIFO 模式下，BRKDT 中断仅仅通过 RXERR 标志位产生。

② 在 FIFO 模式下，TXSHF 寄存器在一定延时后会直接被装载，TXBUF 没有被使用。

(2) SCI FIFO 描述

下面描述 SCI FIFO 的特点，有助于对带有 FIFO 功能的 SCI 编程。

① 复位：在上电复位时，SCI 工作在标准 SCI 模式，FIFO 功能被禁止。FIFO 的寄存器 SCIFFIX、SCIFFRX 和 SCIFFCT 都无效。

② 标准 SCI：标准 F24x SCI 模式能够将 TXINT/RXINT 中断作为 SCI 模块的中断源，且正常工作。

③ FIFO 使能：通过将 SCIFFTX 寄存器中的 SCIFFEN 位置 1，使能 FIFO 模式。SCIRST 可以在操作的任何状态下复位 FIFO 模式。

④ 有效寄存器：所有 SCI 寄存器和 SCIFIFO 寄存器（SCIFFTX、SCIFFRX 和 SCIFFCT）都有效。

⑤ 中断：FIFO 模式有两个中断，一个用于发送 FIFO（TXINT）；另一个用于接收 FIFO（RXINT）。RXINT 中断是 SCI 接收 FIFO 的公用中断，可作为 FIFO 接收、接收错误和接收 FIFO 溢出中断。在标准 SCI 模式下，TXINT 将被禁止，且这个中断作为 SCI 发送 FIFO 中断使用。

⑥ 缓冲器：发送和接收缓冲器增加了两个 16 级的 FIFO，发送 FIFO 寄存器是 8 位宽，接收 FIFO 寄存器是 10 位宽。在标准 SCI 模式下，单字发送缓冲器将作为发送 FIFO 和移位寄存器间的发送缓冲器。只有当移位寄存器的最后一位被移出后，单字的发送缓冲器才从发送 FIFO 加载数据。在使能 FIFO 后，经过一个可设置的延时（SCIFFCT），TXSHF 被直接装载，没有使用 TXBUF。

⑦ 延时发送：FIFO 中的数据转移到发送移位寄存器的速率是可编程的，SCIFFCT 寄存器的位 FFTXDLY(7:0) 确定了发送数据间的延时。这种延时是以 SCI 波特率时钟周期为基本单元，8 位寄存器可以定义最小延时 0 个波特率时钟周期到最大延时 256 个波特率时钟周期。当设置为 0 延时时，SCI 模块的 FIFO 数据移出时没有延时，实现数据的连续发送。当设置为 256 个波特率时钟的延时时，SCI 模块以最大延时时间发送数据。这种可编程延时方便了和慢速 SCI/UART 设备之间的通信，而且可以减少 CPU 的干预。

⑧ FIFO 状态位：发送和接收 FIFO 都有状态位 TXFFST 或 RXFFST(12:0)，用于确定任何时间在 FIFO 中有用数据的个数。当这些状态位清零时，发送 FIFO 复位位 TXFIFO 和接收复位位 RXFIFO 将 FIFO 指针复位为 0。当这些位被置成 1 时，FIFO 重新开始运行。

⑨ 可编程的中断级：发送和接收 FIFO 都能产生 CPU 中断，无论什么时候发送的 FIFO 状态位 TXFFST(12:8) 与中断触发级别位 TXFFIL(4:0) 相匹配，都能产生一个中断触发，这为 SCI 的发送和接收部分提供了一个可编程的中断触发。接收 FIFO 的默认触发级别为 0x1 1111，发送 FIFO 的默认触发级别为 0x0 0000。

8. SCI 自动波特率（SCI auto-baud）

多数 SCI 模块硬件不支持自动波特率检测。一般情况下，嵌入式控制器的 SCI 时钟由 PLL 提供，系统工作后往往会改变 PLL 复位时的状态，这样很难支持自动波特率检测功能。而增强功能的 SCI 模块硬件支持自动波特率检测逻辑。下面将介绍自动波特率检测的步骤。

9. SCI 自动波特率检测

寄存器 SCIFFCT 位 ABD 和 CDC 位控制自动波特率逻辑,使能 SCIRST 位使自动波特率逻辑工作。

当 CDC 为 1 时,如果 ABD 也置位,表示自动波特率检测进入队列中,SCI 发送 FIFO 中断(TXINT)将会产生,在中断服务程序中必须用软件将 CDC 位清零,如果中断服务程序执行完 CDC 仍然为 1,将不会重复产生中断。具体操作步骤如下。

步骤 1:使能 SCI 的自动波特率检测模式(将 SCIFFCT 中的 CDC 位(位 13)置位),清除 ABD 位(位 15)。

步骤 2:初始化波特率寄存器为 1 或限制在 500Kbps 内。

步骤 3:允许 SCI 以预定的波特率从一个主机接收字符 A 或字符 a。如果第一个字符是 A 或 a,则自动波特率检测硬件将检测 SCI 将来的通信波特率,然后将 ABD 位置 1。

步骤 4:自动检测硬件将波特率寄存器更新为相同的波特率值(十六进制),这步操作会产生一个 CPU 中断。

步骤 5:为了响应中断,清除 ADB 位(向 SCIFFCT 寄存器的 ABDCLR 位(位 13)写入 1)和禁止自动波特率逻辑(写 0 清除 CDC 位)。

步骤 6:到接收缓冲器中读取数据 A 或 a,清空缓冲器和缓冲器状态位。

步骤 7:如果 ABD 被置位,CDC 也为 1 时,表示自动波特率检测完成,就会产生 SCI 发送 FIFO 中断(TXINT),在中断服务程序中必须使用软件将 CDC 位清 0。

## 6.2 SCI 模块寄存器

SCI 功能可以通过软件可编程实现,根据需要向寄存器的特定位写入状态值从而初始化 SCI 模块,设置 SCI 协议。其中设置主要包括:运行模式、协议、波特率、字符长度、奇/偶校验、停止位的个数、中断使能及级别确定等。具体的寄存器的功能将在本节重点介绍。

### 6.2.1 寄存器概述

SCI 模块是通过表 6.5 和表 6.6 中的寄存器实现控制和访问的。

表 6.5 SCIA 寄存器

| | 地 址 | 占用空间/16b | 功 能 描 述 |
|---|---|---|---|
| SCICCR | 0x0000 7050 | 1 | SCIA 通信控制寄存器 |
| SCICTL1 | 0x0000 7051 | 1 | SCIA 控制寄存器 1 |
| SCIHBAUD | 0x0000 7052 | 1 | SCIA 波特率寄存器高字节 |
| SCILBAUD | 0x0000 7053 | 1 | SCIA 波特率寄存器低字节 |
| SCICTL2 | 0x0000 7054 | 1 | SCIA 控制寄存器 2 |
| SCIRXST | 0x0000 7055 | 1 | SCIA 接收状态寄存器 |
| SCIRXEMU | 0x0000 7056 | 1 | SCIA 接收仿真数据缓冲寄存器 |

续表

| | 地　　址 | 占用空间/16b | 功　能　描　述 |
|---|---|---|---|
| SCIRXBUF | 0x0000 7057 | 1 | SCIA 接收数据缓冲寄存器 |
| SCITXBUF | 0x0000 7059 | 1 | SCIA 发送数据缓冲寄存器 |
| SCIFFTX | 0x0000 705A | 1 | SCIA FIFO 发送寄存器 |
| SCIFFRX | 0x0000 705B | 1 | SCIA FIFO 接收寄存器 |
| SCIFFCT | 0x0000 705C | 1 | SCIA FIFO 控制寄存器 |
| SCIPRI | 0x0000 705F | 1 | SCIA 优先级控制寄存器 |

表 6.6　SCIB 寄存器

| | 地　　址 | 占用空间/16b | 功　能　描　述 |
|---|---|---|---|
| SCICCR | 0x0000 7750 | 1 | SCIB 通信控制寄存器 |
| SCICTL1 | 0x0000 7751 | 1 | SCIB 控制寄存器 1 |
| SCIHBAUD | 0x0000 7752 | 1 | SCIB 波特率寄存器高字节 |
| SCILBAUD | 0x0000 7753 | 1 | SCIB 波特率寄存器低字节 |
| SCICTL2 | 0x0000 7754 | 1 | SCIB 控制寄存器 2 |
| SCIRXST | 0x0000 7755 | 1 | SCIB 接收状态寄存器 |
| SCIRXEMU | 0x0000 7756 | 1 | SCIB 接收仿真数据缓冲寄存器 |
| SCIRXBUF | 0x0000 7757 | 1 | SCIB 接收数据缓冲寄存器 |
| SCITXBUF | 0x0000 7759 | 1 | SCIB 发送数据缓冲寄存器 |
| SCIFFTX | 0x0000 775A | 1 | SCIB FIFO 发送寄存器 |
| SCIFFRX | 0x0000 775B | 1 | SCIB FIFO 接收寄存器 |
| SCIFFCT | 0x0000 775C | 1 | SCIB FIFO 控制寄存器 |
| SCIPRI | 0x0000 775F | 1 | SCIB 优先级控制寄存器 |

注：① 这些寄存器映射到外设结构 2 上，这个结构只允许 16 位访问，如果使用 32 位访问将产生不确定的结果。
② SCIB 是一个可选择的外设，在一些设计中可以不使用，根据外围设备的需要来决定是否使用。

## 6.2.2　SCI 通信控制寄存器（SCICCR）

SCICCR 寄存器定义了 SCI 通信协议中的数据格式、通信模式具体的位信息及功能介绍，如表 6.7 和表 6.8 所示。SCICCR 的地址为 7050h。

表 6.7　SCI 通信控制寄存器位信息

| 7 | 6 | 5 | 4 | 3 | 2 | 1 | 0 |
|---|---|---|---|---|---|---|---|
| STOP BITS | EVEN/ODD PARITY | PARITY ENABLE | LOOPBACK ENA | ADDR/IDLE MODE | SCI CHAR2 | SCI CHAR1 | SCI CHAR0 |
| R/W-0 | R/W-0 | R/W-0 | R/W-0 | R/W-0 | R/W-0 | R/W-0 | R/W-0 |

**表 6.8　SCI 通信控制寄存器位功能介绍**

| 位 | 名　称 | 功　能　描　述 |
|---|---|---|
| 7 | STOP BITS | SCI 停止位的个数<br>该位确定发送数据中停止位的个数,接收器只检查一个停止位。<br>1　两个停止位；0　一个停止位 |
| 6 | EVEN/ODD PARITY | SCI 奇偶校验选择位<br>如果校验使能位(SCICCR.5)被置位,则该位确定了采用奇校验还是偶校验。<br>1　偶校验；0　奇校验 |
| 5 | PARITY ENABLE | SCI 奇偶校验使能位<br>该位使能或禁止奇偶校验功能。如果 SCI 处于地址位多处理器模式(通过设置 SCICCR.3 寄存器位),地址位包含在奇偶校验计算中(如果奇偶校验被使能)。对于少于 8b 的字符,剩余的位将不需考虑计算。<br>1　奇偶校验使能；<br>0　奇偶校验禁止,在发送期间没有奇偶位产生或不设置接收奇偶校验位 |
| 4 | LOOPBACK ENA | 自循环测试模式使能位<br>该位用于使能自循环测试模式,此时内部会自动将发送、接收引脚短接。<br>1　自循环测试模式使能；<br>0　自循环测试模式禁止 |
| 3 | ADDR/IDLE MODE | SCI 多处理器模式控制位<br>该位用于选择一种多处理器协议。多处理器通信与其他的通信模式不同,因为它使用了 SLEEP 和 TXWAKE 功能(分别对应 SCICTL1.2 和 SCICTL1.3)。空闲线模式通常用于正常通信,因为地址位模式会在帧中增加一个附加位。空闲线模式没有增加这个附加位且与典型的 RS-232 通信兼容。<br>1　选择地址位模式协议；<br>0　选择空闲位模式协议 |
| 2~0 | SCI CHAR(2:0) | 字符长度控制位 2~0<br>这些位选择了 SCI 的字符长度(1~8b)。少于 8b 的字符在 SCIRXBUF 和 SCIRXEMU 中采用右对齐方式存放,且在 SCIRXBUF 中空余位填充 0。SCITXBUF 中的空余位不需要填充 0。SCI 寄存器位的位值和字符长度关系如下表所示： |

| CHAR2 | CHAR1 | CHAR0 | 字符长度/b |
|---|---|---|---|
| 0 | 0 | 0 | 1 |
| 0 | 0 | 1 | 2 |
| 0 | 1 | 0 | 3 |
| 0 | 1 | 1 | 4 |
| 1 | 0 | 0 | 5 |
| 1 | 0 | 1 | 6 |
| 1 | 1 | 0 | 7 |
| 1 | 1 | 1 | 8 |

### 6.2.3　SCI 控制寄存器 1(SCICTL1)

SCICTL1 主要用于控制 SCI 的接收/发送使能、TXWAKE 和 SLEEP 功能以及 SCI 软件复位,具体的位信息及功能介绍如表 6.9 和表 6.10 所示。SCICTL1 的地址为 7051h。

表 6.9　SCI 控制寄存器 1(SCICTL1) 位信息

| 7 | 6 | 5 | 4 | 3 | 2 | 1 | 0 |
|---|---|---|---|---|---|---|---|
| Reserved | RX ERR INT ENA | SW RESET | Reserved | TXWAKE | SLEEP | TXENA | RXENA |
| R-0 | R/W-0 | R/W-0 | R-0 | R/S-0 | R/W-0 | R/W-0 | R/W-0 |

表 6.10　SCI 控制寄存器 1 位功能介绍

| 位 | 名　称 | 功　能　描　述 |
|---|---|---|
| 7 | Reserved | 读操作返回 0,写操作没有影响 |
| 6 | RX ERR INT ENA | SCI 错误接收中断使能位。设置该位,当错误发生时,SCIRXST.7 位置位,那么将产生一个接收错误中断。<br>1　使能接收错误中断;<br>0　禁止接收错误中断 |
| 5 | SW RESET | SCI 软件复位位(低有效)<br>向该位写 0,将会初始化 SCI 的状态机和工作标志位(寄存器 SCICTL2 和 SCIRXST)到复位状态。但是该位并不影响其他配置位。所有受影响的逻辑位都将保持指定的复位状态,直至向该位写 1。因此,系统复位后需要向该位写 1 重新使能 SCI。<br>在检测到一个接收器突变后(SCIRXST.5)需要重新清除该位。<br>软件复位位(SW RESET)影响 SCI 的工作标志位,但是它既不影响配置位也不恢复复位值。当该位置位,标志位将一直被冻结直到该位清除。受影响的标志位如下: |

<table>
<tr><td>SCI 标志</td><td>所在寄存器以及位</td><td>软件复位后的值</td></tr>
<tr><td>TXRDY</td><td>SCICTL2.7</td><td>1</td></tr>
<tr><td>TX EMPTY</td><td>SCICTL2.6</td><td>1</td></tr>
<tr><td>RXWAKE</td><td>SCICTL2.1</td><td>0</td></tr>
<tr><td>PE</td><td>SCICTL2.2</td><td>0</td></tr>
<tr><td>OE</td><td>SCICTL2.3</td><td>0</td></tr>
<tr><td>FE</td><td>SCICTL2.4</td><td>0</td></tr>
<tr><td>BRKDT</td><td>SCICTL2.5</td><td>0</td></tr>
<tr><td>RXRDY</td><td>SCICTL2.6</td><td>0</td></tr>
<tr><td>RX ERROR</td><td>SCICTL2.7</td><td>0</td></tr>
</table>

| 位 | 名　称 | 功　能　描　述 |
|---|---|---|
| 4 | Reserved | 读操作返回零,写操作没有影响 |

| 位 | 名　称 | 功　能　描　述 |
|---|---|---|
| 3 | TXWAKE | SCI 发送器唤醒模式选择位<br>该位根据数据的发送模式(地址线或空闲线模式由 SCICCR.3 位确定)来控制数据发送特征的选择。<br>1　发送特性选择取决于通信模式;<br>0　发送特征不被选择<br>在空闲线模式下:向该位写 1,然后向 SCITXBUF 寄存器写数据将会产生 11b 数据位的空闲周期。<br>在地址位模式下:向该位写 1,然后向 SCITXBUF 寄存器写数据将会设置地址位为 1。<br>TXWAKE 位不能被 SW RESET 位(SCICTL1.5)清除;该位在系统复位或将 TXWAKE 发送到 WUF 标志位中可以清除 |
| 2 | SLEEP | SCI 休眠位<br>在多处理器配置中,该位控制接收器休眠功能,清除该位能够将处理器从休眠状态唤醒。<br>当 SLEEP 位被置位时,接收器仍然运行,但是不会更新接收器缓冲准备位(SCIRXST.6)或错误状态位(SCIRXST(5:2))的值,除非地址位字节被检测到。当地址位字节被检测时,该位不会被清除。<br>1　休眠模式被使能;<br>0　休眠模式被禁止 |
| 1 | TXENA | SCI 发送使能位<br>只有该位被置位,数据才会通过 SCITXD 引脚发送出去。如果复位,将 SCITXBUF 寄存器中的数据发送完毕后,发送就停止。<br>1　使能发送;<br>0　禁止发送 |
| 0 | RXENA | SCI 接收使能位<br>该位用于使能或禁止接收操作。数据从 SCIRXD 引脚上接收,然后传送到移位寄存器,最后转移到接收缓冲器中。<br>清除该位,将数据转移到两个缓冲寄存器中后,接收操作将停止而且接收中断也将产生。但是接收移位寄存器仍然继续装载数据。因此,如果在接收一个完整数据过程中接收使能位被置位,完整的数据将会被转移到接收器缓冲寄存器 SCIRXEMU 和 SCIRXBUF 中。<br>1　允许将接收到的数据转移到 SCIRXEMU 和 SCIRXBUF 寄存器中;<br>0　禁止将接收到的数据转移到 SCIRXEMU 和 SCIRXBUF 寄存器中 |

## 6.2.4　SCI 波特率选择寄存器(SCIHBAUD,SCILBAUD)

波特率寄存器 SCIHBAUD、SCILBAUD 共同决定 SCI 的波特率。具体的寄存器位信息及功能介绍如表 6.11~表 6.13 所示。

波特率选择寄存器(高字节)SCIHBAUD,地址为 7052h。

**表 6.11　波特率选择寄存器(高字节) 位信息**

| 15 | 14 | 13 | 12 | 11 | 10 | 9 | 8 |
|---|---|---|---|---|---|---|---|
| BAUD15 (MSB) | BAUD14 | BAUD13 | BAUD12 | BAUD11 | BAUD10 | BAUD9 | BAUD8 |
| R/W-0 | R/W-0 | R/W-0 | R/W-0 | R/W-0 | R/W-0 | R/W-0 | R/W-0 |

波特率选择寄存器(低字节)SCILBAUD,地址为 7053h。

**表 6.12　波特率选择寄存器(低字节)位信息**

| 7 | 6 | 5 | 4 | 3 | 2 | 1 | 0 |
|---|---|---|---|---|---|---|---|
| BAUD7 | BAUD6 | BAUD5 | BAUD4 | BAUD3 | BAUD2 | BAUD1 | BAUD0 (LSB) |
| R/W-0 | R/W-0 | R/W-0 | R/W-0 | R/W-0 | R/W-0 | R/W-0 | R/W-0 |

**表 6.13　波特率选择寄存器位功能介绍**

| 位 | 名　称 | 功　能　描　述 |
|---|---|---|
| 15~0 | BAUD(15:0) | SCI 16 位波特率选择寄存器 SCIHBAUD(高字节)和 SCILBAUD(低字节)联合在一起共同组成 16 位波特值 BRR。内部产生的串行时钟由低速外设时钟(LSPCLK)和 16 位波特值决定。SCI 使用这个 16 位 BRR 寄存器选择 64K 种串行时钟速率中的一种作为通信速率。<br>SCI 波特率可以用下面的公式计算：<br>$$SCI 异步波特率 = \frac{LSPCLK}{(BRR+1) \times 8}$$ |

## 6.2.5　SCI 控制寄存器 2(SCICTL2)

控制寄存器 SCICTL2 可以使能接收准备完毕、突变检测、发送准备中断以及发送准备和发送缓冲器空标志位,SCICTL2 地址为 7054h。具体的寄存器位信息及功能介绍如表 6.14 和表 6.15 所示。

**表 6.14　SCI 控制寄存器 2 位信息**

| 15 | 8 | 7 | 6 | 5 | 3 | 2 | 1 | 0 |
|---|---|---|---|---|---|---|---|---|
| Reserved | | TXRDY | TX EMPTY | Reserved | | RX/BK INT ENA | | TX INT ENA |
| R/W-0 | | R/W-0 | R/W-0 | R/W-0 | | R/W-0 | | R/W-0 |

**表 6.15　SCI 控制寄存器 2 位功能介绍**

| 位 | 名　称 | 功　能　描　述 |
|---|---|---|
| 15~8 | Reserved | 读操作返回 0,写操作没有影响 |
| 7 | TXRDY | 发送器缓冲寄存器就绪标志位<br>当该位被置位,表明发送器数据缓冲器(SCITXBUF)已经准备好接收下一个数据。向 SCITXBUF 寄存器中写数据,会自动清除该位。当该位置位,且中断使能位(SCICTL2.0)也置位时,就会产生一个发送中断请求。使能 SW RESET 位(SCICTL2)或系统复位,可以使该位置位。<br>1　SCITXBUF 寄存器准备好接收下一个数据；<br>0　SCITXBUF 寄存器满 |

续表

| 位 | 名 称 | 功 能 描 述 |
|---|---|---|
| 6 | TX EMPTY | 发送器空标志位<br>该位用于指示发送器的缓冲寄存器(SCITXBUF)和移位寄存器(TXSHF)的内容。一个有效的 SW RESET(SCICTL1.2)或系统复位可以使该位置位。该位不会引起中断请求。<br>1 发送器缓冲器和移位寄存器都是空的;<br>0 发送器缓冲器或移位寄存器或两者都被装入数据 |
| 5~2 | Reserved | 读操作返回0,写操作没有影响 |
| 1 | RX/BK INT ENA | 接收缓冲器/突变中断使能<br>该位用于控制由于 RXRDY 标志位或 BRKDT 标志位(SCIRXST.5 和 SCIRXST.6)置位引起的中断请求,但是该位不能影响标志位置位。<br>1 使能 RXRDY/BRKDT 中断;<br>0 禁止 RXRDY/BRKDT 中断 |
| 0 | TX INT ENA | SCITXBUF 寄存器中断使能位<br>该位用于控制由 TXRDY 标志位(SCICTL2.7)置位引起的中断请求,但是它不能影响 TXRDY 被置位。<br>1 使能 TXRDY 中断; 0 禁止 TXRDY 中断 |

## 6.2.6 SCI 接收状态寄存器(SCIRXST)

SCIRXST 寄存器包括 7 位,主要是接收器状态标志位(其中还有两位可以产生中断请求),每次接收到一个完整的数据,将其储存到接收器缓冲器中(SCIRXEMU 和 SCIRXBUF 寄存器),那些状态标志实时更新;当数据从缓冲器中读走,相应的状态标志将会被清零。寄存器中位与位之间的相互关系如图 6.9 所示。

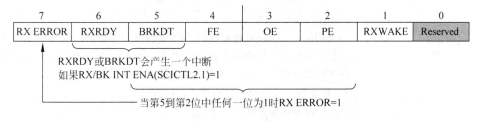

图 6.9 接收状态寄存器各位相互关系图

当 SCICTL2.1(RX/BK 使能位)置 1,接收器准备好(RXRDY)和间断检测(BRKDT)会引起一个中断,当第 5~2 位为 1 时,第 7 位 RX ERROR 将会置 1。SCIRXST 地址为 7055h。SCI 接收状态寄存器位信息及功能介绍如表 6.16 和表 6.17 所示。

表 6.16 SCI 接收状态寄存器位信息

| 7 | 6 | 5 | 4 | 3 | 2 | 1 | 0 |
|---|---|---|---|---|---|---|---|
| RX ERROR | RXRDY | BRKDT | FE | OE | PE | RXWAKE | Reserved |
| R-0 | R-0 | R-0 | R-0 | R-0 | R-0 | R-0 | R-0 |

**表 6.17　SCI 接收器状态寄存器位功能介绍**

| 位 | 名　称 | 功能描述 |
|---|---|---|
| 7 | RX ERROR | SCI 接收器错误标志位<br>RX ERROR 标志位说明在接收状态寄存器中有一位错误标志位被置位。RX ERROR 是突变检测、帧错误、溢出和奇偶错误使能标志位（位 5～2：BRKDT、FE、OE、PE）的逻辑或操作。如果 RX ERR INT ENA 位（SCICTL1.6）被置位，则该位置位时会引起一个中断。在中断服务子程序中可以使用该位进行快速错误条件检测。该位不能被直接清除，只能由有效的软件复位或者系统复位来清除。<br>1　错误标志位置位；<br>0　没有错误标志位置位 |
| 6 | RXRDY | SCI 接收器就绪标志位<br>当一个数据可以被 CPU 读取时（从 SCIRXBUF 寄存器中读取），接收器会将该位置位，且如果 RX/BK INT ENA 位（SCICTL2.1）置位，将会产生接收器中断。读取 SCIRXBUF 寄存器内数据或有效的软件复位或系统复位都可以清除 RXRDY 标志位。<br>1　数据读操作就绪，CPU 可以从 SCIRXBUF 中读取；<br>0　在 SCRXBUF 中没有新的字符 |
| 5 | BRKDT | SCI 突变检测标志位<br>当满足突变条件时，SCI 将置位该位。如果从丢失第一个停止位开始，SCI 接收数据线路（SCIRXD）连续地保持至少 10 位低电平，那么一个突变条件将产生。如果 RX/BK INT ENA 位置位，条件产生时将同时产生一个 BRKDT 中断，但是不会导致接收缓冲器被重新装载。即使 SLEEP 位置高 BRKDT 中断也可以发生，一个有效的 SW RESET 或者一个系统复位都可以清除 BRKDT。在检测到一个突变后，接收字符并不能清除该位。为了接收更多的字符，必须通过触发软件复位位或者系统复位来复位 SCI。<br>1　突变条件发生；0　没有突变条件发生 |
| 4 | FE | SCI 帧错误标志位<br>当期望的停止位没有检测到时，SCI 就将该位置位，SCI 只检测第一个停止位。丢失停止位说明没有能够和起始位同步，且数据帧发生错误。清除 SW RESET 位或系统复位可以清除该位。<br>1　检测到帧错误；0　没有检测到帧错误 |
| 3 | OE | SCI 溢出错误标志位<br>在前一个字符被 CPU 或 DMAC 完全读走前，数据就被转移到 SCIRXEMU 和 SCIRXBUF 时，SCI 就将该位置位，前一个字符将会被覆盖或丢失。软件复位或系统复位将会使 OE 标志位复位。<br>1　检测到溢出错误；0　没有检测到溢出错误 |
| 2 | PE | SCI 奇偶校验错误标志位<br>当接收的数据中高电平的数量和它的奇偶校验位不匹配时，该标志位被置位。在计算时，地址位被包括在计算内。如果奇偶校验的产生和检测被禁止，那么 PE 标志位也将被禁止且读操作返回 0。有效的软件复位或系统复位会使 PE 位复位。<br>1　检测到奇偶校验错误；<br>0　没有检测到奇偶校验错误或奇偶校验被禁止 |

| 位 | 名　　称 | 功　能　描　述 |
|---|---|---|
| 1 | RXWAKE | 接收器唤醒检测标志位<br>当接收器唤醒的条件满足时,该位将置位。在地址位多处理器模式中(SCICCR.3=1),RXWAKE 反映了 SCIRXBUF 中字符的地址位的值。在空闲线多处理器模式中,如果 SCIRXD 被检测为空闲状态,则RXWAKE 被置位。RXWAKE 是一个只读标志位,它由以下条件来清除:<br>① 地址位传送到 SCIRXBUF 后传送第一个字节;<br>② 读取 SCIRXBUF 寄存器;<br>③ 有效 SW RESET;<br>④ 系统复位 |
| 0 | Reserved | 读返回 0,写操作没有影响 |

## 6.2.7　SCI 接收数据缓冲寄存器(SCIRXEMU,SCIRXBUF)

SCI 接收数据缓冲寄存器引脚上接收到的数据经过移位寄存器 RXSHF 转换成完整格式的数据,然后转移到数据缓冲寄存器 SCIRXEMU、SCIRXBUF 中,当转移结束后RXRDY(位 SCIRXST.6)标志位置位,标志着数据已经存储到数据缓冲器中,CPU 现在可以读取数据。这两个寄存器中的数据是一样的,虽然它们有不同的地址,但是物理上它们不是独立的缓冲器。它们唯一的区别就是:读取 SCIRXEMU 不用清除 RXRDY 标志位,而读取 SCIRXBUF 需要清除 RXRDY 标志位。

**1. 仿真数据缓冲器(SCIRXEMU)**

正常是从 SCIRXBUF 中读取 SCI 接收到的数据,SCIRXEMU 寄存器主要是由仿真器(EMU)来使用的,因为它能为屏幕连续读取数据,而不需清除 RXRDY 标志位。SCIRXEMU 寄存器是通过一个系统复位来清零的。

其实,这个寄存器是 SCIRXBUF 寄存器的仿真窗口。

SCIRXEMU 寄存器好像一个指针,指向 SCIRXBUF 寄存器的地址,但它不需要清除RXRDY 标志位。SCIRXEMU 的地址为 7056h。仿真数据缓冲寄存器的位信息如表 6.18所示。

**表 6.18　仿真数据缓冲寄存器(SCIRXEMU)位信息**

| 7 | 6 | 5 | 4 | 3 | 2 | 1 | 0 |
|---|---|---|---|---|---|---|---|
| ERXDT7 | ERXDT6 | ERXDT5 | ERXDT4 | ERXDT3 | ERXDT2 | ERXDT1 | ERXDT0 |
| R-0 | R-0 | R-0 | R-0 | R-0 | R-0 | R-0 | R-0 |

**2. 接收数据缓冲器(SCIRXBUF)**

当数据经过移位寄存器 RXSHF 转换成完整数据,转移到数据缓冲器时,标志位RXRDY 将会被置 1,这时 CPU 就可以从数据缓冲器中读取数据了。当 RX/BK 中断使能位(SCICTL2.1)被置 1 使能,移位操作将会产生一个中断,当数据寄存器中的数据被 CPU

读走后,标志位 RXDAY 将会被清零,系统复位时,SCIRXBUF 内的数据将会被清零。接收数据缓冲寄存器位信息及功能介绍如表 6.19 和表 6.20 所示。

表 6.19　接收数据缓冲寄存器(SCIRXBUF)位信息

| 15 | 14 | 13 | | | | | 8 |
|---|---|---|---|---|---|---|---|
| SCIFFFE | SCIFFPE | Reserved | | | | | |
| R-0 | R-0 | R-0 | | | | | |

| 7 | 6 | 5 | 4 | 3 | 2 | 1 | 0 |
|---|---|---|---|---|---|---|---|
| RXDT7 | RXDT6 | RXDT5 | RXDT4 | RXDT3 | RXDT2 | RXDT1 | RXDT0 |
| R-0 | R-0 | R-0 | R-0 | R-0 | R-0 | R-0 | R-0 |

表 6.20　接收数据缓冲寄存器位功能介绍

| 位 | 名　称 | 功　能　描　述 |
|---|---|---|
| 15 | SCIFFFE | SCI FIFO 帧错误标志位<br>1　在接收数据的 0～7 位有帧错误,该位与 FIFO 顶部的数据有关;<br>0　在接收数据的 0～7 位没有帧错误,该位与 FIFO 顶部的字符有关 |
| 14 | SCIFFPE | SCI FIFO 奇偶校验错误位<br>1　在接收数据的 0～7 位有奇偶校验错误,该位与 FIFO 顶部的字符有关;<br>0　在接收数据的 0～7 位没有产生奇偶校验错误,该位与 FIFO 顶部的字符有关 |
| 13～8 | Reserved | 读操作返回 0,写操作没有影响 |
| 7～0 | RXDT(7:0) | 接收数据位 |

## 6.2.8　SCI 发送数据缓冲寄存器(SCITXBUF)

CPU 将要发送的数据放在发送数据缓冲寄存器(SCITXBUF)中,因为如果要发送的数据长度小于 8b,那么它的左侧位将会被忽略掉,所以要发送的数据要右对齐。CPU 将要发送的数据从 SCITXBUF 中取出送给发送移位寄存器 TXSHF,然后移位寄存器将完整的数据一位一位地发送到发送引脚上。当数据发送转移到移位寄存器 TXSHF 中时,标志位 TXRDY(SCICTL2.7)将会置 1,表示发送缓冲寄存器 SCITXBUF 已经准备好接收下一数据,如果发送中断使能位 TX INT ENA (SCICTL2.0)置位,则数据转移会引起一个中断。SCITXBUF 的地址为 7059h。发送数据缓冲寄存器位信息如表 6.21 所示。

表 6.21　发送数据缓冲寄存器位信息

| 7 | 6 | 5 | 4 | 3 | 2 | 1 | 0 |
|---|---|---|---|---|---|---|---|
| TXDT7 | TXDT6 | TXDT5 | TXDT4 | TXDT3 | TXDT2 | TXDT1 | TXDT0 |
| R/W-0 | R/W-0 | R/W-0 | R/W-0 | R/W-0 | R/W-0 | R/W-0 | R/W-0 |

## 6.2.9　SCI FIFO 寄存器(SCIFFTX,SCIFFRX,SCIFFCT)

### 1. SCI FIFO 发送(SCIFFTX)寄存器

SCI FIFO 发送(SCIFFTX)寄存器的位信息及功能介绍如表 6.22 和表 6.23 所示。SCIFFTX 的地址为 0x00 705A。

**表 6.22　SCI FIFO 发送寄存器位信息**

| 15 | 14 | 13 | 12 | 11 | 10 | 9 | 8 |
|----|----|----|----|----|----|----|----|
| SCIRST | SCIFFENA | TXFIFO RESET | TXFFST4 | TXFFST3 | TXFFST2 | TXFFST1 | TXFFST0 |
| R/W-1 | R/W-0 | R/W-1 | R-0 | R-0 | R-0 | R-0 | R-0 |

| 7 | 6 | 5 | 4 | 3 | 2 | 1 | 0 |
|----|----|----|----|----|----|----|----|
| TXFFINT FLAG | TXFFINT CLR | TXFFIENA | TXFFIL4 | TXFFIL3 | TXFFIL2 | TXFFIL1 | TXFFIL0 |
| R-0 | W-0 | R/W-0 | R/W-0 | R/W-0 | R/W-0 | R/W-0 | R/W-0 |

**表 6.23　SCI FIFO 发送寄存器位功能介绍**

| 位 | 名　称 | 功　能　描　述 |
|----|--------|----------------|
| 15 | SCIRST | 0　向该位写 0 将复位 SCI 发送和接收通道,SCI FIFO 寄存器配置位将保留;<br>1　SCI FIFO 可以重新开始发送或接收,即便是工作在自动波特率逻辑工作方式下,SCIRST 也应该为 1 |
| 14 | SCIFFENA | 0　SCIFIFO 增强功能被禁止且 FIFO 处于复位状态;<br>1　SCI FIFO 增强功能被使能 |
| 13 | TXFIFO RESET | 0　复位 FIFO 指针指向 0,且保持在复位状态;<br>1　重新使能发送 FIFO 操作 |
| 12~8 | TXFFST(4:0) | 00000　发送 FIFO 是空的;<br>00001　发送 FIFO 有 1 个字;<br>00010　发送 FIFO 有 2 个字;<br>00011　发送 FIFO 有 3 个字;<br>…<br>10000　发送 FIFO 有 16 个字 |
| 7 | TXFFINT FLAG | 0　TXFIFO 中断没有产生,该位为只读位;<br>1　TXFIFO 中断产生,该位为只读位 |
| 6 | TXFFINT CLR | 0　向该位写 0,对 TXFIFNT 标志位没有影响,读操作返回 0;<br>1　向该位写 1,清除 TXFFINT 标志位 |
| 5 | TXFFIENA | 0　禁止基于 TXFFIVL 匹配(小于或等于)的 TX FIFO 中断;<br>1　使能基于 TXFFIVL 匹配(小于或等于)的 TX FIFO 中断 |
| 4~0 | TXFFIL(4:0) | TXFFL(4:0)发送 FIFO 中断级别位<br>当 FIFO 状态位(TXFFST(4:0))和 FIFO 级别位(TXFFIL(4:0))匹配(小于或等于)时,发送 FIFO 将产生中断<br>默认值为 0x0 0000 |

## 2. SCI FIFO 接收(SCIFFRX)寄存器

SCI FIFO 接收(SCIFFRX)寄存器的位信息及功能介绍如表 6.24 和表 6.25 所示。SCIFFRX 的地址为 0x00 705B。

表 6.24　SCI FIFO 接收寄存器位信息

| 15 | 14 | 13 | 12 | 11 | 10 | 9 | 8 |
|---|---|---|---|---|---|---|---|
| RXFFOVF | RXFFOVF CLR | RXFIFO RESET | RXFFST4 | RXFFST3 | RXFFST2 | RXFFST1 | RXFFST0 |
| R/W-1 | W-0 | R/W-1 | R/-0 | R-0 | R-0 | R-0 | R-0 |

| 7 | 6 | 5 | 4 | 3 | 2 | 1 | 0 |
|---|---|---|---|---|---|---|---|
| RXFFINT FLAG | RXFFINT CLR | RXFFIENA | RXFFIL4 | RXFFIL3 | RXFFIL2 | RXFFIL1 | RXFFIL0 |
| R-0 | W-0 | R/W-0 | R/W-1 | R/W-1 | R/W-1 | R/W-1 | R/W-1 |

表 6.25　SCI FIFO 接收寄存器位功能介绍

| 位 | 名　称 | 功　能　描　述 |
|---|---|---|
| 15 | RXFFOVF | 0　接收 FIFO 没有溢出,该位为只读位;<br>1　接收 FIFO 溢出,该位为只读位,接收到多于 16 个字,且第一个接收到的数据已经丢失。<br>该位作为标志位,但它本身不能产生中断,当接收中断有效时,就会产生这种情况,接收中断会处理这种标志状况 |
| 14 | RXFFOVF CLR | 0　向该位写 0 对 RXFFOVF 标志位无影响,读返回值为 0;<br>1　向该位写 1 可以清除 RXFFOVF 标志位 |
| 13 | RXFIFO RESET | 0　向该位写 0 复位 FIFO 指针指向 0,且保持在复位状态;<br>1　重新使能接收 FIFO 操作 |
| 12~8 | RXFFST(4:0) | 00000　接收 FIFO 是空的;<br>00001　接收 FIFO 有 1 个字;<br>00010　接收 FIFO 有 2 个字;<br>00011　接收 FIFO 有 3 个字;<br>…<br>10000　接收 FIFO 有 16 个字 |
| 7 | RXFFINT FLAG | 0　RXFIFO 中断没有产生,该位为只读位;<br>1　RXFIFO 中断产生,该位为只读位 |
| 6 | RXFFINT CLR | 0　向该位写 0 对 RXFIFINT 位没有影响,读返回值为 0;<br>1　向该位写 1,清除 RXFFINT 标志位 |
| 5 | RXFFIENA | 0　禁止基于 RXFFIVL 匹配的(小于或等于)RX FIFO 中断;<br>1　使能基于 RXFFIVL 匹配的(小于或等于)RX FIFO 中断 |
| 4~0 | RXFFIL(4:0) | RXFFIL(4:0)接收 FIFO 中断级别位<br>当 FIFO 状态位(RXFFST(4:0))和 FIFO 级别位(RXFFIL(4:0))匹配(即大于或等于)时,接收 FIFO 产生中断,这些位复位后的默认值为 11111。这将避免复位后频繁的中断,作为接收 FIFO,在大部分时间是空的 |

### 3. SCI FIFO 控制(SCIFFCT)寄存器

SCI FIFO 控制（SCIFFCT）寄存器位信息及功能介绍如表 6.26 和表 6.27 所示。SCIFFCT 的地址为 0x00 705C。

**表 6.26 SCI FIFO 控制寄存器位信息**

| 15 | 14 | 13 | 12 | | | | 8 |
|---|---|---|---|---|---|---|---|
| ABD | ABD CLR | CDC | Reserved | | | | |
| R-0 | R/W-0 | R/W-0 | R-0 | | | | |

| 7 | 6 | 5 | 4 | 3 | 2 | 1 | 0 |
|---|---|---|---|---|---|---|---|
| FFTXDLY7 | FFTXDLY6 | FFTXDLY5 | FFTXDLY4 | FFTXDLY3 | FFTXDLY2 | FFTXDLY1 | FFTXDLY0 |
| R/W-0 | R/W-0 | R/W-0 | R/W-0 | R/W-0 | R/W-0 | R/W-0 | R/W-0 |

**表 6.27 SCI FIFO 控制寄存器位功能介绍**

| 位 | 名　称 | 功　能　描　述 |
|---|---|---|
| 15 | ABD | 自动波特率检测（ABD）位<br>0　自动波特率检测没有完成,没有成功接收 A 或 a 字符;<br>1　自动波特率硬件在 SCI 接收寄存器检测到 A 或 a 字符,自动检测完成<br>　　只有在 CDC 位置位时,使能自动波特率,该位才能工作 |
| 14 | ABD CLR | ABD 清零位<br>0　向该位写 0,对 ABD 标志位没有影响,读操作返回值为 0;<br>1　向该位写 1,可以清除 ABD 标志位 |
| 13 | CDC | CDC 校准检测位<br>0　禁止自动波特率校验;<br>1　使能自动波特率校验 |
| 12~8 | Reserved | 保留 |
| 7~0 | FFTXDLY(7:0) | 这些位定义了每位数据从 FIFO 发送缓冲器转移到移位寄存器间的时间延时。延时定义是以 SCI 串行波特率时钟周期为基准。8 位寄存器可以定义最小 0 个延时,最大 256 个波特率时钟周期延时。<br>在 FIFO 模式中,移位寄存器和 FIFO 间的缓冲器（TXBUF）只有当移位寄存器完成上一个数据最后一位的移出后,才可以填充新的数据。在数据流传输之间需要延时。在 FIFO 模式中,TXBUF 不应被作为一个附加级别的缓冲器。这种延时发送机制将建立自动发送流程,而不需要标准的 UARTS 中的 RTS/CTS 的控制作用 |

## 6.2.10 SCI 优先级控制寄存器(SCIPRI)

SCI 优先级控制寄存器（SCIPRI）位信息及功能介绍如表 6.28 和表 6.29 所示。SCIPRI 的地址为 0x00 705F。

表 6.28　SCI 优先级控制寄存器位信息

| 7～5 | 4 | 3 | 2～0 |
|---|---|---|---|
| Reserved | SCI SOFT | SCI FREE | Reserved |
| R-0 | R/W-0 | R/W-0 | R/W-0 |

表 6.29　SCI 优先级控制寄存器位功能介绍

| 位 | 名　　称 | 功　能　描　述 |
|---|---|---|
| 7～5 | Reserved | 读操作返回值为 0，写操作没有影响 |
| 4,3 | SCI SOFT 和 SCI FREE | 这些位确定了当发生仿真挂起时(例如调试器遇到一个断点)，SCI 模块的操作。在自由运行模式下，外设能够继续进行正在运行的工作；在停止模式，外设需要立即停止或完成当前操作后停止。<br><br>BIT4　　BIT 3<br>SOFT　　FREE<br>0　　　0　　　在挂起的状态下立即停止<br>1　　　0　　　在完成当前的接收/发送操作后停止<br>x　　　1　　　自由运行，不考虑挂起，继续 SCI 操作 |
| 2～0 | Reserved | 读操作返回值为 0，写操作没有影响 |

## 6.3　C 语言程序设计

　　TMS320F2812 的 SCI 模块主要应用于扩展串口，本节分两小节介绍具体的应用开发，首先介绍 SCI 硬件接口设计，然后结合 C 程序给出相应的开发实例。

### 6.3.1　SCI 接口硬件设计

　　TMS320F2812 的 SCI 模块与 MAX232 芯片的电路设计如图 6.10 所示。

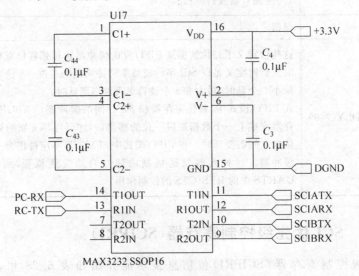

图 6.10　SCI 模块与 MAX232 芯片的电路设计

在这里我们选择了符合 RS-232 协议的驱动芯片 MAX232 来实现 F2812 与 PC 之间的串口通信。具体的硬件电路设计原理图如图 6.10 所示,将 DGND PC-RX PC-TX 与 PC 相应的串口线连接起来,即可实现串口通信。串口通信的软件设计将在 6.3.2 节中详细介绍。

## 6.3.2 程序中关于 SCI 的头文件的相关定义介绍

关于 SCI 的寄存器定义我们需要做以下两步工作:

(1) 首先在 CMD 文件中定义 SCI 寄存器的地址以及寄存器的长度;

(2) 在头文件中用结构体形式表示 SCI 寄存器的具体内容。

下面以 SCIB 的寄存器定义为例进行具体讲解。

第一步: 在 DSP281x_Headers_nonBIOS.cmd 中定义 SCI 寄存器的地址以及长度

在 MEMORY 段中添加 SCIB 寄存器地址以及长度:

```
SCIB : origin = 0x007750, length = 0x000010      /* SCIB registers */
```

在 SECTIONS 段中添加外设的寄存器结构:

```
ScibRegsFile:>SCIB,PAGE = 1
```

第二步: 在头文件中添加 SCI 寄存器的定义

在 DSP281x_GlobalVariableDefs.c 文件中添加:

```
# pragma DATA_SECTION(ScibRegs,"ScibRegsFile");
# endif
volatile struct SCI_REGS ScibRegs;
```

然后在 DSP281x_Sci.h 中添加寄存器结构体 SCI_REGS 的相关定义,定义寄存器及其各位:

```
# ifndef DSP281x_SCI_H
# define DSP281x_SCI_H

# ifdef __cplusplus
extern "C" {
# endif

// ---------------------------------------------------------------------
// SCI (单独寄存器)位定义
// ---------------------------------------------------------------------
// SCICCR(通信控制寄存器)位定义
struct   SCICCR_BITS {                          // 位定义
    Uint16 SCICHAR:3;                           // 2~0  发送字符长度控制位
    Uint16 ADDRIDLE_MODE:1;                     // 3   SCI 多处理模式控制位
    Uint16 LOOPBKENA:1;                         // 4   自测试模式使能位
    Uint16 PARITYENA:1;                         // 5   奇偶校验使能位
    Uint16 PARITY:1;                            // 6   奇偶校验选择位
    Uint16 STOPBITS:1;                          // 7   停止位的个数
    Uint16 rsvd1:8;                             // 15~8  保留
};
union SCICCR_REG {
```

```
    Uint16                all;
    struct SCICCR_BITS    bit;
};

// ----------------------------------------------------------------
// SCICTL1(控制寄存器1)位定义
// ----------------------------------------------------------------
struct   SCICTL1_BITS {                     // 位定义
    Uint16 RXENA:1;                         // 0    SCI 接收使能位
    Uint16 TXENA:1;                         // 1    SCI 发送使能位
    Uint16 SLEEP:1;                         // 2    SCI 休眠位
    Uint16 TXWAKE:1;                        // 3    发送器唤醒方式选择
    Uint16 rsvd:1;                          // 4    保留
    Uint16 SWRESET:1;                       // 5    软件复位位
    Uint16 RXERRINTENA:1;                   // 6    接收中断使能位
    Uint16 rsvd1:9;              /          / 15~7  保留

};


union SCICTL1_REG {
    Uint16                all;
    struct SCICTL1_BITS    bit;
};

// ----------------------------------------------------------------
// SCICTL2 (控制寄存器2)位定义
// ----------------------------------------------------------------
struct   SCICTL2_BITS {                     // 位定义
    Uint16 TXINTENA:1;                      // 0    发送中断使能位
    Uint16 RXBKINTENA:1;                    // 1    接收中断缓冲器使能位
    Uint16 rsvd:4;                          // 5~2  保留
    Uint16 TXEMPTY:1;                       // 6    发送器空标志位
    Uint16 TXRDY:1;                         // 7    发送器准备好标志位
    Uint16 rsvd1:8;                         // 15~8 保留

};
union SCICTL2_REG {
    Uint16                all;
    struct SCICTL2_BITS    bit;
};

// ----------------------------------------------------------------
// SCIRXST(接收状态寄存器)位定义
// ----------------------------------------------------------------
struct   SCIRXST_BITS {                     // 位定义
    Uint16 rsvd:1;                          // 0    保留
    Uint16 RXWAKE:1;                        // 1    接收器唤醒检测标志位
    Uint16 PE:1;                            // 2    奇偶校验错误标志位
    Uint16 OE:1;                            // 3    溢出错误标志位
    Uint16 FE:1;                            // 4    帧错误标志位
    Uint16 BRKDT:1;                         // 5    间断检测标志位
```

```
    Uint16 RXRDY:1;                          // 6   接收器准备好标志位
    Uint16 RXERROR:1;                        // 7   接收器错误标志位
};
union SCIRXST_REG {
    Uint16               all;
    struct SCIRXST_BITS   bit;
};


// ----------------------------------------------------------------------
// SCIRXBUF(接收数据缓冲器)位定义
// ----------------------------------------------------------------------
struct  SCIRXBUF_BITS {                      // 位定义
    Uint16 RXDT:8;                           // 7~0  接收字符位
    Uint16 rsvd:6;                           // 13~8  保留
    Uint16 SCIFFPE:1;                        // 14   SCI 的 FIFO 模式下奇偶校验错误位
    Uint16 SCIFFFE:1;                        // 15   SCI 的 FIFO 模式下帧错误标志位
};
union SCIRXBUF_REG {
    Uint16               all;
    struct SCIRXBUF_BITS  bit;
};


// ----------------------------------------------------------------------
// SCIPRI (优先级控制寄存器)位定义
// ----------------------------------------------------------------------
struct  SCIPRI_BITS {                        // 位定义
    Uint16 rsvd:3;                           // 2~0   保留
    Uint16 FREE:1;                           // 3   仿真挂起时,自由运行模式
    Uint16 SOFT:1;
    Uint16 rsvd1:3;                          // 7~5   保留
};
union SCIPRI_REG {
    Uint16               all;
    struct SCIPRI_BITS   bit;
};


// ----------------------------------------------------------------------
// SCI FIFO (发送寄存器)位定义
// ----------------------------------------------------------------------
struct  SCIFFTX_BITS {                       // 位定义
    Uint16 TXFFILIL:5;                       // 4~0  中断级别位
    Uint16 TXFFIENA:1;                       // 5   中断使能位
    Uint16 TXINTCLR:1;                       // 6   清除 TXFFINT 标志位
    Uint16 TXFFINT:1;                        // 7   INT 标志位
    Uint16 TXFFST:5;                         // 12~8   FIFO 状态
    Uint16 TXFIFOXRESET:1;                   // 13   FIFO 复位
    Uint16 SCIFFENA:1;                       // 14   增强功能使能位
    Uint16 SCIRST:1;                         // 15   SCI 发送接收通道复位

};
union SCIFFTX_REG {
```

```
    Uint16              all;
    struct SCIFFTX_BITS  bit;
};


// ---------------------------------------------------------------
// SCI FIFO（接收寄存器）位定义
// ---------------------------------------------------------------
struct  SCIFFRX_BITS {                  // 位定义
    Uint16 RXFFIL:5;                    // 4～0   中断级别位
    Uint16 RXFFIENA:1;                  // 5   中断使能位
    Uint16 RXFFINTCLR:1;                // 6   清除 INT 标志位
    Uint16 RXFFINT:1;                   // 7   INT 标志位
    Uint16 RXFIFST:5;                   // 12～8   FIFO 状态位
    Uint16 RXFIFORESET:1;               // 13   FIFO 复位位
    Uint16 RXFFOVRCLR:1;                // 14   清除溢出标志位
    Uint16 RXFFOVF:1;                   // 15   FIFO 溢出位
};
union SCIFFRX_REG {
    Uint16              all;
    struct SCIFFRX_BITS  bit;
};


// ---------------------------------------------------------------
// SCI FIFO（控制寄存器）位定义
// ---------------------------------------------------------------
struct  SCIFFCT_BITS {                  // 位定义
    Uint16 FFTXDLY:8;                   // 7～0   FIFO 发送延时
    Uint16 rsvd:5;                      // 12～8   保留
    Uint16 CDC:1;                       // 13   自动波特率检测使能位
    Uint16 ABDCLR:1;                    // 14   自动波特率检测清除位
    Uint16 ABD:1;                       // 15   自动波特率检测位
};
union SCIFFCT_REG {
    Uint16              all;
    struct SCIFFCT_BITS  bit;
};


// ---------------------------------------------------------------
// SCI 寄存器文件
// ---------------------------------------------------------------
struct  SCI_REGS {                      // SCI 寄存器的结构体定义
    union SCICCR_REG    SCICCR;         // SCI 通信控制寄存器
    union SCICTL1_REG   SCICTL1;        // SCI 控制寄存器 1
    Uint16              SCIHBAUD;       // SCI 波特率控制寄存器的高字节
    Uint16              SCILBAUD;       // SCI 波特率控制寄存器的低字节
    union SCICTL2_REG   SCICTL2;        // SCI 控制寄存器 2
    union SCIRXST_REG   SCIRXST;        // SCI 接收状态寄存器
    Uint16              SCIRXEMU;       // SCI 接收仿真数据缓冲寄存器
    union SCIRXBUF_REG  SCIRXBUF;       // SCI 接收数据缓冲寄存器
    Uint16              rsvd1;          // 保留
    Uint16              SCITXBUF;       // SCI 发送数据缓冲寄存器
```

```
    union SCIFFTX_REG      SCIFFTX;              // FIFO 发送寄存器
    union SCIFFRX_REG      SCIFFRX;              // FIFO 接收寄存器
    union SCIFFCT_REG      SCIFFCT;              // FIFO 控制寄存器
    Uint16                 rsvd2;                // 保留
    Uint16                 rsvd3;                // 保留
    union SCIPRI_REG       SCIPRI;              // FIFO 极性控制寄存器 1
};

// ----------------------------------------------------------------------
// SCI 外部参考以及功能声明
// ----------------------------------------------------------------------
extern volatile struct SCI_REGS SciaRegs;
extern volatile struct SCI_REGS ScibRegs;

# ifdef _cplusplus
}
# endif /* extern "C" */
# endif
```

## 6.3.3　串口自测试程序

```
// ----------------------------------------------------------------------
//
// 程序功能描述:
//
//          该程序为 SCI 内部自测试程序,程序首先发送数据 0x00 到 0xFF,然后接
//          收数据,并将接收到的数据与发送的数据进行比较
//
//          测试变量:
//                接收数据中错位数据的个数
//                ErrorCount
// ----------------------------------------------------------------------
# include "DSP281x_Device.h"
# include "DSP281x_Examples.h"

// ----------------------- 功能函数原型 ----------------------------
void scia_loopback_init(void);
void scia_fifo_init(void);
void scia_xmit(int a);
void error(int);
interrupt void scia_rx_isr(void);
interrupt void scia_tx_isr(void);

// ------------------------- 全局变量 ------------------------------
Uint16 LoopCount;
Uint16 ErrorCount;

// --------------------------- 主程序 ------------------------------
void main(void)
{
```

```
    Uint16 SendChar;
    Uint16 ReceivedChar;

// Step 1. 初始化系统控制 ----------------------------------------------

    // PLL, 看门狗, 使能外设时钟
    InitSysCtrl();

// Step 2. 初始化 GPIO ----------------------------------------------
    // InitGpio(); 在本例中可以省略, 只需配置与 SCI 相关的 GPIO 即可
    EALLOW;
    GpioMuxRegs.GPFMUX.all = 0x0030;        // 设置 I/O 口为 SCI 口
                                            // Port F MUX - x000 0000 0011 0000

    EDIS;

// Step 3. 初始化中断向量表 ----------------------------------------------
    // 禁止并清除所有的 CPU 中断
    DINT;
    IER = 0x0000;
    IFR = 0x0000;

                                            // 初始化 PIE 控制寄存器到默认状态
    // InitPieCtrl();   PIE is not used for this example
    InitPieVectTable();

                                            // 使能 CPU 和 PIE 中断
    EnableInterrupts();

// Step 4. 初始化所有的外设 ----------------------------------------------
    // InitPeripherals(); skip this for SCI tests

// Step 5. 用户定义程序段、分配向量、使能中断 ----------------------------------------------
    LoopCount = 0;
    ErrorCount = 0;

    scia_fifo_init();                       // 初始化 SCI FIFO
    scia_loopback_init();                   // 初始化 SCI 为自循环模式

    SendChar = 0;                           // 初始化发送变量

// Step 6. 发送数据并检测接收到的数据 ----------------------------------------------

    for(;;)
    {
        scia_xmit(SendChar);
                                            // 等待 XRDY = 1 (空状态), 即等待数据发送
        while(SciaRegs.SCIFFRX.bit.RXFIFST != 1) { }
                                            // 检测接收到的数据
        ReceivedChar = SciaRegs.SCIRXBUF.all;
        if(ReceivedChar != SendChar) error(1);
                                            // 转移到下一个发送的数据, 并重复该操作
```

```
        SendChar ++ ;
                                        // 限制发送数据为 8 位数据格式
        SendChar &= 0x00FF;
        LoopCount ++ ;
    }

}

void error(int ErrorFlag)
{
        ErrorCount ++ ;
//      asm("ESTOP0");
//      for (;;);

}

// 测试 1,SCIA   DLB, 8 位数据位, 波特率为 0x000F, 1 个停止位,没有奇偶校验位
void scia_loopback_init()
{
                                        // 注意: 如果 SCIA 时钟没有打开,那么需要软件打开
    SciaRegs.SCICCR.all = 0x0007;
                                // 1 个停止位、没有奇偶校验、8 位数据位、同步模式、空闲线模式
    SciaRegs.SCICTL1.all = 0x0003;
                                        // 使能发送、接收和内部时钟,禁止 RX ERR、SLEEP、TXWAKE
    SciaRegs.SCICTL2.all = 0x0003;
    SciaRegs.SCICTL2.bit.TXINTENA = 1;
    SciaRegs.SCICTL2.bit.RXBKINTENA = 1;
    SciaRegs.SCIHBAUD = 0x0000;
    SciaRegs.SCILBAUD = 0x000F;
    SciaRegs.SCICCR.bit.LOOPBKENA = 1;      // 使能内部自循环模式
    SciaRegs.SCICTL1.all = 0x0023;
}

// ------------ 发送数据函数 ------------------------------
void scia_xmit(int a)
{
    SciaRegs.SCITXBUF = a;
}

// ------------ 初始化 SCI FIFO ------------------------------
void scia_fifo_init()
{
    SciaRegs.SCIFFTX.all = 0xE040;
    SciaRegs.SCIFFRX.all = 0x204f;
    SciaRegs.SCIFFCT.all = 0x0;
}
```

## 6.3.4　串口向主机发送数据程序

此程序主要是串口发送程序,将串口与计算机主机相连,打开串口调试助手,设置串口的相应参数,运行 DSP 程序,就可以在串口调试助手中读出 DSP 所发送的数据。调试串口

时要将 GPIO 的 MUX 寄存器置 1，表示外设功能即 232 功能。而调试通用 I/O 时则需将 232 寄存器置 0，然后再执行相应的操作；同时不要启用外设功能的程序，以免产生中断。

配置 SCI 串口初始化函数为发送模式的具体步骤如下。

步骤 1：使能 SCI FIFO 功能，使能 SCI FIFO 发送；没有 FIFO 中断，清除 TXFIFINT。

步骤 2：使能 FIFO 接收，使能 FIFO 中断，清除 RXFFINT。

步骤 3：禁止波特率校验。

步骤 4：1 个停止位，无校验，禁止自测试，空闲地址模式，字长 8 位。

步骤 5：复位，使能发送接收。

步骤 6：设定波特率为 9600bps。

步骤 7：复位后重新使能 SCI。

```c
// ---------------------------------------------------------------
// 串口发送程序
// ---------------------------------------------------------------
# include "DSP281x_Device. h"
# include "DSP281x_Examples. h"


// IO 定义 ---------------------------------------------------------
# define SCI_IO    0x0030

// 基本功能函数 -----------------------------------------------------
void Scib_init(void);
void Scib_xmit(char a);
int m;
// --------------------------- 主程序 ------------------------------
void main(void)// hhxy//
{
    InitSysCtrl();                           // 系统初始化
    Scib_init();                             // 初始化串口
    EALLOW;
    GpioMuxRegs. GPGMUX. all| = SCI_IO;       // 设置 SCIB 口为功能口
    EDIS;
    for(;;)
    {
        Scib_xmit(0x31);
        for(m = 0; m＜1000; m++ ){}
    }
}
// 串口发送函数 -----------------------------------------------------
void Scib_xmit(char a)
{
    ScibRegs. SCITXBUF = a;
    while(ScibRegs. SCICTL2. bit. TXRDY! = 1){};
}
// 串口初始化函数 ---------------------------------------------------
void Scib_init()
{
    ScibRegs. SCIFFTX. all = 0xE040;          // 允许接收，使能 FIFO，没有 FIFO 中断
                                             // 清除 TXFIFINT
    ScibRegs. SCIFFRX. all = 0x2021;          // 使能 FIFO 接收，清除 RXFFINT，16 级 FIFO
    ScibRegs. SCIFFCT. all = 0x0000;          // 禁止波特率校验
```

```
    ScibRegs.SCICCR.all   = 0x0007;      // 1 个停止位, 无校验, 禁止自测试
                                         // 空闲地址模式, 字长 8 位
    ScibRegs.SCICTL1.all  = 0x0003;      // 复位

    ScibRegs.SCICTL2.all  = 0x0003;
    ScibRegs.SCIHBAUD = 0x0001;          // 设定波特率 9600bps
    ScibRegs.SCILBAUD = 0x00E7;          // 设定波特率 9600bps
  ScibRegs.SCICTL1.all = 0x0023;         // 退出 RESET
}
```

将计算机串口与 F2812 串口线相应连接, 运行 DSP 程序, 打开串口调试助手观察实验现象, 此程序是 DSP 通过串口不断地向 PC 发送 0x31 数据。串口调试助手接收数据界面如图 6.11 所示。

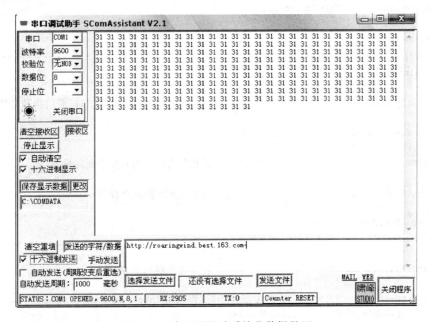

图 6.11　串口调试助手接收数据界面

## 6.3.5　串口中断接收程序

将串口与计算机主机相连, 运行 DSP 程序, 然后在串口调试助手中发送数据。从调试助手的界面中读出发送的数据, 实际上 DSP 所做的工作就是中断接收串口发送的数据, 然后将数据发送给串口。

配置 SCI 串口的初始化函数为中断接收模式的具体步骤如下。

步骤 1: 使能 SCI FIFO 功能, 使能 SCI FIFO 发送; 没有 FIFO 中断, 清除 TXFIFINT。

步骤 2: 使能 FIFO 接收, 使能 FIFO 中断, 清除 RXFFINT。

步骤 3: 禁止波特率校验。

步骤 4: 1 个停止位, 无校验, 禁止自测试, 空闲地址模式, 字长 8b。

步骤 5: 复位, 使能发送接收。

步骤 6: 设定波特率为 9600bps。

步骤 7：复位后重新使能 SCI。

```
// ---------------------------------------------------------------------
//            ################## 串口中断接收程序 ##################
// ---------------------------------------------------------------------
# include"DSP281x_Device.h"
# include"DSP281x_Examples.h"
// 定义 SCI 引脚 ---------------------------------------------------------
# define SCI_IO    0x0030
// 函数原型 -------------------------------------------------------------
void IO_function(void);
void Scib_init(void);
void Scib_xmit(int a);
interrupt void scibRxFifoIsr(void);

Uint16 ReceivedChar;
// 主程序 ---------------------------------------------------------------
void main(void)
{
    InitSysCtrl();                      // 初始化系统控制寄存器、PLL、看门狗和时钟

    IO_function();

    DINT;                               // 禁止和清除所有 CPU 中断向量表

    InitPieCtrl();                      // 初始化 PIE 控制寄存器

    IER = 0x0000;
    IFR = 0x0000;

    InitPieVectTable();                 // 初始化中断向量表

    EALLOW;             // 当中断产生时,将调用 interrupt void scibRxFifoIsr(void)函数
    PieVectTable.RXBINT = &scibRxFifoIsr;
    EDIS;

    PieCtrlRegs.PIECRTL.bit.ENPIE = 1;  // 使能 PIE
    PieCtrlRegs.PIEIER9.bit.INTx3 = 1;  // 使能 PIE 第 9 组,第三个中断,也就是串口接收中断
    IER = 0x101;    // Enable CPU INT
    EINT;
    ERTM;                               // 允许 DEBUG 中段

    Scib_init();                        // 串口初始化函数
    for(;;){}
}
void IO_function(void)
{
EALLOW;
GpioMuxRegs.GPGMUX.all| = SCI_IO;       // SCIB 功能口
EDIS;
}
void Scib_xmit(int a)
{
```

```
    ScibRegs.SCITXBUF = (a&0xff);           // 发送数据缓冲寄存器
    while(ScibRegs.SCICTL2.bit.TXRDY! = 1){};   // 发送缓冲寄存器准备好标志位
}
void Scib_init(void)                        // 设置成串口接收中断模式的 SCI 初始化
{

    ScibRegs.SCIFFTX.all  = 0xE040;         // 允许接收,使能 FIFO,没有 FIFO 中断
                                            // 清除 TXFIFINT
    ScibRegs.SCIFFRX.all  = 0x2021;         // 使能 FIFO 接收,清除 RXFFINT,16 级 FIFO
    ScibRegs.SCIFFCT.all  = 0x0000;         // 禁止波特率校验
    ScibRegs.SCICCR.all   = 0x0007;         // 1 个停止位,无校验,禁止自测试
                                            // 空闲地址模式,字长 8 位
    ScibRegs.SCICTL1.all  = 0x0003;         // 复位
    ScibRegs.SCICTL2.all  = 0x0003;
    ScibRegs.SCIHBAUD  = 0x0001;            // 设定波特率 9600bps
    ScibRegs.SCILBAUD  = 0x00E7;            // 设定波特率 9600bps
    ScibRegs.SCICTL1.all  = 0x0023;         // 退出 RESET
}
interrupt void scibRxFifoIsr(void)          // 串口接收中断处理函数
{
  ReceivedChar = ScibRegs.SCIRXBUF.all;
  ReceivedChar& = 0xFF;
  Scib_xmit(ReceivedChar);                  // 将接收到的数据再通过串口发送给计算机
  ScibRegs.SCIFFRX.bit.RXFFOVRCLR = 1;      // 清除溢出标志位
  ScibRegs.SCIFFRX.bit.RXFFINTCLR = 1;      // 清除中断标志位
  PieCtrlRegs.PIEACK.all| = 0x100;          // 允许其他相应中断
}
```

将 PC 与 F2812 串口线相应连接,运行 DSP 程序,打开串口调试助手可以测试实验效果。这个程序是串口中断接收程序,首先 PC 通过串口给 F2812 发送数据,然后 F2812 中断接收到数据后将数据发回给 PC,在串口调试助手中可以实现这些操作,将要发送的数据载入,单击"手动发送"或"自动发送"按钮,可以看到数据又发回给 PC。具体的中断接收效果如图 6.12 所示。

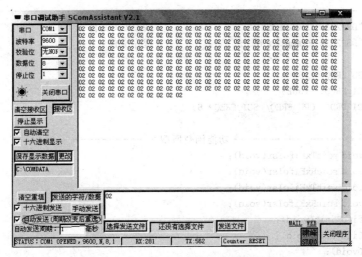

图 6.12　串口调试助手发送接收数据界面

## 6.3.6 串口中断发送、接收 C 程序

程序功能描述：该程序为一个 SCI 中断发送、接收典型程序，采用内部连接的自循环模式，即自己发送，自己接收，采用中断的方式发送和接收。在本程序中发送、接收的数据流如下所示：

```
// SCI-A 发送的数据流
// 00 01 02 03 04 05 06 07
// 01 02 03 04 05 06 07 08
// 02 03 04 05 06 07 08 09
// ...
// FE FF 00 01 02 03 04 05
// FF 00 01 02 03 04 05 06
// etc.
//
//
// SCI-B 发送的数据流
// FF FE FD FC FB FA F9 F8
// FE FD FC FB FA F9 F8 F7
// FD FC FB FA F9 F8 F7 F6
// ...
// 01 00 FF FE FD FC FB FA
// 00 FF FE FD FC FB FA F9
// etc.
////
// 检查变量
//
//     SCI-A            SCI-B
//     ------------------------------------------------------------------------
//     sdataA           sdataB              // 发送的数据
//     rdataA           rdataB              // 接收的数据
//     rdata_pointA     rdata_pointB
// ------------------------------------------------------------------------
# include "DSP281x_Device.h"               // F2812 头文件
# include "DSP281x_Examples.h"             // 程序文件


# define CPU_FREQ    150E6
# define SCI_FREQ    100E3
# define SCI_PRD     CPU_FREQ/(SCI_FREQ * 8)


// ----------------------- 功能函数原型 ------------------------------
interrupt void sciaTxFifoIsr(void);
interrupt void sciaRxFifoIsr(void);
interrupt void scibTxFifoIsr(void);
interrupt void scibRxFifoIsr(void);
void scia_fifo_init(void);
void scib_fifo_init(void);
void error(void);
```

```
// --------------------------- 全局变量 ---------------------------
Uint16 sdataA[8];                      // SCI-A 发送的数据
Uint16 sdataB[8];                      // SCI-B 发送的数据
Uint16 rdataA[8];                      // SCI-A 接收的数据
Uint16 rdataB[8];                      // SCI-B 接收的数据
Uint16 rdata_pointA;                   // 用于检查接收的数据
Uint16 rdata_pointB;


// --------------------------- 主程序 ---------------------------
void main(void)
{
    Uint16 i;

// Step 1. 初始化系统控制 ---------------------------------------
--
    // PLL, 看门狗, 使能外设时钟
    InitSysCtrl();

// Step 2. 初始化 GPIO ------------------------------------------
    // InitGpio();     在这里省略
    // 只需设置以下与 SCI 有关的 GPIO 即可
    EALLOW;                            // 注意: 需要 EALLOW 保护
    GpioMuxRegs.GPFMUX.bit.SCITXDA_GPIOF4 = 1;
    GpioMuxRegs.GPFMUX.bit.SCIRXDA_GPIOF5 = 1;
    GpioMuxRegs.GPGMUX.bit.SCITXDB_GPIOG4 = 1;
      GpioMuxRegs.GPGMUX.bit.SCIRXDB_GPIOG5 = 1;
                                      // 与 EALLOW 对应使用
    EDIS;

// Step 3. 清除所有的中断并初始化 PIE 中断向量表 ------------------
                                      // 禁止 CPU 中断
     DINT;

                                      // 初始化 PIE 控制寄存器等
    InitPieCtrl();

                                      // 禁止 CPU 中断, 并清除所有的 CPU 中断标志位
    IER = 0x0000;
    IFR = 0x0000;

                                      // 初始化 PIE 中断向量表
    InitPieVectTable();

                                      // 将相应的向量指向中断服务程序, 当中断产生时,
                                      // 会自动跳转到相应的中断服务程序处
    EALLOW;                           // 寄存器需要 EALLOW 保护
    PieVectTable.RXAINT = &sciaRxFifoIsr;
    PieVectTable.TXAINT = &sciaTxFifoIsr;
    PieVectTable.RXBINT = &scibRxFifoIsr;
    PieVectTable.TXBINT = &scibTxFifoIsr;
    EDIS;                             // 与 EALLOW 对应使用
```

```
// Step 4. 初始化外设 ------------------------------------------------
    // InitPeripherals();                    // 在本程序中可以省略
        scia_fifo_init();                     // 初始化 SCI-A
        scib_fifo_init();                     // 初始化 SCI-B

// Step 5. 用户程序段,使能中断 ----------------------------------------
// 初始化要发送的数据
    for(i = 0; i<8; i++)
    {
        sdataA[i] = i;
    }

    for(i = 0; i<8; i++)
    {
        sdataB[i] = 0xFF - i;
    }

    rdata_pointA = sdataA[0];
    rdata_pointB = sdataB[0];

                                              // 使能所需的中断
    PieCtrlRegs.PIECRTL.bit.ENPIE = 1;        // 使能 PIE 模块
    PieCtrlRegs.PIEIER9.bit.INTx1 = 1;        // PIE Group 9, INT1
    PieCtrlRegs.PIEIER9.bit.INTx2 = 1;        // PIE Group 9, INT2
    PieCtrlRegs.PIEIER9.bit.INTx3 = 1;        // PIE Group 9, INT3
    PieCtrlRegs.PIEIER9.bit.INTx4 = 1;        // PIE Group 9, INT4
    IER = 0x100;                              // 使能 CPU 中断
    EINT;

// Step 6. 空循环 ----------------------------------------------------
    for(;;);

    }

    void error(void)
    {
        asm("      ESTOP0");                   // 测试错误! 停止!
        for (;;);
    }

// SCIA 发送中断服务程序 ----------------------------------------------
interrupt void sciaTxFifoIsr(void)
{
    Uint16 i;
    for(i = 0; i< 8; i++)
    {
        SciaRegs.SCITXBUF = sdataA[i];        // 发送数据
    }

    for(i = 0; i< 8; i++)                     // 要发送的下一个数据
```

```
    {
        sdataA[i] = (sdataA[i] + 1) & 0x00FF;
    }

    SciaRegs.SCIFFTX.bit.TXINTCLR = 1;          // 清除 SCI 中断标志位
    PieCtrlRegs.PIEACK.all| = 0x100;
}
// SCIA 接收中断服务程序 -----------------------------------------------------
interrupt void sciaRxFifoIsr(void)
{
    Uint16 i;
    for(i = 0; i < 8; i++)
    {
        rdataA[i] = SciaRegs.SCIRXBUF.all;      // 读取数据
    }
    for(i = 0; i < 8; i++)                       // 测试接收到的数据
    {
        if(rdataA[i] != ((rdata_pointA + i) & 0x00FF)) error();
    }
    rdata_pointA = (rdata_pointA + 1) & 0x00FF;

    SciaRegs.SCIFFRX.bit.RXFFOVRCLR = 1;        // 清除溢出标志位
    SciaRegs.SCIFFRX.bit.RXFFINTCLR = 1;        // 清除中断标志位
    PieCtrlRegs.PIEACK.all| = 0x100;
}
// SCIA 初始化函数 ----------------------------------------------------------
void scia_fifo_init()
{
    SciaRegs.SCICCR.all = 0x0007;
                        // 1 个停止位,没有奇偶校验,8 位数据位,同步模式,空闲线模式
    SciaRegs.SCICTL1.all = 0x0003;
                            // 使能发送、接收和内部时钟,禁止 RX ERR、SLEEP、TXWAKE
    SciaRegs.SCICTL2.bit.TXINTENA = 1;
    SciaRegs.SCICTL2.bit.RXBKINTENA = 1;
    SciaRegs.SCIHBAUD = 0x0000;
    SciaRegs.SCILBAUD = SCI_PRD;
    SciaRegs.SCICCR.bit.LOOPBKENA = 1;          // 使能内部自循环
    SciaRegs.SCIFFTX.all = 0xC028;
    SciaRegs.SCIFFRX.all = 0x0028;
    SciaRegs.SCIFFCT.all = 0x00;

    SciaRegs.SCICTL1.all = 0x0023;
    SciaRegs.SCIFFTX.bit.TXFIFOXRESET = 1;
    SciaRegs.SCIFFRX.bit.RXFIFORESET = 1;
}
// SCIB 发送中断服务程序 -----------------------------------------------------
interrupt void scibTxFifoIsr(void)
{
    Uint16 i;
    for(i = 0; i < 8; i++)
    {
```

```
        ScibRegs.SCITXBUF = sdataB[i];          // 发送数据
    }

    for(i = 0; i< 8; i++)                       // 要发送的下一个数据
    {
        sdataB[i] = (sdataB[i] - 1) & 0x00FF;
    }

    ScibRegs.SCIFFTX.bit.TXINTCLR = 1;          // 清除 SCI 中断标志位
    PieCtrlRegs.PIEACK.all| = 0x100;
}
// SCIB 接收中断服务程序--------------------------------------------------------
interrupt void scibRxFifoIsr(void)
{
    Uint16 i;
    for(i = 0;i<8;i++)
    {
        rdataB[i] = ScibRegs.SCIRXBUF.all;      // 读取数据
    }
    for(i = 0;i<8;i++)                          // 测试接收到的数据
    {
        if(rdataB[i] != ((rdata_pointB - i) & 0x00FF)) error();
    }
    rdata_pointB = (rdata_pointB - 1) & 0x00FF;

    ScibRegs.SCIFFRX.bit.RXFFOVRCLR = 1;        // 清除溢出标志位
    ScibRegs.SCIFFRX.bit.RXFFINTCLR = 1;        // 清除中断标志位
    PieCtrlRegs.PIEACK.all| = 0x100;
}
// SCIB 初始化函数-------------------------------------------------------------
void scib_fifo_init()
{
    ScibRegs.SCICCR.all = 0x0007;
                        // 1 个停止位,没有奇偶校验,8 位数据位,同步模式,空闲线模式
    ScibRegs.SCICTL1.all = 0x0003;
                        // 使能发送、接收和内部时钟,禁止 RX ERR、SLEEP、TXWAKE
    ScibRegs.SCICTL2.bit.TXINTENA = 1;
    ScibRegs.SCICTL2.bit.RXBKINTENA = 1;
    ScibRegs.SCIHBAUD = 0x0000;
    ScibRegs.SCILBAUD = SCI_PRD;
    ScibRegs.SCICCR.bit.LOOPBKENA = 1;          // 使能内部自循环
    ScibRegs.SCIFFTX.all = 0xC028;
    ScibRegs.SCIFFRX.all = 0x0028;
    ScibRegs.SCIFFCT.all = 0x00;

    ScibRegs.SCICTL1.all = 0x0023;
    ScibRegs.SCIFFTX.bit.TXFIFOXRESET = 1;
    ScibRegs.SCIFFRX.bit.RXFIFORESET = 1;

}
```

## 6.3.7 自动波特率设定程序

```
// -------------------------------------------------------------------

// 设备状态设定:
//
//         该程序需要将下列引脚外部连接:
//         SCIATX < - > SCIBRX
//         SCIARX < - > SCIATX
//
// 说明:    该程序为波特率锁存程序,所以测试中需要使用许多波特率,包括一些比较
//         高的波特率
//
//         为了测试能够正常运行,外部连接 SCIA 和 SCIB 引脚时,不要添加外部发射
//         器,而采用直连形式
//
// 各模块工作方式:
//         SCIA:从设备,波特率锁存,接收数据,向主设备发送响应信号,采用接收中
//         断接收数据
//
//         SCIB:主设备,已知波特率,给从设备发送数据,检测响应信号
//
// 程序功能描述:
//
//         禁止模块内部自测试,采用外部连接的方式,主从设备间的波特率锁存
//         程序
//
//
//         测试变量:      BRRVal - SCIB 当前使用的 BRR 值
//                       ReceivedAChar — SCIA 接收的数据
//                       ReceivedBChar — SCIB 接收的数据
//                       SendChar       — SCIB 发送的数据
//                       SciaRegs.SCILBAUD — SCIA 波特率寄存器
//                       SciaRegs.SCIHBAUD
// -------------------------------------------------------------------
# include "DSP281x_Device.h"              // 头文件
# include "DSP281x_Examples.h"

# define BAUDSTEP 100                     // BRR 增量


// -------------------------- 函数原型 --------------------------------

void scia_init(void);
void scib_init(void);
void scia_xmit(int a);
void scib_xmit(int a);
void scia_AutobaudLock(void);
void error(int);
interrupt void rxaint_isr(void);
```

```c
// ------------------------ 全局变量 ------------------------
Uint16 LoopCount;
// Uint16 xmitCount;
Uint16 ReceivedCount;
Uint16 ErrorCount;
Uint16 SendChar;
Uint16 ReceivedAChar;                        // SCIA 接收数据
Uint16 ReceivedBChar;                        // SCIB 接收数据
Uint16 BRRVal;
Uint16 Buff[10] = {0x55, 0xAA, 0xF0, 0x0F, 0x00, 0xFF, 0xF5, 0x5F, 0xA5, 0x5A};

void main(void)
{
    Uint16 i;
// ------------------- Step 1. 初始化系统控制 ------------------
// PLL，看门狗，使能外设时钟
    InitSysCtrl();

// ------------------- Step 2. 初始化 GPIO ------------------
    // InitGpio();      在本程序中可以省略
                                             // 只需设置与 SCI 相关的 GPIO

    EALLOW;
    GpioMuxRegs.GPFMUX.all = 0x0030;         // 设置 GPIO 引脚为 SCIA 口
                                             // Port F MUX - x000 0000 0011 0000
    GpioMuxRegs.GPGMUX.all = 0x0030;         // 设置 GPIO 引脚为 SCIB 口
                                             // Port G MUX - x000 0000 0011 0000

    EDIS;


                                             // 初始化 PIE 控制寄存器为默认状态
                                             // 默认状态为 PIE 被禁止，标志位被清除
    InitPieCtrl();

// Step 3. 清除所有的中断并初始化 PIE 中断向量表 ------------------
// 禁止 CPU 中断，并清除 CPU 中断标志位
    IER = 0x0000;
    IFR = 0x0000;

                                             // 初始化 PIE 中断向量表

    InitPieVectTable();

                                             // 将相应的向量指向中断服务程序，当中断产生时，
                                             // 会自动跳转到相应的中断服务程序处
    EALLOW;                                  // 寄存器需要 EALLOW 保护
    PieVectTable.RXAINT = &rxaint_isr;
    EDIS;                                    // 与 EALLOW 相对应

    // Step 4. 初始化所有的外部设备 ------------------
    // InitPeripherals();                    // 在本程序中可以省略
    scia_init();                             // 初始化 SCIA
    scib_init();                             // 初始化 SCIB
```

```
// Step 5. 用户程序段, 使能中断 ---------------------------------------------

LoopCount = 0;
ErrorCount = 0;

                                      // 使能中断
PieCtrlRegs.PIEIER9.all = 0x0001;     // 使能所有的 SCIA RXINT 中断
IER |= 0x0100;                        // 使能 PIEIER9 和 INT9
EINT;

                                      // BRR 初始值为 1, 每次增加 BAUDSTEP
for (BRRVal = 0x0000; BRRVal < (Uint32)0xFFFF; BRRVal += BAUDSTEP)
 {
    // SCIB 首先需要设置一个已知的波特率, SCIA 需要匹配这种波特率
    ScibRegs.SCIHBAUD = (BRRVal >> 8);
    ScibRegs.SCILBAUD = (BRRVal);

                                      // 初始化 SCIA 一个波特率
                                      // 检查并返回波特率锁存标识符 'A'
    scia_AutobaudLock();
    while(ScibRegs.SCIRXST.bit.RXRDY != 1) {}
    ReceivedBChar = 0;
    ReceivedBChar = ScibRegs.SCIRXBUF.bit.RXDT;
    if(ReceivedBChar != 'A')
    {
        error(0);
    }

                                      // 发送响应位
                                      // 55 AA F0 0F 00 FF F5 5F A5 5A
    for(i = 0; i <= 9; i++)
    {
      SendChar = Buff[i];
                                      // 初始化中断并在中断服务程序中发送数据
      scib_xmit(SendChar);
                                      // 等待从设备返回响应信号
      while(ScibRegs.SCIRXST.bit.RXRDY != 1)
      {
          asm("NOP");
      }
      ReceivedBChar = 0;
      ReceivedBChar = ScibRegs.SCIRXBUF.bit.RXDT;
      if(ReceivedBChar != SendChar) error(1);
    }

 } // 重复下一个 BRR 设置并测试

                                      // 程序执行完后, 停止
    for(;;)
    {
        asm("NOP");
```

```
    }
}


// --------------------------------------------------------------------
// ISR for PIE INT9.1
// 对应 RXAINT(SCI-A 中断接收)
// --------------------------------------------------------------------

interrupt void rxaint_isr(void)          // SCI-A
{
                                         // 可以插入用户中断处理程序
    PieCtrlRegs.PIEACK.all = PIEACK_GROUP9;
                                         // 如果设置了波特率检测,那么需要清除 CDC
    if(SciaRegs.SCIFFCT.bit.CDC == 1)
    {
        SciaRegs.SCIFFCT.bit.ABDCLR = 1;
        SciaRegs.SCIFFCT.bit.CDC = 0;
                                         // 检测接收到的数据,应该为 'A'
        ReceivedAChar = 0;
        ReceivedAChar = SciaRegs.SCIRXBUF.all;
        if(ReceivedAChar != 'A')
        {
            error(2);
        }
        else scia_xmit(ReceivedAChar);
    }
                                         // 没有设置为波特率检测程序段
    else
    {
                                         // 检测接收到的数据
        ReceivedAChar = 0;
        ReceivedAChar = SciaRegs.SCIRXBUF.all;
        if(ReceivedAChar != SendChar)
        {
            error(3);
        }
        else scia_xmit(ReceivedAChar);
    }
    SciaRegs.SCIFFRX.bit.RXFFINTCLR = 1;    // 清除中断标志位
    ReceivedCount ++ ;
}


void error(int ErrorFlag)
{
        ErrorCount ++ ;
        asm("ESTOP0");
        for (;;);
}
```

```
                        // SCIA  8 位数据位，波特率为 0x000F，默认，1 个停止位，没有奇偶校验位
void scia_init()
{
                        // 注意：如果在系统启动时没有使能 SCI 时钟，那么需要软件使能复位 FIFO
    SciaRegs.SCIFFTX.all = 0x8000;

    SciaRegs.SCICCR.all = 0x0007;
                                // 1 个停止位，没有奇偶校验，8 位数据位，同步模式，空闲线模式
    SciaRegs.SCICTL1.all = 0x0003;
                                    // 使能发送、接收和内部时钟，禁止 RX ERR、SLEEP、TXWAKE
    SciaRegs.SCICTL2.all = 0x0003;
    SciaRegs.SCICTL2.bit.RXBKINTENA = 1;
    SciaRegs.SCICTL1.all = 0x0023;
}


                        // SCIB  8 个数据位，波特率为 0x000F，默认，1 个停止位，没有奇偶校验位
void scib_init()
{
                                        // 复位 FIFO
    ScibRegs.SCIFFTX.all = 0x8000;

                                    // 1 个停止位，没有奇偶校验位，8 个数据位
                                    // 禁止内部自测试

                                    // 使能发送、接收，采用内部时钟 SCICLK
    ScibRegs.SCICCR.all = 0x0007;
    ScibRegs.SCICTL1.all = 0x0003;
                                // 禁止接收错误标志位(RxErr)、休眠(Sleep)、发送唤醒(TX Wake)
                                // 禁止接收中断(Rx Interrupt)、发送中断(Tx Interrupt)
    ScibRegs.SCICTL2.all = 0x0000;
    ScibRegs.SCICTL1.all = 0x0023;
    return;
}

// --------------------- SCIA 发送一个数据 ---------------------------------
void scia_xmit(int a)
{
    SciaRegs.SCITXBUF = a;
}


// --------------------- SCIB 发送一个数据 ---------------------------------
void scib_xmit(int a)
{
    ScibRegs.SCITXBUF = a;
}
void scia_AutobaudLock()
{
    Uint32 i;

    SciaRegs.SCICTL1.bit.SWRESET = 0;
    SciaRegs.SCICTL1.bit.SWRESET = 1;
                                        // Must prime baud register with >= 1
    SciaRegs.SCILBAUD = 1;
```

```
                                    // 准备自动波特率检测
                                    // 在向 ABDCLK 写 1 之前需要确保 ABD 位被清除
                                    // 通过设置 CDC 位使能自动波特率检测
    SciaRegs.SCIFFCT.bit.ABDCLR = 1;
    SciaRegs.SCIFFCT.bit.CDC = 1;
                                    // 等待,直到检测到一个正确的字符 A 或 a,然后锁存
    while(SciaRegs.SCIFFCT.bit.CDC == 1)
    {
                                    // 注意:波特率越低,延时越长
        for(i = 1; i<= 0xOFFFFFFF; i++)
        {
            asm("NOP");
        }                           // 延时
        if(SciaRegs.SCIFFCT.bit.CDC == 1) scib_xmit('A');
    }
    return;
}
```

## 6.4  心得

在这里我们将 SCI 扩展为 RS-232 口,SCI 如果与 MAX3490 相连则可以设计成 485 口,用户可以根据需要进行设计。因为 F2812 有两路 SCI 口,可以将一路转换成 232,一路转换成 485 格式。485 主要用于工业生产方面,在抗干扰方面性能较强;而 232 主要用于用户调试或实现 PC 与 F2812 的通信。在一般的设计中 PC 与 F2812 的通信主要由 232 口实现,因为 232 串口调试方便,容易掌握和操作,而且大多数外设都支持 232 协议,可以和其他的 CPU 之间进行通信。

在工业生产中,一般用 F2812 做控制,用其他设备做显示,显示模块与控制模块之间的通信有很多也是用 232 协议的,如果考虑抗干扰等性能时可以选用 485 格式。485 口和 232 口在软件实现方面没什么差别,主要就是驱动芯片的不同,所以 232 的程序也适合于 485,它们都是 UART 口。

在本章中介绍了两个实例程序和一个头文件,两个实例程序分别为串口发送程序和串口中断接收程序,用户可以直接将串口连接到计算机上运行程序,通过串口调试助手可以看到效果。

对于初学者来说,可以参考以下建议。

(1) 先将本章浏览一遍,目的是掌握 SCI 的基本含义。

(2) 运行程序,通过程序来学习、了解寄存器如何配置。

(3) 发散思维,学会灵活调用串口程序。在自己的程序中可以直接将本实例程序中的串口初始化函数复制应用,这样将有助于初学者缩短学习时间。

在本章中还介绍了 SCI 的头文件,目的就是让读者清楚 SCI 的寄存器是如何定义的,以及如何在程序中运用这些寄存器。

# 第7章

# TMS320F2812的串行外围设备接口(SPI)

**要点提示**

本章主要介绍 TMS320F2812 的 SPI 模块,详细介绍了 SPI 模块的工作原理及模式,SPI 模块的寄存器位信息及功能,以及 SPI 模块的实例程序及相关开发。

**学习重点**

(1) SPI 模块的主/从工作模式;

(2) SPI 接口协议;

(3) SPI 中断;

(4) SPI 寄存器的配置及相关的程序设计;

(5) CPU 与外部设备采用 SPI 接口的 C/C++程序设计。

串行外围设备接口(SPI)是一种高速的同步串行输入输出(I/O)接口,允许 1~16 位的数据流在设备与设备间的交换,通常用于 DSP 与外围设备或其他控制器之间进行通信,典型的应用包括:扩展 I/O、扩展外围设备(移位寄存器、显示驱动器、数/模转换器(ADC))。SPI 的主从操作模式允许多个设备之间进行通信。在 F2812 中,SPI 接口还支持一个 16 级的发送接收 FIFO,从而减少了 CPU 的损耗。

## 7.1 增强型 SPI 概述

如图 7.1 所示为 SPI 的 CPU 接口。

SPI 模块的主要特点如下。

(1) 4 个外部引脚(GPIO)

在 F2812 中的 GPIO 为共用 GPIO,GPIO 可以设置为通用 GPIO 或特殊 I/O 口,SPI 所占用的 4 根 GPIO 当设置为特殊 I/O 口时将被用作 SPI 口。

可以作为 SPI 口的 GPIO 口为:GPIOF0-SPISIMO(40 脚)、GPIOF1-SPISOMI(41 脚)、GPIOF2-SPICLK(34 脚)、GPIOF3-SPISTE(35 脚)。

① SPISOMI:SPI 从输出/主输入引脚。

② SPISIMO:SPI 从输入/主输出引脚。

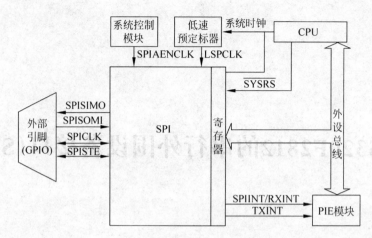

图 7.1　SPI 的 CPU 接口

③ $\overline{\text{SPISTE}}$：SPI 从发送使能引脚。

④ SPICLK：SPI 串行时钟引脚。

（2）两种操作模式：主和从模式。

（3）波特率：125 种不同的可编程波特率，最大的通信速率由 I/O 口的最大缓存速率决定。

（4）传输数据字长：1～16 个数据位。

（5）4 种时钟配置方式（由寄存器中的时钟极性和时钟相位控制）。

① 下降沿没有相位延时：SPICLK 为高电平有效。SPI 在 SPICLK 信号的下降沿发送数据，在上升沿接收数据。

② 下降沿有相位延时：SPICLK 为高电平有效。SPI 在 SPICLK 信号的下降沿之前的半个周期发送数据，在下降沿接收数据。

③ 上升沿没有相位延时：SPICLK 为低电平有效。SPI 在 SPICLK 信号的上升沿发送数据，在下降沿接收数据。

④ 上升沿有相位延时：SPICLK 为低电平有效。SPI 在 SPICLK 信号的下降沿之前的半个周期发送数据，在上升沿接收数据。

（6）同步接收和发送模式（可以通过软件屏蔽发送功能）。

（7）发送和接收操作可以采用中断方式或程序算法完成。

（8）12 个 SPI 模块控制寄存器，位于控制寄存器帧，起始地址为 0x7040。

**注意**：SPI 模块的寄存器都是 16 位寄存器。当访问这些寄存器时，寄存器中的数据存储在低字节（7～0 位），对高字节（15～8 位）进行读操作将返回 0，而且对高字节进行写操作没有影响。

（9）增强功能

① 16 级发送/接收 FIFO。

② 延时发送控制。

## 7.1.1　SPI 结构图

图 7.2 所示为 SPI 从模式下的结构框图，图中给出了 F2812 处理器的 SPI 模块的基本控制部分。

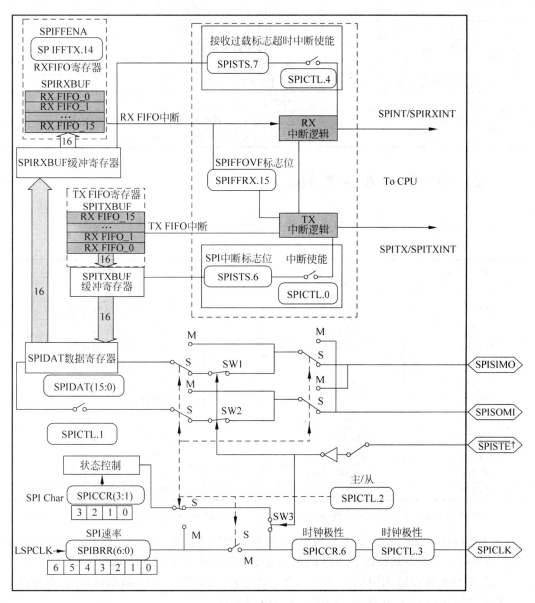

图 7.2　SPI 模块的结构框图

## 7.1.2　SPI 模块信号概述

表 7.1 所示为 SPI 模块信号功能描述。

表 7.1　SPI 信号功能描述

| 信 号 名 称 | 功 能 描 述 |
|---|---|
| 外部引脚 | |
| SIPDOMI | SPI 从输出/主输入引脚 |
| SPISIMO | SPI 从输入/主输出引脚 |
| $\overline{\text{SPISTE}}$ | SPI 从发送使能引脚 |
| SPICLK | SPI 串行时钟引脚 |
| 控制信号 | |
| SPI 时钟速率 | LSPCLK |
| 中断信号 | |
| SPIRXINT | 发送中断/接收中断(不使用 FIFO 情况下) |
| SPITXINT | 作为发送中断(使用 FIFO 情况下) |

## 7.2　SPI 模块寄存器概述

SPI 模块的寄存器如表 7.2 所示,这些寄存器共同控制着 SPI 接口的操作。

表 7.2　SPI 模块寄存器

| 名　　称 | 地　　址 | 大小/16b | 功 能 描 述 |
|---|---|---|---|
| SPICCR | 0x0000 7040 | 1 | SPI 配置控制寄存器 |
| SPICTL | 0x0000 7041 | 1 | SPI 操作控制寄存器 |
| SPIST | 0x0000 7042 | 1 | SPI 状态寄存器 |
| SPIBRR | 0x0000 7044 | 1 | SPI 波特率控制寄存器 |
| SPIEMU | 0x0000 7046 | 1 | SPI 仿真缓冲寄存器 |
| SPIRXBUF | 0x0000 7047 | 1 | SPI 串行输入缓冲寄存器 |
| SPITXBUF | 0x0000 7048 | 1 | SPI 串行输出缓冲寄存器 |
| SPIDAT | 0x0000 7049 | 1 | SPI 串行数据寄存器 |
| SPIFFTX | 0x0000 704A | 1 | SPIFIFO 发送寄存器 |
| SPIFFRX | 0x0000 704B | 1 | SPIFIFO 接收寄存器 |
| SPIFFCT | 0x0000 704C | 1 | SPIFIFO 控制寄存器 |
| SPIRRI | 0x0000 704F | 1 | SPI 优先级控制寄存器 |

注:这些寄存器被映射到外设帧 2 空间,这个空间只允许 16 位的访问,使用 32 位的访问会产生不确定的结果。

SPI 接口可以发送和接收 16 位数据,并且接收和发送都是双缓冲。所有数据寄存器都是 16 位字长。工作在从模式下,SPI 的最大速率不局限于 LSPCLK/8 而是 LSPCLK/4。

向串行数据寄存器 SPIDAT(和新的发送缓冲器,SPITXBUF)写数据时,必须左对齐。SPI 模块中的 12 个寄存器共同控制着 SPI 的操作。

(1) SPICCR(SPI 配置控制寄存器):包含 SPI 配置的控制位。

① SPI 模块软件复位;

② SPICLK 极性选择;

③ 4 个 SPI 字符长度控制位。

(2) SPICTL(SPI 操作控制位):包含数据发送的控制位。

① 两个 SPI 中断使能位;

② SPICLK 极性选择;

③ 操作模式(主/从);

④ 数据发送使能。

(3) SPIST(SPI 状态寄存器):包含两个接收缓冲状态位和一个发送缓冲状态位。

① 接收超时;

② SPI 中断标志位;

③ 发送缓冲器满标志位。

(4) SPIBRR(SPI 波特率控制寄存器):包含传输速率的 7 位波特率控制位。

(5) SPIRXEMU(SPI 接收仿真缓冲寄存器):包含接收的数据,该寄存器仅用于仿真,正常操作时一般使用 SPIRXBUF。

(6) SPIRXBUF(SPI 接收缓冲器——串行输入缓冲寄存器):包含接收的数据。

(7) SPITXBUF(SPI 发送缓冲器——串行输出缓冲寄存器):包含下一个要发送的字符。

(8) SPIDAT(SPI 串行数据寄存器):包含 SPI 要发送的数据,作为发送/接收移位寄存器使用。SPIDAT 中的数据根据 SPICLK 的时序循环移出,当一位从移位寄存器中移出时,另一位将移入寄存器中。

(9) SPIPRI(SPI 优先级控制寄存器):包含中断优先级控制位,决定当程序挂起时 SPI 模块的操作。

(10) SPI FIFO 发送、接收、控制寄存器。

# 7.3  SPI 操作

本节主要介绍 SPI 模块操作,包括操作模式、中断、数据格式、时钟源、初始化。

## 7.3.1  SPI 操作介绍

图 7.3 所示为两个控制器(主/从设备)之间采用 SPI 通信的典型连接方式。

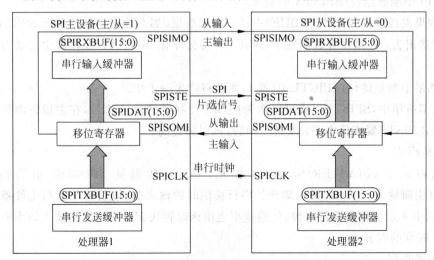

图 7.3  SPI 主/从设备的连接方式

主设备发送 SPICLK 信号时开始发送数据,对于主/从设备,数据都是在 SPICLK 的一个边沿移出移位寄存器,并在相对的另一个边沿锁存到移位寄存器。如果 CLOCK PHASE 位(SPICTL.3)为高电平,那么数据的发送和接收都是在 SPICLK 跳变前的半个周期。因此,两个控制器能同时发送和接收数据,应用软件可以用于判定数据的有效性。有 3 种可能的数据发送方式:

① 主设备发送数据,从设备发送假数据;

② 主设备发送数据,从设备发送数据;

③ 主设备发送假数据,从设备发送数据。

因为主设备控制 SPICLK 信号,所以它可以在任何时候发送数据,但是需要通过软件确定主设备如何检测从设备何时准备好发送数据。

## 7.3.2 SPI 模块主/从操作模式

SPI 可以工作在主和从模式下,通过 MASTER/SLAVE 位(SPICTL.2)选择操作模式以及 SPICLK 信号的来源。

(1) 主模式

在主模式下(MASTER/SLAVE(主/从)=1),SPI 在 SPICLK 引脚为整个串行通信网络提供时钟。数据从 SPISIMO 引脚输出,并锁存 SPISOMI 引脚输入的数据。SPIBRR 寄存器决定了整个通信网络的数据发送和接收速率,SPIBRR 寄存器可以设置为 126 种不同的数据传输速率。

数据首先写到 SPIDAT 或 SPITXBUF 寄存器中,然后通过 SPISIMO 引脚发送,发送时首先发送最高有效位(MSB),但是,通过 SPISOMI 引脚接收的数据移入到 SPIDAT 数据寄存器的最低有效位(LSB)。数据在缓冲器中是采用右对齐的方式存储。

当指定位数的数据通过 SPIDAT 寄存器移出后,下列事件将会发生。

① SPIDAT 寄存器中的内容转移到 SPIRXBUF 寄存器中。

② SPI 中断标志位(SPISTS.6)置 1。

③ 如果发送缓冲器(SPITXBUF)中还有有效数据,那么数据将被转移到 SPIDAT 寄存器中并发送出去;如果没有数据发送,SPICLK 将会停止,SPIDAT 寄存器中的所有内容都被清除。

④ 如果中断使能位(SPICTL.0)置 1,那么将产生一个中断。

在典型应用中,$\overline{SPISTE}$引脚可以作为从 SPI 控制器的片选信号,在主设备向从设备发送数据前,$\overline{SPISTE}$置成低电平;发送完毕后,该引脚置高。

(2) 从模式

在从模式下(MASTER/SLAVE(主/从)=0),数据从 SPISOMI 引脚输出,从 SPISIMO 引脚输入。SPICLK 引脚作为串行移位时钟输入端,该引脚一般与主设备的时钟引脚相连,由主设备提供移位时钟,传输速率也由该时钟决定。SPICLK 输入频率应不超过 LSPCLK 频率的四分之一。

① 发送数据

当从设备检测到来自网络主设备的时钟(SPICLK)信号的适当边沿时,要发送的数据写入 SPIDAT 或 SPITXBUF 寄存器,然后发送到网络上。当要发送数据全部移出 SPIDAT 寄存器后,SPITXBUF 寄存器的数据将会转移到 SPIDAT 寄存器。如果当前没有数据要发送,那么向 SPITXBUF 写入的数据会直接发送到 SPIDAT 寄存器中。

② 接收数据

接收数据时,从设备需要等待网络主设备发送 SPICLK 信号,然后将 SPISIMO 引脚上的数据按照 SPICLK 时钟时序转移到 SPIDAT 寄存器中。如果从设备同时也要发送数据,而且 SPITXBUF 还没有装载数据,那么数据必须在 SPICLK 开始之前写入到 SPITXBUF 或 SPIDAT 寄存器。

当 TALK 位(SPICTL.1)清零,数据发送将被禁止,输出网络线(SPISOMI)将被置为高阻状态。如果在发送数据期间禁止,那么需要等待数据传输完毕后再使 SPISOMI 引脚为高阻状态,这样就可以保证 SPI 设备能够正确地接收输入数据。这个 TALK 位允许在网络上有多个从设备,但在一个时刻只能有一个从设备来驱动 SPISOMI。

$\overline{\text{SPISTE}}$引脚用作从设备片选信号引脚时,如果检测到$\overline{\text{SPISTE}}$引脚为低电平,从设备可以向串行总线发送数据;当检测到$\overline{\text{SPISTE}}$为高电平时,从设备串行移位寄存器将停止工作,且输出引脚被置成高阻状态。这样就允许多个从 SPI 设备连接在同一网络上,但同样一个时刻只能有一个从设备被选择,可以工作。

# 7.4 SPI 中断

本节主要介绍 SPI 的初始化中断、数据格式、时钟控制、设定初值和数据发送的寄存器控制位。

## 7.4.1 SPI 中断控制位

下面 5 个控制位用于初始化 SPI 中断:
- SPI 中断使能位(SPICTL.0);
- SPI 中断标志位(SPISTS.6);
- 超时中断使能位(SPICTL.4);
- 接收超时中断标志位(SPISTS.7);
- SPI 优先级控制(SPIPRI.6)。

(1) SPI 中断使能位(SPICTL.0)

当 SPI 中使能位被置位,满足中断条件事件产生时,将产生相应的中断。

① 0 禁止 SPI 中断;

② 1 使能 SPI 中断。

(2) SPI 中断标志位(SPISTS.6)

该状态标志位表示一个数据接收到且存放在接收缓冲器中,CPU 可以去读取,当整个数据移入或移出数据寄存器(SPIDAT)时,SPI 中断标志位(SPISTS.6)被置位,并且如果 SPI 中断被使能(SPICTL.0=1),则产生一个中断。标志位将一直保持置位状态,除非有下列事件发生清除中断标志:

① 中断响应；

② CPU 读取 SPIRXBUF 中的数据（读 SPIRXEMU 寄存器中的数据不清除 SPI 中断标志位）；

③ IDLE 指令使设备进入 IDLE2 或 HALT 模式；

④ 软件清除 SPI SW RESET 位（SPICCR. 7）；

⑤ 一个系统复位事件产生。

当 SPI 中断标志位被置位表明一个数据已经被放入接收缓冲寄存器中，且 CPU 可以读取。如果 CPU 在下一个字符接收前还不读取该字符，则新的字符将写入到 SPIRXBUF 中，且接收超时标志位（SPISTS. 7）置位。

（3）超时中断使能位（SPICTL. 4）

超时中断使能位的作用是当接收超时标志位（SPISTS. 7）被硬件置位时，如果超时中断使能位被使能，那么将产生中断。中断由接收超时标志位（SPISTS. 7）和 SPI 中断标志位（SPISTS. 6）产生，且两个标志位共享同一个中断向量。

① 0 禁止接收超时标志位中断；

② 1 使能接收超时标志位中断。

（4）接收超时标志位（SPISTS. 7）

在前一个接收的数据被读取之前，又接收到一个新的字符，新的数据将覆盖旧数据，此时接收超时标志位将置位。接收超时标志位必须由软件清除。

## 7.4.2　数据格式

在数据控制中，SPICCR(3:0)这 4 个控制位确定字符的位数（1～16 位）。下列情况适用于少于 16 位的数据传输。

（1）当数据写入 SPIDAT 和 SPITXBUF 寄存器时，必须采用左对齐；

（2）数据从 SPIRXBUF 寄存器读取时，必须采用右对齐；

（3）SPIRXBUF 寄存器中包含最新接收到的数据，数据采用右对齐方式，再加上上次移位到左边后留下的位，如例 7.1 所示。

**例 7.1**　数据在 SPIRXBUF 中移动的格式，如图 7.4 所示。

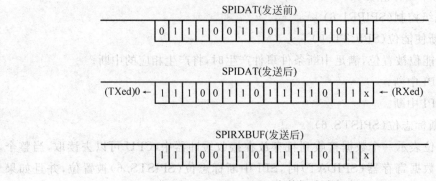

图 7.4　SPIRXBUF 中数据移动方式

条件：

(1) 发送数据长度等于 1 位(在 SPICCR(3:0)中设置)；

(2) SPIDAT 的当前值为 737BH。

### 7.4.3 波特率和时钟配置

SPI 模块支持 125 种不同的波特率和 4 种不同的时钟方式。SPI 的时钟由主设备提供，当 SPI 工作在主模式时，则 SPICLK 引脚为输出引脚，为整个通信网络提供时钟，且该时钟频率不能大于 LSPCLK 频率的四分之一；当 SPI 工作在从模式时，SPICLK 引脚为输入引脚，接收主设备提供的时钟信号，且该时钟信号的频率不能大于 CPU 时钟的四分之一。

(1) 波特率的确定

下面给出 SPI(波特率)的计算方法。

① 当 SPIBRR=3~127 时：

$$SPI\ 波特率 = \frac{LSPCLK}{SPIBRR + 1}$$

② 当 SPIBRR=0、1 或 2 时：

$$SPI\ 波特率 = \frac{LSPCLK}{4}$$

③ 最小波特率计算公式：

$$最小波特率 = \frac{LSPCLK}{4} = \frac{40 \times 10^6}{4} = 1 \times 10^7\ bps$$

此处 LSPCLK 是设备的低速外设时钟频率；SPIBRR 是主 SPI 设备 SPIBRR 寄存器的值。

(2) SPI 时钟配置

时钟极性选择位(CLOCK POLARITY，SPICCR.6)和时钟相位选择位(CLOCK PLCARITY，SPICTL.3)控制着 SPICLK 引脚上四种不同的时钟模式：时钟极性选择位确定时钟有效沿是上升沿还是下降沿；时钟相位选择位确定是否有半个时钟周期延时。四种不同的时钟配置方式如下。

① 下降沿无延时：在 SPICLK 信号的下降沿发送数据，在上升沿接收数据；

② 下降沿有延时：在 SPICLK 信号的下降沿之前的半个周期发送数据，在下降沿接收数据；

③ 上降沿无延时：在 SPICLK 信号的上升沿发送数据，在下降沿接收数据；

④ 上降沿有延时：在 SPICLK 信号的下降沿之前的半个周期发送数据，而在上升沿接收数据。

对于 SPI 时钟控制方式的部分设置如表 7.3 所示，SPICLK 信号选择的不同时钟如图 7.5 所示。

对于 SPI，当(SPIBRR+1)为偶数时，SPICLK 信号将会保持对称。如果(SPIBRR+1)值为奇数且 SPIBRR 的值大于 3，SPICLK 信号将不对称。当时钟极性位清零时，SPICLK 的低脉冲比它的高脉冲长一个系统时钟。当时钟极性位置 1 时，SPICLK 的高脉冲比它的低脉冲长一个系统时钟，如图 7.6 所示。

表 7.3  SPI 时钟控制方式选择向导

| SPICLK 时钟方式 | 时钟极性选择位 SPICCR.6 | 时钟相位控制位 SPICTL.3 |
| --- | --- | --- |
| 上升沿无延时 | 0 | 0 |
| 上升沿有延时 | 0 | 1 |
| 下降沿无延时 | 1 | 0 |
| 下降沿有延时 | 1 | 1 |

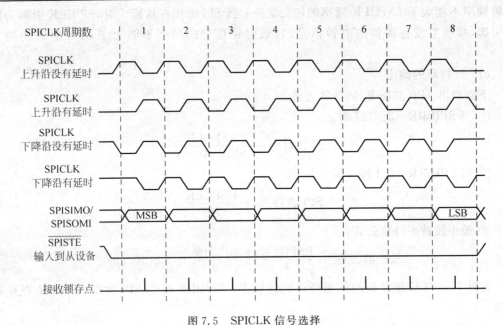

图 7.5  SPICLK 信号选择

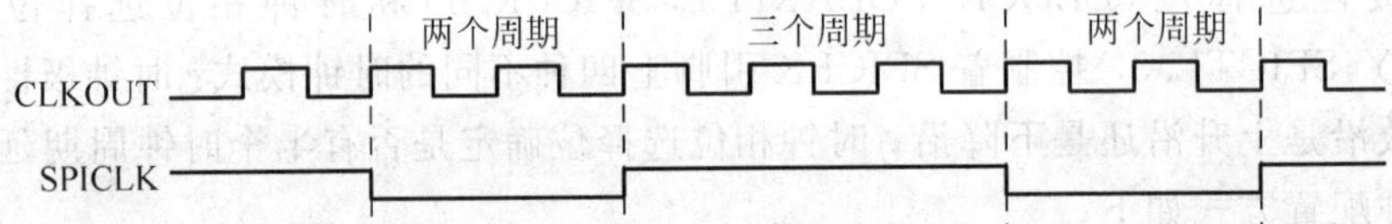

图 7.6  (BRR+1)为奇数,BRR>3,时钟极性位=1 时,SPICLK 特性图

## 7.4.4  复位后系统状态

系统复位会强制使 SPI 外设模块进入下列默认状态:

(1) 单元被配置成从模式(主/从=0);

(2) 发送功能被禁止(TALK=0);

(3) 数据在 SPICLK 信号的下降沿时被锁存;

(4) 字符长度设定为 1 位;

(5) SPI 中断被禁止;

(6) SPIDAT 中的数据被复位为 0000H;

(7) SPI 模块引脚被设置为通用的 I/O 输入。

可以采取下列方法改变 SPI 配置：

（1）清除 SPI SW RESET 位（SPICCR.7），强制 SPI 进入复位状态；

（2）根据需要初始化 SPI 的配置、数据格式、波特率、工作模式和引脚功能；

（3）将 SPI SW RESET 位置为 1，使 SPI 跳出复位状态；

（4）向 SPIDAT 或 SPITXBUF 寄存器中写数据（此时主设备将进行通信过程）；

（5）当传输完毕后（SPISTS.6＝1），读取 SPIRXBUF 中的数据。

## 7.4.5　数据传输实例

如图 7.7 所示为两个设备之间采用 SPI 协议发送 5 位字符的时序图（SPICLK 信号采用对称信号）。

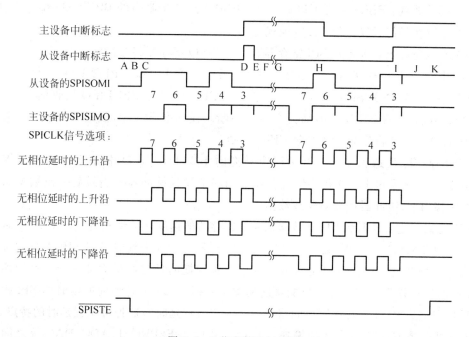

图 7.7　5 位字符的时序图

注：A—从设备向 SPIDAT 中写入 0D0H，并等待主设备移出数据；

　　B—主设备将从设备的 $\overline{\text{SPISTE}}$ 信号引脚置低（有效状态）；

　　C—主设备向 SPIDAT 中写入 058H，启动发送过程；

　　D—第一字节发送完成，将中断标志位置位；

　　E—从设备从它的 SPIRXBUF 寄存器中读取 0BH（右对齐）；

　　F—从设备向 SPIDAT 中写入 04CH，并等待主设备移出数据；

　　G—主设备向 SPIDAT 中写入 06CH，启动发送程序；

　　H—主设备从 SPIRXBUF 寄存器中读 01AH（右对齐）；

　　I—第二个字节发送完成，将中断标志位置位；

　　J—主设备从 SPIRXBUF 寄存器中读取 89H，从设备从 SPIRXBUF 寄存器中读取

8DH，用户软件屏蔽没有使用的位后，主、从设备分别接收 09H 和 0DH；

　　K—主设备将从设备的 $\overline{\text{SPISTE}}$ 引脚置成高电平（无效状态）。

图 7.6 时序图所示的不对称的 SPICLK 信号和图 7.7 具有类似的性质,但是,在低脉冲期间(CLOCK POLARITY＝0)或高脉冲期间(CLOCK POLARITY＝1),图 7.6 中数据发送每一位时,要延长一个系统时钟周期。

## 7.5 SPI FIFO 描述

下面步骤阐述了 FIFO 的特点以及相关的编程技巧。

(1) 复位:在复位时,SPI 工作在标准 SPI 模式,FIFO 功能被禁止。FIFO 的寄存器 SPIFFTX、SPIFFRX 和 SPIFFCT 也将被禁止。

(2) 标准 SPI:标准的 SPI 模式,将把 SPIINT/SPIRXINT 作为中断源。

(3) 模式改变:FIFO 模式可以通过将 SPIFFTX 寄存器中的 SPIFFEN 位置 1 使能, SPIRST 可以在任何时候复位 FIFO 模式。

(4) 有效寄存器:所有的 SPI 寄存器和 SPI FIFO 寄存器将被激活。

(5) 中断:FIFO 模式有两个中断:一个是发送 FIFO 中断(SPITXINT);另一个是接收 FIFO 中断(SPIINT/SPIRXINT)。SPIINT/SPIRXINT 是 SPI FIFO 接收信息的中断, 当接收错误或者接收 FIFO 溢出都会产生该中断。在标准 SPI 中,发送和接收 SPIINT 将被禁止,且这个中断将作为 SPI 接收 FIFO 中断。

(6) 缓冲器:发送和接收缓冲为两个补充的 16×16b FIFO,标准 SPI 的发送缓冲器 (TXBUF)将作为发送 FIFO 和移位寄存器间的一个发送缓冲器。当最后一位数据从移位寄存器中移出后,缓冲器将重新装载数据。

(7) 延时发送:数据从 FIFO 转移到移位寄存器的速度是可编程的。SPIFFCT 寄存器位(7～0)FFTXDLY(7:0)定义了两个字发送间的延时。这个延时是以 SPI 串行时钟周期为基准。这个 8 位寄存器可以定义最小 0 个时钟周期的延时和最大 256 个时钟周期的延时。0 个时钟周期延时的 SPI 模块能够连续发送数据。256 个时钟周期延时的 SPI 模块发送数据将产生最大延时(发送字之间将产生 256 个时钟延时),这种可编程延时的特点,使得 SPI 接口可以更方便地与许多传输速率较慢的外设如 E2PROM、ADC、DAC 等之间进行通信。

(8) FIFO 状态位:无论是发送还是接收 FIFO 都有状态位 TXFFST 或 RXFFST(位 12～0),状态位定义了任何时刻在 FIFO 中存储的字的数量。当发送 FIFO 复位位 (TXFIFO)和接收 FIFO 复位位(RXFIFO)被置为 1 时,FIFO 指针将复位指向 0,当两个复位位被清除为 0,FIFO 将重新开始操作。

(9) 可编程的中断等级:发送和接收 FIFO 都可以产生 CPU 中断。无论什么时候发送 FIFO 状态位 TXFFST(12:8)和中断触发级别位 TXFFIL(4:0)匹配时,就会触发中断,这为 SPI 的发送和接收模块提供了一个可编程的中断触发源。接收 FIFO 的触发级别位的默认值是 0x1 1111,发送 FIFO 的默认值是 0x0 0000。

下面将介绍 SPI FIFO 中断,图 7.8 所示为 SPI FIFO 中断标志位和使能逻辑产生示意,表 7.4 所示为 SPI 中断标志模式。

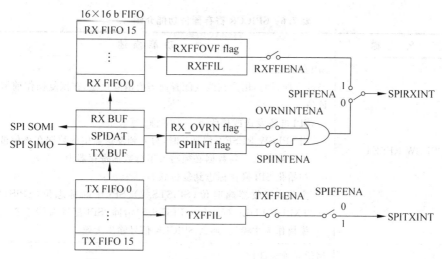

图 7.8　SPI FIFO 中断标志位和使能逻辑产生示意图

表 7.4　SPI 中断标志模式

| FIFO 选项 | SPI 中断源 | 中断标志 | 中断使能 | FIFO 使能 SPIFFENA | 中断线 |
|---|---|---|---|---|---|
| SPI 不使用 FIFO | | | | | |
| | 接收超时 | RXOVRN | OVRNINTENA | 0 | SPIRXINT |
| | 接收数据 | SPIINT | SPIINTENA | 0 | SPIRXINT |
| | 发送空 | SPIINT | SPIINTENA | 0 | SPIRXINT |
| SPI FIFO 模式 | | | | | |
| | FIFO 接收 | RXFFIL | RXFFIENA | 1 | SPIRXINT |
| | 发送空 | TXFFIL | TXFFIENA | 1 | SPITXINT |

# 7.6　SPI 控制寄存器

本节主要介绍 SPI 的寄存器、位信息以及相应的功能。

## 7.6.1　SPI 配置控制寄存器（SPICCR）

SPI 配置控制寄存器（SPICCR）控制 SPI 操作的建立，SPICCR 的地址为 7040H。

表 7.5 和表 7.6 所示为 SPI 配置控制寄存器位信息及相关功能介绍。表 7.7 描述的是字符长度控制定义。

表 7.5　SPICCR 寄存器位信息

| 7 | 6 | 5 | 4 | 3 | 2 | 1 | 0 |
|---|---|---|---|---|---|---|---|
| SPI SW RESET | CLOCK POLARITY | Reserved | SPILBK | SPI CHAR3 | SPI CHAR2 | SPI CHAR1 | SPI CHAR0 |
| R/W-0 | R/W-0 | R -0 | R -0 | R/W-0 | R/W-0 | R/W-0 | R/W-0 |

表 7.6　SPICCR 寄存器位功能介绍

| 位 | 名　　称 | 功　能　描　述 |
|---|---|---|
| 7 | SPI SW RESET | SPI 软件复位位<br>当改变配置时,用户在改变配置前需要清除该位,在恢复操作前需要设置该位。<br>1　SPI 准备发送或接收下一个字符。<br>　当 SPI SW RESET 位是 0 时,写入到发送器中的数据在该位被置位时不会被移出。新数据必须写入串行数据寄存器中<br>0　初始化 SPI 操作标志到复位状态。<br>　主要将接收器超时位(SPISTS. 7)、SPI 中断标志位(SPISTS. 6)和 TXBUF FULL 标志位(SPISTS. 5)清除,SPI 配置保持不变。如果该模块作为主模块,那么 SPICLK 信号输出无效 |
| 6 | CLOCK POLARITY | 移位时钟极性位<br>该位控制 SPICLK 信号的极性。时钟极性位和时钟相位位(SPICTL. 3)共同控制着 SPICLK 引脚上输出时钟的 4 种方式。<br>1　数据在下降沿输出且在上升沿输入。当没有 SPI 数据发送时,SPICLK 处于高电平。数据输入和输出是由时钟相位位(SPICTL. 3)决定。<br>• CLOCK PHASE=0:数据在 SPICLK 时钟下降沿输出;输入信号在时钟上升沿被锁存。<br>• CLOCK PHASE=1:数据在 SPICLK 时钟第一个下降沿的前半个周期和后来的 SPICLK 时钟的上升沿输出;输入信号在时钟下降沿被锁存。<br>0　数据在上升沿输出且在下降沿输入。当没有 SPI 数据发送时,SPI 就处于低电平。数据输入是由时钟相位位(SPICTL. 3)决定。<br>• CLOCK PHASE=0:数据在 SPICLK 时钟的上升沿输出;输入信号在时钟下降沿被锁存。<br>• CLOCK PHASE=1:数据在 SPICLK 信号的第一个上升沿前的半个周期和随后的下降沿输出;输入信号在时钟上升沿被锁存 |
| 5 | Reserved | 保留 |
| 4 | SPILBK | SPI 自循环模式<br>自循环模式一般用于 SPI 模块测试时。这种模式只有在 SPI 的主控制方式中才有效。<br>1　SPI 自循环模式使能:SIMO/SOMI 内部连接在一起,用于模块自测;<br>0　SPI 自循环模式禁止(复位后的默认值) |
| 3～0 | SPI CHAR(3:0) | 字符长度控制 3～0;<br>这 4 位决定了移动序列中单字符的移入或移出的位的数量 |

表 7.7　字符长度控制位值

| SPI CHAR3 | SPI CHAR2 | SPI CHAR1 | SIP CHAR0 | 字 符 长 度 |
|---|---|---|---|---|
| 0 | 0 | 0 | 0 | 1 |
| 0 | 0 | 0 | 1 | 2 |

| SPI CHAR3 | SPI CHAR2 | SPI CHAR1 | SIP CHAR0 | 字 符 长 度 |
|-----------|-----------|-----------|-----------|-------------|
| 0 | 0 | 1 | 0 | 3 |
| 0 | 0 | 1 | 1 | 4 |
| 0 | 1 | 0 | 0 | 5 |
| 0 | 1 | 0 | 1 | 6 |
| 0 | 1 | 1 | 0 | 7 |
| 0 | 1 | 1 | 1 | 8 |
| 1 | 0 | 0 | 0 | 9 |
| 1 | 0 | 0 | 1 | 10 |
| 1 | 0 | 1 | 0 | 11 |
| 1 | 0 | 1 | 1 | 12 |
| 1 | 1 | 0 | 0 | 13 |
| 1 | 1 | 0 | 1 | 14 |
| 1 | 1 | 1 | 0 | 15 |
| 1 | 1 | 1 | 1 | 16 |

## 7.6.2　SPI 操作控制寄存器(SPICTL)

SPI 操作控制寄存器(SPICTL)控制数据发送、SPI 产生中断、SPICLK 相位和操作模式(主或从模式),SPICTL 的地址为 7041H。表 7.8 和表 7.9 所示为 SPI 操作控制寄存器位信息及相关功能介绍。

表 7.8　SPI 操作控制寄存器位信息

| 7 | | 5 | 4 | 3 | 2 | 1 | 0 |
|---|---|---|---|---|---|---|---|
| Reserved | | | OVERRUN INT ENA | CLOCK PHASE | MASTER/ SLAVE | TALK | SPI INT ENA |
| R -0 | | | R/W-0 | R/W-0 | R/W-0 | R/W-0 | R/W-0 |

表 7.9　SPI 操作控制寄存器位功能介绍

| 位 | 名　称 | 功 能 描 述 |
|----|--------|-------------|
| 7～5 | Reserved | 读操作返回 0,写操作没有影响 |
| 4 | OVERRUN INT ENA | 溢出中断使能位<br>如果该位被置位,接收溢出标志位(SPISTS.7)被硬件置位时,将产生一个中断,由接收溢出标志位和中断标志位产生的中断共享同一中断向量。<br>1　使能接收溢出标志位(SPISTS.7)中断;<br>0　禁止接收溢出标志位(SPISTS.7)中断 |

| 位 | 名 称 | 功 能 描 述 |
|---|---|---|
| 3 | CLOCK PHASE | SPI 时钟相位选择位<br>该位控制 SPICLK 信号的相位、时钟相位和时钟极性位(SPICCR.6),可以产生 4 种不同的时钟模式。当时钟相位为高电平时,在 SPICLK 信号的第一个边沿前 SPIDAT 寄存器被写入数据后,SPI(主或从)读取数据的第一位。<br>1 SPICLK 信号延时半个周期;极性由时钟极性位决定。<br>0 正常的 SPI 时钟方式,取决于时钟极性位(SPICCR.6) |
| 2 | MASTER/SLAVE | SPI 网络模式控制位<br>该位决定 SPI 在网络中为主还是从设备。在复位初始化时,SPI 自动地配置为从动模式。<br>0 配置 SPI 为从设备;<br>1 配置 SPI 为主设备 |
| 1 | TALK | 主动/从动发送使能位<br>该位能够在主/从模式下通过将串行数据输出线置为高阻状态禁止数据发送。如果该位在发送期间是禁止的,那么发送移位寄存器继续运作,直到先前的字符被移出。当 TALK 位禁止时,SPI 仍能接收字符且更新状态位。系统复位时 TALK 位将被清除(禁止)。<br>1 使能发送:对于 4 引脚选项,保证使能接收器的 SPISTE 输入引脚。<br>0 禁止发送<br>• 从模式操作:如果先前没有配置为通用 I/O 引脚,SPISOMI 引脚将会被置于高阻状态;<br>• 主模式操作:如果先前没有配置为通用 I/O 引脚,SPISIMO 引脚将会被置于高阻状态 |
| 0 | SPI INT ENA | SPI 中断使能位<br>该位控制 SPI 产生发送/接收中断的能力。SPI 中断标志位(SPISTS.6)不受该位影响。<br>1 使能中断;0 禁止中断 |

## 7.6.3 SPI 状态寄存器(SPISTS)

表 7.10 和表 7.11 所示为 SPI 状态寄存器(SPISTS)位信息及相关功能介绍,SPI 状态寄存器的地址为 7042H。

表 7.10 SPI 状态寄存器位信息

| 7 | 6 | 5 | 4 | | | | 0 |
|---|---|---|---|---|---|---|---|
| RECEIVER OVERRUN FLAG | SPI INT FLAG | TX BUF FULL FLAG | Reserved | | | | |
| R/C-0 | R/C-0 | R/C -0 | R-0 | | | | |

表 7.11　SPI 状态寄存器位功能介绍

| 位 | 名　　称 | 功　能　描　述 |
|---|---|---|
| 7 | RECEIVER OVERRUN FLAG | SPI 接收溢出标志位<br>该位为只读/清除标志位。当前一个字符从缓冲器读出之前,又产生接收或发送操作时,SPI 硬件将设置该位。该位置位表明前一个数据已经被覆盖,且丢失,如果溢出/超时中断使能位(SPICTL.4)被置位,那么该位置位将产生一个中断请求。该位可以通过下列三种方法清除:<br>• 向该位写 1;<br>• 向 SPI SW RESET 位写 0;<br>• 复位系统。<br>如果溢出中断使能位(SPICTL.4)被置位,当 SPI 第一次溢出标志位置位时 CPU 发出中断请求。如果标志位已经置位,那么后来的溢出将不会请求另外的请求。这意味着为了允许新的溢出产生中断请求,在每个溢出条件产生后,用户必须通过向 SPISTS.7 位写 1 清除该位。换句话说,如果中断服务程序不处理中断标志位(将其清零),另一个溢出中断将不会产生。无论如何接收溢出中断标志位都应该在中断服务程序中及时清除,因为接收溢出标志位和接收中断标志位(SPISTS.6)共用同一个中断向量。当下一个字节接收时会减轻中断源可能的困难 |
| 6 | SPI INT FLAG | SPI 中断标志位<br>SPI 中断标志是一个只读标志位。SPI 硬件将该位置位,说明它已完成发送或接收最后一位且可以进行下一步处理。当该位被置位的同时,接收数据被放入接收器缓冲器中。如果 SPI 中断使能位(SPICTL.0)被置位,这个标志位将会引起一个请求中断。该位由下列三种方法之一清除:<br>• 将 SPIRXBUF 寄存器中的内容读取到寄存器中;<br>• 向 SPI SW RESET 位写 0(SPICCR.7);<br>• 复位系统 |
| 5 | TX BUF FULL FLAG | 发送缓冲器满标志位<br>该位为只读位,当一个数据写入 SPI 发送缓冲器 SPITXBUF 时,该位将被置位。当前一个数据被移出 SPIDAT 寄存器时,下一个数据会自动地装载,且该标志位将被清除。在复位时该位被清除 |
| 4~0 | Reserved | 保留 |

## 7.6.4　SPI 波特率寄存器(SPIBRR)

表 7.12 和表 7.13 所示为 SPI 波特率寄存器(SPIBRR)位信息及相关功能介绍,SPI 波特率寄存器的地址为 7044H。

表 7.12　SPI 波特率寄存器位信息

| 7 | 6 | 5 | 4 | 3 | 2 | 1 | 0 |
|---|---|---|---|---|---|---|---|
| Reserved | SPI BIT RATE6 | SPI BIT RATE5 | SPI BIT RATE4 | SPI BIT RATE3 | SPI BIT RATE2 | SPI BIT RATE1 | SPI BIT RATE0 |
| R-0 | R/W-0 | R/W-0 | R/W-0 | R/W-0 | R/W-0 | R/W-0 | R/W-0 |

表 7.13　SPI 波特率寄存器位功能介绍

| 位 | 名　　称 | 功　能　描　述 |
|---|---|---|
| 7 | Reserved | 读操作返回 0,写操作没有影响 |
| 6~0 | SPI BIT RATE(6:0) | SPI 波特率控制位<br>当 SPI 为网络主设备,这些位将决定数据发送速率。其中共有 125 种数据发送率可以选择(对应于 CPU 时钟 LSPCLK)。在每个 SPICLK 周期,有一个数据位被移位(SPICLK 为波特率时钟在 SPICLK 引脚的输出)。如果 SPI 为网络从设备,那么模块将从 SPICLK 引脚上接收主设备发送的时钟信号,因此,这些位对整个网络的时钟 SPICLK 信号没有影响。整个网络的时钟 SPICLK 信号频率不应超过 SPI 从模块的 SPICLK 信号的四分之一。在主模式下,SPI 时钟由 SPI 模块产生,在 SPICLK 引脚上输出。SPI 波特率由下列公式决定。<br>• 当 SPIBRR=3~127 时:<br>$$SPIBRR\ 波特率=\frac{LSPCLK}{SPIBRR+1}$$<br>• 当 SPIBRR=0,1 或 2 时:<br>$$SPI\ 波特率=\frac{LSPCLK}{4}$$<br>其中,LSPCLK 为 DSP 的低速外设时钟频率;<br>SPIBRR 为 SPI 主模块的 SPIBRR 寄存器的值 |

## 7.6.5　SPI 仿真缓冲寄存器(SPIRXEMU)

　　SPI 仿真缓冲寄存器(SPIRXEMU)中包含接收到的数据。读取 SPIRXEMU 寄存器不会清除 SPI 中断标志位(SPISTS.6)。这不是一个真正的寄存器,而是一个虚拟地址,读取 SPIRXBUF 寄存器,会清除 SPI 中断标志位(SPISTS.6)。具体的寄存器位信息及功能介绍如表 7.14 和表 7.15 所示。SPIRXEMU 寄存器的地址为 7046H。

表 7.14　SPI 仿真缓冲寄存器位信息

| 15 | 14 | 13 | 12 | 11 | 10 | 9 | 8 |
|---|---|---|---|---|---|---|---|
| ERXB15 | ERXB14 | ERXB13 | ERXB12 | ERXB11 | ERXB10 | ERXB9 | ERXB8 |
| R-0 | R-0 | R-0 | R-0 | R-0 | R-0 | R-0 | R-0 |

| 7 | 6 | 5 | 4 | 3 | 2 | 1 | 0 |
|---|---|---|---|---|---|---|---|
| ERXB7 | ERXB6 | ERXB5 | ERXB4 | ERXB3 | ERXB2 | ERXB1 | ERXB0 |
| R-0 | R-0 | R-0 | R-0 | R-0 | R-0 | R-0 | R-0 |

表7.15 SPI仿真缓冲寄存器位功能介绍

| 位 | 名 称 | 功 能 描 述 |
|---|---|---|
| 15~0 | ERXB(15:0) | 仿真缓冲器接收数据位。SPIRXEMU 寄存器的功能几乎与 SPIRXBUF 寄存器的功能相同,除了读取 SPIRXEMU 时不清除中断标志位(SPISTS.6)之外。一旦 SPIDAT 接收到完整的数据,这个数据就被发送到 SPIRXEMU 寄存器和 SPIRXBUF 寄存器,数据可以从这两个地方读取。同时,将 SPI 中断标志位置位。读 SPIRXBUF 寄存器将清除 SPI 中断标志位(SPISTS.6)。在仿真器的正常操作下,不断地读取控制寄存器内容,从而不断地更新其他寄存器内容。SPIRXEMU 主要用于仿真器读取,并不断更新显示器内容。在正常的仿真运行模式下,建议用户读取 SPIRXEMU 寄存器内容 |

## 7.6.6 SPI 串行接收缓冲寄存器(SPIRXBUF)

SPI 串行接收缓冲寄存器(SPIRXBUF)中包含接收到的数据,读 SPIRXBUF 寄存器中的数据会自动清除 SPI 中断标志位(SPISTS.6),具体的寄存器位信息及功能介绍如表7.16和表7.17所示。

SPIRXBUF 寄存器的地址为 7047H。

表7.16 SPI 串行接收缓冲寄存器位信息

| 15 | 14 | 13 | 12 | 11 | 10 | 9 | 8 |
|---|---|---|---|---|---|---|---|
| RXB15 | RXB14 | RXB13 | RXB12 | RXB11 | RXB10 | RXB9 | RXB8 |
| R-0 | R-0 | R-0 | R-0 | R-0 | R-0 | R-0 | R-0 |

| 7 | 6 | 5 | 4 | 3 | 2 | 1 | 0 |
|---|---|---|---|---|---|---|---|
| RXB7 | RXB6 | RXB5 | RXB4 | RXB3 | RXB2 | RXB1 | RXB0 |
| R-0 | R-0 | R-0 | R-0 | R-0 | R-0 | R-0 | R-0 |

表7.17 SPI 串行接收缓冲寄存器位功能介绍

| 位 | 名 称 | 功 能 描 述 |
|---|---|---|
| 15~0 | RXB(15:0) | 接收数据位,当 SPIDAT 接收到完整的数据,数据就被转移到 SPIRXBUF 寄存器,CPU 可以从该寄存器中读取数据。同时,将 SPI 中断标志位(SPISTS.6)置位。数据在寄存器中采用右对齐方式存储 |

## 7.6.7 SPI 串行发送缓冲寄存器(SPITXBUF)

SPI 串行发送缓冲寄存器(SPITXBUF)中存储着下一个要发送的数据,向该寄存器写入数据会使发送寄存器满标志位(SPISTS.5)置位。当当前的数据发送完毕时,寄存器的内容会自动地装载到 SPIDAT 中,并将寄存器满标志位清除。如果当前没有数据要发送,写到该位的数据将会直接转移到 SPIDAT 寄存器中,且寄存器满标志位不会置位。具体的寄存器位信息及功能介绍如表7.18和表7.19所示。SPITXBUF 寄存器的地址为 7048H。

**表 7.18　SPI 串行发送缓冲寄存器位信息**

| 15 | 0 |
|---|---|
| TXB(15:0) | |
| W-0 | |

**表 7.19　SPI 串行发送缓冲寄存器位功能介绍**

| 位 | 名　称 | 功 能 描 述 |
|---|---|---|
| 15～0 | TXB(15:0) | 发送数据缓冲位,存储下一个准备发送的数据。当当前的数据发送完成后,如果发送缓冲区满标志位被置位,则该寄存器的内容自动转移到 SPIDAT 寄存器中,且寄存器满标志位被清除。数据在 SPITXBUF 寄存器中的存储方式采用左对齐 |

## 7.6.8　SPI 串行数据寄存器(SPIDAT)

SPIDAT 是发送/接收移位寄存器。写入 SPIDAT 寄存器的数据根据 SPICLK 连续信号移出。当 SPI 数据最高位移出寄存器时,将会有数据移入寄存器的最低位。具体的寄存器位信息及功能介绍如表 7.20 和表 7.21 所示。

SPI 串行数据寄存器(SPIDAT)的地址为 7049H。

**表 7.20　SPI 串行数据寄存器位信息**

| 15 | 14 | 13 | 12 | 11 | 10 | 9 | 8 |
|---|---|---|---|---|---|---|---|
| SDAT15 | SDAT14 | SDAT13 | SDAT12 | SDAT11 | SDAT10 | SDAT9 | SDAT8 |
| R/W-0 | R/W-0 | R/W-0 | R/W-0 | R/W-0 | R/W-0 | R/W-0 | R/W-0 |

| 7 | 6 | 5 | 4 | 3 | 2 | 1 | 0 |
|---|---|---|---|---|---|---|---|
| SDAT7 | SDAT6 | SDAT5 | SDAT4 | SDAT3 | SDAT2 | SDAT1 | SDAT0 |
| R/W-0 | R/W-0 | R/W-0 | R/W-0 | R/W-0 | R/W-0 | R/W-0 | R/W-0 |

**表 7.21　SPI 串行数据寄存器位功能介绍**

| 位 | 名　称 | 功 能 描 述 |
|---|---|---|
| 15～0 | SDAT(15:0) | 串行数据位。向 SPIDAT 中写数据有以下两个功能:<br>如果 TALK 位(SPICTL.1)被置位,则该寄存器允许将数据输出到串行输出引脚上;<br>当 SPI 工作在主模式时,数据开始发送。具体发送的参数由前述寄存器控制 |

## 7.6.9　SPI FIFO 发送寄存器(SPIFFTX)

SPI FIFO 发送寄存器(SPIFFTX)的位信息及功能介绍如表 7.22 和表 7.23 所示。
SPI FIFO 发送寄存器的地址为 704AH。

表 7.22 SPI FIFO 发送寄存器位信息

| 15 | 14 | 13 | 12 | 11 | 10 | 9 | 8 |
|---|---|---|---|---|---|---|---|
| SPIRST | SPIFFENA | TXFIFO RESET | TXFFST4 | TXFFST3 | TXFFST2 | TXFFST1 | TXFFST0 |
| R/W-1 | R/W-0 | R/W-1 | R-0 | R-0 | R-0 | R-0 | R-0 |

| 7 | 6 | 5 | 4 | 3 | 2 | 1 | 0 |
|---|---|---|---|---|---|---|---|
| TXFFINT FLAG | TXFFINT CLR | TXFFIENA | TXFFIL4 | TXFFIL3 | TXFFIL2 | TXFFIL1 | TXFFIL0 |
| R/W-0 | W-0 | R/W-0 | R/W-0 | R/W-0 | R/W-0 | R/W-0 | R/W-0 |

表 7.23 SPI FIFO 发送寄存器位功能介绍

| 位 | 名 称 | 功 能 描 述 |
|---|---|---|
| 15 | SPIRST | SPI 复位位<br>0 向该位写 0,复位 SPI 发送和接收通道;<br>1 SPI FIFO 能重新开始发送或接收,对 SPI 其他寄存器位没有影响 |
| 14 | SPIFFENA | SPI 增强功能使能位<br>0 SPI FIFO 增强功能被禁止;<br>1 SPI FIFO 增强功能被使能 |
| 13 | TXFIFO RESET | 发送 FIFO 复位<br>0 向该位写 0,将使 FIFO 指针复位指向 0,且保持在复位状态;<br>1 重新使能发送 FIFO 操作 |
| 12~8 | TXFFST(4:0) | 发送 FIFO 状态位<br>00000 发送 FIFO 是空的;<br>00001 发送 FIFO 有 1 个字;<br>00010 发送 FIFO 有 2 个字;<br>00011 发送 FIFO 有 3 个字;<br>…<br>10000 发送 FIFO 有 16 个字 |
| 7 | TXFFINT FLAG | TXFIFO 中断<br>0 TXFIFO 中断没有发生,为只读位;<br>1 TXFIFO 中断已经发生,为只读位 |
| 6 | TXFFINT CLR | TXFIFO 清除位<br>0 向该位写 0 对 TXFIFINT 标志位没有影响,读操作将返回 0;<br>1 向该位写 1 清除 TXFFINT 标志位(第 7 位) |
| 5 | TXFFIENA | TXFIFO 中断使能位<br>0 基于 TXFFIVL 匹配(少于或等于)的 TX FIFO 中断将被禁止;<br>1 基于 TXFFIVL 匹配(少于或等于)的 TX FIFO 中断将被使能 |
| 4~0 | TXFFIL(4:0) | 发送 FIFO 中断级别位<br>当 FIFO 状态位(TXFFST(4:0))和 FIFO 级别位(TXFFIL(4:0))匹配时(少于或等于),将产生中断。<br>默认值为 0x0 0000 |

## 7.6.10 SPI FIFO 接收寄存器（SPIFFRX）

SPI FIFO 接收寄存器（SPIFFRX）的位信息及功能介绍如表 7.24 和表 7.25 所示。

**表 7.24 SPI FIFO 接收寄存器位信息**

| 15 | 14 | 13 | 12 | 11 | 10 | 9 | 8 |
|---|---|---|---|---|---|---|---|
| RXFFOVF FLAG | RXFFOVF CLR | RXFIFO RESET | RXFFST4 | RXFFST3 | RXFFST2 | RXFFST1 | RXFFST0 |
| R/W-0 | W-0 | R/W-1 | R-0 | R-0 | R-0 | R-0 | R-0 |

| 7 | 6 | 5 | 4 | 3 | 2 | 1 | 0 |
|---|---|---|---|---|---|---|---|
| RXFFINT FLAG | RXFFINT CLR | RXFFIENA | RXFFIL4 | RXFFIL3 | RXFFIL2 | RXFFIL1 | RXFFIL0 |
| R/W-0 | W-0 | R/W-0 | R/W-1 | R/W-1 | R/W-1 | R/W-1 | R/W-1 |

**表 7.25 SPI FIFO 接收寄存器位功能介绍**

| 位 | 名 称 | 功 能 描 述 |
|---|---|---|
| 15 | RXFFOVF FLAG | 接收 FIFO 溢出标志位<br>0 接收 FIFO 没有溢出,该位为只读位;<br>1 接收 FIFO 已溢出,该位为只读位,该为置位说明多于 16 字数据已经接收到 FIFO,且最早接收到的数据已经丢失 |
| 14 | RXFFOVF CLR | 接收 FIFO 溢出清除位<br>0 向该位写 0,对 RXFFOVF 标志位没有影响,读操作返回 0;<br>1 向该位写 1,清除 RXFFOVF 标志位 |
| 13 | RXFIFO RESET | 接收 FIFO 复位位<br>0 向该位写 0,复位 FIFO 指针为 0,且保持在复位状态;<br>1 重新使能发送 FIFO 操作 |
| 12～8 | RXFFST(4:0) | 接收 FIFO 状态位<br>00000 接收 FIFO 是空的;<br>00001 接收 FIFO 有 1 个字;<br>00010 接收 FIFO 有 2 个字;<br>00011 接收 FIFO 有 3 个字;<br>...<br>10000 接收 FIFO 有 16 个字 |
| 7 | RXFFINT FLAG | 接收 FIFO 中断位<br>0 RXFIFO 中断没有产生,只读位;<br>1 RXFIFO 中断已经产生,只读位 |
| 6 | RXFFINT CLR | 接收中断清除位<br>0 向该位写 0,对接收中断标志位没有影响,读返回 0;<br>1 向该位写 1,清除接收中断标志位 |
| 5 | RXFFIENA | 接收 FIFO 中断使能位<br>0 基于 RXFFIVL 匹配的接收 FIFO 中断将被禁止;<br>1 基于 RXFFIVL 匹配的接收 FIFO 中断将被使能 |

| 位 | 名 称 | 功 能 描 述 |
|---|---|---|
| 4~0 | RXFFIL(4;0) | 接收 FIFO 中断级别位<br>当 FIFO 状态位(RXFFST(4;0))和 FIFO 级别位(RXFFIL(4;0))匹配(大于或等于)时,接收 FIFO 将产生中断。复位后的默认值为 11111,从而避免复位后频繁的中断,因为接收 FIFO 大多数时间是空的 |

## 7.6.11 SPI FIFO 控制寄存器(SPIFFCT)

SPI FIFO 控制寄存器(SPIFFCT)的位信息及功能介绍如表 7.26 和表 7.27 所示。

**表 7.26 SPI FIFO 控制寄存器位信息**

| 15 | | | | | | | 8 |
|---|---|---|---|---|---|---|---|
| Reserved | | | | | | | |
| R-0 | | | | | | | |

| 7 | 6 | 5 | 4 | 3 | 2 | 1 | 0 |
|---|---|---|---|---|---|---|---|
| FFTXDLY7 | FFTXDLY6 | FFTXDLY5 | FFTXDLY4 | FFTXDLY3 | FFTXDLY2 | FFTXDLY1 | FFTXDLY0 |
| R/W-0 | R/W-0 | R/W-0 | R/W-0 | R/W-0 | R/W-0 | R/W-0 | R/W-0 |

**表 7.27 SPI FIFO 控制寄存器位功能介绍**

| 位 | 名 称 | 功 能 描 述 |
|---|---|---|
| 15~8 | Reserved | 保留 |
| 7~0 | FFTXDLY(7;0) | FIFO 发送延时位<br>这些位确定了每次从 FIFO 发送缓冲器到发送移位寄存器间的延时。这个延时是以 SPI 串行时钟周期为基准。这个 8 位寄存器可以定义一个最小 0 个时钟周期的延时和一个最大 25 个时钟周期的延时。<br>在 FIFO 模式下,当移位寄存器完成了最后一位的移位后,移位寄存器和 FIFO 之间的缓冲器(TXBUF)就应该加载数据,这就需要在数据流之间传递延时。在 FIFO 模式下,TXBUF 不应该作为一个附加级别的缓冲器来对待 |

## 7.6.12 SPI 优先级控制寄存器(SPIPRI)

SPI 优先级控制寄存器(SPIPRI)的位信息及功能介绍如表 7.28 和表 7.29 所示。
SPI 优先级控制寄存器的地址为 704FH。

表 7.28  SPI 优先级控制寄存器位信息

| 7 | 6 | 5 | 4 | 3 | 0 |
|---|---|---|---|---|---|
| Reserved | | SPI SUSP SOFT | SPI SUSP FREE | Reserved | |
| R-0 | | R/W | R/W-0 | R-0 | |

表 7.29  SPI 优先级控制寄存器位功能介绍

| 位 | 名 称 | 功 能 描 述 |
|---|---|---|
| 7,6 | Reserved | 保留 |
| 5,4 | SPI SUSP SOFT<br>SPI SUSP FREE | 这些位决定了在仿真挂起时(例如,当调试器遇到一个断点时)的处理方法,在自由运行模式下,无论外设现在处于什么状态,它都能继续运行;如果在停止模式,外设或者立即停止或者在完成当前操作(当前的接收/发送序列)后停止<br><br>表格：<br>位5 SOFT=0, 位4 FREE=0, 描述：当 TSPEND 置位,数据流发送时就必须停止,如果 TSUSPEND 在系统复位之外没有置位,那么 DATBUF 中剩余没有处理的数据将被移位<br>位5 SOFT=1, 位4 FREE=0, 描述：如果在数据发送前仿真挂起(例如,在 SPICLK 脉冲前),那么数据发送操作将禁止;如果仿真挂起时数据已经开始发送,那么数据将被移出。何时发送数据取决于网络的波特率。标准 SPI 模式:数据发送到移位寄存器和缓冲器后停止。在 FIFO 模式下:数据发送到移位寄存器和缓冲器(即 TX FIFO 和 SPIDAT 为空)后停止<br>位5 SOFT=x, 位4 FREE=1, 描述：自由运行,SPI 操作将继续,此时将忽略仿真挂起 |
| 3~0 | Reserved | 读操作返回 0,写操作没有影响 |

## 7.7  SPI 实例波形

CLOCK POLARITY(时钟极性)=0,CLOCK PLCARITY(时钟相位)=0(所有数据的发送都是在时钟上升沿处,且没有时钟延时),具体的时序图如图 7.9 所示。

CLOCK POLARITY(时钟极性)=0,CLOCK PLCARITY(时钟相位)=1(所有数据的发送都是在时钟上升沿处,且有半个时钟周期的延时),具体的时序图如图 7.10 所示。

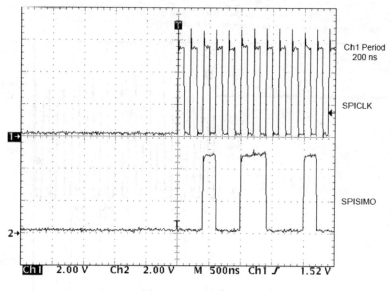

图 7.9 SPI 时序图 1

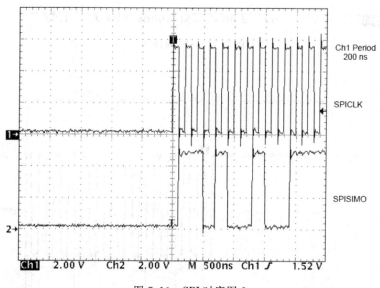

图 7.10 SPI 时序图 2

CLOCK POLARITY(时钟极性)＝1,CLOCK PLCARITY(时钟相位)＝0(所有数据的发送都是在时钟的下降沿处)，具体的时序图如图 7.11 所示。

CLOCK POLARITY(时钟极性)＝1,CLOCK PLCARITY(时钟相位)＝1(所有数据的发送都是在时钟的下降沿处,且有半个时钟周期的延时)，具体的时序图如图 7.12 所示。

图 7.13 所示为引脚$\overline{\text{SPISTE}}$在主模式下的状态变化时序图(在 16 位数据发送时,主设备会将$\overline{\text{SPISTE}}$引脚置低)。

图 7.14 所示为引脚$\overline{\text{SPISTE}}$在从模式下的状态变化时序图(在 16 位数据发送时,从设备的$\overline{\text{SPISTE}}$引脚会被拉低)。

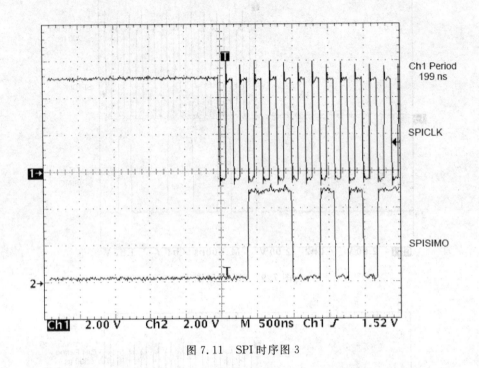

图 7.11    SPI 时序图 3

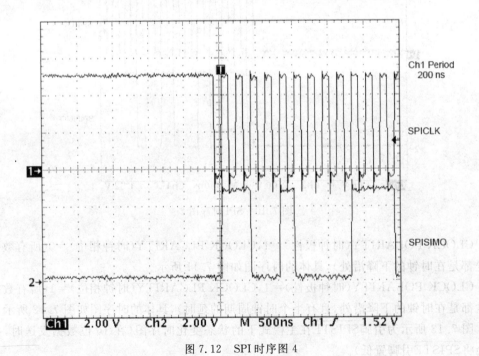

图 7.12    SPI 时序图 4

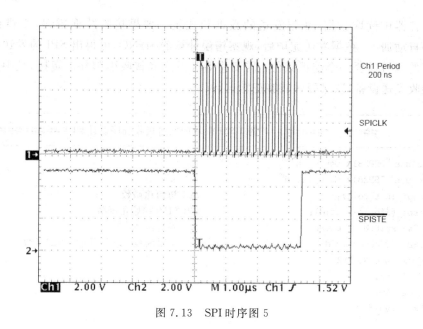

图 7.13　SPI 时序图 5

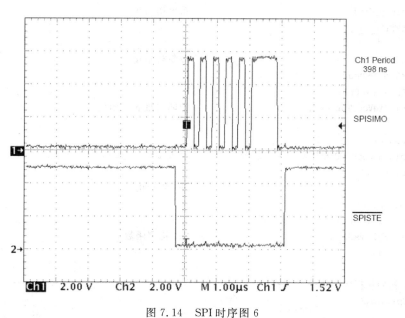

图 7.14　SPI 时序图 6

## 7.8　SPI 模块的 C 语言程序设计

### 7.8.1　SPI 模块的发送接收程序设计

例 1 为 SPI 模块的发送接收程序设计，该程序主要完成初始化 SPI 模块寄存器、发送 0～512、将发送的数据接收到 DSP 内、检测接收到的数据。其中数据的发送、接收、检测是由函数 SPI_SPIcheck()完成的，函数中每发送一个数据，然后等待，当接收标志位置位，则从接收寄存器中读取数据,并与发送的数据相比较。如果接收数据错误,则错误计数器 errNO 会自动加 1。数据发送完毕后,观察错误计算器 errNO,可得出 SPI 的发送接收误差率。程序的运行需要一个前提条件:需要将 SPI 发送和接收引脚外部短接,且中间不要添加任何接收发送设备,以保程序能够正常运行。

```c
// ----------------------------------------------------------------
//          ############## 例 1 SPI 模块的发送接收程序设计 ##############
// ----------------------------------------------------------------
# include "DSP281x_Device.h"
# include "DSP281x_Examples.h"
void Spi_init(void);                    // SPI 初始化函数
void spi_fifo_init(void);               // SPI FIFO 初始化函数
void Spi_xmit(Uint16 a);                // SPI 发送函数
void SPI_SPIcheck(void);                // SPI 应用函数(发送、接收、测试函数)
# define CHECKNO 512
Uint16 Count;
Uint16 errNO;
void main(void)
{
    InitSysCtrl();                      // 系统初始化
    DINT;

    InitPieCtrl();                      // 中断初始化
    IER = 0x0000;
    IFR = 0x0000;
    InitPieVectTable();                 // 中断向量表初始化

    EALLOW;
    GpioMuxRegs.GPFMUX.all| = 0x000F;   // 设置 I/O 口为 SPI 特殊功能口
    EDIS;
                                        // SPI 初始化

    Spi_init();
    spi_fifo_init();
    SPI_SPIcheck();                     // SPI 检测函数
    for(;;){}
}
// SPI 初始化程序 -------------------------------------------------
void Spi_init()
{
    SpiaRegs.SPICCR.all = 0x000F;       // 复位,上升沿有效,16 位数据
    SpiaRegs.SPICTL.all = 0x0006;       // 主模式,使能发送,SPI 禁止中断
    SpiaRegs.SPIBRR = 0x007F;           // SPICLK = 37.5M/(127 + 1)
    SpiaRegs.SPICCR.all = 0x008F;       // 退出复位
  // SpiaRegs.SPIPRI.bit.SOFT = 1;      // 自由运行
  // SpiaRegs.SPIPRI.bit.FREE = 1;      // 自由运行
}
// SPI FIFO 初始化程序 -------------------------------------------
void spi_fifo_init(void)
{
    SpiaRegs.SPIFFTX.all = 0xE040;
```

```
    SpiaRegs.SPIFFRX.all = 0x205f;
    SpiaRegs.SPIFFCT.all = 0x0000;
}
// SPI 发送子程序 ------------------------------------------------------------
void Spi_xmit(Uint16 a)
{
    SpiaRegs.SPITXBUF = (a&0xff);
}
// SPI 检测程序 --------------------------------------------------------------
void SPI_SPIcheck(void)
{
    errNO = 0;
    for(Count = 0;Count<CHECKNO;Count ++ )
    {
    Spi_xmit(Count);                          // 发送数据
    while(SpiaRegs.SPIFFRX.bit.RXFFST != 1 ){ }    // 等待数据接收
    ReceivedChar = SpiaRegs.SPIRXBUF;
    if(ReceivedChar! = Count)                  // 如果接收的数据与发送数据不符,错误标志位加1
      errNO ++ ;
    }
}
```

## 7.8.2　SPI 自测程序

例 2 为 SPI 自测程序,将 SPI 的发送和接收引脚内部连接,发送数据流,然后接收数据流并检测数据错误率。

```
// ################################################################
//
// 程序功能描述:
//
//          该程序为 SPI 典型例子程序,采用内部连接的自测试模式,自发自收,
//          并检测错误率,在程序中没有使用中断。程序中首先发送一个数据流,然
//          后接收数据流,并检测错误率,上述操作不断循环进行
//
// 发送的数据如下所示:
// 0000 0001 0002 0003 0004 0005 0006 0007 ... FFFE FFFF
//
//          观察变量:
//                sdata - 发送数据
//                rdata - 接收数据


//// ################################################################


# include "DSP281x_Device.h"            // 头文件
# include "DSP281x_Examples.h"


// ----------------------------------- 函数原型 -----------------------------
// interrupt void ISRTimer2(void);
```

```
void delay_loop(void);
void spi_xmit(Uint16 a);
void spi_fifo_init(void);
void spi_init(void);
void error(void);
// --------------------------- 主程序 ---------------------------
void main(void)
{
    Uint16 sdata;                          // 发送的数据
    Uint16 rdata;                          // 接收的数据

                                           // Step 1.初始化系统控制、PLL、看门狗,使能外设时钟
    InitSysCtrl();

                                           // Step 2. 初始化 GPIO
    // InitGpio();                         // 在本程序忽略
                                           // 在本程序只需设置下列 GPIO 口为特殊功能口(SPI 口)
    EALLOW;
    GpioMuxRegs.GPFMUX.all = 0x000F;       // 设置 GPIOs 为 SPI 引脚
                                           // Port F MUX - x000 0000 0000 1111
    EDIS;

                                           // Step 3. 清除所有的中断,并初始化 PIE 中断向量表
                                           // 禁止 CPU 中断
    DINT;

                                           // 初始化 PIE 控制寄存器到默认状态
                                           // 默认状态为所有的 PIE 中断都禁止,标志位都被清除
    InitPieCtrl();

                                           // 禁止 CPU 中断并清除所有的中断标志位
    IER = 0x0000;
    IFR = 0x0000;

                                           // 初始化 PIE 中断向量表
    InitPieVectTable();

                                           // Step 4. 初始化所有的外设
    // InitPeripherals();                  // 在本程序中可以省略
    spi_fifo_init();                       // 初始化 SPI FIFO
    spi_init();                            // 初始化 SPI

                                           // Step 5. 用户程序段
    sdata = 0x0000;                        // 设置发送数据的初始值
    for(;;)
    {

                                           // SPI 发送数据
        spi_xmit(sdata);

                                           // 等待数据接收
        while(SpiaRegs.SPIFFRX.bit.RXFFST != 1) { }
                                           // 检测接收到的数据
```

```
    rdata = SpiaRegs.SPIRXBUF;
    if(rdata != sdata) error();
    sdata++ ;                         // 准备发送下一个数据
    }
}
                                      // Step 6.插入所有的全局中断服务程序(ISRs)
                                      // 延时程序
void delay_loop()
{
    long       i;
    for (i = 0; i < 1000000; i++) {}
}
                                      // 错误函数,当产生错误时,程序将停止运行
void error(void)
{
    asm("ESTOP0");                    // 错误产生、程序停止
    for (;;);
}


void spi_init()
{
    SpiaRegs.SPICCR.all = 0x000F;     // 复位,上升沿,16 位数据位
    SpiaRegs.SPICTL.all = 0x0006;     // 使能主模式,正常相位
                                      // 禁止 SPI 中断
    SpiaRegs.SPIBRR = 0x007F;
    SpiaRegs.SPICCR.all = 0x009F;
    SpiaRegs.SPIPRI.bit.FREE = 1;     // 设置为自由运行模式
}
// SPI 发送函数 -------------------------------------------------------------
void spi_xmit(Uint16 a)
{
    SpiaRegs.SPITXBUF = a;
}
// SPI FIFO 初始化函数 -------------------------------------------------------
void spi_fifo_init()
{
                                      // 初始化 SPI FIFO 寄存器
    SpiaRegs.SPIFFTX.all = 0xE040;
    SpiaRegs.SPIFFRX.all = 0x204f;
    SpiaRegs.SPIFFCT.all = 0x0;
}
```

## 7.8.3　SPI 中断发送、接收程序

```
// -----------------------------------------------------------------
//
// 功能描述:
//      该程序为 SPI 典型程序,主要是采用内部自循环测试模式,而且采用中断发
//      送、接收形式,通过程序可以学习如何进行自循环测试以及如何编写 SPI 中
//      断程序
```

```
//
// 发送的数据流如下：
// 0000 0001 0002 0003 0004 0005 0006 0007
// 0001 0002 0003 0004 0005 0006 0007 0008
// 0002 0003 0004 0005 0006 0007 0008 0009
// ...
// FFFE FFFF 0000 0001 0002 0003 0004 0005
// FFFF 0000 0001 0002 0003 0004 0005 0006
// etc.
//
//
//
// 观察变量：
//      sdata[8]                    // 要发送的数据
//      rdata[8]                    // 接收的数据
//      rdata_point -
///----------------------------------------------------------------
# include "DSP281x_Device.h"        // 头文件
# include "DSP281x_Examples.h"
// ---------------------------- 函数原型 ---------------------------
// interrupt void ISRTimer2(void);
interrupt void spiTxFifoIsr(void);
interrupt void spiRxFifoIsr(void);
void delay_loop(void);
void spi_fifo_init(void);
void error();
// ---------------------------- 全局变量 --------------------------
Uint16 sdata[8];                    // 发送数据缓冲器
Uint16 rdata[8];                    // 接收数据缓冲器
Uint16 rdata_point;

// ---------------------------- 主程序 ---------------------------
void main(void)
{
    Uint16 i;

                                    // Step 1.初始化系统控制、PLL、看门狗,使能外设时钟
    InitSysCtrl();

                                    // Step 2. 初始化 GPIO
    // InitGpio();                   // 在本程序中省略
                                    // 在本程序只需设置下列 GPIO 口为特殊功能口(SPI 口)
    EALLOW;
    GpioMuxRegs.GPFMUX.all = 0x000F; // 设置 GPIOs 为 SPI 引脚
                                    // Port F MUX - x000 0000 0000 1111
    EDIS;
                                    // Step 3. 清除所有的中断,并初始化 PIE 中断向量表
                                    // 禁止 CPU 中断
    DINT;
    IER = 0x0000;
    IFR = 0x0000;
```

```
                                 // 初始化 PIE 控制寄存器到默认状态
                                 // 默认状态为所有的 PIE 中断都禁止,标志位都被清除
    InitPieCtrl();
                                 // 初始化 PIE 中断向量表
    InitPieVectTable();

                                 // 映射中断向量
    EALLOW;                      // 该寄存器需要 EALLOW 保护
    PieVectTable.SPIRXINTA = &spiRxFifoIsr;
    PieVectTable.SPITXINTA = &spiTxFifoIsr;
    EDIS;                        // 与 EALLOW 对应使用


                                 // Step 4. 初始化所有的外部设备

    // InitPeripherals();        // 在本程序中省略
    spi_fifo_init();             // 初始化 SPI
                                 // Step 5. 用户程序段,使能中断
                                 // 初始化发送数据缓冲器

    for(i = 0; i<8; i++ )
    {
        sdata[i] = i;
    }
    rdata_point = 0;
                                 // 使能所需的中断
    PieCtrlRegs.PIECRTL.bit.ENPIE = 1; // 使能 PIE 模块
    PieCtrlRegs.PIEIER6.bit.INTx1 = 1; // 使能 PIE Group 6,INT 1
    PieCtrlRegs.PIEIER6.bit.INTx2 = 1; // 使能 PIE Group 6,INT 2
    IER = 0x20;                  // 使能 CPU INT6
    EINT;                        // 使能全局中断
                                 // Step 6. 空循环
    for(;;);

}
                                 // 用户定义程序段
void delay_loop()
{
    long      i;
    for (i = 0; i < 1000000; i++ ) {}
}
void error(void)
{
    asm("ESTOP0");               // 出现错误,测试失败,停止!
    for (;;);
}


// SPI FIFO 初始化程序 -----------------------------------------------------
void spi_fifo_init()
{
                                 // 初始化 SPI FIFO 寄存器
    SpiaRegs.SPICCR.bit.SPISWRESET = 0; // 复位 SPI
```

```c
    SpiaRegs.SPICCR.all = 0x001F;               // 16 位数据位,自循环模式
    SpiaRegs.SPICTL.all = 0x0017;               // 使能中断,使能主从模式
    SpiaRegs.SPISTS.all = 0x0000;
    SpiaRegs.SPIBRR = 0x0063;                   // 波特率
    SpiaRegs.SPIFFTX.all = 0xC028;              // 使能 FIFO 设置 TX FIFO level 为 8
    SpiaRegs.SPIFFRX.all = 0x0028;              // 设置 RX FIFO level 为 31
    SpiaRegs.SPIFFCT.all = 0x00;
    SpiaRegs.SPIPRI.all = 0x0010;
    SpiaRegs.SPICCR.bit.SPISWRESET = 1;         // 使能 SPI

    SpiaRegs.SPIFFTX.bit.TXFIFO = 1;
    SpiaRegs.SPIFFRX.bit.RXFIFORESET = 1;
}
// --------------------------------------------------------------------------
// SPI 发送中断服务程序
// --------------------------------------------------------------------------
interrupt void spiTxFifoIsr(void)
{
    Uint16 i;
    for(i = 0;i<8;i++)
    {
        SpiaRegs.SPITXBUF = sdata[i];           // 发送数据
    }
    for(i = 0;i<8;i++)                          // 每次循环数据都加 1
    {
        sdata[i]++;
    }
    SpiaRegs.SPIFFTX.bit.TXFFINTCLR = 1;        // 清除中断标志位
    PieCtrlRegs.PIEACK.all| = 0x20;
}
// --------------------------------------------------------------------------
// SPI 接收中断服务程序
// --------------------------------------------------------------------------
interrupt void spiRxFifoIsr(void)
{
    Uint16 i;
    for(i = 0;i<8;i++)
    {
        rdata[i] = SpiaRegs.SPIRXBUF;           // 读数据
    }
    for(i = 0;i<8;i++)                          // 检测接收数据
    {
        if(rdata[i] != rdata_point + i) error();
    }
    rdata_point++;
    SpiaRegs.SPIFFRX.bit.RXFFOVFCLR = 1;        // 清除溢出标志位
    SpiaRegs.SPIFFRX.bit.RXFFINTCLR = 1;        // 清除中断标志位
    PieCtrlRegs.PIEACK.all| = 0x20;
}
```

## 7.9　SPI 接口的应用设计（ADS1256）

SPI 接口通信速率高、数据传输稳定，经常用于 DSP 与外设之间进行通信，ADS1256 就是利用外设接口 SPI 的一个典型实例。ADS1256 是 TI 公司推出的针对工业应用、具有业界最高性能的模/数转换器（ADC）。这些 24 位 Δ-$\sum$ ADC 完美组合了一流的无噪声精度、数据速率以及多种功能，为设计人员提供了全套高精度测量解决方案，非常适用于包括科学仪器、工艺控制、医疗设备与称重设备等要求苛刻的工业应用领域。而且它兼容 SPI 通信接口，可方便地与 DSP 通信。本节将详细介绍 TMS320F2812 与 ADS1256 的 SPI 接口设计。

ADS1256 具有以下特性：

（1）24 位转换精度，且没有遗漏码；

（2）最快的数据传输速率为 30Ksps；

（3）高达 23b 的无噪声精度；

（4）最大±0.001% 的非线性误差；

（5）灵活的通道切换（采用传感器探测）；

（6）兼容 5V 的 SPI 串行外设接口；

（7）模拟供电电压为 5V；

（8）数字供电电压为 1.8～3.6V；

（9）低功耗（正常模式下最低功耗为 38mW）。

ADS1256 的内部结构框图如图 7.15 所示。

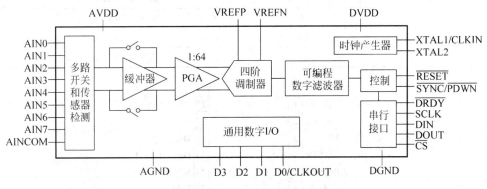

图 7.15　ADS1256 的内部结构框图

ADS1256 的芯片以引脚说明及引脚图分别如表 7.30 和图 7.16 所示。

表 7.30　ADS1256 芯片引脚说明

| 引　脚　名 | 引　脚　号 | 功　能　描　述 |
| --- | --- | --- |
| AVDD | 1 | 模拟电源输入端 |
| AGND | 2 | 模拟地 |
| VREFN | 3 | 参考电压输入端（－） |
| VREFP | 4 | 参考电压输入端（＋） |
| AINCOM | 5 | 模拟输入公共端 |

续表

| 引 脚 名 | 引 脚 号 | 功 能 描 述 |
|---|---|---|
| AIN0 | 6 | 模拟输入端口 0 |
| AIN1 | 7 | 模拟输入端口 1 |
| AIN2 | 8 | 模拟输入端口 2 |
| AIN3 | 9 | 模拟输入端口 3 |
| AIN4 | 10 | 模拟输入端口 4 |
| AIN5 | 11 | 模拟输入端口 5 |
| AIN6 | 12 | 模拟输入端口 6 |
| AIN7 | 13 | 模拟输入端口 7 |
| $\overline{SYNC}$, $\overline{PDWN}$ | 14 | 同步信号线 |
| $\overline{RESET}$ | 15 | 复位信号线 |
| DVDD | 16 | 数字电源输入端 |
| DGND | 17 | 数字地 |
| XTAL2 | 18 | 外部晶体时钟输入端 |
| XTAL1/CLKIN | 19 | 外部晶体时钟输入端 |
| $\overline{CS}$ | 20 | 片选信号线 |
| $\overline{DRDY}$ | 21 | 数据准备输出信号线 |
| DOUT | 22 | 串行数据输出信号线 |
| DIN | 23 | 串行数据输入信号线 |
| SCLK | 24 | 串行时钟输入 |
| D0/CLKOUT | 25 | 数字 I/O 口 0 |
| D1 | 26 | 数字 I/O 口 1 |
| D2 | 27 | 数字 I/O 口 2 |
| D3 | 28 | 数字 I/O 口 3 |

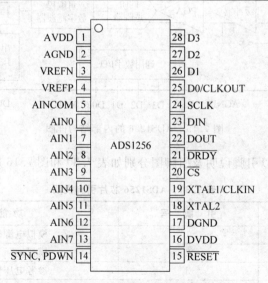

图 7.16　ADS1256 芯片引脚图

具体的硬件电路设计图如图 7.17 所示。

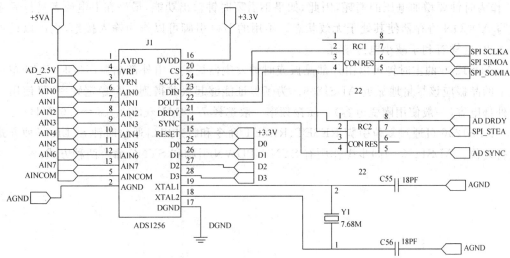

图 7.17　ADS1256 硬件电路设计

（1）作差动测量时，一般将 AIN(7:0) 作为输入端，不用 AINCOM；

（2）作单极测量时，一般将 AIN(7:0) 作为单极输入端，AINCOM 作为公共输入端，但是不把 AINCOM 接地；

（3）将未用的模拟输入引脚悬空，这样有利于减小输入泄漏电流。

ADS1256 采用四线制（时钟信号线 SCLK、数据输入线 DIN、数据输出线 DOUT 和片选线 $\overline{\text{CS}}$）SPI 通信方式，只能工作在 SPI 通信的从模式下。设计时可以通过 F2812 来控制 ADS1256 片上的寄存器，并通过 SPI 口读写这些寄存器。通信时，必须保持 $\overline{\text{CS}}$ 为低电平。$\overline{\text{DRDY}}$ 引脚用来表示转换已经完成，可以从 DOUT 引脚读取最新的转换数据。在 SPI 通信过程中，可同步地发送和接收数据，而且数据也可以利用 SCLK 和 DIN、DOUT 信号同步移动，所以 SCLK 信号要尽量保持干净以免发生数据错误，在 SCLK 的上升沿，可通过 DIN 向 ADS1256 发送数据，而在 SCLK 的上升沿，可通过 DOUT 从 ADS1256 读取数据。DIN 和 DOUT 也可以通过一条双向信号线与主设备相连。图 7.18 所示为 SPI 通信时序关系。

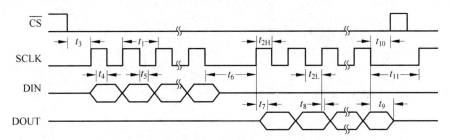

图 7.18　SPI 通信时序图

ADS1256 有四个通用数字 I/O 口，所有的 I/O 口都可以通过 I/O 寄存器设置为输入或输出。通过 I/O 寄存器的 DIR 位可对每一个脚的输入或输出进行设置；DIO 位用于控制每一个脚的状态。通过 D0 脚可设置一个时钟发生器以供其他设备使用（如微控制器等）。

此时钟可以通过 ADCON 寄存器的 CLK0 和 CLK1 位设置成 $f_{CLKIN}$、$f_{CLKIN/2}$、$f_{CLKIN/4}$。把 D0 作为时钟要增加电压的消耗,因此,如果不需要时钟输出功能,最好在上电或者复位后通过写 ADCON 寄存器使其处于无效状态。不用的 I/O 引脚可以作为输入接地,也可以设置为输出,这样有利于减小电源消耗。

　　ADS1256 的主时钟可以由外部晶振或时钟发生器提供。由外部晶振产生时,PCB 布线板上的晶振应该尽量地靠近 ADS1256。为了保证能够起振并得到一个稳定频率,可使用一个外部电容(一般使用陶瓷电容)。晶振频率一般选择 7.68MHz(即 $f_{CLKIN}=7.68\text{MHz}$)。

　　ADS1256 可通过复位引脚 RESET、RESET 命令和特殊串口通信时钟 SCLK 三种方式进行复位。ADS1256 的同步操作则有 SYNC/PDWN 引脚和 SYNC 命令两种方式。

# 第8章

# TMS320F2812增强型区域控制网络（eCAN）模块

**要点提示**

本章主要介绍 F2812 的 eCAN 模块,具体介绍模块的工作原理及相关寄存器。在本章最后一节,结合具体的实例程序,详细介绍了不同情况下,eCAN 模块的操作步骤及相关的程序设计。

**学习重点**

(1) 掌握 eCAN 模块的相关基础知识;

(2) 了解 eCAN 模块相关寄存器及位信息;

(3) 掌握如何编写不同情况下的 eCAN 程序,如何配置 eCAN 模块寄存器。

## 8.1　eCAN 模块体系结构

在 F2812 DSP 中应用的增强型 eCAN 总线接口,与 eCAN 2.0B 标准接口完全兼容。该总线使用确定的协议串行地与其他控制器进行通信。因为 eCAN 总线抗噪声性能较强,所以一般用于噪声比较大的环境。eCAN 模块具有 32 个独立完全可配置的邮箱和实时邮递功能,因此可以作为通用的实时的串行通信接口。

### 8.1.1　eCAN 模块概述

图 8.1 所示为 eCAN 模块的主要部分以及接口电路。

1. eCAN 模块的特点

eCAN 模块具有以下特点。

(1) 与 CAN 2.0B 协议完全兼容。

(2) 最高支持总线通信速率达 1Mbps。

(3) 32 个邮箱,每个邮箱具有以下特点:

① 可配置为接收邮箱或发送邮箱;

② 标识符可配置为标准标识符或扩展标识符;

③ 具有一个可编程的接收过滤器屏蔽寄存器;

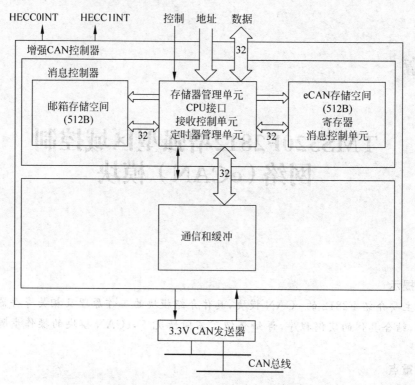

图 8.1 eCAN 的结构框图和接口电路

④ 支持数据帧和远程帧；

⑤ 支持的数据位由 0～8 位组成；

⑥ 32 位定时邮递发送、接收消息模式；

⑦ 保护接收新消息；

⑧ 可软件设置发送消息的优先级(决定发送消息的顺序)；

⑨ 采用两个中断优先级的可编程中断选择；

⑩ 采用可编程中断的发送、接收超时警报。

（4）低功耗模式。

（5）总线唤醒功能可编程。

（6）自动应答远程请求消息。

（7）在仲裁或错误丢失信息时，自动重发一帧信息。

（8）通过一个特殊的消息与 32 位定时邮递计数器同步。

（9）自测模式。

在自测模式下，会得到一个自己发送的信息，会提供一个虚构的应答信号，因此不需要其他节点提供应答信号。

2．eCAN 与其他 TI 器件 CAN 模块的兼容性

eCAN 总线模块与用于微控制器 TMS470 系列的 High-end CAN Controller（HECC）相比基本一致，稍有变化。eCAN 总线模块与 240 系列 DSP 上的 CAN 总线模块相比，有一定的改进，例如增加了邮箱数目及分时邮递功能等。因此，运行在 240 系列 DSP 上的 CAN

总线模块的代码不能直接转移到 eCAN 总线模块上使用。然而,eCAN 总线模块与 240 系列 DSP 上的 CAN 总线模块共有的寄存器在结构和功能上都是相同的,这样使得移植 C 语言代码变得非常容易。

## 8.1.2 CAN 网络和模块

CAN 总线采用串行多主控制通信协议,这种协议可以有效地支持分布式实时控制,具有较高级别的安全性,通信速率最高达 1Mbps。CAN 总线的主要优点在于抗噪声能力强,能够可靠地工作在噪声大的恶劣环境。因此,CAN 总线在自动控制领域和对可靠性要求较高的领域得到广泛使用。

根据各个消息的优先级的不同,CAN 总线的数据最高为 8B,将消息发送到多主方式的串行总线上,同时采用仲裁协议和错误检测机制,从而有效地保证了数据的完整性。

在通信中 CAN 协议支持以下四种不同的帧格式。

(1) 数据帧:从发送节点传输到接收节点的数据。

(2) 远程帧:在有节点发出请求发送具有相同的标识符的情况下,发送数据。

(3) 错误帧:总线上任何节点发现错误时发出的数据。

(4) 溢出帧:在相邻的数据帧或远程帧之间提供一个额外的时间延时。

另外,CAN 2.0B 协议定义了两种不同的帧格式:标准帧和扩展帧,这两种帧格式的主要区别在于标识符的长短,标准帧的标识符长度是 11b,扩展帧的标识符长度是 29b。

CAN 总线的标准数据帧长度为 44~108b,扩展数据帧的长度为 64~128b。此外,根据数据流代码的不同,标准帧可以扩充 23 个填充位,扩展帧可以扩充 28 个填充位,所以,标准帧的最大长度为 131b,扩展帧的最大长度为 156b。

图 8.2 所示为 CAN 总线数据的各位,主要包括:

① 帧起始位;

② 仲裁区域,包括标识符和发送数据的类型;

③ 控制区域,包括数据的长度;

④ 最多 8B 的数据;

⑤ 循环冗余码校验 CRC;

⑥ 应答位;

⑦ 帧结束位。

图 8.2 CAN 的数据格式

注:仲裁区域包括以下部分:

(1) 标准帧包括 11 位标识符和 RTR 位(远距离传输请求);

(2) 扩展帧包括 29 位标识符和 SRR 位(替代远程传输请求)、IDE 位(标识符扩展)、RTR 位(远程传输请求)。

TMS320F2812 的 CAN 控制器为 CPU 提供了完整的 CAN 2.0B 协议,减小了通信时的 CPU 开销,增强了 CAN 的标准协议。

CAN 模块的结构如图 8.3 所示。

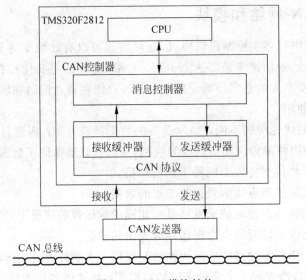

图 8.3 CAN 模块结构

注:接收和发送缓冲器对于用户来说是透明的,用户代码无法接触。

根据 CAN 模块的结构图可以看出 F2812 的 CAN 模块的主要作用如下。

(1) 根据 CAN 2.0B 协议对总线上的数据进行解码,然后发送到接收缓冲器内等待 CPU 读取数据;

(2) CAN 模块根据 CAN 2.0B 协议将数据发送到总线上。

消息控制器负责判决由 CAN 协议内核接收到的消息是留给 CPU 使用还是丢弃。在初始化阶段,CPU 通过应用程序设置所有消息的标识符。而且,消息控制器根据消息的优先级将下一个消息发送到 CAN 协议内核中。

## 8.1.3 eCAN 控制器

eCAN 控制器的内部结构是 32 位的。eCAN 模块由以下几个部分构成。

(1) CAN 协议内核 CPK。

(2) 消息控制器,其组成如下。

① 存储器管理单元 MMU:CPU 接口、接收控制单元和定时管理单元。

② 邮箱 RAM:能够存储 32 个消息。

③ 控制和状态寄存器。

1. 存储空间介绍

在 F2812 系统中,eCAN 模块映射到存储器的两个地址空间,两个地址空间对应着两个存储器空间。第一个存储器空间主要存储控制寄存器、状态寄存器、接收过滤器、实时传输和消息对象超时等内容。访问状态寄存器的地址宽度为 32b,本地的接收过滤器、实时传输和消息对象超时的存储空间可以 8b、16b 或 32b 寻址。第二个存储空间主要存储邮箱信息,这部分空间可以 8b、16b 或 32b 寻址,这两个存储空间模块都是 512B 的地址空间,如图 8.4 所示。

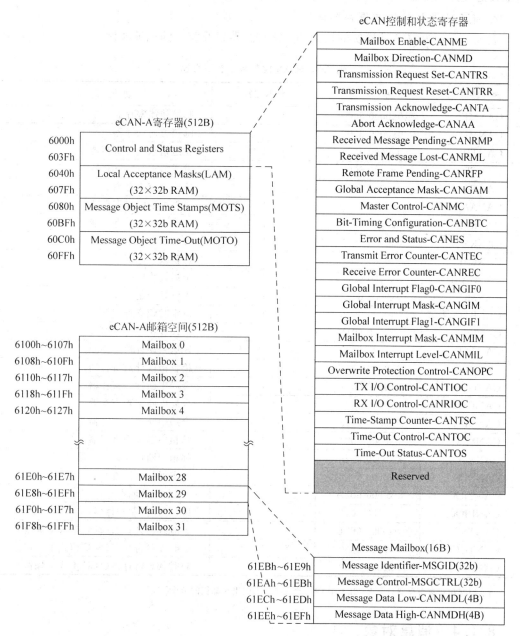

图 8.4 eCAN 存储器映射示意图

注:未使用的消息邮箱如下。

LAMn、MOTSn 和 MOTOn 寄存器和邮箱由于在 CANME 寄存器中被禁用,不能在应用程序开发中使用。不过,它们可以被 CPU 当作通用数据存储区来使用。

消息的存储是通过 RAM 实现的,CPU 和 CAN 控制器都可以寻址 RAM 空间。CPU 通过改变 RAM 中各种邮箱或附加寄存器来控制 CAN 控制器。存储在 RAM 空间的元素主要是用于执行接收过滤器、消息发送、中断处理等任务。在 F2812 处理器下的 CAN 模块有 32 个邮箱,每个邮箱由 8b 数据位、29b 标识符位和几位控制位组成,每个邮箱都可以设置成发送或接收邮箱,且每个邮箱都有独立的接收过滤器。

2. eCAN 控制和状态寄存器概述

表 8.1 所示为 eCAN 模块的控制和状态寄存器以及相应的地址映射。

表 8.1　eCAN 控制和状态寄存器

| 寄存器名称 | 地　　址 | 大小/32b | 功　能　描　述 |
|---|---|---|---|
| CANME | 0x0000 6000 | 1 | 邮箱使能寄存器 |
| CANMD | 0x0000 6002 | 1 | 邮箱方向寄存器 |
| CANTRS | 0x0000 6004 | 1 | 发送请求置位寄存器 |
| CANTRR | 0x0000 6006 | 1 | 发送请求复位寄存器 |
| CANTA | 0x0000 6008 | 1 | 传输响应寄存器 |
| CANAA | 0x0000 600A | 1 | 异常中断响应寄存器 |
| CANRMP | 0x0000 600C | 1 | 接收消息挂起寄存器 |
| CANRML | 0x0000 600E | 1 | 接收消息丢失寄存器 |
| CANRFP | 0x0000 6010 | 1 | 远程帧挂起寄存器 |
| CANGAM | 0x0000 6012 | 1 | 全局接收屏蔽寄存器 |
| CANMC | 0x0000 6014 | 1 | 主设备控制寄存器 |
| CANBTC | 0x0000 6016 | 1 | 位定时配置寄存器 |
| CANES | 0x0000 6018 | 1 | 错误和状态寄存器 |
| CANTEC | 0x0000 601A | 1 | 发送错误计数寄存器 |
| CANREC | 0x0000 601C | 1 | 接收错误计数寄存器 |
| CANGIF0 | 0x0000 601E | 1 | 全局中断标志寄存器 0 |
| CAMGIM | 0x0000 6020 | 1 | 全局中断屏蔽寄存器 |
| CANGIF1 | 0x0000 6022 | 1 | 全局中断标志寄存器 1 |
| CANMIM | 0x0000 6024 | 1 | 邮箱中断屏蔽寄存器 |
| CANMIL | 0x0000 6026 | 1 | 邮箱中断优先级寄存器 |
| CANOPC | 0x0000 6028 | 1 | 覆盖保护控制寄存器 |
| CANTIOC | 0x0000 602A | 1 | TX I/O 控制寄存器 |
| CANRIOC | 0x0000 602C | 1 | RX I/O 控制寄存器 |
| CANTSC | 0x0000 602E | 1 | 分时邮递计数器(SCC 模式下保留) |
| CANTOC | 0x0000 6030 | 1 | 超时控制寄存器(SCC 模式下保留) |
| CANTOS | 0x0000 6032 | 1 | 超时状态寄存器(SCC 模式下保留) |

注:控制和状态寄存器只允许 32b 的访问。此限制并未应用在邮箱的 RAM 区域。

## 8.1.4　消息对象

消息控制器可以处理 32 个不同的消息对象,每个消息对象可以配置成发送或接收,而且每个消息对象都有自己独立的接收过滤器。

每个消息对象由具有以下特征的邮箱组成:

① 29b 的消息标识符;

② 消息控制寄存器;

③ 8B 的消息数据;

④ 一个 29b 的接收屏蔽区域；

⑤ 一个 32b 的分时邮递；

⑥ 一个 32b 的超时值。

不仅如此,寄存器中相应的控制和状态位可以由消息对象来控制。

## 8.1.5　消息邮箱

消息邮箱实际上是对应于 RAM 中的空间,内部存放着要发送或接收到的数据。

CPU 可以使用消息邮箱对应的 RAM 空间,但那些存储空间不像一般的存储数据空间,也和寄存器空间不同,它可以按字寻址。

每个消息邮箱包括以下内容。

(1) 消息标识符:

① 扩展数据帧为 29b;

② 标准数据帧为 11b。

(2) 标识符扩展位,IDE(MSGID. 31)。

(3) 接收过滤器使能位,AME(MSGID. 30)。

(4) 自动应答模式位,AAM(MSGID. 29)。

(5) 远程帧存储请求位,RTR(MSGCTRL. 4)。

(6) 数据长度代码,DLC(MSGCTRL(3:0))。

(7) 多达 8B 的数据区域。

(8) 发送优先级,TPL(MSGCTRL(12:8))。

每个邮箱都可以配置成为四种消息对象类型中的一种(如表 8.2 所示)。

表 8.2　消息对象行为配置

| 消息对象行为 | 邮箱方向寄存器<br>(CANMD) | 自动应答模式位<br>(AAM) | 远程发送请求位<br>(RTR) |
|---|---|---|---|
| 发送消息对象 | 0 | 0 | 0 |
| 接收消息对象 | 1 | 0 | 0 |
| 请求消息对象 | 1 | 0 | 1 |
| 应答消息对象 | 1 | 0 | 0 |

发送和接收消息对象用于一个发送器和多个接收器之间进行数据交换,而发送请求以及应答消息对象用于建立一个一对一的通信连接。表 8.3 所示为邮箱对应的 RAM 空间的相应分配。

1. 发送邮箱

首先 CPU 将要发送的数据存放在发送邮箱中,然后将数据和标识符存放在相应的 RAM 空间中,当相应的 TRSn 位被置位时,数据就会发送出去。

如果有多个发送邮箱且有多个 TRSn 位被置位时,CPU 就会根据优先级的高低来选择发送顺序。

在 SCC 兼容的模式下,发送邮箱的优先级取决于发送邮箱的号码,所以最大的邮箱号 15 拥有最高的优先级。

表 8.3 邮箱 RAM 分配表

| 邮箱 | MSGID MSGIDL~<br>MSGIDH | MSGCTRL<br>MSGCTRL~Rsvd | CANMDL<br>CANMDL_L~<br>CANMDL_H | CANMDH<br>CANMDH_L~<br>CANMDH_H |
|---|---|---|---|---|
| 0 | 6100h~6101h | 6102h~6103h | 6104h~6105h | 6106h~6107h |
| 1 | 6108h~6109h | 610Ah~610Bh | 610Ch~610Dh | 610Eh~610Fh |
| 2 | 6110h~6111h | 6112h~6113h | 6114h~6115h | 6116h~6117h |
| 3 | 6118h~6119h | 611Ah~611Bh | 611Ch~611Dh | 611Eh~611Fh |
| 4 | 6120h~6121h | 6122h~6123h | 6124h~6125h | 6126h~6127h |
| 5 | 6128h~6129h | 612Ah~612Bh | 612Ch~612Dh | 612Eh~612Fh |
| 6 | 6130h~6131h | 6132h~6133h | 6134h~6135h | 6136h~6137h |
| 7 | 6138h~6139h | 613Ah~613Bh | 613Ch~613Dh | 613Eh~613Fh |
| 8 | 6140h~6141h | 6142h~6143h | 6144h~6145h | 6146h~6147h |
| 9 | 6148h~6149h | 614Ah~614Bh | 614Ch~614Dh | 614Eh~614Fh |
| 10 | 6150h~6151h | 6152h~6153h | 6154h~6155h | 6156h~6157h |
| 11 | 6158h~6159h | 615Ah~615Bh | 615Ch~615Dh | 615Eh~615Fh |
| 12 | 6160h~6161h | 6162h~6163h | 6164h~6165h | 6166h~6167h |
| 13 | 6168h~6169h | 616Ah~616Bh | 616Ch~616Dh | 616Eh~616Fh |
| 14 | 6170h~6171h | 6172h~6173h | 6174h~6175h | 6176h~6177h |
| 15 | 6178h~6179h | 617Ah~617Bh | 617Ch~617Dh | 617Eh~617Fh |
| 16 | 6180h~6181h | 6182h~6183h | 6184h~6185h | 6186h~6187h |
| 17 | 6188h~6189h | 618Ah~618Bh | 618Ch~618Dh | 618Eh~618Fh |
| 18 | 6190h~6191h | 6192h~6193h | 6194h~6195h | 6196h~6197h |
| 19 | 6198h~6199h | 619Ah~619Bh | 619Ch~619Dh | 619Eh~619Fh |
| 20 | 61ADh~61A1h | 61A2h~61A3h | 61A4h~61A5h | 61A6h~61A7h |
| 21 | 61A8h~61A9h | 61AAh~61ABh | 61ACh~61ADh | 61AEh~61AFh |
| 22 | 61B0h~61B1h | 61B2h~61B3h | 61B4h~61B5h | 61B6h~61B7h |
| 23 | 61B8h~61B9h | 61BAh~61BBh | 61BCh~61BDh | 61BEh~61BFh |
| 24 | 61C0h~61C1h | 61C2h~61C3h | 61C4h~61C5h | 61C6h~61C7h |
| 25 | 61C8h~61C9h | 61CAh~61CBh | 61CCh~61CDh | 61CEh~61CFh |
| 26 | 61D0h~61D1h | 61D2h~61D3h | 61D4h~61D5h | 61D6h~61D7h |
| 27 | 61D8h~61D9h | 61DAh~61DBh | 61DCh~61DDh | 61DEh~61DFh |
| 28 | 61E0h~61E1h | 61E2h~61E3h | 61E4h~61E5h | 61E6h~61E7h |
| 29 | 61E8h~61E9h | 61EAh~61EBh | 61ECh~61EDh | 61EEh~61EFh |
| 30 | 61F0h~61F1h | 61F2h~61F3h | 61F4h~61F5h | 61F6h~61F7h |
| 31 | 61F8h~61F9h | 61FAh~61FBh | 61FCh~61FDh | 61FEh~61FFh |

在 eCAN 模块中,MSGCTRL 寄存器中的 TPL 区域决定了发送邮箱的优先级。在 TPL 中数值大的邮箱拥有高的优先级,当两个邮箱在 TPL 寄存器中的数值相等时,邮箱号大的邮箱首先发送数据。

如果由于仲裁丢失或错误的发生导致发送失败,那么系统将会重新发送该信息。在重新发送信息前,CAN 模块会重新检查是否有其他的发送请求,并判断发送优先级,根据优先级的高低来选择发送的数据。

2. 接收邮箱

每个发送的数据都有许多标识符,在 CAN 模块接收消息时,首先比较每个输入消息的标志位与接收邮箱内的接收标识符。如果二者相等,接收标识符、控制位、数据字节就会写到相应的 RAM 空间。同时,相应的接收消息挂起位 RMPn(RMP(31:0))被置位。如果中断已经使能,模块就会产生一个接收中断。如果二者的标识符不相等,则消息将不会被存储。

如果接收到一个消息,那么消息控制器就会开始寻找与标识符匹配的邮箱,通常寻找邮箱的顺序是从号大的到号小的。在 eCAN 的 SSC 兼容模式下,邮箱 15 具有最高的接收优先级;而在 eCAN 的 eCAN 模式下,邮箱 31 具有最高的接收优先级。

当 CPU 读取数据时,RMPn(RMP(31:0))位必须被复位,如果第二个数据已经发送到同一个邮箱而且接收消息挂起位已经被置位,那么相应的消息丢失位 RMLn(RML(31:0))将会置位。在这种情况下,如果覆盖保护位 OPCn(OPC(31:0))被清零,原保存的消息就会被新接收到的消息覆盖掉,否则,将会检查下一个邮箱。

如果一个邮箱被配置为接收邮箱,而且 RTR 位已经置位,则该邮箱可以发送一个远程帧。一旦该远程帧发送出去后,CAN 模块就会清除该邮箱的 TRS 位。

## 8.2　eCAN 模块的寄存器

### 8.2.1　邮箱使能寄存器(CANME)

邮箱使能寄存器(CANME)用来使能或者屏蔽独立的邮箱。

邮箱使能寄存器的位信息及功能介绍如表 8.4 和表 8.5 所示。

**表 8.4　邮箱使能寄存器位信息**

| 31 | 0 |
|---|---|
| CANME(31:0) | |

R/W-0

**表 8.5　邮箱使能寄存器位功能介绍**

| 位 | 名　称 | 功 能 描 述 |
|---|---|---|
| 31~0 | CANME(31:0) | 邮箱使能控制位<br>上电后,所有在 CANME 中的位被清除。被屏蔽掉的邮箱映射的存储空间可以当作一般存储器使用。<br>1　CAN 模块中相应的邮箱被使能。在写标识符之前必须将所有的邮箱屏蔽。如果相应的 CANME 位置位,将不能对消息对象的标识符进行写操作;<br>0　相关的邮箱 RAM 区域被屏蔽,但其映射的存储空间可以作为一般存储器使用 |

### 8.2.2　邮箱数据方向寄存器(CANMD)

邮箱数据方向寄存器(CANMD)用来配置邮箱为接收或发送邮箱。

邮箱数据方向寄存器的位信息及功能介绍如表 8.6 和表 8.7 所示。

**表 8.6　邮箱数据方向寄存器位信息**

31                                                  0

| CANMD(31:0) |
| --- |
| R/W-0 |

**表 8.7　邮箱数据方向寄存器位功能介绍**

| 位 | 名　称 | 功　能　描　述 |
| --- | --- | --- |
| 31～0 | CANMD(31:0) | 邮箱方向控制位,上电后,所有位清零<br>0　相应的邮箱配置为发送邮箱;<br>1　相应的邮箱配置为接收邮箱 |

## 8.2.3　发送请求置位寄存器(CANTRS)

当邮箱 n 准备发送时,CPU 将 TRSn 置 1,启动发送。

发送请求置位寄存器的各位一般通过 CPU 进行置位或者 CAN 模块的逻辑复位。当有远程帧请求时,CAN 模块可以将其置位。当发送成功或者中断时,各位将复位。在初始化时,如果邮箱配置成接收寄存器,那么 CANTRS 中的相应位将不起作用。如果一个远程发送邮箱的 TRSn 被置位,那么邮箱将发送一个远程帧。一旦发送了远程帧,TRSn 将会被 CAN 模块置位。因此,同一个邮箱可以用来从另一模式请求数据帧。如果 CPU 要将相应的位置位,而 CAN 模块要将该位清零,则该位被置位。

CANTRSn 置位,对应的消息 n 将被发送出去。几个发送请求位可以同时置位。所以,所有 TRS 位被置位的消息都可以轮流地发送出去,发送时优先级最高的邮箱优先发送(邮箱编号最大的具有最高优先级)。

要想使相应的位被置位需要 CPU 写 1 到 CANTRS 位,写 0 没有影响。上电复位后各位都被清零。具体的寄存器位信息及功能介绍如表 8.8 和表 8.9 所示。

**表 8.8　发送请求置位寄存器位信息**

31                                                  0

| TRS(31:0) |
| --- |
| RS-0 |

**表 8.9　发送请求置位寄存器位功能介绍**

| 位 | 名　称 | 功　能　描　述 |
| --- | --- | --- |
| 31～0 | TRS(31:0) | 发送请求置位<br>1　TRS 置位发送邮箱中的消息,所有轮流发送的消息的 TRS 可以同时置位;<br>0　没有操作 |

## 8.2.4　发送请求复位寄存器(CANTRR)

该寄存器中的每位只能通过 CPU 或内部逻辑复位对这些位置位。当发送消息成功或者异常中断,该寄存器的相应位将复位。当 CPU 要对某位置位,而 CAN 模块要将该位清零,则相应的位将置位。

如果消息对象 n 相应的 TRRn 已经置位,并且通过 TRS 已经初始化相应的位,但当前没有对消息进行处理,则会取消相应的传输请求;如果当前正在处理相应的消息,无论数据发送成功(正常操作)还是失败(因为在 CAN 总线上检测到丢失仲裁和错误状态),相应的位将被复位。如果发送失败,相应的状态位(AA(31:0))将被置位;如果发送成功,状态位 TA(31:0)将被置位。发送请求状态复位信号可以从 TRS(31:0)中读取。

通过 CPU 写 1,可以将 CANTRR 寄存器中的位置 1。具体的寄存器位信息及功能介绍如表 8.10 和表 8.11 所示。

表 8.10 发送请求复位寄存器位信息

| 31 | 0 |
|---|---|
| TRR(31:0) | |

RS-0

表 8.11 发送请求复位寄存器位功能介绍

| 位 | 名 称 | 功 能 描 述 |
|---|---|---|
| 31~0 | TRR(31:0) | 发送请求复位<br>1 TRR 置位,取消发送请求;<br>0 没有操作 |

## 8.2.5 发送响应寄存器(CANTA)

如果邮箱 n 中的消息已经成功发送,相应的 TAn 将置位。如果 CANMIM 中相应的中断屏蔽位被置位,那么 GMIF0/GMIF1(GIF0.15/GIF1.15)也会被置位。GMIF0/GMIF1 位表示产生一个中断。

CPU 通过向 CANTA 中写 1,使其复位。如果已经产生中断,向 CANTA 寄存器写 1,则可以清除中断,向 CANTA 寄存器写 0 没有影响。如果 CPU 复位的同时,CAN 模块要将相同位置位,则该位将被置位。上电后,寄存器所有的位都被清除。具体的寄存器位信息及功能介绍如表 8.12 和表 8.13 所示。

表 8.12 发送响应寄存器位信息

| 31 | 0 |
|---|---|
| TA(31:0) | |

RC-0

表 8.13 发送响应寄存器位功能介绍

| 位 | 名 称 | 功 能 描 述 |
|---|---|---|
| 31~0 | TA(31:0) | 发送响应位<br>1 如果邮箱 n 中的消息成功发送出去,那么寄存器第 n 位将置位;<br>0 消息没有被成功发出 |

## 8.2.6　异常中断响应寄存器(CANAA)

如果邮箱 n 中的消息发送失败,AAn 将置位,AAIF(GIF14)也将置位,如果中断已经使能,可能引发中断。

如果 CPU 通过向 CANAA 寄存器写1使能中断,则 AAIF(GIF14)也被置位,写0没有影响。如果 CPU 要将某位复位,而 CAN 模块要将相同位置位,则该位将置位。上电后,寄存器所有的位都被清除。具体的寄存器位信息及功能介绍如表8.14和表8.15所示。

表8.14　异常中断响应寄存器位信息

| 31 | 0 |
|---|---|
| AA(31:0) | |

RC-0

表8.15　异常中断响应寄存器位功能介绍

| 位 | 名　称 | 功　能　描　述 |
|---|---|---|
| 31~0 | AA(31:0) | 发送失败位<br>1　若邮箱 n 中的消息发送失败,第 n 位将置位;<br>0　消息成功发送 |

## 8.2.7　接收消息挂起寄存器(CANRMP)

如果邮箱 n 接收到消息,寄存器的 RMPn 将被置位。这些位只能通过 CPU 或内部逻辑复位。如果 OPCn(OPC(31:0))位被清零,新接收到的消息将会覆盖原先存储的消息,否则将检查下一个 ID 匹配的邮箱。在这种情况下,相应的状态位 RMLn 将被置位。通过向寄存器 CANRMP 的基地址写1,CANRMP 和 CANRML 的相应位将被清除。如果 CPU 将某位复位,CAN 模块要将相同位置位,则该位置位。

如果在 CANMIM 寄存器中相应的中断屏蔽位被置位,则 CANRMP 寄存器相应的位会对 GMIF0/GMIF1(GIF0.15/GIF1.15)置位,其中 GMIF0/GMIF1 位导致中断产生。具体的寄存器位信息及功能介绍如表8.16和表8.17所示。

表8.16　接收消息挂起寄存器位信息

| 31 | 0 |
|---|---|
| RMP(31:0) | |

RC-0

表8.17　接收消息挂起寄存器位功能介绍

| 位 | 名　称 | 功　能　描　述 |
|---|---|---|
| 31~0 | RMP(31:0) | 接收消息挂起位<br>1　如果邮箱 n 中接收到消息,寄存器的 RMPn 位将置位;<br>0　邮箱内没有消息 |

## 8.2.8　接收消息丢失寄存器(CANRML)

如果邮箱 n 中前一个消息被新接收到的消息覆盖,则 RMLn 将被置位。该位只能通过 CPU 复位,且只能通过内部逻辑置位。通过向 CAMRMP 相应的位写 1,可以清除该位。如果 CPU 对某位复位的同时,而 CAN 模块要将其置位,则该位将置位。如果 OPCn(OPC(31:0))被置位,CANRML 寄存器不会改变。

如果 CANRML 寄存器的一个或者多个位被置位,那么 RMLIF(GIF0.11/GIF1.11)位将被置位。如果 RMLIM 位置位,则导致产生中断。具体的寄存器位信息及功能介绍如表 8.18 和表 8.19 所示。

表 8.18　接收消息丢失寄存器位信息

| 31 | 0 |
|---|---|
| RML(31:0) | |

RC-0

表 8.19　接收消息丢失寄存器位功能介绍

| 位 | 名　称 | 功　能　描　述 |
|---|---|---|
| 31~0 | RML(31:0) | 接收消息丢失位<br>1　前一个没有读取的消息将被新接收消息覆盖;<br>0　没有消息丢失 |

注:RMLn 位通过对 RMPn 置位的清除实现清零。

## 8.2.9　远程帧挂起寄存器(CANRFP)

不论何时 CAN 模块接收到远程帧请求,远程帧挂起寄存器相应的 RPFn 位将被置位。如果接收邮箱中已经存在有远程帧(AAM=0,CANMD=1),RPFn 位将不会被置位。具体的寄存器位信息及功能介绍如表 8.20 和表 8.21 所示。

表 8.20　远程帧挂起寄存器位信息

| 31 | 0 |
|---|---|
| RFP(31:0) | |

RC-0

表 8.21　远程帧挂起寄存器位功能介绍

| 位 | 名　称 | 功　能　描　述 |
|---|---|---|
| 31~0 | RFP(31:0) | 远程帧挂起寄存器<br>对于接收邮箱来说,如果接收到远程帧,RPFn 置位,TRSn 则无影响;<br>对于发送邮箱来说,如果接收到远程帧,RPFn 置位,并且如果邮箱的 AAM 的值为 1,TRSn 也置位。<br>邮箱的 ID 号必须与远程帧的 ID 号匹配。<br>1　CAN 模块接收到远程帧请求;<br>0　CAN 模块没有接收到远程帧请求,CPU 清除该寄存器 |

为了防止自动应答邮箱响应远程帧请求,CPU必须通过置位相应的发送请求复位位TRRn,将RFPn标志位和TRSn位清除。AAM位也可以被CPU清除以使模块停止发送消息。

如果CPU要将某位复位,而CAN模块要将其置位,则该位复位。CPU不能中断正在进行的发送过程。

如果接收到远程帧(接收消息包含RTR(MSGCTRL.4)=1),CAN模块使能适当的过滤器,从最高邮箱开始按照降序的顺序比较所有邮箱的标识符。

在标识符匹配(消息对象被配置为发送邮箱且AAM(MID.29)被置位)的情况下,对象将作为被发送的消息对象(TRSn置位)。

如果标识符匹配且配置为发送邮箱,而邮箱的AAM位没有置位,该消息将不会被接收。在发送邮箱中找到匹配的标识符之前,不会再进行比较。

如果标识符匹配且配置为接收邮箱,该消息当作数据帧处理,相应的接收消息挂起寄存器(CANRMP)中相应的位将置位,然后CPU必须确定如何处理该情况。

对于CPU来讲,如果需要改变已配置成远程帧邮箱(AAM置位)内的数据,则必须首先设置邮箱号,并置位MCR的数据请求位(CDR(MC.8)),然后CPU可以访问并清除CDR位,告诉eCAN模块访问已经完成。在CDR位被清除之前,邮箱发送消息是不允许的。因此,最新的消息就被发送出去。

要改变邮箱中的标识符,邮箱必须先被屏蔽掉(CANMEn=0)。

对于CPU来讲,如果要从其他节点请求数据,它要将邮箱配置为接收邮箱,并将TRS置位,在这种情况下,模块发送一个远程帧请求,并在发送请求的同一个邮箱中接收数据帧。因此,对于远程帧请求只要一个邮箱就可以了。需要注意的是,CPU必须将RTR位(MSGCTRL.4)置位以使能远程帧传送。一旦远程帧发送出去后,该邮箱的TRS位将被CAN模块清除。在这种情况下,邮箱的TAn不会被置位。

消息对象n的操作由CANMDn(CANMD(31:0))、AAM(MSGID.29)和RTR(MSGCTRL.4)配置,它显示了如何根据需要的操作来配置某个消息对象。归纳起来,消息对象主要有下面四种配置情况。

(1) 发送消息对象只能发送消息;

(2) 接收消息对象只能接收消息;

(3) 请求消息对象可以发送远程请求帧,等待相应的数据帧;

(4) 只要接收到的远程请求帧具有相应的标识符,应答消息对象就可以发送数据帧。

## 8.2.10　全局接收屏蔽寄存器(CANGAM)

CAN模块的全局接收屏蔽功能在标准CAN模式(SCC)下使用。如果相应邮箱的AME位(MSGID.30)置位,则全局接收屏蔽功能用于邮箱6~15,接收到的消息只有存储到第一个标识符号匹配的邮箱内。具体的寄存器位信息及功能介绍如表8.22和表8.23所示。

**表 8.22　全局接收屏蔽寄存器位信息**

| 31 | 30 | 29 28 | 16 |
|---|---|---|---|
| AMI | Reserved | GAM(28:16) | |
| RWI-0 | R-0 | RWI-0 | |

| 15 | 0 |
|---|---|
| GAM(15:0) | |
| RWI-0 | |

**表 8.23　全局接收屏蔽寄存器位功能介绍**

| 位 | 名　称 | 功　能　描　述 |
|---|---|---|
| 31 | AMI | 接收屏蔽标志扩展位<br>1　可以接收标准帧和扩展帧。在扩展帧模式下,所有的 29 位标识符都存放在邮箱中,所有的 29 位全局接收屏蔽寄存器的位用于过滤器;在标准帧模式下,只使用前 11 位(28～18)标识符和全局接收屏蔽功能。<br>　接收邮箱的 IDE 位不起作用,而且会被发送消息的 IDE 位覆盖。为了接收到消息,必须满足过滤的规定。<br>0　邮箱中存放的标识符扩展位确定接收消息的内容 |
| 30～29 | Reserved | 读不确定,写没有影响 |
| 28～0 | GAM(28:0) | 全局接收屏蔽位<br>这些位允许接收到消息的任何标识符被屏蔽。接收到的标识符相应的位可以接收 0 或 1(无关)。接收到的标识符的位的值必须与 MSGID 寄存器中相应的标识符的位匹配 |

## 8.2.11　主控寄存器(CANMC)

主控寄存器(CANMC)用来控制 CAN 模块的设置。CANMC 寄存器中的某些位采用 EALLOW 保护。该寄存器只支持 32 位读/写操作,各位信息及功能介绍如表 8.24 和表 8.25 所示。

**表 8.24　主控寄存器位信息**

| 31 | | | | | | 17 | 16 |
|---|---|---|---|---|---|---|---|
| Reserved | | | | | | | SUSP |
| R-0 | | | | | | | R/W-0 |

| 15 | 14 | 13 | 12 | 11 | 10 | 9 | 8 |
|---|---|---|---|---|---|---|---|
| MBCC | TCC | SCB | CCR | PDR | DBO | WUBA | CDR |
| R/WP-0 | SP-x | R/WP-0 | R/WP-1 | R/WP-0 | R/WP-0 | R/WP-0 | R/WP-0 |

| 7 | 6 | 5 | 4 | | | | 0 |
|---|---|---|---|---|---|---|---|
| ABO | STM | SRES | MBNR | | | | |
| R/WP-0 | R/WP-0 | R/S-0 | R/W-0 | | | | |

注:WP—EALLOW 保护;S—只有在 EALLOW 模式下才能置位;WP—只有在 EALLOW 保护模式下才能进行写操作;-x—状态不确定。

表 8.25  主控寄存器位功能介绍

| 位 | 名　称 | 功　能　描　述 |
|---|---|---|
| 31～17 | Reserved | 读不确定,写没有影响 |
| 16 | SUSP | 该位决定了 CAN 模块在挂起 SUSPEND(如断点、单行执行等)模式下的操作。<br>1  FREE 模式:在 SUSPEND 模式下,外设继续运行,节点正常地参与 CAN 通信(发送响应,产生错误帧,接收/发送数据);<br>0  SOFT 模式:在 SUSPEND 模式下,当前的消息发送完毕后,外设关闭 |
| 15 | MBCC | 邮箱定时邮递计数器清零<br>在 SCC 模式下,该位保留并且受 EALLOW 保护。<br>1  发送成功或邮箱 16 接收到消息后,邮箱定时邮递计数器清零;<br>0  邮箱定时邮递计数器未复位 |
| 14 | TCC | 邮箱定时邮递计数器 MSB 清除<br>在 SCC 模式下,该位保留且受 EALLOW 保护。<br>1  邮箱定时邮递计数器最高位 MSB 复位,一个时钟周期后,TCC 位由内部逻辑清零;<br>0  邮箱定时邮递计数器不变 |
| 13 | SCB | SCC 模式兼容控制位<br>在 SCC 模式下该位保留且受 EALLOW 保护。<br>1  选择 eCAN 模式;<br>0  eCAN 工作在 SCC 模式,只有邮箱 0～15 可用 |
| 12 | CCR | 改变配置请求<br>该位受 EALLOW 保护。<br>1  CPU 请求向在 SCC 模式下的配置寄存器 CANBTC 和接收屏蔽寄存器(CANGAM、LAM0 和 LAM3)写配置信息。该位置 1 后,在对 CANBTC 寄存器进行操作之前,CPU 必须等到 CANES 寄存器的 CCE 标志为 1。在总线禁止状态下,如果 ABO 位没有置 1,CCR 位也会被置 1。可以通过清除此位退出 BO 状态;<br>0  CPU 请求正常操作。只有在配置寄存器 CANBTC 被配置为允许的值后才可以实现该操作。必须经过总线禁止恢复顺序后,才可脱离总线禁止状态 |
| 11 | PDR | 掉电模式请求<br>从低功耗模式唤醒后,该位被 eCAN 模块自动清除,并且受 EALLOW 保护。<br>1  局部掉电模式请求;<br>0  不请求局部掉电模式(正常操作)<br>注: 如果应用程序将邮箱的 TRSn 置位,然后立即将 PDR 置位,CAN 模块进入低功耗模式(LPM),但不发送数据帧。这主要是因为数据传送到发送缓冲的邮箱 RAM 中大约需要 80 个 CPU 周期。因此,应用程序必须保证在写 PDR 位之前,挂起的发送全部已经完成。TAn 位可以保证发送完成 |
| 10 | DBO | 数据字节顺序<br>该位选择消息数据区字节的次序,并且受 EALLOW 保护。<br>1  首先接收或发送数据的最低有效字节;<br>0  首先接收或发送数据的最高有效字节 |

| 位 | 名　称 | 功　能　描　述 |
|---|---|---|
| 9 | WUBA | 总线唤醒<br>该位受 EALLOW 保护。<br>1　检测到任何总线工作状态,然后退出低功耗模式;<br>0　只有向 PDR 位写 0 后,才退出低功耗模式 |
| 8 | CDR | 改变数据区请求<br>该位允许快速更新数据消息。<br>1　CPU 请求向由 MBNR(4:0)(MC(4:0))表示的邮箱数据区写数据。在 CPU 访问邮箱完成后,必须将 CDR 位清除。CDR 置位时,CAN 模块不会发送邮箱里的内容。在从邮箱中读取数据然后将其存储到发送缓冲器,由状态机检测该位;<br>注:一旦某邮箱的 TRS 置位,并且邮箱中的数据使用 CDR 位改变,则 CAN 模块不能发送新的数据,而只能发送旧的数据。为了避免发生这种情况,使用 TRRN 位,并再次置 TRSn 位,使发送复位,这样就可以发送新的数据。<br>0　CPU 请求正常操作 |
| 7 | ABO | 自动总线连接位<br>该位受 EALLOW 保护。<br>1　在总线脱离状态下,检测到 128×11 隐性位后,模块将自动恢复总线的连接状态;<br>0　总线脱离状态只有在检测到 128×11 连续的隐性位并且已经清除 CCR 位后才跳出 |
| 6 | STM | 自测度模式使能位<br>该位受 EALLOW 保护。<br>1　模块工作在自测度模式。在这种工作模式下,CAN 模块产生自己的应答信号(ACK),因此,模块不连接到总线上也可以使能操作。消息不发送,但读回的数据存放在相应的邮箱里。接收的帧的 MSGID 不保存到 STR 中的 MBR;<br>0　模块工作在正常模式 |
| 5 | SRES | 模块软件复位<br>该位只能进行写操作,读操作结果总是 0。<br>1　对该位进行写操作,导致模块软件复位(除保护寄存器外的所有参数复位到默认值);邮箱的内容和错误计数器不变;取消挂起和正在发送的操作,且不扰乱通信;<br>0　没有影响 |
| 4～0 | MBNR(4:0) | 邮箱编号<br>1　MBNR4 只有在 eCAN 模式下才使用,在标准模式保留;<br>0　邮箱的编号,CPU 请求向其数据区写数据,该区域与 CDR 结合使用 |

在挂起(SUSPEND)模式下,CAN 模块的操作如下。

(1) 如果没有数据在 CAN 总线上传输时,请求 SUSPEND 模式,节点将进入 SUSPEND 模式。

(2) 如果有数据在 CAN 总线上传输时,请求 SUSPEND 模式,则在完成正在处理的帧之后,节点再进入 SUSPEND 模式。

(3) 如果节点正在发送数据,请求 SUSPEND 模式,节点收到响应信号后进入 SUSPEND

模式。如果没有得到响应信号或者有其他错误,它先发送一个错误帧,然后进入 SUSPEND 模式,TEC 相应地进行调整。在第二种情况下,发送错误帧,然后进入 SUSPEND 模式,在退出 SUSPEND 模式后节点将重发最初的帧。该帧发送完后,TEC 相应地进行调整。

(4) 如果节点正在接收数据,请求 SUSPEND 模式,发送响应位后进入 SUSPEND 模式。如果有错误,节点在发出错误帧后再进入 SUSPEND 模式,在进入 SUSPEND 模式前 REC 相应地进行调整。

(5) 如果没有数据在 CAN 总线上传输,请求退出 SUSPEND 模式,节点就会退出请求 SUSPEND 状态。

(6) 如果有数据在 CAN 总线上传输,请求退出 SUSPEND 模式,在总线进入空闲状态后再退出该模式。因此,节点不会收到任何"局部"帧,这样将导致产生错误帧。

(7) 当节点挂起时,将不会参与接收或发送任何数据,因此,也不发送响应位和错误帧。在 SUSPEND 状态下,TEC 和 REC 也不会调整。

## 8.2.12  位时序配置寄存器(CANBTC)

位时序配置寄存器 CANBTC 用来配置 CAN 节点的适当的网络时序参数。在使用 CAN 模块之前,必须对该寄存器进行编程。

在用户模式下,该寄存器被写保护,只能在初始化阶段时进行写操作。各位信息及功能介绍如表 8.26 和表 8.27 所示。

表 8.26  位时序配置寄存器位信息

| 31 | | 24 | 23 | | | 16 |
|---|---|---|---|---|---|---|
| Reserved | | | BRP$_{reg}$ | | | |
| R-x | | | R/WPI-0 | | | |

| 15 | | 10 | 9 | 8 | 7 | 6 | 3 | 2 | 0 |
|---|---|---|---|---|---|---|---|---|---|
| Reserved | | | SJW$_{reg}$ | | SAM | TSEG1$_{reg}$ | | TSEG2$_{reg}$ | |
| R-0 | | | R/WPI-0 | | R/WPI-0 | R/WPI-0 | | R/WPI-0 | |

注:R/WPI—在任何模式下都可读取。

表 8.27  位时序配置寄存器位功能介绍

| 位 | 名  称 | 功能描述 |
|---|---|---|
| 31~24 | Reserved | 读不确定,写没有影响 |
| 23~16 | BRP$_{reg}$(7:0) | 通信波特率预设置<br>该寄存器确定通信波特率的预定值,一个 TQ 的长度值的定义为<br>$$TQ = \frac{1}{SYSCLKOUT} \times (BRP_{reg} + 1)$$<br>其中,SYSCLK 为 CAN 模块的系统时钟。CAN 模块的时钟与 CPU 在相同的频率上,这不同于其他典型的时钟在 LSPCLK 的串行设备。BRP$_{reg}$ 是寄存器的预定值。当 CAN 模块访问时,该值自动加 1,增加的值由 BRP(BRP$_{reg}$+1)表示,BRP 是 1~256 可编程的。<br>注意:对于 BRP=1 的特殊情况,信息处理时间(IPT)为 3TQ。这并不符合 ISO 11898 标准,该标准定义 IPT 应不大于 2TQ。因此,不允许使用该模式(BRP$_{reg}$=0) |

| 位 | 名　称 | 功 能 描 述 |
|---|---|---|
| 15～10 | Reserved | 保留 |
| 9～8 | SJW$_{reg}$(1:0) | 同步跳转宽度控制位<br>当重新同步时,参数 SJW 表示定义一个位可以延长或缩短 TQ 值的单元数。SJW 可以在 1～4 即 SJW＝00b～SJW＝11b 之间进行变动。<br>SJW$_{reg}$ 定义了同步跳转宽度的寄存器值,该值写在了 CANBTC 寄存器的9,8 位。当 CAN 模块访问时,该值自动加 1。增加的值由 SJW 表示:<br>$$SJW＝SJW_{reg}＋1$$<br>SJW 在 1～4TQ 之间可编程,SJW 的最大值是 TSEG2 和 4TQ 的最小值,即<br>$$SJW(max)＝min[4TQ,TSEG2]$$ |
| 7 | SAM | 该参数由 CAN 模块设置,确定 CAN 总线数据的采样次数。当 SAM 置位时,CAN 模块对总线上每位数据进行 3 次采样,根据结果中占多数的值作为最终的结果。<br>1　CAN 模块采样 3 次,以多数为准。只有波特率预定值 BRP＞4 时,才选用 3 次采样模式。<br>0　CAN 模块在每个采样点只采样一次 |
| 6～3 | TSEG1$_{reg}$(3:0) | 时间段 1<br>CAN 总线上一位的时间长度由参数 TSEG1、TSEG2 和 BRP 确定,所有 CAN 总线上的控制器必须有相同的波特率和位宽。对于不同时钟频率的独立的控制器来说,必须通过上述参数调整。<br>TSEG1 的长度以 TQ 为单位,TSEG1 是 PROP_SEG 和 PHASE_SEG1 之和:<br>$$TSEG1＝PROP\_SEG＋PHASE\_SEG1$$<br>其中,PROP-SEG 和 PHASE-SEG1 是以 TQ 为单位的两段长度。<br>TSEG1$_{reg}$ 确定时间段 1 的寄存器值,该值写在 CANBTC 寄存器的 6～3 位。当 CAN 模块访问时该值自动加1,增加的值由 TSEG1 表示:<br>$$TSEG1＝TSEG1_{reg}＋1$$<br>TSEG1 的值必须选择大于等于 TSEG2 和 IPT 的值 |
| 2～0 | TSEG2$_{reg}$(2:0) | 时间段 2<br>TSEG2 以 TQ 为单位定义 PHASE_SEG2 的长度。<br>TSEG2 在 1～8 个 TQ 范围内可编程,必须满足以下时间规则:<br>TSEG2 必须小于等于 TSEG1,大于等于 IPT。<br>TSEG2$_{reg}$ 确定时间段 2 的寄存器值,其值写在 CANBTC 寄存器的位2～0。当 CAN 模块访问时该值自动加1,增加的值由 TSEG2 表示:<br>$$TSEG2＝TSEG2_{reg}＋1$$ |

## 8.2.13　错误和状态寄存器(CANES)

CAN 模块的状态由本部分讲述的错误状态寄存器和错误计数寄存器表示。

错误和状态寄存器是由 CAN 模块的实际状态信息位组成的,主要显示总线上的错误标志以及错误状态标志。在 CANES 寄存器中,总线错误标志(FE、BE、CRCE、SE、ACKE)和错误状态(BO、EP、EW)的存储方式必须遵守下面的特殊机制。如果其中一个错误标志置位,其他所有错误标志将锁定在当前的错误状态。为了更新 CANES 寄存器的错误标志,已经置位的错误标志位必须通过写 1 才能响应。这种机制可以通过软件区分产生的第一个错误和后续错误。该动作也清除了标志位。具体的寄存器位信息及功能介绍如表 8.28 和表 8.29 所示。

表 8.28　错误和状态寄存器位信息

| 31 | | 25 | 24 | 23 | 22 | 21 | 20 | 19 | 18 | 17 | 16 |
|----|----|----|----|----|----|----|----|----|----|----|----|
| Reserved | | | FE | BE | SA1 | CRCE | SE | ACKE | BO | EP | EW |
| R-0 | | | RC-0 | RC-0 | R-1 | RC-0 | RC-0 | RC-0 | RC-0 | RC-0 | RC-0 |

| 15 | | | 6 | 5 | 4 | 3 | 2 | 1 | 0 |
|----|----|----|----|----|----|----|----|----|----|
| Reserved | | | SMA | CCE | PDA | Reserved | | RM | TM |
| R-0 | | | R-0 | R-1 | R-0 | R-0 | | R-0 | R-0 |

表 8.29　错误和状态寄存器位功能介绍

| 位 | 名　称 | 功　能　描　述 |
|----|--------|----------------|
| 31～25 | Reserved | 读不确定,写没有影响 |
| 24 | FE | 格式错误标志位<br>1　在总线上产生了格式错误,意味着在总线上一个或多个固定格式位区域有错误状态;<br>0　没有检测到格式错误,CAN 模块能够正确发送或接收数据 |
| 23 | BE | 位错误标志<br>1　在发送仲裁位时或发送后,接收的位和发送的位不匹配;<br>0　没有检测到位错误 |
| 22 | SA1 | 出现显性错误标志<br>SA1 位在软、硬件复位或总线禁止后总是 1,当总线上检测到隐性位时,该位自动清零<br>1　CAN 模块没有检测到隐性位;<br>0　CAN 模块检测到一个隐性位 |
| 21 | CRCE | CRC 错误<br>1　CAN 模块接收到一个 CRC 错误;<br>0　CAN 模块没有接收到 CRC 错误 |
| 20 | SE | 填充错误<br>1　一个填充位错误发生;<br>0　没有填充位错误发生 |
| 19 | ACKE | 应答错误<br>1　CAN 模块没有接收到应答信号;<br>0　所有消息都被正确响应 |

续表

| 位 | 名 称 | 功 能 描 述 |
|---|---|---|
| 18 | BO | 总线禁止状态<br>CAN 模块处于总线禁止状态。<br>1 当传输错误计数器(CANTEC)达到上限 256 时,在总线上有反常的速率误差。在总线禁止状态下,不能发送或者接收任何消息。如果自动恢复总线位(ABO,CANMXC.7)置位,或接收到 128×11 个隐性位后退出总线关闭状态,跳出总线禁止状态,错误计数器将清零;<br>0 正常操作 |
| 17 | EP | 消极错误状态<br>1 CAN 模块处于消极错误模式,CANTEC 达到 128;<br>0 CAN 模块处于积极错误模式 |
| 16 | EW | 警告状态<br>1 两个错误计数器(CANREC 或 CANTC)中的一个计数达到警告级别 96;<br>0 两个错误计数器(CANREC 和 CANTC)的值都小于 96 |
| 15~6 | Reserved | 读不确定,写没有影响 |
| 5 | SMA | 挂起模式应答<br>在挂起模式有效后,该位会在一个时钟周期(最多一帧时间)延时后置位,当电路没有处于运行模式时,挂起模式被调试工具激活。在挂起模式过程中,CAN 模块被锁定,不能发送或接收任何帧。然而,当 CAN 模块正在发送或接收帧时,挂起模式被激活,那么只有当帧结束时,才会进入挂起模式。当 SOFT 模式有效(CANMC.16=1)时,进入运行模式。<br>1 模式已处于挂起模式;<br>0 模块未处于挂起模式 |
| 4 | CCE | 改变配置使能位<br>该位表示了配置访问权利。<br>1 CPU 已经对配置寄存器进行了写操作;<br>0 CPU 被禁止对配置寄存器进行写操作 |
| 3 | PDA | 掉电模式响应位<br>1 CAN 模块已经进入掉电模式;<br>0 正常操作 |
| 2 | Reserved | 读不确定,写没有影响 |
| 1 | RM | 接收模式<br>CAN 模块处于接收模式。该位反映了不论邮箱如何配置,CAN 模块实际正在进行的操作<br>1 CAN 模块正在接收消息;<br>0 CAN 模块没有接收消息 |
| 0 | TM | 发送模式<br>CAN 模块处于发送模式,该位反映了不论邮箱如何配置,CPN 模块正在进行的操作。<br>1 CAN 模块正在发送消息;<br>0 CAN 模块没有发送消息 |

### 8.2.14 错误计数寄存器(CANTEC/CANREC)

CAN模块包含两个错误计数器：接收错误计数器(CANREC)和发送错误计数器(CANTEC)。这两个计数器的值都可以通过CPU接口读取。根据CAN2.0协议规范，两个计数器可以递增或递减计数。具体的寄存器位信息说明如表8.30所示。

**表8.30　发送/接收错误计数寄存器位信息**

| 31 | 8 7 | 0 |
|---|---|---|
| Reserved | | TEC |
| R-x | | R-0 |

| 31 | 8 7 | 0 |
|---|---|---|
| Reserved | | REC |
| R-x | | R-0 |

在达到或超过消极错误上限(128)时，接收错误计数器的值将不会再增加。当正确地接收到一个消息后，计数器重新置位在119~127之间的某一值(对比CAN协议规范)。在进入总线禁止状态后，发送错误计数器不再起作用，变为不确定的，而接收错误计数器将用作其他功能。

总线禁止后，接收错误计数器清零，然后总线上每连续出现11个隐性位，接收错误计数器就加1。这11位符合总线上相邻两帧之间的间隔。当计数器值达到128时，如果ABO(MC7)置位，模块将自动恢复到总线开启状态，所有的内部标识符位、错误计数器都要清零。退出CAN初始状态后，计数器清零。

### 8.2.15 中断寄存器

中断标志寄存器、中断屏蔽寄存器和邮箱中断优先级寄存器共同控制着中断。在本小节中将介绍这些寄存器。

1. 全局中断标志寄存器(CANGIF0/CANGIF1)

这些寄存器允许CPU鉴别中断源。

如果相应的中断条件产生，中断标志位将被置位。根据CANGIM寄存器的GIL位的设置置位。全局中断标志将置位，全局中断将CANGIF1中断标志位置位，否则将CANGIF0中的中断标志位置位。这条规则也适合中断标志AAIF和RMLIF。这些位根据适当的CANGIM寄存器的GIL位的设置来置位。

下列位的置位，与CANGIM寄存器响应的中断屏蔽位无关：

| | | |
|---|---|---|
| MTOFn | WDIFn | BOIFn |
| TCOFn | WUIFn | EPIFn |
| AAIFn | RMLIFn | WLIFn |

对于任何邮箱，只有CANMIM寄存器中的相应的邮箱中断屏蔽位置位时，GMIFn才会置位。

如果所有中断标志被清除，而且有新的中断被置位，此时如果相应的中断屏蔽位置位时,则中断输出线将有效。中断线将一直保持激活状态,直至通过CPU写1到适当的位,或清除中断标志。

　　GMIFx标志位必须通过向CANTA或CANRMP寄存器的相关位写1(与邮箱的配置有关)清除,不能在CANGIFx寄存器中清除。在清除一个或多个中断标志后,若仍有一个或多个中断标志被置位,那么新的中断会产生。如果GMIFx置位,那么邮箱中断向量MIVx就指到引起GMIFx置位的邮箱编号。如果存在多个邮箱中断挂起,那么MIVx总是显示优先级最高的邮箱中断向量。

　　表8.31、表8.32给出了全局中断标志寄存器的位信息及功能介绍。表8.32中描述的寄存器各位的定义对于CANGIF0和CANGIF1两个寄存器都适用。

**表8.31　全局中断标志寄存器位信息**

(1) 全局中断标志寄存器 0(CANGIF0)

| 31 | | | | | | | 24 |
|---|---|---|---|---|---|---|---|
| Reserved | | | | | | | |
| R-x | | | | | | | |

| 23 | | | | | 18 | 17 | 16 |
|---|---|---|---|---|---|---|---|
| Reserved | | | | | | MTOF0 | TCOF0 |
| R-x | | | | | | R-0 | RC-0 |

| 15 | 14 | 13 | 12 | 11 | 10 | 9 | 8 |
|---|---|---|---|---|---|---|---|
| GMIF0 | AAIF0 | WDIF0 | WUIF0 | RMLIF0 | BOIF0 | EPIF0 | WLIF0 |
| R/W-0 | R-0 | RC-0 | RC-0 | R-0 | RC-0 | RC-0 | RC-0 |

| 7 | | 5 | 4 | 3 | 2 | 1 | 0 |
|---|---|---|---|---|---|---|---|
| Reserved | | | MIV0.4 | MIV0.3 | MIV0.2 | MIV0.1 | MIV0.0 |
| R/W-0 | | | R-0 | R-0 | R-0 | R-0 | R-0 |

(2) 全局中断标志寄存器 1(CANGIF1)

| 31 | | | | | | | 24 |
|---|---|---|---|---|---|---|---|
| Reserved | | | | | | | |
| R-x | | | | | | | |

| 23 | | | | | 18 | 17 | 16 |
|---|---|---|---|---|---|---|---|
| Reserved | | | | | | MTOF1 | TCOF1 |
| R-x | | | | | | R-0 | RC-0 |

| 15 | 14 | 13 | 12 | 11 | 10 | 9 | 8 |
|---|---|---|---|---|---|---|---|
| GMIF1 | AAIF1 | WDIF1 | WUIF1 | RMLIF1 | BOIF1 | EPIF1 | WLIF1 |
| R/W-0 | R-0 | RC-0 | RC-0 | R-0 | RC-0 | RC-0 | RC-0 |

| 7 | | 5 | 4 | 3 | 2 | 1 | 0 |
|---|---|---|---|---|---|---|---|
| Reserved | | | MIV1.4 | MIV1.3 | MIV1.2 | MIV1.1 | MIV1.0 |
| R/W-0 | | | R-0 | R-0 | R-0 | R-0 | R-0 |

表 8.32　全局中断标志寄存器位功能介绍

| 位 | 名　称 | 功　能　描　述 |
|---|---|---|
| 31～18 | Reserved | 读不确定,写没有影响 |
| 17 | MTOF0/1 | 邮箱超时标志<br>在 SCC 模式下,邮箱超时标志不可用。<br>1　在特定的时间帧内,其中一个邮箱没有接收或发送消息;<br>0　邮箱超时没有发生 |
| 16 | TCOF0/1 | 定时邮递计数器溢出标志位<br>1　定时邮递计数器的 MSB 从 0 变为 1;<br>0　定时邮递计数器的 MSB 是 0,即没有从 0 变为 1 |
| 15 | GMIF0/1 | 全局邮箱中断标志<br>该位只有当 CANMIM 寄存器的邮箱中断屏蔽位置位时才会被置位。<br>1　有一个邮箱接收或发送一个消息成功;<br>0　没有消息发送或接收 |
| 14 | AAIF0/1 | 异常中断应答标志<br>1　一个发送请求失败;<br>0　没有发送失败<br>注:AAIPFn 通过清除 AAn 置位实现清除 |
| 13 | WDIF0/1 | 写拒绝中断标志<br>1　CPU 对邮箱进行写操作没有成功;<br>0　CPU 成功地对邮箱进行写操作 |
| 12 | WUIF0/1 | 唤醒中断标志<br>1　在局部掉电过程期间,该位表示模块已经跳出睡眠模式;<br>0　模块仍然处于睡眠模式或正常操作 |
| 11 | RMLIF0/1 | 接收消息丢失中断标志<br>1　至少有一个接收邮箱发生了溢出,并且 MILn 寄存器相应的位被清除;<br>0　没有消息丢失 |
| 10 | BOIF0/1 | 总线禁止中断标志<br>1　CAN 模式处于总线禁止模式;<br>0　CAN 模块仍处于总线运行模式 |
| 9 | EPIF0/1 | 被动中断差错标志<br>1　CAN 模块已经进入被动中断差错模式;<br>0　CAN 模块没有进入被动中断差错模式 |
| 8 | WLIF0/1 | 警告级中断标志<br>1　至少有一个错误计数器已经达到警告级别;<br>0　没有错误计数器达到警告级别 |
| 7～5 | Reserved | 读不确定,写没有影响 |
| 4～0 | MIV0(4:0)<br>MIV1(4:0) | 邮箱中断向量<br>在 SCC 模式,只有位 3～0 可用。<br>该向量表明了使全局邮箱中断标志置位的邮箱号中断向量一直保持,除非相应的 MIFn 被清除或者有更高优先级的邮箱产生中断,然后最高中断向量得以显示,邮箱 31 拥有最高的优先级。在 SCC 模式,邮箱 15 拥有最高的优先级,邮箱 16～31 无效。<br>如果在 TA/RMP 寄存器中没有标志位置位,而且 GMIF1 或 GMIF0 也被清除,那么该值将不确定 |

### 2. 全局中断屏蔽寄存器(CANGIM)

中断屏蔽寄存器的建立和中断标志寄存器基本相同。如果有一个位置位,那么相应的中断将会使能,需要特别注意的是该寄存器需要 EALLOW 保护。全局中断屏蔽寄存器的位信息和功能介绍如表8.33和表8.34所示。

**表 8.33 全局中断屏蔽寄存器位信息**

| 31 | | | | | | 18 | 17 | 16 |
|---|---|---|---|---|---|---|---|---|
| Reserved | | | | | | | MTOM | TCOM |
| R-x | | | | | | | R-0 | RC-0 |

| 15 | 14 | 13 | 12 | 11 | 10 | 9 | 8 |
|---|---|---|---|---|---|---|---|
| Reserved | AAIM | WDIM | WUIM | RMLIM | BOIM | EPIM | WLIM |
| R-0 | R/WP-0 | R/WP-0 | R/WP-0 | R/WP-0 | R/WP-0 | R/WP-0 | R/WP-0 |

| 7 | | | | 3 | 2 | 1 | 0 |
|---|---|---|---|---|---|---|---|
| Reserved | | | | | GIL | I1EN | I0EN |
| R-0 | | | | | R/WP-0 | R/WP-0 | R/WP-0 |

**表 8.34 全局中断屏蔽寄存器位功能介绍**

| 位 | 名 称 | 功 能 描 述 |
|---|---|---|
| 31～18 | Reserved | 读不确定,写没有影响 |
| 17 | MTOM | 邮箱超时中断禁止<br>1 使能;0 禁止 |
| 16 | TCOM | 定时邮递计数器溢出禁止<br>1 使能;0 禁止 |
| 15 | Reserved | 读不确定,写没有影响 |
| 14 | AAIM | 中止应答中断禁止<br>1 使能;0 禁止 |
| 13 | WDIM | 拒绝写中断禁止<br>1 使能;0 禁止 |
| 12 | WUIM | 唤醒中断禁止<br>1 使能;0 禁止 |
| 11 | RMLIM | 接收消息丢失中断禁止<br>1 使能;0 禁止 |
| 10 | BOIM | 总线禁止中断禁止<br>1 使能;0 禁止 |
| 9 | EPIM | 消极错误中断禁止<br>1 使能;0 禁止 |
| 8 | WLIM | 警告级中断禁止<br>1 使能;0 禁止 |
| 7～3 | Reserved | 读不确定,写没有影响 |
| 2 | GIL | TCOF、WDIF、WUIF、BOIF、EPIF 和 WLIF 的全局中断级<br>1 所有全局中断映射到 ECAN1INT 中断线上;<br>0 所有全局中断映射到 ECAN0INT 中断线上 |

| 位 | 名　称 | 功 能 描 述 |
|---|---|---|
| 1 | I1EN | 中断 1 使能<br>1　如果相应的中断屏蔽位置位,ECAN1INT 中断线上的所有中断被使能;<br>0　ECAN1INT 中断线所有中断被禁止 |
| 0 | I0EN | 中断 0 使能<br>1　如果相应的中断屏蔽位置位,ECAN0INT 中断线上的所有中断被使能;<br>0　ECAN0INT 中断线所有中断被禁止 |

**3. 邮箱中断屏蔽寄存器(CANMIM)**

每个邮箱都有一个中断标志,中断可以是接收中断,也可以是发送中断,具体需要根据邮箱的配置来决定。该寄存器受 EALLOW 保护。表 8.35 和表 8.36 给出了邮箱中断屏蔽寄存器的位信息和功能介绍。

**表 8.35　邮箱中断屏蔽寄存器位信息**

| 31 | 0 |
|---|---|
| MIN(31:0) | |
| RW-0 | |

**表 8.36　邮箱中断屏蔽寄存器位功能介绍**

| 位 | 名　称 | 功 能 描 述 |
|---|---|---|
| 31~0 | MIN(31:0) | 邮箱中断屏蔽<br>上电后,所有中断屏蔽位将被清除,并且所有中断将被禁止。这些位允许每个邮箱独立使能中断。<br>1　邮箱中断使能,当一个消息成功发送或消息没有任何错误接收时,都会产生中断;<br>0　邮箱中断被禁止 |

**4. 邮箱中断级别设置寄存器(CANMIL)**

32 个邮箱中的任何一个都可以使两个中断线中的一个产生中断。如果 MILn=0,中断产生在 ECAN0INT 上;如果 MILn=1,中断产生在 ECAN1INT 上。表 8.37 和表 8.38 给出了邮箱中断级别设置寄存器的位信息和功能介绍。

**表 8.37　邮箱中断级别设置寄存器位信息**

| 31 | 0 |
|---|---|
| MIL(31:0) | |
| RW-0 | |

表 8.38　邮箱中断级别设置寄存器位功能介绍

| 位 | 名　称 | 功　能　描　述 |
|---|---|---|
| 31～0 | MIL(31:0) | 邮箱中断级别<br>1　邮箱中断产生在中断线 1 上；<br>0　邮箱中断产生在中断线 0 上 |

## 8.2.16　覆盖保护控制寄存器(CANOPC)

如果邮箱 n 满足溢出条件(RMPn 置 1,并且接收到的新消息也是符合邮箱 n 的),则新的消息的存储取决于 CANOPC 寄存器的设置。如果 OPCn 的相应的位被置 1,那么原来的消息将会被保护,不会被新的消息覆盖;因此,下一个邮箱将会被检测,是否与 ID 号匹配。如果没有找到邮箱,该消息将会被丢掉,同时不会产生任何报告。如果 OPCn 清除为 0,那么旧的消息将被新接收到的消息覆盖,同时会将接收消息丢失位 PMLn 置位,表示已经覆盖。

该寄存器只支持 32 位读/写操作。表 8.39 和表 8.40 给出了覆盖保护控制寄存器的位信息和功能介绍。

表 8.39　覆盖保护控制寄存器位信息

| 31 | 0 |
|---|---|
| OPC(31:0) | |
| RW-0 | |

表 8.40　覆盖保护控制寄存器位功能介绍

| 位 | 名　称 | 功　能　描　述 |
|---|---|---|
| 31～0 | OPC(31:0) | 覆盖保护控制位<br>1　如果 OPCn=1,邮箱中原存储的信息受保护,不会被新接收到的消息覆盖;<br>0　如果 OPCn=0,邮箱中旧的消息能被新的消息覆盖 |

## 8.2.17　eCAN I/O 控制寄存器(CANTIOC、CANRIOC)

CANTX 和 CANRX 引脚应该配置为 CAN 使用,通过使用寄存器 CANTIOC 和 CANRIOC 来完成。

1. TXIO 控制寄存器(CANTIOC)

CANTIOC 的位信息及功能定义如表 8.41 和表 8.42 所示。

表 8.41　CANTIOC 的位信息

| 31 | | | | | 16 |
|---|---|---|---|---|---|
| Reserved | | | | | |
| RC-0 | | | | | |

| 15 | | 4 | 3 | 2 | 0 |
|---|---|---|---|---|---|
| Reserved | | | TXFUNC | Reserved | |
| R-0 | | | RWP-0 | | |

表 8.42　CANTIOC 的位功能介绍

| 位 | 名　称 | 功　能　描　述 |
|---|---|---|
| 31～4 | Reserved | 读不确定,写没有影响 |
| 3 | TXFUNC | 作为 CAN 模块的功能使用,必须置位<br>1　CANTX 引脚用作 CAN 模块的发送引脚;<br>0　保留 |
| 2～0 | Reserved | 保留 |

### 2. RXIO 控制寄存器(CANRIOC)

CANRIOC 的位信息及功能介绍如表 8.43 和表 8.44 所示。

表 8.43　CANRIOC 的位信息

| 31 | | | | | 16 |
|---|---|---|---|---|---|
| | | Reserved | | | |
| | | R-x | | | |

| 15 | | 4 | 3 | 2 | 0 |
|---|---|---|---|---|---|
| Reserved | | | RXFUNC | Reserved | |
| R-0 | | | R/WP-0 | | |

表 8.44　CANRIOC 的位功能介绍

| 位 | 名　称 | 功　能　描　述 |
|---|---|---|
| 31～4 | Reserved | 读不确定,写没有影响 |
| 3 | RXFUNC | 作为 CAN 模块的功能使用,必须置位<br>1　CANRX 引脚用作 CAN 模块的接收引脚;<br>0　保留 |
| 2～0 | Reserved | 保留 |

## 8.2.18　定时器管理单元

在消息发送/接收时 eCAN 模块通过几个功能来监测时序,同时使用一个独立的状态机处理时序控制功能。当访问寄存器时,该状态机的优先级要比其他 CAN 的状态级低。因此,时序控制功能可能会被正在运行的操作耽误。

### 1. 定时邮递功能

为了得到消息发送或接收的指示,模块使用一个自由运行的 32 位定时器(TSC)。当接收到的消息已经被存储或消息已经发送时,这个定时器的内容将被写到相应的邮箱(定时邮递寄存器 MOTS)中。

计数器由 CAN 总线的位时钟驱动。在初始化模式、睡眠或挂起模式下,定时器停止工作。当上电复位后,自由运行的定时器被清零。

通过向 TCC(CANMC.14)写 1 可以使 TSC 寄存器的最高有效位清零。当邮箱 16 成功地接收或发送一个消息时,TSC 寄存器也可清零,但需要置位 MSCC 位(CANMC.15)进行使能。因此,可以使用邮箱 16 实现网络的全局时序同步。CPU 也可以读/写该计数器。

计数器溢出是通过 TSC 中断标志(TCOFn-CANGIFn.16)检测的。当 TSC 计数器的最高位变为1时,溢出产生。因此,CPU有足够的时间来处理这种情况。

(1) 计时邮递计数器寄存器(CANTSC)

该寄存器保存着任何时刻的定时邮递计数器的计数值。这是一个32位的自由运行的计数器,它使用的是CAN总线上的位时钟。例如,如果比特率是1Mbps,则CANTSC每1μs增加1。计时邮递计数器寄存器的位信息及功能介绍如表8.45和表8.46所示。

表8.45 计时邮递计数器寄存器位信息

| 31 | 16 |
|---|---|
| TSC(31:16) | |
| R/WP-0 | |

| 15 | 0 |
|---|---|
| TSC(15:0) | |
| R/WP-0 | |

表8.46 计时邮递计数器寄存器位功能介绍

| 位 | 名 称 | 功 能 描 述 |
|---|---|---|
| 31~0 | TSC(31:0) | 计时邮递计数寄存器<br>本地网络计时计数器的值(用于计时邮递和超时功能) |

(2) 消息目标计时邮递寄存器(MOTS)

当相应的邮箱数据被成功地发送或接收时,消息目标计时邮递寄存器(MOTS)存放TSC值。每个邮箱都有自己的MOTS寄存器。消息目标计时邮递寄存器的位信息及功能介绍如表8.47和表8.48所示。

表8.47 消息目标计时邮递寄存器位信息

| 31 | 16 |
|---|---|
| MOTS(31:16) | |
| R/W-x | |

| 15 | 0 |
|---|---|
| MOTS(15:0) | |
| R/W-x | |

表8.48 消息目标计时邮递寄存器位功能介绍

| 位 | 名 称 | 功 能 描 述 |
|---|---|---|
| 31~0 | MOTS(31:0) | 消息目标计时邮递寄存器<br>当相应的邮箱数据被成功地发送或接收时,计时邮递计数器的值 |

### 2. 超时功能

为确保在预定的时间内所有消息被成功发送或接收,每个邮箱都有自己的超时寄存器。如果消息没有在超时寄存器规定的时间内成功发送或接收,那么寄存器TOC中相应的TOCn将会置位,超时状态寄存器(TOS)中相应的标志位也将置位。

对于发送邮箱,当TOCn位或相应的TRSn位被清除时,无论消息发送成功与否,

TOSn 标志位都将被清除。对于接收邮箱,当相应的 TOCn 位被清除时,TOSn 位也会被清除。

CPU 也可以通过向超时状态寄存器中写 1 来清除超时状态寄存器的标志。

消息目标超时寄存器(MOTO)将被作为 RAM 使用,状态机扫描所有 MOTO 寄存器,然后将它们的值和 TSC 计数器的值比较。如果 TSC 寄存器的值等于或者大于超时寄存器的值,而且 TRS 和 TOCn 相应的位置位,那么 TOSn 相应的位将被置位。因为所有超时寄存器是依次进行扫描的,所以在 TOSn 位置位前会有一定的延时。

(1) 消息目标超时寄存器(MOTO)

当相应的邮箱数据被成功发送或者接收时,该寄存器保存 TSC 的超时值。每个邮箱都有自己的 MOTO 寄存器。具体的消息目标超时寄存器的位信息及功能介绍如表 8.49 和表 8.50 所示。

表 8.49　消息目标超时寄存器位信息

31　　　　　　　　　　　　　　　　　　　　　　　　　　　　　　　　　　0

| MOTO(31:0) |
|:---:|

R/W-x

表 8.50　消息目标超时寄存器位功能介绍

| 位 | 名　称 | 功　能　描　述 |
|:---:|:---:|:---|
| 31～0 | MOTO(31:0) | 消息目标超时寄存器<br>实际发送或接收消息的计时邮递计数器(TSC)的限制值 |

(2) 超时控制寄存器(CANTOC)

该寄存器用来控制是否对某一个给定的邮箱进行超时功能使能。具体的超时功能控制寄存器位信息及功能介绍如表 8.51 和表 8.52 所示。

表 8.51　超时控制寄存器位信息

31　　　　　　　　　　　　　　　　　　　　　　　　　　　　　　　　　　0

| TOC(31:0) |
|:---:|

RW-0

表 8.52　超时控制寄存器位功能介绍

| 位 | 名　称 | 功　能　描　述 |
|:---:|:---:|:---|
| 31～0 | TOC(31:0) | 超时控制寄存器<br>1　若将 TOCn 位置位,必须通过 CPU 使能邮箱 n 的超时功能。在将 TOCn 置位前,要将与 TSC 有关的超时值装载于相应的 MOTO 寄存器;<br>0　超时功能禁止,TOSn 位从不置位 |

(3) 超时状态寄存器(CANTOS)

该寄存器用来保存超时邮箱的状态信息,具体的超时状态寄存器的位信息及功能介绍如表8.53和表8.54所示。

**表8.53 超时状态寄存器位信息**

| 31 | 0 |
|---|---|
| TOS(31:0) | |
| RC-0 | |

**表8.54 超时状态寄存器位功能介绍**

| 位 | 名　称 | 功　能　描　述 |
|---|---|---|
| 31～0 | TOS(31:0) | 超时状态寄存器<br>1　邮箱 n 超时。TSC 寄存器的值大于或等于相应的邮箱的超时寄存器的值,并且 TOCn 置位;<br>0　没有超时产生,或者该邮箱超时功能禁止 |

当以下3个条件全部满足时,TOSn 被置位:

① TSC 的值大于或等于超时寄存器(MOTOn)内的值;

② TOCn 置位;

③ TRSn 置位。

超时寄存器可当作 RAM 使用。状态机扫描所有超时寄存器,并将它们与计时邮寄计数器值进行比较。因为对所有超时寄存器依次进行扫描,所以有可能即使发送邮箱超时,但 TOSn 仍然没有置位。一般当在状态机扫描该邮箱超时寄存器之前,邮箱已经成功地发送了消息并清除了 TRSn 位时,可能发生这种现象。对于接收邮箱同样如此。因此,在状态机扫描邮箱超时定时器时,可以将 RMRn 位置位。然而,接收邮箱可能在超时寄存器指定的时间之前没有接收消息。

3. 在用户应用中 MTOF0/1 位的操作及使用

MTOF0/1 位会自动被 CPK 清除(与 TOSn 位相连),也可以通过用户使用 CPU 将其清除。在超时状态下,MTOF0/1 位将被置位(TOSn 也置位)。通信成功(最后的)时,这些位会自动地被 CPK 清除。具体的 MTOF0/1 位的操作及使用方式如下。

(1) 超时状态出现时,MTOF0/1 位和 TOSn 位都置位,表明通信从未成功,例如没有任何帧被发出或接收到,产生一个中断。应用程序处理这些问题,最终将 MTOF0/1 位和 TOSn 位清零。

(2) 超时状态出现时,MTOF0/1 位和 TOSn 位都置位。但是,通信最终成功了,有帧被发出或接收到,MTOF0/1 和 TOSn 位被 CPK 自动清零。由于已经发生过的中断记录在 PIE 模块中,因此还是会产生一个中断。当 ISR(中断服务程序)扫描 GIF 寄存器时,并不能检测到 MIOF0/1 已置位,这只是假想的中断。应用程序只要返回主程序就可以了。

(3) 超时状态出现时,MTOF0/1 和 TOSn 位都置位,执行与超时有关的 ISR 时通信成功了,这种情况要谨慎处理。如果时间在中断产生和中断服务子程序试图执行校正操作之间邮箱发送了信息,应用程序就不应重新发送信息。处理这种情况的一种方法就是选择 GSR 寄存器中的 TM/RM 位。这些位能够反映出当前 CPK 是否在发送或接收。如果确定如此,应用程序应该等待直到通信结束后再重新检查 TOSn。如果通信仍未成功,那么应用程序应该执行校正操作。

## 8.2.19 邮箱构成

下面 4 个 32 位的寄存器构成了邮箱的信息:

- MSGID——存储消息 ID;
- MSGCTRL——定义字节数、发送优先级和远程帧;
- CANMDL——4B 的数据;
- CANMDH——4B 的数据。

**1. 消息标志寄存器(MSGID)**

该寄存器包含消息 ID 和要设置的邮箱的其他控制位,消息标志寄存器的位信息及功能介绍如表 8.55 和表 8.56 所示。

表 8.55　消息标志寄存器位信息

| 31 | 30 | 29 | 28　　　　　　　　　18 | 17　　　　16 |
|---|---|---|---|---|
| IDE | AME | AAM | ID(28:18) | ID(17,16) |
| R/W-x | R/W-x | R/W-x | R/W-x | R/W-x |

| 15　　　　　　　　　　　　　　　　　　　　　　　　　　　0 |
|---|
| ID(15:0) |
| R/W-x |

表 8.56　消息标志寄存器位功能介绍

| 位 | 名　称 | 功　能　描　述 |
|---|---|---|
| 31 | IDE | 标识符扩展位<br>IDE 位的特性根据 AMI 位的值改变。<br>当 AMI=1 时:<br>(1) 可以不考虑接收邮箱的 IDE 位,发送消息的 IDE 将覆盖接收邮箱的 IDE 位;<br>(2) 为了接收到消息,必须达到过滤的要求;<br>(3) 用来比较的位数是发送消息的 IDE 值的一个函数<br>当 AMI=0 时:<br>(1) 接收邮箱的 IDE 位决定了用来比较的位数;<br>(2) 未使用过滤,为能够接收到消息,MSGIDs 必须各位都匹配<br>注:IDE 位的定义根据 AMI 位的值改变。<br>当 AMI=1 时:<br>　IDE=1,接收到的消息有扩展标识符;<br>　IDE=0,接收到的消息有标准标识符<br>当 AMI=0 时:<br>　IDE=1,将要接收的消息必须有扩展标识符;<br>　IDE=0,将要接收的消息必须有标准标识符 |

续表

| 位 | 名　　称 | 功 能 描 述 |
|---|---|---|
| 30 | AME | 接收屏蔽使能位<br>AME 位仅在接收邮箱使用。禁止设置成自动应答邮箱(AAMn=1,<br>MDn=0),否则将使邮箱的操作变得不确定。该位不能被接收消息修改。<br>1　使用相应的接收屏蔽使能位;<br>0　不使用接收屏蔽使能位,为接收消息,所有标志位必须匹配 |
| 29 | AAM | 自动应答模式位<br>该位仅在发送邮箱有效。对于接收邮箱,该位没有影响:邮箱总是配置为正常接收操作。该位不能被接收消息修改。<br>1　自动应答模式,如果接收到某一匹配的远程帧请求,CAN 模块通过发送邮箱中的内容应答该远程帧请求;<br>0　正常发送模式,邮箱不应答远程请求,接收到远程帧请求对消息邮箱没有影响 |
| 28～0 | ID(28:0) | 消息标识符<br>1　在标准消息标志模式下,如果 IDE 位(MSGID.31)等于 0,消息标识符放在 ID(28:18)。此时,ID(17:0)没有意义;<br>0　在扩展消息标志模式下,如果 IDE 位(MSGID.31)等于 1,消息标识符放在 ID(28:0) |

2. CPU 访问邮箱

当邮箱被禁止(MEn(ME(31:0))=0)时,只能完成对标识符的写操作。在访问数据区域的过程中,当 CAN 模块读数据区域时,邮箱中的数据不会改变。因此,对接收邮箱的数据区的写操作被禁止。

对于发送邮箱,如果 TRS(TRS(31:0))或 TRR(TRR(31:0))被置位,访问通常会被禁止。在这种情况下,会产生一个中断。访问这些邮箱的一个方法是,在访问邮箱数据之前将 CDR(MC8)置位。

在 CPU 访问结束后,CPU 必须通过向 CDR 标志写 0,将其清零。在读邮箱前后 CAN 模块要检查这个标志。如果在检查过程中 CDR 标志位置位,CAN 模块将不能发送消息,只是继续查寻其他的发送请求。CDR 的置位也可以停止写禁止中断(WDI)的发生。

3. 消息控制寄存器(MSGCTRL)

对于发送邮箱,该寄存器指定了要发送的字节数和发送的优先级,同时它还确定远程帧操作。具体的消息控制寄存器的位信息及功能介绍如表 8.57 和表 8.58 所示。

注:MSGCTRLn 必须初始化为 0。

表 8.57　消息控制寄存器位信息

| 31 | | | | | | | | 16 |
|---|---|---|---|---|---|---|---|---|
| Reserved | | | | | | | | |
| R-0 | | | | | | | | |

| 15 | 13 | 12 | 8 | 7 | 5 | 4 | 3 | 0 |
|---|---|---|---|---|---|---|---|---|
| Reserved | | TPL4～0 | | Reserved | | RTR | DLC | |
| R-0 | | RW-x | | R-0 | | RW-x | RW-x | |

表 8.58　消息控制寄存器位功能介绍

| 位 | 名　称 | 功　能　描　述 |
|---|---|---|
| 31~13 | Reserved | 保留 |
| 12~8 | TPL(4:0) | 发送优先级<br>这 5 位定义了某邮箱相对于其他 31 个邮箱的优先级,数值最大的优先级最高。当两个邮箱有同样的优先级时,邮箱编号大的邮箱的消息先被发送。TPL 只适用于发送邮箱。在 SCC 模式下,不使用 TPL |
| 7~5 | Reserved | 保留 |
| 4 | RTR | 远程发送请求位<br>1　对于接收邮箱:如果 TRS 置位,发送远程帧,并且在相同邮箱中接收相应的数据帧,一旦发送远程帧,TRS 位将被 CAN 邮箱清零;<br>　对于发送邮箱:如果 TRS 置位,将发送远程帧,但相应的数据帧只能被其他邮箱接收<br>0　没有远程帧请求 |
| 3~0 | DLC(3:0) | 数据长度编码<br>这几位的数值确定发送或接收数据的字节数。有效数据范围是 0~8 |

## 8.2.20　消息数据寄存器(CANMDL、CANMDH)

邮箱用 8 个字节存储一个 CAN 消息。具体的数据存储顺序,可以通过 DBO(MC.10) 位来决定。从 CAN 总线上接收或向 CAN 总线发送的数据都是以 0 字节开始。由 DBO 具体决定情况如下。

(1) 当 DBO(MC.10)=1 时,数据储存与读取都是从 CANMDL 寄存器的最低有效位开始,到 CANMDH 寄存器的最高有效位时结束。

(2) 当 DBO(MC.10)=0 时,数据储存与读取都是从 CANMDL 寄存器的最高有效位开始,到 CANMDH 寄存器的最低有效位时结束。

寄存器 MDLn、MDHn 只有在邮箱设置为发送邮箱(MDn(MD3(1:0))=0)或邮箱屏蔽(MEn(ME3(1:0))=0)时才能进行写操作。当 TRSn(TRS3(1:0))=1 时,寄存器 MDLn 和寄存器 MDHn 不能进行写操作,除非 CDR(MC.8)=1,同时 MBNR(MC(4:0))被置为 n, 这些设置同样适用于在回复模式(AAM(MID.29)=1)配置的消息实体。具体的消息寄存器位介绍如表 8.59~表 8.62 所示。

表 8.59　消息寄存器的低字节(MDL)DBO=0

| 31 | 24 23 | 16 15 | 8 7 | 0 |
|---|---|---|---|---|
| 字节 0 | 字节 1 | 字节 2 | 字节 3 | |
| R-x | R-x | R-x | R-x | |

表 8.60　消息寄存器的高字节(MDH)DBO=0

| 31　　　　　　24 | 23　　　　　　16 | 15　　　　　　8 | 7　　　　　　0 |
|---|---|---|---|
| 字节 4 | 字节 5 | 字节 6 | 字节 7 |
| R-x | R-x | R-x | R-x |

表 8.61　消息寄存器的低字节(MDL)DBO=1

| 31　　　　　　24 | 23　　　　　.　16 | 15　　　　　　8 | 7　　　　　　0 |
|---|---|---|---|
| 字节 3 | 字节 2 | 字节 1 | 字节 0 |
| R-x | R-x | R-x | R-x |

表 8.62　消息寄存器的高字节(MDH)DBO=1

| 31　　　　　　24 | 23　　　　　　16 | 15　　　　　　8 | 7　　　　　　0 |
|---|---|---|---|
| 字节 7 | 字节 6 | 字节 5 | 字节 4 |
| R-x | R-x | R-x | R-x |

## 8.2.21　接收过滤器

接收消息的标识符需要首先与邮箱的消息标识符(存储在邮箱里)进行比较;然后,使用适当的接收过滤器屏蔽掉不应比较的标识符。

在 SCC 兼容模式下,全局接收屏蔽寄存器(GAM)在邮箱 15～6 使用。接收到的消息存放在标识符匹配且编号最大的邮箱中。如果在邮箱 15～6 中没有标识符匹配的邮箱,那么接收消息的标识符首先与邮箱 5～3 的标识符进行比较,然后是邮箱 2～0,直至找到标识符相同的邮箱。

邮箱 5～3 使用 SCC 寄存器的局部接收屏蔽过滤器 LAM3,邮箱 2～0 使用 SCC 寄存器的局部接收屏蔽寄存器 LAM0。

如果想要修改 SCC 模式的整个全局接收屏蔽寄存器(CANGAM)和两个局部接收屏蔽寄存器,CAN 模块必须设置在初始化模式。

对于 eCAN 模块,32 个邮箱都有自己的局部接收屏蔽寄存器(LAM31～LAM0),但没有全局接收屏蔽寄存器。标识符比较时,是否屏蔽没用的位,取决于 CAN 模块的工作模式(eCAN 和 SCC)。

局部接收过滤器(CANLAM)允许用户局部屏蔽(因为不需要,可以忽略)一些接收消息中的标识符。

在 SCC 模式中,局部接收屏蔽寄存器 LAM0(具体的位分配与功能定义如表 8.63 和表 8.64 所示)在邮箱 2～0 使用;局部接收屏蔽寄存器 LAM3 在邮箱 5～3 使用;邮箱 15～6 使用全局接收屏蔽寄存器(CANGAM)。

在 SCC 模式下,经过硬件或软件复位后,CANGAM 复位清零。在 eCAN 复位后,LAM 寄存器没有修改。

在 eCAN 模式,每个邮箱(31～0)都有自己的过滤寄存器 LAM31～LAM0。输入消息存放在标识符匹配的且编号最高的邮箱中。具体的局部接收屏蔽寄存器的位信息及功能介绍如表 8.63 和表 8.64 所示。

**表 8.63　局部接收屏蔽寄存器位信息**

| 31 | 30 | 29 | 28 | | | | | 16 |
|---|---|---|---|---|---|---|---|---|
| LAMI | Reserved | | LAM(28:16) | | | | | |
| R/W-0 | R/W-0 | | R/W-0 | | | | | |

| 15 | | | | | | | | 0 |
|---|---|---|---|---|---|---|---|---|
| LAM(15:0) | | | | | | | | |
| R/W-0 | | | | | | | | |

**表 8.64　局部接收屏蔽寄存器位功能介绍**

| 位 | 名　称 | 功能描述 |
|---|---|---|
| 31 | LAMI | 局部接收屏蔽标识符扩展位<br>1　可以接收标准帧或扩展帧。在接收扩展帧时,所有的 29 位的扩展标识符都存储在邮箱中,而且局部接收屏蔽寄存器的所有 29 位都需要过滤。在接收标准帧时,只使用前 11 位标识符(位 28～18)和局位接收屏蔽位;<br>0　存放标志扩展符的邮箱决定哪些消息应被接收 |
| 30,29 | Reserved | 读不确定,写没有影响 |
| 28～0 | LAM(28:0) | 这些位使能输入消息的任何标识符的屏蔽<br>1　认定一个接收到的标识符相应位为 0 或 1(无关);<br>0　接收到标识符的位的值必须与 MSGID 寄存器中的相应的标识符位匹配 |

# 8.3　eCAN 模块配置及 C 程序开发

　　eCAN 模块是 TMS320F2812 DSP 片上的增强型 CAN 控制器。其性能较之已有的 DSP 内嵌 CAN 控制器有较大的提高,在进行 CAN 总线通信时,数据传输更加灵活方便,数据量更大、可靠性更高、功能更加完备。随着 TMS320F2812 的大量推广使用,基于 eCAN 的 CAN 总线通信方式将得到广泛的应用。eCAN 模块是 TI 公司新一代 32 位高级 CAN 控制器,在本节中将以实例程序,详细介绍 eCAN 模块。

　　在本程序中将 CAN 模块设置为 eCAN 模块,其中邮箱 0～15 作为发送邮箱,邮箱 16～31 作为接收邮箱,它们之间是一一对应的(即邮箱 0 与邮箱 16 对应,邮箱 15 与邮箱 31 对应,两个邮箱的 ID 号设置为相同),然后通过设置 CAN 模式为自测模式(即内部将发送邮箱和接收邮箱连接起来),发送 CAN 发送邮箱中的数据,读取并检测接收邮箱中的接收数据。

　　CAN 邮箱发送和接收的操作步骤如下。

　　(1) 配置 GPFMUX I/O 口为特殊功能口(CAN 口);

　　(2) 禁止所有的邮箱,这在邮箱配置前是必要的;

　　(3) 设置邮箱的 ID 号,注意对应的邮箱 ID 号应相同;

　　(4) 设置发送、接收邮箱;

（5）设置发送、接收数据格式；

（6）确定是否申请远程帧；

（7）配置 ECAN 时序寄存器、自测模式、使能位等；

（8）发送数据；

（9）接收并检测数据的正确性。

CAN 通信波特率与 BT(位时间)、寄存器位 TSEG2REG、寄存器位 TSEG1REG 和寄存器位 BRPREG 之间的关系如下：

CAN 通信波特率＝SYSCLK(系统时钟)/[(BRPREG＋1)×BT]

BT＝(TSEG2REG＋1)＋(TSEG1REG＋1)＋1

例如：TSEG2REG＝5，TSEG1REG＝7，BRPREG＝9。那么 BT＝10，CAN 通信波特率＝150MHz/(10×15)＝1Mbps。

具体的程序代码如下：

```
// ------------------------------------------------------------------
//         ############# # CAN 发送和接收程序##############
// ------------------------------------------------------------------
# include "DSP281x_Device.h"
# include "DSP281x_Examples.h"

void mailbox_check(int32 T1, int32 T2, int32 T3);   // CAN 接收检测函数
void mailbox_read(int16 i);                         // CAN 读邮箱函数

Uint32 ErrorCount;
Uint32 MessageReceivedCount;

Uint32 TestMbox1 = 0;
Uint32 TestMbox2 = 0;
Uint32 TestMbox3 = 0;
// -------------------------- 主程序 -------------------------------
void main(void)
{

    Uint16 j;
                                        // 初始化系统控制
    InitSysCtrl();

    EALLOW;
    GpioMuxRegs.GPFMUX.all = 0x00e0;    // 设置 I/O 口为特殊 I/O 口
    EDIS;

    DINT;
                                        // 初始化中断控制寄存器
    InitPieCtrl();

    IER = 0x0000;
    IFR = 0x0000;
                                        // 初始化中断向量表
    InitPieVectTable();
```

```
MessageReceivedCount = 0;
ErrorCount = 0;
                                              // 使能 ECAN 功能引脚
EALLOW;
ECanaRegs.CANTIOC.bit.TXFUNC = 1;
ECanaRegs.CANRIOC.bit.RXFUNC = 1;
EDIS;

                                              // 禁止所有的邮箱
            // 因为在这里写操作是针对整个寄存器而不是某一位,所以不需要映射寄存器
ECanaRegs.CANME.all = 0;

                                              // 可以一次向邮箱写 16 位或 32 位数据
                                              // 向发送邮箱 MBOX0~15 写入 MSGID(ID 号)
ECanaMboxes.MBOX0.MSGID.all = 0x9555AAA0;
ECanaMboxes.MBOX1.MSGID.all = 0x9555AAA1;
ECanaMboxes.MBOX2.MSGID.all = 0x9555AAA2;
ECanaMboxes.MBOX3.MSGID.all = 0x9555AAA3;
ECanaMboxes.MBOX4.MSGID.all = 0x9555AAA4;
ECanaMboxes.MBOX5.MSGID.all = 0x9555AAA5;
ECanaMboxes.MBOX6.MSGID.all = 0x9555AAA6;
ECanaMboxes.MBOX7.MSGID.all = 0x9555AAA7;
ECanaMboxes.MBOX8.MSGID.all = 0x9555AAA8;
ECanaMboxes.MBOX9.MSGID.all = 0x9555AAA9;
ECanaMboxes.MBOX10.MSGID.all = 0x9555AAAA;
ECanaMboxes.MBOX11.MSGID.all = 0x9555AAAB;
ECanaMboxes.MBOX12.MSGID.all = 0x9555AAAC;
ECanaMboxes.MBOX13.MSGID.all = 0x9555AAAD;
ECanaMboxes.MBOX14.MSGID.all = 0x9555AAAE;
ECanaMboxes.MBOX15.MSGID.all = 0x9555AAAF;

                                              // 向接收邮箱 MBOX16~31 写入 MSGID(ID 号)
ECanaMboxes.MBOX16.MSGID.all = 0x9555AAA0;
ECanaMboxes.MBOX17.MSGID.all = 0x9555AAA1;
ECanaMboxes.MBOX18.MSGID.all = 0x9555AAA2;
ECanaMboxes.MBOX19.MSGID.all = 0x9555AAA3;
ECanaMboxes.MBOX20.MSGID.all = 0x9555AAA4;
ECanaMboxes.MBOX21.MSGID.all = 0x9555AAA5;
ECanaMboxes.MBOX22.MSGID.all = 0x9555AAA6;
ECanaMboxes.MBOX23.MSGID.all = 0x9555AAA7;
ECanaMboxes.MBOX24.MSGID.all = 0x9555AAA8;
ECanaMboxes.MBOX25.MSGID.all = 0x9555AAA9;
ECanaMboxes.MBOX26.MSGID.all = 0x9555AAAA;
ECanaMboxes.MBOX27.MSGID.all = 0x9555AAAB;
ECanaMboxes.MBOX28.MSGID.all = 0x9555AAAC;
ECanaMboxes.MBOX29.MSGID.all = 0x9555AAAD;
ECanaMboxes.MBOX30.MSGID.all = 0x9555AAAE;
ECanaMboxes.MBOX31.MSGID.all = 0x9555AAAF;

ECanaRegs.CANMD.all = 0xFFFF0000;  // 配置邮箱 0~15 作为发送邮箱,16~31 作为接收邮箱
```

```
ECanaRegs.CANME.all = 0xFFFFFFFF;

                                          // 设置每次发送或接收数据为8位格式
ECanaMboxes.MBOX0.MSGCTRL.bit.DLC = 8;
ECanaMboxes.MBOX1.MSGCTRL.bit.DLC = 8;
ECanaMboxes.MBOX2.MSGCTRL.bit.DLC = 8;
ECanaMboxes.MBOX3.MSGCTRL.bit.DLC = 8;
ECanaMboxes.MBOX4.MSGCTRL.bit.DLC = 8;
ECanaMboxes.MBOX5.MSGCTRL.bit.DLC = 8;
ECanaMboxes.MBOX6.MSGCTRL.bit.DLC = 8;
ECanaMboxes.MBOX7.MSGCTRL.bit.DLC = 8;
ECanaMboxes.MBOX8.MSGCTRL.bit.DLC = 8;
ECanaMboxes.MBOX9.MSGCTRL.bit.DLC = 8;
ECanaMboxes.MBOX10.MSGCTRL.bit.DLC = 8;
ECanaMboxes.MBOX11.MSGCTRL.bit.DLC = 8;
ECanaMboxes.MBOX12.MSGCTRL.bit.DLC = 8;
ECanaMboxes.MBOX13.MSGCTRL.bit.DLC = 8;
ECanaMboxes.MBOX14.MSGCTRL.bit.DLC = 8;
ECanaMboxes.MBOX15.MSGCTRL.bit.DLC = 8;

                                          // 不申请远程帧
             // 因为在复位时RTR位没有定义,所以此时需要将RTR位初始化正确的值
ECanaMboxes.MBOX0.MSGCTRL.bit.RTR = 0;
ECanaMboxes.MBOX1.MSGCTRL.bit.RTR = 0;
ECanaMboxes.MBOX2.MSGCTRL.bit.RTR = 0;
ECanaMboxes.MBOX3.MSGCTRL.bit.RTR = 0;
ECanaMboxes.MBOX4.MSGCTRL.bit.RTR = 0;
ECanaMboxes.MBOX5.MSGCTRL.bit.RTR = 0;
ECanaMboxes.MBOX6.MSGCTRL.bit.RTR = 0;
ECanaMboxes.MBOX7.MSGCTRL.bit.RTR = 0;
ECanaMboxes.MBOX8.MSGCTRL.bit.RTR = 0;
ECanaMboxes.MBOX9.MSGCTRL.bit.RTR = 0;
ECanaMboxes.MBOX10.MSGCTRL.bit.RTR = 0;
ECanaMboxes.MBOX11.MSGCTRL.bit.RTR = 0;
ECanaMboxes.MBOX12.MSGCTRL.bit.RTR = 0;
ECanaMboxes.MBOX13.MSGCTRL.bit.RTR = 0;
ECanaMboxes.MBOX14.MSGCTRL.bit.RTR = 0;
ECanaMboxes.MBOX15.MSGCTRL.bit.RTR = 0;

                                          // 向发送邮箱MBOX0～15中写入要发送的数据
ECanaMboxes.MBOX0.MDL.all = 0x9555AAA0;
ECanaMboxes.MBOX0.MDH.all = 0x89ABCDEF;

ECanaMboxes.MBOX1.MDL.all = 0x9555AAA1;
ECanaMboxes.MBOX1.MDH.all = 0x89ABCDEF;

ECanaMboxes.MBOX2.MDL.all = 0x9555AAA2;
ECanaMboxes.MBOX2.MDH.all = 0x89ABCDEF;

ECanaMboxes.MBOX3.MDL.all = 0x9555AAA3;
```

```
ECanaMboxes.MBOX3.MDH.all = 0x89ABCDEF;

ECanaMboxes.MBOX4.MDL.all = 0x9555AAA4;
ECanaMboxes.MBOX4.MDH.all = 0x89ABCDEF;

ECanaMboxes.MBOX5.MDL.all = 0x9555AAA5;
ECanaMboxes.MBOX5.MDH.all = 0x89ABCDEF;

ECanaMboxes.MBOX6.MDL.all = 0x9555AAA6;
ECanaMboxes.MBOX6.MDH.all = 0x89ABCDEF;

ECanaMboxes.MBOX7.MDL.all = 0x9555AAA7;
ECanaMboxes.MBOX7.MDH.all = 0x89ABCDEF;

ECanaMboxes.MBOX8.MDL.all = 0x9555AAA8;
ECanaMboxes.MBOX8.MDH.all = 0x89ABCDEF;

ECanaMboxes.MBOX9.MDL.all = 0x9555AAA9;
ECanaMboxes.MBOX9.MDH.all = 0x89ABCDEF;

ECanaMboxes.MBOX10.MDL.all = 0x9555AAAA;
ECanaMboxes.MBOX10.MDH.all = 0x89ABCDEF;

ECanaMboxes.MBOX11.MDL.all = 0x9555AAAB;
ECanaMboxes.MBOX11.MDH.all = 0x89ABCDEF;

ECanaMboxes.MBOX12.MDL.all = 0x9555AAAC;
ECanaMboxes.MBOX12.MDH.all = 0x89ABCDEF;

ECanaMboxes.MBOX13.MDL.all = 0x9555AAAD;
ECanaMboxes.MBOX13.MDH.all = 0x89ABCDEF;

ECanaMboxes.MBOX14.MDL.all = 0x9555AAAE;
ECanaMboxes.MBOX14.MDH.all = 0x89ABCDEF;

ECanaMboxes.MBOX15.MDL.all = 0x9555AAAF;
ECanaMboxes.MBOX15.MDH.all = 0x89ABCDEF;

                    // 因为在这里写操作是针对整个寄存器而不是某一位,所以不需要映射寄存器
EALLOW;
ECanaRegs.CANMC.bit.CCR = 1;
EDIS;

                    // 在改变时序寄存器的值之前先将 CCE 置低,在修改完后系统自动将 CCE 位置高
while(ECanaRegs.CANES.bit.CCE != 1 ){ }

                                        // 配置 ECAN 时序寄存器
EALLOW;
ECanaRegs.CANBTC.bit.BRPREG = 9;            // (BRPREG + 1) = 10
                                           // 满足 CAN 时钟为 15MHz
ECanaRegs.CANBTC.bit.TSEG2REG = 5 ;        // to the CAN module. (150/10 = 15)
```

```
    ECanaRegs.CANBTC.bit.TSEG1REG = 7;              // Bit time = 15

    ECanaRegs.CANMC.bit.CCR = 0;
    EDIS;

    // CPU 对寄存器配置结束后,会将 CCE 位置高,所以只需不断地读取 CCE 位来判断 CPU 是否完成
    // 寄存器配置工作
    while(ECanaRegs.CANES.bit.CCE != 0 ){ }         // 等待 CPU 对配置寄存器进行操作

                                                    // 设置 eCAN 为自测模式,并使能 CAN 模块为 eCAN 模式
    EALLOW;
    ECanaRegs.CANMC.bit.STM = 0;                    // 自测试
    ECanaRegs.CANMC.bit.SCB = 1;                    // eCAN 模式
    EDIS;

                                                    // 开始发送数据

    while(1)
    {
      ECanaRegs.CANTRS.all = 0x0000FFFF;            // 设置 TRS 位全部邮箱都发送数据
      while(ECanaRegs.CANTA.all != 0x0000FFFF ){}   // 等待所有的 TAn 置位,此时
                                                    // 说明所有的邮箱数据都已发送
      ECanaRegs.CANTA.all = 0x0000FFFF;             // 清除发送位
      MessageReceivedCount++;

                                                    // 从接收邮箱中读取数据,并检验数据
      for(j = 0; j<16; j++)                         // 读取并检验 16 个接收邮箱数据
      {
          mailbox_read(j);                          // 函数功能为读取邮箱 ID 及数据
          mailbox_check(TestMbox1,TestMbox2,TestMbox3);  // 检测数据正确性
      }
    }
}

                                                    // 该函数功能为读取邮箱 ID 及数据
void mailbox_read(int16 MBXnbr)
{
    volatile struct MBOX * Mailbox;
    Mailbox = &ECanaMboxes.MBOX0 + MBXnbr;
    TestMbox1 = Mailbox->MDL.all;                   // 邮箱数据低字节为 0x9555AAAn
    TestMbox2 = Mailbox->MDH.all;                   // 邮箱数据高字节为 0x89ABCDEF (常数)
    TestMbox3 = Mailbox->MSGID.all;                 // 邮箱 ID 号为 0x9555AAAn
}           // 从上面程序可以看出接收的数据的高字节为一个常数,低字节为邮箱的 ID,所以根
                                                    // 据这个特点,编写下面测试程序
void mailbox_check(int32 T1, int32 T2, int32 T3)
{
    if((T1 != T3) || ( T2 != 0x89ABCDEF))
    {
        ErrorCount++;
    }
}
```

# 第 9 章

# TMS320F2812模/数转换(ADC)模块

**要点提示**

本章主要介绍 F2812 的模/数转换(ADC)模块,分为四节介绍:

9.1 节　总体概述 ADC 模块及操作原理;

9.2 节　介绍 ADC 模块的电压校正;

9.3 节　介绍 ADC 模块的寄存器;

9.4 节　ADC 模块的相关 C/C++语言程序设计。

**学习重点**

(1) ADC 自动排序的工作原理及排序模式;

(2) ADC 电压校正的原因及校正方法(具体硬件、软件设计);

(3) ADC 寄存器的配置及相关的 C/C++程序设计。

## 9.1　模拟/数字转换(ADC)模块

　　F2812 的 ADC 模块是一个 12 位 16 通道的模/数转换器,本节将围绕 ADC 模块展开介绍,重点介绍 ADC 转换的模拟电路部分,这部分包括前端模拟多路复用器(MUXs)、采样保持电路(S/H)、转换电路、稳压器电路以及其他的基础模拟电路部分。数字电路部分包括可编程的排序器、转换结果缓冲寄存器、模拟电路接口、设备的外设总线接口,以及其他的片内模块接口。

### 9.1.1　模块特性

　　ADC 模块有 16 个转换通道,可配置成两个独立的 8 通道转换模块,分别对应于事件管理器 A 和 B,根据用户需求,两个独立的 8 通道转换模块可以级联成一个 16 通道模块。在 ADC 模块中尽管可以多通道输入和有两个排序器,但是只有一个 A/D 转换器,一次只能转换一个通道。图 9.1 所示为 F2812 的 ADC 模块结构框图。

　　两个 8 通道模块可以自动对一系列转换进行排序,而且每个模块都可以通过多路复用开关选择任何一个通道。在级联模式下,自动排序器将作为一个单一的 16 通道排序器。对于每个排序器,当转换结束时,选择通道的转换结果被储存在相应的结果寄存器(ADCRESULT)中。在 F2812 中,自动排序模式允许用户对同一通道进行多次采样转换,

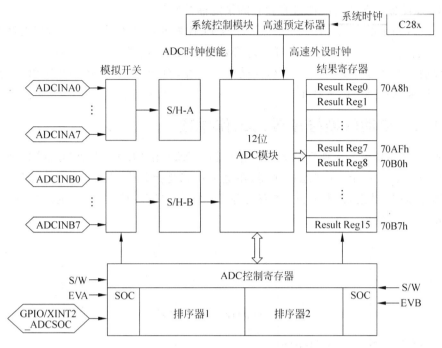

图 9.1 ADC 模块结构框图

或者采用特殊采样算法,这样可以提高系统的采样和转换精度。

ADC 模块的主要功能特点如下。

(1) 12 位 ADC 采样内核包括两个采样保持(S/H)电路。

(2) 可设置同步采样或顺序采样模式。

(3) 模拟输入电压:0～3V。

(4) ADC 工作在 25MHz 时最高转换速率为 ADCLK 或 12.5MHz。

(5) 16 通道,多路输入。

(6) 内部的自动排序器可以选择 16 通道中的任一通道进行转换。

(7) 排序器可以设置为两个独立的 8 状态排序器,也可设置成一个 16 状态排序器。

(8) 16 个结果寄存器用于存储转换结果。

模拟输入与数字输出的关系:

$$数字输出值 = 4095 \times \frac{模拟输入值 - ADCLO}{3}$$

(9) 多触发源启动转换

• S/W 软件启动;

• EVA(事件管理器 A 中有多个事件源触发);

• EVB(事件管理器 B 中有多个事件源触发);

• 外部输入。

(10) 灵活的中断控制,允许在每次排序结束(EOS)后产生中断请求。

(11) 排序器可以工作在开始/停止模式下,允许多个触发源与转换同步。

(12) 在双排序模式下,EVA 和 EVB 的触发信号可以独立工作。

（13）采样保持获取时间窗口有独立的预定标控制。

为了获取预定的高精确度，需要特别注意PCB板的各层设计。为了达到最优效果，与ADCINxx引脚相连的信号线应尽可能避开数字信号线，这样可以使数字信号线对与之相连的模拟输入线的导通噪声影响减小到最低。此外，对于ADC模块的数字供电与模拟供电部分应该采取适当的隔离技术。

## 9.1.2　自动转换排序器的工作原理

ADC排序器是由两个独立的8状态排序器（SEQ1和SEQ2）组成的，这两个独立的排序器也可以级联成一个16状态排序器，在这里状态是指每个排序器可以自动转换的通道数。单排序器（16状态，级联模式）和双排序器（2个8状态，独立模式）的结构框图分别如图9.2和图9.3所示。

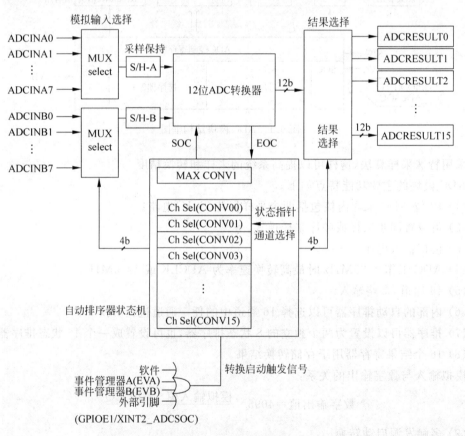

图9.2　级联模式下的ADC自动排序器结构框图

注：通道选择范围为0～15；ADCMAXCONV设置范围为0～15。

无论是哪种模式，ADC都可以对输入的一系列转换自动排序，这就意味着每次ADC接收到转换开始请求时，它都能够自动执行多次转换，且每次只能转换一个通道，即通过模拟开关从16个通道中选择特定的通道进行转换。转换结束后，转换的结果自动存储在对应的结果缓冲寄存器中（ADCRESULTn，其中第1个结果存储在ADCRESULT0中，第2个结果存储在ADCRESULT1中，依次类推）。同时也可以对同一通道进行多次采样，或者采用

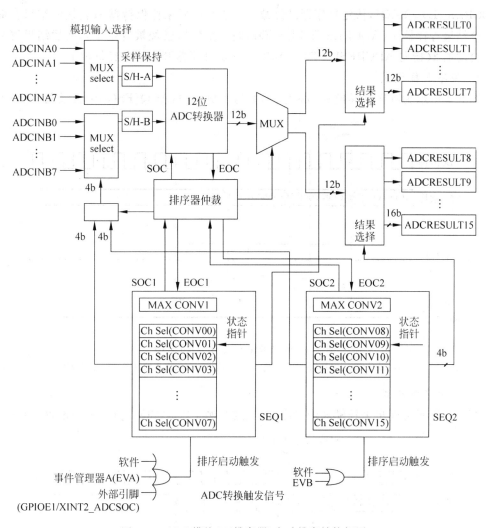

图 9.3　ADC 模块(双排序器)自动排序结构框图

特殊的算法进行采样,这样比传统的单一采样可以大大提高采样精度。

　　ADC 模块可以工作在同步采样模式下,也可以工作在顺序采样模式下,对于每一个转换(或一对转换,在同步采样模式下),当前的 CONVnn 位说明了要采样和转换的输入引脚,在顺序采样模式下,CONVnn 的 4 位都用于说明转换的输入引脚,高位说明输入引脚与哪个采样保持缓冲器连接,其他三位确定偏移量。例如:如果 CONVnn 的值为 0101b,那么ADCINA5 将选择作为输入端;如果 CONVnn 的值为 1011b,则 ADCINB3 将选择作为输入端。在同步采样模式下,CONVnn 高位被忽略,每个采样保持缓冲器都是通过偏移量来与信号相连接。例如:如果 CONVnn 的值为 0110b,则采样保持器 A(S/H-A)将对ADCINA6 进行采样,采样保持器 B(S/H-B)将对 ADCINB6 进行采样。同理,如果 CONVnn 的值为 1001b,则采样保持器 A(S/H-A)将对 ADCINA1 进行采样,采样保持器 B(S/H-B)将对 ADCINB1 进行采样。而且转换器首先转换采样保持器 A 中的电压值,然后再转换采样保持器 B 中的电压值,采样保持器 A 转换的结果存储在当前的结果寄存器中

（ADCRESULT0 SEQ1，假定排序器已经被复位了），然后采样保持器 B 转换的结果存储在下一个结果寄存器中（ADCRESULT1 SEQ1，假定排序器已经被复位了），然后结果寄存器指针自动加 2（指向 ADCRESULT2 处 SEQ1，假定排序器开始时已经复位了）。

1. 顺序采样模式

图 9.4 所示为顺序采样模式的时序图，在这个例子中，ACQ_PS(3:0)位设置成 0001b。

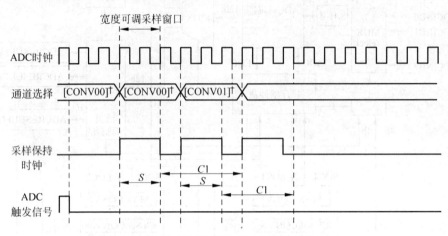

图 9.4　顺序采样模式（SMODE＝0）

注：ADC 通道地址（[CONV00]4 位寄存器值）；C1—结果寄存器更新的时间；S—获取窗的时间。

2. 同步采样模式

图 9.5 所示为同步采样模式的时序图，在这个例子中，ACQ_PS(3:0)位设置成 0001b。

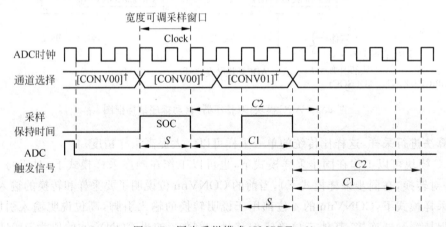

图 9.5　同步采样模式（SMODE＝1）

注：CONV×× 寄存器中包含了通道的地址信息—CONV00 表示 A0/B0 通道，CONV01 表示 A1/B1 通道；C1—Ax 通道结果存储在结果寄存器中的持续时间；C2—Bx 通道结果存储在结果寄存器中的持续时间；S—获取窗的时间。

排序器操作无论是 8 状态模式还是 16 状态模式基本一样，突出的不同点介绍如表 9.1 所示。

ADC 输入通道选择控制寄存器（ADCCHSELESEQn）中的 CONVnn 位用于选择要排序转换的输入通道。因为 CONVnn 的值的范围为 0～15，所以 4 位寄存器可以选择 16 通道中任何一个通道进行转换，当排序器工作在级联模式下，最大可转换的通道号为 16。

表 9.1　单排序器和级联排序操作模式的对比

| 特　　征 | 单个 8 态排序器(SEQ1) | 单个 8 态排序器(SEQ2) | 级联 16 态排序器(SEQ) |
|---|---|---|---|
| 启动转换触发源 | EVA、软件、外部引脚 | EVB、软件 | EVA、EVB、软件、外部引脚 |
| 最大自动转换通道数 | 8 | 8 | 16 |
| 转换结束是否自动停止 | 是 | 是 | 是 |
| 仲裁优先级 | 高 | 低 | 没有应用 |
| ADC 转换结果寄存器的位置 | 0～7 | 8～15 | 0～15 |
| ADCCHSELSEQn 位分配 | CONV00～07 | CONV08～15 | CONV00～15 |

## 9.1.3　双排序模式下的同步采样设计实例

下例所示为双排序模式下的同步采样设计实例。

```
AdcRegs.ADCTRL3.bit.SMODE_SEL = 1;          // 设置同步采样模式
AdcRegs.ADCMAXCONV.all = 0x0033;            // 4 double conv's each sequencer (8 total)
AdcRegs.ADCCHSELSEQ1.bit.CONV00 = 0x0;      // 转换 ADCINA0 和 ADCINB0
AdcRegs.ADCCHSELSEQ1.bit.CONV01 = 0x1;      // 转换 ADCINA1 和 ADCINB1
AdcRegs.ADCCHSELSEQ1.bit.CONV02 = 0x2;      // 转换 ADCINA2 和 ADCINB2
AdcRegs.ADCCHSELSEQ1.bit.CONV03 = 0x3;      // 转换 ADCINA3 和 ADCINB3
AdcRegs.ADCCHSELSEQ3.bit.CONV08 = 0x4;      // 转换 ADCINA4 和 ADCINB4
AdcRegs.ADCCHSELSEQ3.bit.CONV09 = 0x5;      // 转换 ADCINA5 和 ADCINB5
AdcRegs.ADCCHSELSEQ3.bit.CONV10 = 0x6;      // 转换 ADCINA6 和 ADCINB6
AdcRegs.ADCCHSELSEQ3.bit.CONV11 = 0x7;      // 转换 ADCINA7 和 ADCINB7
// 如果 SEQ1 和 SEQ2 都转换结束,那么结果将存储在相应的结果寄存器中,具体的对应关系如下所示
ADCINA0 -> ADCRESULT0
ADCINB0 -> ADCRESULT1
ADCINA1 -> ADCRESULT2
ADCINB1 -> ADCRESULT3
ADCINA2 -> ADCRESULT4
ADCINB2 -> ADCRESULT5
ADCINA3 -> ADCRESULT6
ADCINB3 -> ADCRESULT7
ADCINA4 -> ADCRESULT8
ADCINB4 -> ADCRESULT9
ADCINA5 -> ADCRESULT10
ADCINB5 -> ADCRESULT11
ADCINA6 -> ADCRESULT12
ADCINB6 -> ADCRESULT13
ADCINA7 -> ADCRESULT14
ADCINB7 -> ADCRESULT15
```

## 9.1.4　级联模式下的同步采样设计实例

下例所示为级联模式下的同步采样设计实例。

```
AdcRegs.ADCTRL3.bit.SMODE_SEL = 1;          // 设置同步采样模式
```

```
AdcRegs.ADCTRL1.bit.SEQ_CASC = 1;          // 设置级联排序模式
AdcRegs.ADCMAXCONV.all = 0x0007;           // 8 double conv's (16 total)
AdcRegs.ADCCHSELSEQ1.bit.CONV00 = 0x0;     // 转换 ADCINA0 和 ADCINB0
AdcRegs.ADCCHSELSEQ1.bit.CONV01 = 0x1;     // 转换 ADCINA1 和 ADCINB1
AdcRegs.ADCCHSELSEQ1.bit.CONV02 = 0x2;     // 转换 ADCINA2 和 ADCINB2
AdcRegs.ADCCHSELSEQ1.bit.CONV03 = 0x3;     // 转换 ADCINA3 和 ADCINB3
AdcRegs.ADCCHSELSEQ3.bit.CONV08 = 0x4;     // 转换 ADCINA4 和 ADCINB4
AdcRegs.ADCCHSELSEQ3.bit.CONV09 = 0x5;     // 转换 ADCINA5 和 ADCINB5
AdcRegs.ADCCHSELSEQ3.bit.CONV10 = 0x6;     // 转换 ADCINA6 和 ADCINB6
AdcRegs.ADCCHSELSEQ3.bit.CONV11 = 0x7;     // 转换 ADCINA7 和 ADCINB7
// 如果 SEQ 转换结束,那么结果将存储在相应的结果寄存器中,具体的对应关系如下所示
ADCINA0 - > ADCRESULT0
ADCINB0 - > ADCRESULT1
ADCINA1 - > ADCRESULT2
ADCINB1 - > ADCRESULT3
ADCINA2 - > ADCRESULT4
ADCINB2 - > ADCRESULT5
ADCINA3 - > ADCRESULT6
ADCINB3 - > ADCRESULT7
ADCINA4 - > ADCRESULT8
ADCINB4 - > ADCRESULT9
ADCINA5 - > ADCRESULT10
ADCINB5 - > ADCRESULT11
ADCINA6 - > ADCRESULT12
ADCINB6 - > ADCRESULT13
ADCINA7 - > ADCRESULT14
ADCINB7 - > ADCRESULT15
```

## 9.1.5　ADC 时钟预定标器

外设时钟 HSPCLK 通过 ADCTRL3 寄存器的 ADCCLKPS(3:0)位分频,然后再通过 ADCTRL1 寄存器中的 CPS 位进行二分频。另外,ADC 模块还可以通过扩展采样/获取周期,调整信号源的阻抗,这是由 ADCTRL1 寄存器中的 ACQ_PS(3:0)位决定的。这些位并不影响采样/保持和转换过程,但可以通过增大脉冲长度增加采样的时间长度,如图 9.6 所示。

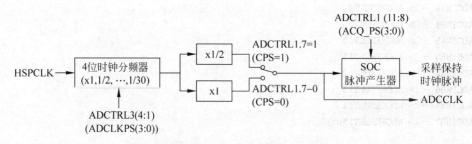

图 9.6　ADC 内核时钟以及采样/保持时钟

可以采用多种预定标方法产生 ADC 运行时钟,图 9.7 给出了 ADC 模块时钟的产生方法。

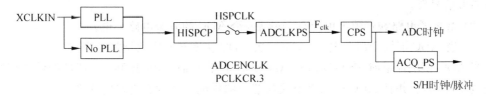

图 9.7　ADC 模块的时钟产生

具体的决定关系如表 9.2 所示。

表 9.2　ADC 模块时钟的产生

| XCLKIN | PLLCR (3:0) | HSPCLK | ADCTRL3 (4:1) | ADCTRL1.7 | ADC_CLK | ADCTRL1 (11:8) | SH Width |
|---|---|---|---|---|---|---|---|
| | 0000b | HSPCP =0 | ADCLKPS =0 | CPS =1 | | ACQ_PS =0 | |
| 30MHz | 15MHz | 15MHz | 15MHz | 7.5MHz | 7.5MHz | SH pulse clock | 1 |
| | 1010b | HSPCP =3 | ADCLKPS =2 | CPS =1 | | ACQ_PS =15 | |
| 30MHz | 150MHz | 150/(2×3) =25MHz | 25/(2×2) =6.25MHz | 6.25/(2×1) =3.125MHz | 3.125MHz | SH pulse/clock =16 | 16 |

## 9.1.6　低功耗模式

ADC 模块支持三种供电模式：ADC 上电模式、ADC 掉电模式、ADC 关闭模式，可以通过 ADCTRL3 寄存器对供电模式进行选择。表 9.3 所示为 ADCTRL3 寄存器与 ADC 模块的供电方式的关系。

表 9.3　ADCTRL3 寄存器与 ADC 模块的供电方式的关系

| 供 电 模 式 | ADCBGRFDN1 | ADCBGRFDN0 | ADCPWDN |
|---|---|---|---|
| ADC 模块上电 | 1 | 1 | 1 |
| ADC 模块掉电 | 1 | 1 | 0 |
| ADC 模块关闭 | 0 | 0 | 0 |
| 保留 | 1 | 0 | x |
| 保留 | 0 | 1 | x |

## 9.1.7　上电顺序

ADC 复位时将进入关闭状态，如果要给 ADC 上电则需要采用下列顺序。

（1）如果使用了外部参考，可以通过配置 ADCTRL3 寄存器的第 8 位来使能这种模式，并且必须在带隙上电之前使能该位，以避免内部参考信号（ADCREFP 和 ADCREFM）驱动外部参考信号源。

（2）给参考电路和带隙上电至少 7ms 后，给 ADC 的其余电路上电。

（3）当 ADC 模块全部上电后，在第一次 ADC 转换开始之前增加至少 20μs。

当 ADC 模块掉电时，会自动清除 ADCTRL3 寄存器的 3 个控制位，ADC 的供电模式必须通过软件设置，并且 ADC 的供电模式与芯片的供电模式没有直接的联系。

## 9.1.8 参考电压校正（通过外部提供基准）

F2812 的 ADC 模块参考电压一般都是由内部 ADCREFP 和 ADCREFM 提供，此时 ADCREFP 和 ADCREFM 引脚作为输出，通过电容接地即可。但在 F2812 的 D 版本之后的 DSP 芯片中增加了一项新的功能来改进 ADC 模块的增益误差，通过设置 ADCTRL3 寄存器的第 8 位（EXTREF），用户可以通过外部来提供 ADC 模块的参考电压，为了获得更高的 A/D 转换精度，ADCREFP 和 ADCREFM 之间电压差为 1V（如图 9.8 所示）。有关 ADCREFP 和 ADCREFM 引脚的具体信息在 F2812 引脚叙述中有详细的说明。典型的 ADCREFP 引脚电压值为 2(1±5%)V，ADCREFM 引脚电压值为(1±5%)V。

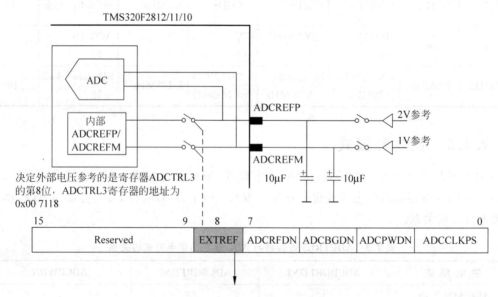

图 9.8　ADC 参考电压的变化（内部或外部）

注：寄存器中的 EXTREF 作用是使能 ADC 模块采用 ADCREFP 和 ADCREFM 外部输入电压作为参考电压，该位的相关配置如下。

（1）0：默认值，ADCREFP 和 ADCREFM 作为输出，此时 ADC 模块采用内部提供参考电压。

（2）1：使能 ADC 模块采用 ADCREFP 和 ADCREFM 外部输入电压作为参考电压，此时 ADCREFP 和 ADCREFM 作为输入，ADC 模块采用外部提供参考电压。

图 9.9 所示为外部提供 ADC 模块参考电压基准的典型电路，电路产生一个带隙参考电压，然后经过一个电阻器适当减小电压值，调整后的电压首先经过一个缓冲器然后再提供给 F2812 的 ADC 模块。正确使用该电路是很有必要的，原因如下。

（1）ADCREFP 和 ADCREFM 的稳定性对于 ADC 模块的性能来说是至关重要的，如果这两个电压值出现静态噪声，就会给整个 ADC 模块带来动态噪声，影响 A/D 的转换精度。在每个转换过程,采集的电压都会在稳定几个时钟周期后才被存储。

(2) 在 ADC 转换过程中 ADCREFP 和 ADCREFM 会吸收消耗源电流,如果不添加缓冲器,瞬时的变化会改变电流在电阻之间的流动,即改变原来设定的参考电压值,从而产生不理想的电压增益误差。

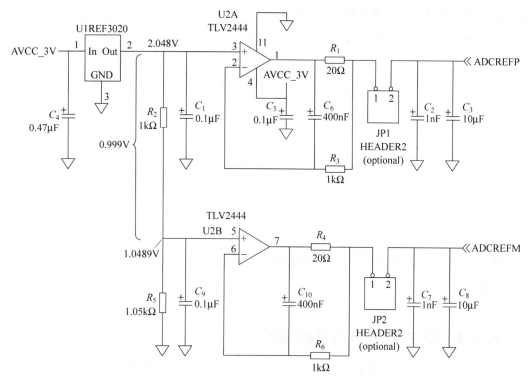

图 9.9  外部提供 ADC 模块参考电压的典型电路图

注:典型电路图中 ADCREFP 和 ADCREFM 引脚参考电压分别为 2.048V 和 1.0489V,为了提供足够的供电电流,参考电压在提供给 F2812 芯片前需经过一个缓冲器,提供给芯片的参考电压压差应该是 1V(0.999V),误差范围为 1%。

## 9.2  ADC 模块电压基准校正

### 9.2.1  增益和偏移误差的定义

一个理想的 12 位 ADC 模块是没有增益和偏移误差的且满足公式1。

• 公式1:

$$y = x \times m_i$$

式中,$x$——输入值,具体值为:输入电压×4095/3V;

$y$——输出值;

$m_i$——理想增益 1.0000。

F2812 的 ADC 模块的增益和偏移误差定义如公式2所示。

• 公式2：

$$y = x \times m_a + b$$

其中，$m_a$——实际增益；

　　$b$——实际的偏移量（当输入为 0 时测量的输出值）。

实际和理想的增益曲线如图 9.10 所示。

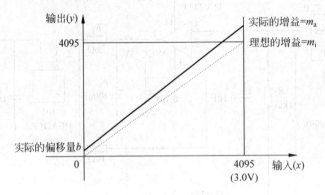

图 9.10　实际和理想的增益曲线

测量 F2812 的 ADC 模块的增益和偏移误差如下：

增益误差（$m_a$）　　＜±5％ 最大　　　0.95＜$m_a$＜1.05

偏移误差（$b$）　　　＜±2％最大　　　−80＜$b$＜80

## 9.2.2　增益和偏移误差的影响

增益和偏移误差会影响整个控制系统的误差，掌握增益和偏移误差产生的原理对于在设计中减少误差、改进系统有很大帮助。

线性输入范围：可用的电压输入范围也受增益和偏移误差的影响，具体的影响如表 9.4 所示。

表 9.4　线性输入范围的最坏影响

| | 线性输入范围/V | 线性输出范围（计数值） | 输入偏差 | 有效位个数 | 绝对误差 |
|---|---|---|---|---|---|
| $y = x \times 1.00$ | 0.0000～3.0000 | 0～4095 | 1.5000±1.5000 | 12.000 | 0.7326 |
| $y = x \times 1.00 + 80$ | 0.0000～2.9414 | 80～4095 | 1.4707±1.4707 | 11.971 | 0.7326 |
| $y = x \times 1.00 - 80$ | 0.0586～3.0000 | 0～4015 | 1.5293±1.4707 | 11.971 | 0.7326 |
| $y = x \times 1.05 + 80$ | 0.0000～2.8013 | 80～4095 | 1.4007±1.4007 | 11.971 | 0.6977 |
| $y = x \times 1.05 - 80$ | 0.0558～2.9130 | 0～4095 | 1.4844±1.4286 | 12.000 | 0.6977 |
| $y = x \times 0.95 + 80$ | 0.0000～3.0000 | 80～3970 | 1.5000±1.5000 | 11.926 | 0.7710 |
| $y = x \times 0.95 - 80$ | 0.0617～3.0000 | 0～3810 | 1.5309±1.4691 | 11.896 | 0.7710 |
| 安全范围 | 0.0617～2.8013 | 80～3810 | 1.4315±1.3698 | 11.865 | 0.7345 |

表格的最后一行显示了器件操作的安全参数，ADC 模块转换的位数减到 11.865 位，每计量单位代表的电压值（mV/Count）由 0.7326mV 上升到 0.7345mV，使结果减少近 2％。

双端输入的偏移误差：在许多应用设计中，输入为双端输入，这就需要在将信号送给

F2812之前将双端输入转换成单端输入。图9.11所示为双端输入转换成单端输入的典型电路。考虑到增益和偏移误差对输入范围的影响,电路应该改进成如图9.12所示。

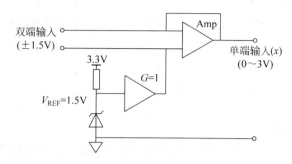

图9.11 理想 ADC 情况下的简单电路

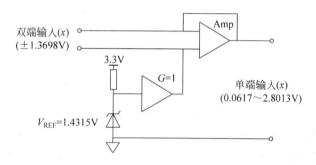

图9.12 改进后的电路(考虑多种特性)

输入的偏移误差发生变化(偏移误差是当双端输入的输入值为0时测量的),而且相对于理想值 ADC 模块内部的增益和偏移误差会增加这种误差。

例如:ADC 内部有5%的增益误差和2%的偏移误差,那么双端输入误差的计算方法如下。

双端输入:　　　　　　　　　$x=0.0000\text{V}$

单端 ADC 输入:　　　　　　$x=1.4315\text{V}$

理想的计算结果:　　　　　　$y_e=1.4315\times4095/3=1954$

实际的计算结果:　　　　　　$y_a=1.54\times1.05+80=2132$

双端偏移误差:　　　　　　　$y_a-y_e=2132-1954=178(9.1\%的误差)$

通过计算发现双端偏移误差相当大,远远超出理想的误差范围,但是我们可以通过校准来有效减小误差。

## 9.2.3 校准

校准就是通过提供两路已知的电压给 ADC 输入通道来计算增益和偏移误差,然后对其他输入通道进行相应的补偿。这种方法是可行的,因为通道和通道之间的误差相当小,这种校准的精度主要取决于给 ADC 通道提供已知电压的电压源的精度,但是最大可能达到的精度受通道与通道间的误差和偏移误差限制。在生产产品时通道与通道间的误差和偏移误差都会控制在±0.2%以内。

图 9.13 说明了如何计算实际的增益和偏移误差,以及计算校准增益和偏移误差。

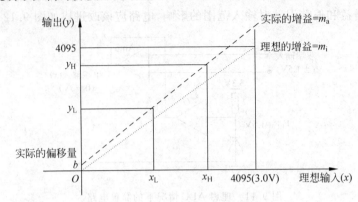

图 9.13　计算增益和偏移量曲线

运用公式 2:

$$y = x \times m_a + b$$

可得以下公式。

- 公式 3

$$m_a = (y_H - y_L)/(x_H - x_L)$$

其中,$x_L$——已知的低输入电压;

$x_H$——已知的高输入电压;

$y_H$——高输入电压通过 ADC 后得到的输出值;

$y_L$——低输入电压通过 ADC 后得到的输出值。

- 公式 4

$$b = y_L - x_L \times m_a$$

$$y = x \times m_a + b \Rightarrow x = (y - b)/m_a \Rightarrow x = y/m_a - b/m_a$$

- 公式 5

$$x = y \times \text{CalGain} - \text{CalOffset} \quad \text{CalGain} = 1/m_a$$

$$\text{CalOffset} = b/m_a$$

由公式 3 和公式 4 得公式 6。

- 公式 6

$$\text{CalGain} = (x_H - x_L)/(y_H - y_L)$$

$$\text{CalOffset} = (y_L - x_L \times m_a)/m_a$$

$$\text{CalOffset} = y_L/m_a - x_L$$

由公式 6 得公式 7。

- 公式 7

$$\text{CalOffset} = y_L \times \text{Calgain} - x_L$$

综上:只要已知两个参考电压($x_L$ 和 $x_H$)和对应的 ADC 输出($y_L$ 和 $y_H$)即可求出实际的增益和偏移误差,计算标准的增益和偏移误差采用下述公式。

(1) $y = x \times m_a + b$ 　　　　　　　　ADC 的实际计算公式

(2) $m_a = (y_H - y_L)/(x_H - x_L)$ 　　　　ADC 的实际增益

（3）$b=y_L-x_L\times m_a$　　　　　　　　　ADC 的实际偏移量

（4）$x=y\times CalGain-CalOffset$　　　　　ADC 校准后的计算公式

（5）$CalGain=(x_H-x_L)/(y_H-y_L)$　　　ADC 校准后的增益

（6）$CalOffset=y_L\times Calgain-x_L$　　　ADC 校准后的偏移量

校准的过程包括以下四个基本步骤：

（1）读取已知参考电压输入通道的电压值（$y_H$ 和 $y_L$）；

（2）运用公式 6 计算校准后的增益（CalGain）；

（3）运用公式 7 计算校准后的偏移量（CalOffset）；

（4）运用公式 5 计算所有通道值。

## 9.2.4　硬件设计

校准电路需要给两路通道输入已知电压，所以 ADC 模块现在有可用通道 14 个。图 9.14 给出了校准的典型电路。

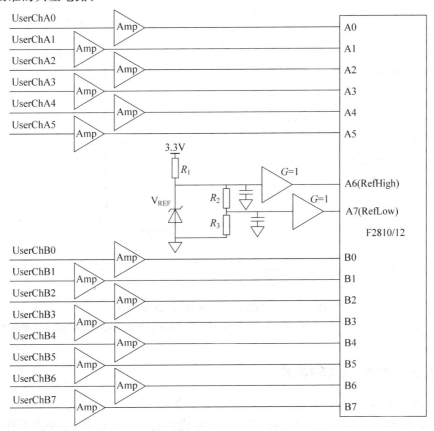

图 9.14　校准典型电路（14 转换通道）

注：因为通道与通道之间的误差为 0.2%，所以两路已知电压的输入通道是任选的，但是这两路输入通道最好在同一个组内，比如同是 A 组或同是 B 组。在低采样频率（<8MHz），一个组内通道与通道之间的误差可以降低至 0.1%，因此采用这种方法可以达到提高精度的要求。

如果将双端输入转换成单端输入，一个通道的输入电压最好设置为中间参考电压 1.5V，另一个输入通道电压可以设置成 2.5V 或 1.5V。

如果依然需要 16 个转换通道,则可参照图 9.15 所示典型电路设计,在这种设计中,通过引入一个 GPIO 作为模拟开关来扩展成 16 路输入通道。相对于单输入通道而言,多输入通道需要通过软件来实现交替转换功能,这样必定会影响 A/D 的转换速度,所以这种设计只适用于低速转换情况。

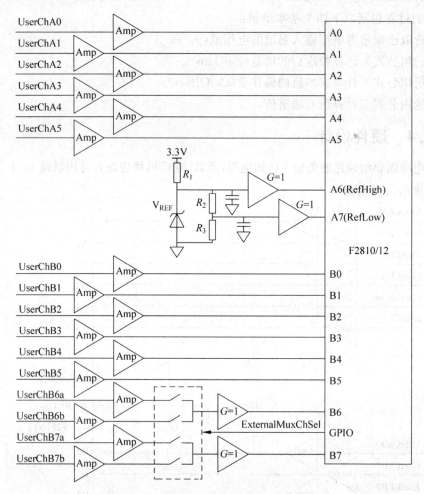

图 9.15　两路校准典型电路(16 转换通道)

注:模拟开关后面需要添加一个缓冲器,来防止因为 ADC 通道转换过程中的高的信号源阻抗引起的错误。

## 9.2.5　ADC 采样技术

1. 顺序采样模式

F2812 的 ADC 采样模式有两种:顺序采样模式和同步采样模式,在顺序采样模式下,ADC 模块每次只对一个通道进行采样。

图 9.16 所示为顺序采样情况下一个触发源引起的 16 通道(A0~A7 和 B0~B7)转换的时序图。

顺序采样模式下,转换 16 通道所需的总时间为

$$T = 17 \times \text{Tadcclk} + 18 \times (1 + \text{ACQPS}) \times \text{Tadcclk}$$

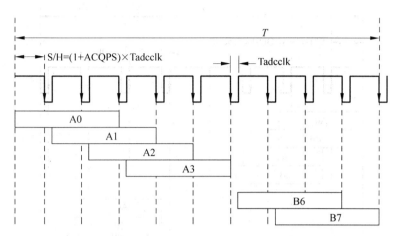

图 9.16 顺序采样模式下的 16 通道转换时序图

表 9.5 所示为在顺序采样模式下,不同的 ADC 时钟频率和采样保持窗口与不同的 ADC 转换时间(16 通道转换时间)的对应关系。

表 9.5 转换时间的变化

| ACQPS | Tadcclk 周期个数 | $T/\mu s$ (ADCCLK=25MHz) | $T/\mu s$ (ADCCLK=12.5MHz) | $T/\mu s$ (ADCCLK=6.25MHz) |
|---|---|---|---|---|
| 0 | 35 | 1.4 | 2.8 | 5.6 |
| 3 | 89 | 3.56 | 7.12 | 14.24 |
| 7 | 161 | 6.44 | 12.88 | 25.76 |
| 11 | 233 | 9.32 | 18.64 | 37.28 |
| 15 | 305 | 12.2 | 24.4 | 48.8 |

在顺序采样模式下,ADC 模块可以配置成级联模式和双排序器模式,在级联模式下,16 通道的转换时间是可以确定的。转换后的结果储存在哪个结果寄存器是由 ADC 通道选择寄存器(CHSELESEQ1,CHSELESEQ2,CHSELESEQ3,CHSELESEQ4)来决定的。为了直接将通道映射到结果寄存器,需要用软件对相应的通道寄存器进行配置。

2. 同步采样模式

在同步采样模式下,ADC 通道可以一次转换一对输入通道(A0/B0～A7/B7),两个通道基本上是同时进行转换的。图 9.17 所示为在同步转换模式下,8 对输入通道的转换时序图。

同步模式下转换 16 个输入通道的总时间为

$$T=9\times2\times Tadcclk+9\times(1+ACQPS)\times Tadcclk$$

表 9.6 所示为在同步采样模式下不同的 ADC 转换时钟和采样窗口与不同的 16 通道转换时间的对应关系。

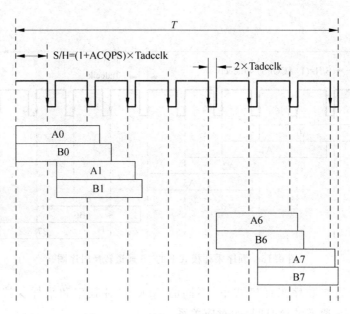

图 9.17　8 对输入通道的转换时序图

表 9.6　不同的 16 通道转换时间

| ACQPS | Tadcclk 周期个数 | $T/\mu s$<br>（ADCCLK＝25MHz） | $T/\mu s$<br>（ADCCLK＝12.5MHz） | $T/\mu s$<br>（ADCCLK＝6.25MHz） |
|---|---|---|---|---|
| 0 | 27 | 1.08 | 2.16 | 4.32 |
| 3 | 54 | 2.16 | 4.32 | 8.64 |
| 7 | 90 | 3.6 | 7.2 | 14.4 |
| 11 | 126 | 5.04 | 10.08 | 20.16 |
| 15 | 162 | 6.48 | 12.96 | 25.92 |

　　转换后的结果储存在哪个结果寄存器是由 ADC 通道选择寄存器（CHSELESEQ1，CHSELESEQ2）来决定的。为了直接将通道映射到结果寄存器，需要用软件对相应的通道寄存器进行配置。

# 9.3　ADC 模块寄存器

　　在本节中，将分类介绍寄存器以及寄存器的位信息。ADC 模块的所有寄存器介绍如表 9.7 所示。

表 9.7　ADC 模块寄存器

| 名　　称 | 地　　址 | 大小/16b | 功能描述 |
|---|---|---|---|
| ADCTRL1 | 0x0000 7100 | 1 | ADC 控制寄存器 1 |
| ADCTRL2 | 0x0000 7101 | 1 | ADC 控制寄存器 2 |
| ADCMAXCONV | 0x0000 7102 | 1 | ADC 最大转换通道数寄存器 |
| ADCCHSELSEQ1 | 0x0000 7103 | 1 | ADC 选择排序控制寄存器 1 |

| 名　称 | 地　址 | 大小/16b | 功　能　描　述 |
|---|---|---|---|
| ADCCHSELSEQ2 | 0x0000 7104 | 1 | ADC 选择排序控制寄存器 2 |
| ADCCHSELSEQ3 | 0x0000 7105 | 1 | ADC 选择排序控制寄存器 3 |
| ADCCHSELSEQ4 | 0x0000 7106 | 1 | ADC 选择排序控制寄存器 4 |
| ADCASEQSR | 0x0000 7107 | 1 | ADC 自动排序状态寄存器 |
| ADCRESULT0 | 0x0000 7108 | 1 | ADC 转换结果缓冲寄存器 0 |
| ADCRESULT1 | 0x0000 7109 | 1 | ADC 转换结果缓冲寄存器 1 |
| ADCRESULT2 | 0x0000 710A | 1 | ADC 转换结果缓冲寄存器 2 |
| ADCRESULT3 | 0x0000 710B | 1 | ADC 转换结果缓冲寄存器 3 |
| ADCRESULT4 | 0x0000 710C | 1 | ADC 转换结果缓冲寄存器 4 |
| ADCRESULT5 | 0x0000 710D | 1 | ADC 转换结果缓冲寄存器 5 |
| ADCRESULT6 | 0x0000 710E | 1 | ADC 转换结果缓冲寄存器 6 |
| ADCRESULT7 | 0x0000 710F | 1 | ADC 转换结果缓冲寄存器 7 |
| ADCRESULT8 | 0x0000 7110 | 1 | ADC 转换结果缓冲寄存器 8 |
| ADCRESULT9 | 0x0000 7111 | 1 | ADC 转换结果缓冲寄存器 9 |
| ADCRESULT10 | 0x0000 7112 | 1 | ADC 转换结果缓冲寄存器 10 |
| ADCRESULT11 | 0x0000 7113 | 1 | ADC 转换结果缓冲寄存器 11 |
| ADCRESULT12 | 0x0000 7114 | 1 | ADC 转换结果缓冲寄存器 12 |
| ADCRESULT13 | 0x0000 7115 | 1 | ADC 转换结果缓冲寄存器 13 |
| ADCRESULT14 | 0x0000 7116 | 1 | ADC 转换结果缓冲寄存器 14 |
| ADCRESULT15 | 0x0000 7117 | 1 | ADC 转换结果缓冲寄存器 15 |
| ADCTRL3 | 0x0000 7118 | 1 | ADC 控制寄存器 3 |
| ADCST | 0x0000 7119 | 1 | ADC 状态寄存器 |

## 9.3.1　ADC 模块控制寄存器

1. ADC 模块控制寄存器 1(ADCTRL1)

ADC 模块控制寄存器 1 的位信息及功能介绍如表 9.8 和表 9.9 所示。

表 9.8　ADC 模块控制寄存器 1 位信息

| 15 | 14 | 13 | 12 | 11 | 10 | 9 | 8 |
|---|---|---|---|---|---|---|---|
| Reserved | RESET | SUSMOD1 | SUSMOD0 | ACQPS3 | ACQPS2 | ACQPS1 | ACQPS0 |
| R-0 | R/W-0 | R/W-0 | R/W-0 | R/W-0 | R/W-0 | R/W-0 | R/W-0 |

| 7 | 6 | 5 | 4 | 3 | 2 | 1 | 0 |
|---|---|---|---|---|---|---|---|
| CPS | CONT RUN | SEQ1 OVRD | SEQ CASC | Reserved | | | |
| R/W-0 | R/W-0 | R/W-0 | R/W-0 | R-0 | | | |

表9.9　ADC模块控制寄存器1位功能介绍

| 位 | 名　称 | 功　能　描　述 |
|---|---|---|
| 15 | Reserved | 读操作返回0,写操作没有影响 |
| 14 | RESET | ADC模块软件复位位<br>该位可以使整个ADC模块产生主动复位,当设备的复位引脚被拉低(或上电复位后),所有的寄存器位和排序状态机都将复位到初始状态。<br>这是一个具有时间效应的位,所以当该位被置为1后,设备会立即自动将该位清除。读操作返回0。<br>ADC模块有两个周期的反应时间(即复位后两个周期ADC模块其他控制寄存器位才发生变化)。<br>0　没有影响;<br>1　复位整个ADC模块(然后该位会被ADC模块自动清零)。<br>注意:ADC模块会在系统复位时复位,如果希望ADC模块在任何时间复位,那么用户需要向该位写1,且在两个ADC周期后,再向ADCTRL1寄存器中写入相应的状态值。下面的汇编代码为DSP时钟频率为150MHz、ADC时钟频率为25MHz时的程序:<br>MOV ADCTRL1,♯01xxxxxxxxxxxxxxb;　　　// 复位ADC模块(RESET=1)<br>RPT　10<br>NOP;　　　　　　　　　　　　　　// 提供数据写入的延时时间<br>MOV ADCTRL1,♯00xxxxxxxxxxxxxxb;　　　// 配置ADCTRL1寄存器为<br>　　　　　　　　　　　　　　　　　// 用户所需的值<br>注:如果默认配置满足用户要求,那么第二个MOV操作可以不需要。 |
| 13~12 | SUSMOD(1,0) | 仿真挂起模式<br>这些位决定了仿真挂起时的操作(例如由于调试器遇到断点)。<br>00　模式0,仿真挂起被忽略;<br>01　模式1,当前排序完成后排序器和其他逻辑停止工作,最终结果将被锁存,状态机将更新;<br>10　模式2,当前转换完成后排序器和其他逻辑停止工作,最终结果将被锁存,状态机将更新;<br>11　模式3,仿真挂起时,排序器和其他逻辑立即停止 |
| 11~8 | ACQPS(3:0) | 获取窗口大小<br>这些位决定了启动转换信号(SOC)脉冲宽度,SOC脉冲用于控制持续多长时间采样开关闭合。SOC脉冲宽度大小为ADCLK周期的(ADCTRL(11:8)+1)倍 |
| 7 | CPS | 内核时钟预定标器<br>该位用于对外设时钟HSPCLK进行分频。<br>0　ADCCLK = Fclk /1;<br>1　ADCCLK = Fclk /2<br>注:CLK为HSPCLK的值(ADCCLKPS(3:0)) |

| 位 | 名 称 | 功 能 描 述 |
|---|---|---|
| 6 | CONT RUN | 连续运行模式<br>该位决定排序器工作在连续转换模式还是开始-停止模式。该位可以在当前转换排序有效时进行写操作,在当前转换结束时,该位将会生效。在EOC产生前可以软件将该位置位或清零。在连续转换模式中不需要对排序器进行复位。然而,在开始-停止模式,排序器必须被复位,使得转换器处于CONV00状态。<br>0 开始-停止模式。当遇到EOC信号时,排序器停止。在下一个SOC,除非排序器复位,否则排序器将从上一次结束状态开始执行;<br>1 连续转换模式。当接收到EOC信号后,排序器从CONV00(对于SEQ1或CONV08(对于SEQ2)状态重新开始转换 |
| 5 | SEQ1 OVRD | 排序器忽略位,在连续运行模式下,通过MAXCONVn寄存器设置循环转换通道,从而增加排序转换的灵活性。<br>0 禁止-允许排序器在规定的最大转换通道数内进行排序循环;<br>1 使能-忽略由MAXCONVn设置的最大转换通道数,在整个模块通道内进行循环转换 |
| 4 | SEQ CASC | 级联排序器操作位<br>该位决定了SEQ1和SEQ2工作在两个独立的8状态排序器下还是一个16状态排序器(SEQ)下。<br>0 双排序模式,SEQ1和SEQ2工作时作为两个8状态排序器;<br>1 级联模式,SEQ1和SEQ2工作时作为一个16状态排序器(SEQ) |
| 3~0 | Reserved | 读操作返回0,写操作没有影响 |

## 2. ADC模块控制寄存器2(ADCTRL2)

ADC模块控制寄存器2的位信息及功能介绍如表9.10和表9.11所示。

表9.10 ADC模块控制寄存器2位信息

| 15 | 14 | 13 | 12 | 11 | 10 | 9 | 8 |
|---|---|---|---|---|---|---|---|
| EVB SOC SEQ | RST SEQ1 | SOC SEQ1 | Reserved | INT ENA SEQ1 | INT MOD SEQ1 | Reserved | EVA SOC SEQ1 |
| R/W-0 | R/W-0 | R/W-0 | R-0 | R/W-0 | R/W-0 | R-0 | R/W-0 |

| 7 | 6 | 5 | 4 | 3 | 2 | 1 | 0 |
|---|---|---|---|---|---|---|---|
| EXT SOC SEQ1 | RST SEQ2 | SOC SEQ2 | Reserved | INT ENA SEQ2 | INT MOD SEQ2 | Reserved | EVA SOC SEQ2 |
| R/W-0 | R/W-0 | R/W-0 | R-0 | R/W-0 | R/W-0 | R-0 | R/W-0 |

表9.11 ADC模块控制寄存器2位功能介绍

| 位 | 名 称 | 功 能 描 述 |
|---|---|---|
| 15 | EVB SOC SEQ | 在级联排序模式下,EVB启动转换使能位(SOC)。<br>0 不起作用;<br>1 将该位置1,允许EVB信号启动级联排序器,可以编程设置EV多种事件启动转换 |

续表

| 位 | 名　称 | 功　能　描　述 |
|---|---|---|
| 14 | RST SEQ1 | 排序器 1 复位位<br>向该位写 1,可以立即将排序器复位到初始的预触发状态,例如在 CONV00 等待一个触发。当前有效的排序转换将会失败。<br>0　不起作用;<br>1　立即复位排序器到 CONV00 状态 |
| 13 | SOC SEQ1 | SEQ1 的转换触发信号,可以通过下面的信号触发该位置位。<br>• S/W—软件将该位置 1;<br>• EVA—事件管理器 A;<br>• EVB—事件管理器 B(只在级联模式下);<br>• EXT—外部引脚(例如 ADC SOC 引脚)。<br>当触发事件产生时,有下列 3 种可能的情况。<br>(1) 情况 1:SEQ1 空闲且 SOC 位清除<br>　　SEQ1 立即启动(在仲裁的控制下)。该位可以被置位也可以清除,同时允许任何"未决"触发请求。<br>(2) 情况 2:SEQ1 忙且 SOC 位清除<br>　　该位被置位表示有一个触发请求未决。当前转换结束后,SEQ1 开始时,该位被清除。<br>(3) 情况 3:SEQ1 忙且 SOC 位置位<br>　　在这种情况下所有的触发信号都将被忽略。<br>0　清除一个未决的 SOC 触发信号<br>　　注意:如果排序器已经启动,那么该位会自动清除,因而,向该位写 0 没有影响,例如一个正在转换的排序器不能通过清除该位而停止。<br>1　软件触发<br>　　从当前停止的位置启动 SEQ1(例如,在空闲模式中) |
| 12 | Reserved | 读操作返回 0,写操作没有影响 |
| 11 | INT ENA SEQ1 | SEQ1 中断使能位,该位使能通过 INT SEQ1 向 CPU 发送的中断请求。<br>0　由 INT SEQ1 产生的中断请求被禁止;<br>1　由 INT SEQ1 产生的中断请求被使能 |
| 10 | INT MOD SEQ1 | SEQ1 中断模式位<br>该位用于选择 SEQ1 的中断模式,它会影响 SEQ1 排序转换结束时 INT SEQ1 的设置。<br>0　在每个 SEQ1 序列结束时,INT SEQ1 置位;<br>1　在每隔一个 SEQ1 序列结束时,INT SEQ1 置位 |
| 9 | Reserved | 读操作返回 0,写操作没有影响 |
| 8 | EVA SOC SEQ1 | SEQ1 EVA 启动转换屏蔽位<br>0　EVA 的触发信号不能启动 SEQ1;<br>1　允许 EVA 通过触发信号启动 SEQ1/SEQ,可以软件编程设置 EV 不同触发信号启动转换 |
| 7 | EXT SOC SEQ1 | SEQ1 外部信号启动转换位<br>0　没有影响;<br>1　将该位置 1,允许从外部 ADC SOC 引脚输入触发信号启动 ADC 自动排序转换 |

续表

| 位 | 名 称 | 功 能 描 述 |
|---|---|---|
| 6 | RST SEQ2 | 复位 SEQ2<br>0 没有可执行操作;<br>1 将排序器立即复位到初始的预触发状态,例如在 CONV08 等待一个触发。当前有效的排序转换将会停止 |
| 5 | SOC SEQ2 | SEQ2 的开始转换触发信号(仅应用于双排序模式,在级联模式下忽略),该位可以通过下面的信号触发置位。<br>• S/W:软件将该位置 1;<br>• EVB:事件管理器 B。<br>当一个触发信号产生时,有下列 3 种可能的情况。<br>(1) 情况 1:SEQ2 空闲且 SOC 位清除<br>　　SEQ2 立即启动。该位可以被置位也可以清除,同时允许任何未决的触发请求。<br>(2) 情况 2:SEQ2 忙且 SOC 位清除<br>　　该位置位表示有一个触发请求没有被处理。当前转换结束后,SEQ2 开始时,该位被清除。<br>(3) 情况 3:SEQ2 忙且 SOC 位置位<br>　　在这种情况下任何触发信号都将被忽视。<br>0 清除没有处理的 SOC 触发信号;<br>1 从当前停止的位置重新启动 SEQ2(例如空模式) |
| 4 | Reserved | 读操作返回 0,写操作没有影响 |
| 3 | INT ENA SEQ2 | SEQ2 中断使能位<br>该位的功能为使能或禁止 INT SEQ2 向 CPU 发出的中断请求。<br>0 INT SEQ2 向 CPU 发出中断请求被禁止;<br>1 INT SEQ2 向 CPU 发出中断请求被使能 |
| 2 | INT MOD SEQ2 | SEQ2 中断模式<br>该位主要用于选择 SEQ2 的中断模式,它会影响 SEQ2 排序转换结束时 INT SEQ2 的设置。<br>0 在每个 SEQ2 序列结束时,INT SEQ2 置位;<br>1 在每隔一个 SEQ2 序列结束时,INT SEQ2 置位 |
| 1 | Reserved | 读操作返回 0,写操作没有影响 |
| 0 | EVB SOC SEQ2 | SEQ2 EVB SOC 屏蔽位<br>0 EVB 的触发信号不能启动 SEQ2;<br>1 允许 EVB 的触发信号启动 SEQ2,可以软件编程设置 EV 不同的触发信号启动转换 |

### 3. ADC 模块控制寄存器 3(ADCTRL3)

ADC 模块控制寄存器 3 的位信息及功能介绍如表 9.12 和表 9.13 所示。

**表 9.12 ADC 模块控制寄存器 3 位信息**

| 15 | | | | | 9 | 8 |
|---|---|---|---|---|---|---|
| Reserved | | | | | | EXTREF |
| R-0 | | | | | | R/W-0 |

| 7 | 6 | 5 | 4 | | 1 | 0 |
|---|---|---|---|---|---|---|
| ADCBGRFDN1 | ADCBGRFDN0 | ADCPWDN | ADCCLKPS (3:0) | | | SMODE SEL |
| R/W-0 | R/W-0 | R/W-0 | R/W-0 | | | R/W-0 |

表 9.13　ADC 模块控制寄存器 3 位功能介绍

| 位 | 名　称 | 功 能 描 述 |
|---|---|---|
| 15～9 | Reserved | 保留 |
| 8 | EXTREF | 使能引脚 ADCREFM 和 ADCREFP 作为参考电压输入<br>ADCREFP(2V) 和 ADCREFM(1V) 引脚作为内部参考电压的输出引脚<br>ADCREFP(2V) 和 ADCREFM(1V) 引脚作为外部参考电压的输入引脚 |
| 7,6 | ADCBGRFDN (1,0) | ADC 间隙和参考电源掉电控制位<br>这些位能够控制间隙的上电和掉电,以及内部模拟电路模块的参考电源。<br>00　带隙和参考电路掉电;<br>11　带隙和参考电路上电 |
| 5 | ADCPWDN | ADC 电源控制<br>该位控制除间隙和参考电路外的内部所有的模拟电路的供电与掉电。<br>0　除间隙和参考电路外的模拟电路掉电;<br>1　模拟电路上电 |
| 4～1 | ADCCLKPS(3:0) | 内核时钟分频器<br>除了 ADCCLKPS(3:0) 等于 0000 外(在这种情况下将直接使用 HSPCLK 时钟),F2812 的外设时钟将通过分频器,分(2×ADCLKPS(3:0)) 次频,分频后的时钟再分(ACTRL1.7+1) 次频后产生 ADC 内核时钟 ADCLK。<br>具体的分频关系如下表所示: |
| 0 | SMODE SEL | 采样模式选择位<br>该位用于选择 ADC 的采样模式,或者为顺序采样,或者为同步采样。<br>0　顺序采样模式;<br>1　同步采样模式 |

| ADCCLKPS 3～0 | 内核时钟分频数 | ADCLK |
|---|---|---|
| 0000 | 0 | HSPCLK/(ADCTRL1.7+1) |
| 0001 | 1 | HSPCLK/[2×(ADCTRL1.7+1)] |
| 0010 | 2 | HSPCLK/[4×(ADCTRL1.7+1)] |
| 0011 | 3 | HSPCLK/[6×(ADCTRL1.7+1)] |
| 0100 | 4 | HSPCLK/[8×(ADCTRL1.7+1)] |
| 0101 | 5 | HSPCLK/[10×(ADCTRL1.7+1)] |
| 0110 | 6 | HSPCLK/[12×(ADCTRL1.7+1)] |
| 0111 | 7 | HSPCLK/[14×(ADCTRL1.7+1)] |
| 1000 | 8 | HSPCLK/[16×(ADCTRL1.7+1)] |
| 1001 | 9 | HSPCLK/[18×(ADCTRL1.7+1)] |
| 1010 | 10 | HSPCLK/[20×(ADCTRL1.7+1)] |
| 1011 | 11 | HSPCLK/[22×(ADCTRL1.7+1)] |
| 1100 | 12 | HSPCLK/[24×(ADCTRL1.7+1)] |
| 1101 | 13 | HSPCLK/[26×(ADCTRL1.7+1)] |
| 1110 | 14 | HSPCLK/[28×(ADCTRL1.7+1)] |
| 1111 | 15 | HSPCLK/[30×(ADCTRL1.7+1)] |

## 9.3.2　最大转换通道寄存器(MAXCONV)

最大转换通道寄存器的位信息及功能介绍如表9.14和表9.15所示。

**表9.14　最大转换通道寄存器位信息**

15       8

| Reserved | | | | | | |
|---|---|---|---|---|---|---|
| R-0 | | | | | | R/W-0 |

| 7 | 6 | 5 | 4 | 3 | 2 | 1 | 0 |
|---|---|---|---|---|---|---|---|
| Reserved | MAX CONV2.2 | MAX CONV2.1 | MAX CONV2.0 | MAX CONV1.3 | MAX CONV1.2 | MAX CONV1.1 | MAX CONV1.0 |
| R-0 | R/W-0 | R/W-0 | R/W-0 | R/W-0 | R/W-0 | R/W-0 | R/W-0 |

**表9.15　最大转换通道寄存器位功能介绍**

| 位 | 名　称 | 功　能　描　述 |
|---|---|---|
| 15~7 | Reserved | 读操作返回0,写操作没有影响 |
| 6~0 | MAX CONVn | MAX CONVn位区域定义了在自动转换过程中转换的最大通道数,具体的执行操作不仅与MAX CONVn位区域定义有关,还和采样模式有关。<br>• 在SEQ1采样模式下,使用MAX CONV1(2:0)<br>• 在SEQ2采样模式下,使用MAX CONV2(2:0)<br>• 在SEQ采样模式下,使用MAX CONV1(3:0)<br>自动转换过程是从初始状态开始的,结束于允许的最大转换通道处,转换结束后,转换的结果自动地顺序存储在结果寄存器中,通道数在1~(MAX CONVn+1)之间的通道都可以通过软件实现采样转换 |

下面实例为对ADCMAXCONV寄存器的位编程实例。

如果只需要5个转换通道,那么MAX CONVn设置为4。

(1) 情况1:双模式SEQ1和级联模式

排序器将在CONV00~04内排序,5个转换结果将顺序存储在转换结果缓冲器的结果寄存器00~04。

(2) 情况2:双模式SEQ2

排序器将在CONV08~12内排序,5个转换结果将顺序存储在转换结果缓冲器的结果寄存器08~12。

如果最大转换通道数大于7,那么此时转换模式需选择双排序模式(两个独立的8状态排序器),此时SEQ CNTRn超过7时仍继续计数。

表9.16所示为MAX CONVn与最大转换通道数之间的关系。

## 9.3.3　自动排序状态寄存器(ADCASEQSR)

自动排序状态寄存器的位信息以及位功能介绍如表9.17和表9.18所示。

表 9.16　MAX CONVn 与最大转换通道数之间的关系

| MAX CONV1(3:0) | 转换通道数 | MAX CONV1(3:0) | 转换通道数 |
|---|---|---|---|
| 0000 | 1 | 0011 | 4 |
| 0001 | 2 | ⋮ | ⋮ |
| 0010 | 3 | 1111 | 16 |

表 9.17　自动排序状态寄存器的位信息

| 15 | | | 12 | 11 | 10 | 9 | 8 |
|---|---|---|---|---|---|---|---|
| | Reserved | | | SEQ CNTR3 | SEQ CNTR2 | SEQ CNTR1 | SEQ CNTR0 |
| | R-0 | | | R-0 | R-0 | R-0 | R-0 |

| 7 | 6 | 5 | 4 | 3 | 2 | 1 | 0 |
|---|---|---|---|---|---|---|---|
| Reserved | SEQ2 STATE2 | SEQ2 STATE1 | SEQ2 STATE0 | SEQ1 STATE3 | SEQ1 STATE2 | SEQ1 STATE1 | SEQ1 STATE0 |
| R-0 | R-0 | R-0 | R-0 | R-0 | R-0 | R-0 | R-0 |

表 9.18　自动排序状态寄存器位功能介绍

| 位 | 名　称 | 功　能　描　述 |
|---|---|---|
| 15～12 | Reserved | 读操作返回 0,写操作无影响 |
| 11～8 | SEQ CNTR(3:0) | 排序器计数状态位<br>SEQ CNTRn 4 位状态区域用于 SEQ1、SEQ2 和级联排序器中,在初始化时,排序器计数状态位设置为最大转换通道数,在转换过程中依次减 1,实现对每个通道的采样转换。<br>SEQ CINRTn　　　　剩余的转换通道数<br>0000　　　　　　1 或 0,取决于 busy 状态<br>0001　　　　　　2<br>0010　　　　　　3<br>0011　　　　　　4<br>⋮　　　　　　　　⋮<br>1111　　　　　　16 |
| 7 | Reserved | 读操作返回 0,写操作没有影响 |
| 6～0 | SEQ2 STATE(2:0)<br>SEQ1 STATE(3:0) | SEQ2 STATE(2:0)和 SEQ1 STATE(3:0)位区域分别是SEQ2 和 SEQ1 的指针。这些位被保留用于 TI 芯片测试使用,所以不能够被用户开发使用 |

## 9.3.4　ADC 状态和标志寄存器(ADCST)

ADC 状态和标志寄存器是一个专门的状态和标志寄存器。寄存器中的每一位或者是只读状态位,或者是只读标志位,或者是在清除状态下读操作返回 0,具体的寄存器位信息和功能介绍如表 9.19 和表 9.20 所示。

表 9.19　ADC 状态和标志寄存器位信息

| 15 | | | | | | | 8 |
|---|---|---|---|---|---|---|---|
| Reserved | | | | | | | |
| R-0 | | | | | | | |

| 7 | 6 | 5 | 4 | 3 | 2 | 1 | 0 |
|---|---|---|---|---|---|---|---|
| EOS BUF2 | EOS BUF1 | INT SEQ2 CLR | INT SEQ1 CLR | SEQ2 BSY | SEQ1 BSY | INT SEQ2 | INT SEQ1 |
| R/W-0 | R/W-0 | R/W-0 | R-0 | R/W-0 | R/W-0 | R-0 | R/W-0 |

表 9.20　ADC 状态和标志寄存器位功能介绍

| 位 | 名　称 | 功 能 描 述 |
|---|---|---|
| 15～8 | Reserved | 读操作返回 0,写操作没有影响 |
| 7 | EOS BUF2 | SEQ2 的序列缓冲器结束位<br>在中断模式 0 下(ADCTRL2.2＝0),该位不使用或者一直保持 0<br>在中断模式 1 下(ADCTRL2.2＝1),在每一个 SEQ2 排序结束时触发。该位在设备复位时清零,排序器复位或清除相应的标志寄存器位不能对该位产生影响 |
| 6 | EOS BUF1 | SEQ1 的序列缓冲器结束位<br>在中断模式 0 下(ADCTRL2.10＝0),该位不使用或者一直保持 0<br>在中断模式 1 下(ADCTRL2.10＝1),在每一个 SEQ1 排序结束时触发。该位在设备复位时清零,排序器复位或清除相应的标志寄存器位不能对该位产生影响 |
| 5 | INT SEQ2 CLR | 中断清除位<br>读操作返回 0,可以通过向该位写 1 清除标志位。<br>0　没有影响;<br>1　清除 SEQ2 的中断标志(INT SEQ2) |
| 4 | INT SEQ1 CLR | 中断清除位<br>读操作返回 0,可以通过向该位写 1 清除标志位。<br>0　没有影响;<br>1　清除 SEQ1 的中断标志(INT SEQ1) |
| 3 | SEQ2 BSY | SEQ2 的忙状态位<br>0　SEQ2 空闲,等待触发;<br>1　SEQ2 正在操作<br>写操作没有影响 |
| 2 | SEQ1 BSY | SEQ1 的忙状态位<br>0　SEQ1 空闲,等待触发;<br>1　SEQ1 正在操作<br>写操作没有影响 |

| 位 | 名　称 | 功　能　描　述 |
|---|---|---|
| 1 | INT SEQ2 | SEQ2 中断标志位<br>对该位进行写操作没有影响,在中断模式 0 下(ADCTRL2.2=0),在每个 SEQ2 排序转换结束时,该位都会被置位。<br>在中断模式 1 下(ADCTRL2.2=1),如果 EOS_BUF2 被置位,那么在每个 SEQ2 排序转换结束时,该位将会被置位。<br>0　没有 SEQ2 中断事件;<br>1　SEQ2 中断事件产生 |
| 0 | INT SEQ1 | SEQ1 中断标志位<br>对该位进行写操作没有影响,在中断模式 0 下(ADCTRL2.10=0),在每个 SEQ1 排序转换结束时,该位都会被置位。<br>在中断模式 1 下(ADCTRL2.10=1),如果 EOS_BUF1 被置位,那么在每个 SEQ1 排序转换结束时,该位将会被置位。<br>0　没有 SEQ1 中断事件;<br>1　SEQ1 中断事件产生 |

### 9.3.5　ADC 输入通道选择排序控制寄存器(CHSELSEQn)

ADC 输入通道选择排序控制寄存器位信息如表 9.21~表 9.24 所示,表 9.25 给出了 CONVnn 位的值与 ADC 输入通道选择之间的关系。

**表 9.21　ADC 输入通道选择排序寄存器(CHSELSEQ1)位信息**

| 15　　　　12 | 11　　　　8 | 7　　　　4 | 3　　　　0 |
|---|---|---|---|
| CONV03 | CONV02 | CONV01 | CONV00 |
| R/W-0 | R/W-0 | R/W-0 | R/W-0 |

**表 9.22　ADC 输入通道选择排序控制寄存器(CHSELSEQ2)位信息**

| 15　　　　12 | 11　　　　8 | 7　　　　4 | 3　　　　0 |
|---|---|---|---|
| CONV07 | CONV06 | CONV05 | CONV04 |
| R/W-0 | R/W-0 | R/W-0 | R/W-0 |

**表 9.23　ADC 输入通道选择排序控制寄存器(CHSELSEQ3)位信息**

| 15　　　　12 | 11　　　　8 | 7　　　　4 | 3　　　　0 |
|---|---|---|---|
| CONV11 | CONV10 | CONV09 | CONV08 |
| R/W-0 | R/W-0 | R/W-0 | R/W-0 |

**表 9.24　ADC 输入通道选择排序寄存器(CHSELSEQ4)位信息**

| 15　　　　12 | 11　　　　8 | 7　　　　4 | 3　　　　0 |
|---|---|---|---|
| CONV15 | CONV14 | CONV13 | CONV12 |
| R/W-0 | R/W-0 | R/W-0 | R/W-0 |

每一个CONVnn 4位区域选择一个模拟输入通道(共16个)进行排序转换。

表9.25 CONVnn 位的值和 ADC 输入通道选择的关系

| CONVnn 值 | ADC 输入通道选择 | CONVnn 值 | ADC 输入通道选择 |
|---|---|---|---|
| 0000 | ADCINA0 | 1000 | ADCINB0 |
| 0001 | ADCINA1 | 1001 | ADCINB1 |
| 0010 | ADCINA2 | 1010 | ADCINB2 |
| 0011 | ADCINA3 | 1011 | ADCINB3 |
| 0100 | ADCINA4 | 1100 | ADCINB4 |
| 0101 | ADCINA5 | 1101 | ADCINB5 |
| 0110 | ADCINA6 | 1110 | ADCINB6 |
| 0111 | ADCINA7 | 1111 | ADCINB7 |

## 9.3.6 ADC 转换结果缓冲寄存器(ADCRESULTn)

在级联排序模式下,寄存器 ADCRESULT(15:8)保存着第16~9个转换结果,且转换结果缓冲寄存器都是左对齐。

转换结果缓冲寄存器的位信息介绍如表9.26所示。

表9.26 ADC 转换结果缓冲寄存器位信息

| 15 | 14 | 13 | 12 | 11 | 10 | 9 | 8 |
|---|---|---|---|---|---|---|---|
| D11 | D10 | D9 | D8 | D7 | D6 | D5 | D4 |
| R-0 | R-0 | R-0 | R-0 | R-0 | R-0 | R-0 | R-0 |

| 7 | 6 | 5 | 4 | 3 | 2 | 1 | 0 |
|---|---|---|---|---|---|---|---|
| D3 | D2 | D1 | D0 | Reserved | Reserved | Reserved | Reserved |
| R-0 | R-0 | R-0 | R-0 | R-0 | R-0 | R-0 | R-0 |

从寄存器的位信息图可以发现16个通道的转换结果都是左对齐,所以在读取转换结果时需要从寄存器的第五位开始读取。为了读取数据方便,可以先把数据右移四位(AdcRegs. ADCRESULT0≫4),然后再读取,具体的程序操作如下节软件实例设计。

## 9.4 ADC 模块配置及 C 语言程序开发

该程序的功能为定时采样模拟输入电压,然后通过串口调试工具进行测试观察 A/D 采样的结果,在该程序中需要做以下工作:

(1)初始化中断、中断向量表;

(2)初始化 SCI(串口)、ADC 模块;

(3)初始化并使能定时器,设置定时器周期值;

(4)使能中断,设置中断服务向量;

(5)在中断服务子程序中读取 A/D 数据,及实现定时读取 A/D 数据。

需要特别注意:

在处理 A/D 转换结果时,因为 ADC 精度为12位,但是存储器为16位,而且在存储器中是按照左对齐方式存储的,所以读取数据时需要首先将读到的数据右移四位得到真正转换结果,然后再进行相应的处理。

```c
// ------------------------------------------------------------
//          ####################### AD 测试程序 ###################
##
// ------------------------------------------------------------
# include"DSP281x_Device. h"
# include"DSP281x_Examples. h"
// AD 定义
# define ADC_MODCLK 0x3   // HSPCLK = SYSCLKOUT/2 × ADC_MODCLK2 = 150/(2 × 3) = 25MHz
# define ADC_CKPS 0x1     // ADC module clock = HSPCLK/2 × ADC_CKPS = 25/(1 × 2) = 12.5MHz
# define ADC_SHCLK 0xf    // S/H width in ADC module periods = 16 ADC clocks


// 基本功能函数 --------------------------------------------------
void Inadc_init(void);
void delay(void);
void Scib_init(void);
void Scib_xmit(Uint16 a);
// 中断函数 ------------------------------------------------------
interrupt void cpu_timer0_isr(void);
// 功能函数 ------------------------------------------------------
void IN_ADcheck(void);
Uint16 ReceivedChar;
void main(void)
{
    InitSysCtrl();                    // 初始化系统控制寄存器、PLL、看门狗和时钟

    EALLOW;
    SysCtrlRegs. HISPCP. all = ADC_MODCLK;
                         // HSPCLK = SYSCLKOUT/ADC_MODCLK
    EDIS;

    DINT;                                  // 禁止和清除所有 CPU 中断向量表

    InitPieCtrl();                         // 初始化 PIE 控制寄存器

    IER = 0x0000;
    IFR = 0x0000;

    InitPieVectTable();                    // 初始化中断向量表
    EALLOW;
    PieVectTable. TINT0 = &cpu_timer0_isr; // 定时中断函数
    EDIS;

    InitCpuTimers();                       // 初始化定时器 0 的寄存器
    ConfigCpuTimer(&CpuTimer0, 100, 10000);
    StartCpuTimer0();

    IER |= M_INT1;                         // CPU 第 1 组中断
    PieCtrlRegs. PIEIER1. bit. INTx7 = 1;  // 第 1 组中断的第 7 位中断
```

```
        EINT;                                          // 允许全局中断
        ERTM;                                          // 允许 DEBUG 中断
                                                       // SCI 函数初始化

        Scib_init();
        EALLOW;
        GpioMuxRegs.GPGMUX.all| = 0x0030;              // 使能 SCIB 口功能口
        EDIS;
    for(;;){}
}
// 定时中断函数,定时读取 ADC 数据并将数据通过串口发送给上位机//
interrupt void cpu_timer0_isr(void)
{
        IN_ADcheck();                                  // 读取 ADC 数据,并发送数据
        PieCtrlRegs.PIEACK.all = PIEACK_GROUP1;        // 允许继续响应中断
}
// 延时程序 ----------------------------------------------------
void delay(void)
{
    Uint16 i;
    for(i = 0;i<0xffff;i++)
    {
        asm("NOP");
    }
}
// 串口发送函数 --------------------------------------------------
void Scib_xmit(Uint16 a)
{
    ScibRegs.SCITXBUF = (a&0xff);                      // 发送数据缓冲寄存器
    while(ScibRegs.SCICTL2.bit.TXRDY!=1){};            // 发送缓冲寄存器准备好标志位
}
// 串口初始化函数 ------------------------------------------------
void Scib_init(void)
{
    ScibRegs.SCIFFTX.all = 0xE040;                     // 允许接收,使能 FIFO,没有 FIFO 中断
                                                       // 清除 TXFIFINT
    ScibRegs.SCIFFRX.all = 0x2021;                     // 使能 FIFO 接收,清除 RXFFINT,16 级 FIFO
    ScibRegs.SCIFFCT.all = 0x0000;                     // 禁止波特率校验
    ScibRegs.SCICCR.all = 0x0007;                      // 1 个停止位,无校验,禁止自测试,
                                                       // 空闲地址模式,字长 8 位
    ScibRegs.SCICTL1.all = 0x0003;                     // 复位
    ScibRegs.SCICTL2.all = 0x0003;
    ScibRegs.SCIHBAUD = 0x0001;                        // 设定波特率 9600bps
    ScibRegs.SCILBAUD = 0x00E7;                        // 设定波特率 9600bps
    ScibRegs.SCICTL1.all = 0x0023;                     // 退出 RESET
}
    // A/D初始化函数 ----------------------------------------------
    void Inadc_init(void)
    {
      extern void DSP28x_usDelay(Uint32 Count);
        AdcRegs.ADCTRL3.bit.ADCBGRFDN = 0x3;           // 带间隙参考电路上电
```

```
    DELAY_US(8000);                                     // 等待稳定
    AdcRegs.ADCTRL3.bit.ADCPWDN = 1;                    // 其他电路上电
    DELAY_US(20);                                       // 等待稳定
    AdcRegs.ADCTRL1.bit.ACQ_PS = ADC_SHCLK;

                                                        // SOC 脉冲 = (ADCTRL(11:8) + 1)
    AdcRegs.ADCTRL1.bit.CPS = 1;                        // fclk = CLK/1
    AdcRegs.ADCTRL3.bit.SMODE_SEL = 1;                  // 同步采样
    AdcRegs.ADCTRL3.bit.EXTREF = 0;
    AdcRegs.ADCTRL1.bit.SEQ_CASC = 1;                  // 16 级联排序
    AdcRegs.ADCTRL3.bit.ADCCLKPS = ADC_CKPS;

                                                        // HSPCLK/[ADC_CKPS × (ADCTRL1.7 + 1)]
    AdcRegs.ADCMAXCONV.all = 0x0007;                    // 1 对 2 路
    AdcRegs.ADCCHSELSEQ1.bit.CONV00 = 0x0;              // A0B0 作为转换通道 0
    AdcRegs.ADCCHSELSEQ1.bit.CONV01 = 0x1;              // A1B1 作为转换通道 1
    AdcRegs.ADCCHSELSEQ1.bit.CONV02 = 0x2;              // A2B2 作为转换通道 2
    AdcRegs.ADCCHSELSEQ1.bit.CONV03 = 0x3;              // A3B3 作为转换通道 3
    AdcRegs.ADCCHSELSEQ2.bit.CONV04 = 0x4;              // A4B4 作为转换通道 4
    AdcRegs.ADCCHSELSEQ2.bit.CONV05 = 0x5;              // A5B5 作为转换通道 5
    AdcRegs.ADCCHSELSEQ2.bit.CONV06 = 0x6;              // A6B6 作为转换通道 6
    AdcRegs.ADCCHSELSEQ2.bit.CONV07 = 0x7;              // A7B7 作为转换通道 7
    AdcRegs.ADCTRL1.bit.CONT_RUN = 1;                   // 连续运转
}
// 读取 AD 数据,并将数据发送给串口 --------------------------------------
void IN_ADcheck(void)
{
    // 读入 AD 数值 -----------------------------------------------------
    AdcRegs.ADCTRL2.all = 0x2000;                       // 软件触发 SEQ1
    while (AdcRegs.ADCST.bit.INT_SEQ1 == 0)             // 等待中断
    {}
    // Software wait = (HISPCP × 2) × (ADCCLKPS × 2) × (CPS + 1) cycles
    //              = (3 × 2)      × (1 × 2)       × (0 + 1)     = 12 cycles
    delay();
    AdcRegs.ADCST.bit.INT_SEQ1_CLR = 1;
                                      // 通过串口将 16 通道转换的结果发送给主机
            // 因为在结果缓冲器中数据存储采用左对齐,所以需要将读取的数据右移 4 位
    ReceivedChar = ((AdcRegs.ADCRESULT0>>4));
    Scib_xmit(ReceivedChar>>8);
    Scib_xmit(ReceivedChar&0xff);
    ReceivedChar = ((AdcRegs.ADCRESULT1>>4));
    Scib_xmit(ReceivedChar>>8);
    Scib_xmit(ReceivedChar&0xff);
    ReceivedChar = ((AdcRegs.ADCRESULT2>>4));
    Scib_xmit(ReceivedChar>>8);
    Scib_xmit(ReceivedChar&0xff);
    ReceivedChar = ((AdcRegs.ADCRESULT3>>4));
    Scib_xmit(ReceivedChar>>8);
    Scib_xmit(ReceivedChar&0xff);
    ReceivedChar = ((AdcRegs.ADCRESULT4>>4));
    Scib_xmit(ReceivedChar>>8);
    Scib_xmit(ReceivedChar&0xff);
    ReceivedChar = ((AdcRegs.ADCRESULT5>>4));
```

```
        Scib_xmit(ReceivedChar>>8);
        Scib_xmit(ReceivedChar&0xff);
        ReceivedChar = ((AdcRegs.ADCRESULT6>>4));
        Scib_xmit(ReceivedChar>>8);
        Scib_xmit(ReceivedChar&0xff);
        ReceivedChar = ((AdcRegs.ADCRESULT7>>4));
        Scib_xmit(ReceivedChar>>8);
        Scib_xmit(ReceivedChar&0xff);
        ReceivedChar = ((AdcRegs.ADCRESULT8>>4));
        Scib_xmit(ReceivedChar>>8);
        Scib_xmit(ReceivedChar&0xff);
        ReceivedChar = ((AdcRegs.ADCRESULT9>>4));
        Scib_xmit(ReceivedChar>>8);
        Scib_xmit(ReceivedChar&0xff);
        ReceivedChar = ((AdcRegs.ADCRESULT10>>4));
        Scib_xmit(ReceivedChar>>8);
        Scib_xmit(ReceivedChar&0xff);
        ReceivedChar = ((AdcRegs.ADCRESULT11>>4));
        Scib_xmit(ReceivedChar>>8);
        Scib_xmit(ReceivedChar&0xff);
        ReceivedChar = ((AdcRegs.ADCRESULT12>>4));
        Scib_xmit(ReceivedChar>>8);
        Scib_xmit(ReceivedChar&0xff);
        ReceivedChar = ((AdcRegs.ADCRESULT13>>4));
        Scib_xmit(ReceivedChar>>8);
        Scib_xmit(ReceivedChar&0xff);
        ReceivedChar = ((AdcRegs.ADCRESULT14>>4));
        Scib_xmit(ReceivedChar>>8);
        Scib_xmit(ReceivedChar&0xff);
        ReceivedChar = ((AdcRegs.ADCRESULT15>>4));
        Scib_xmit(ReceivedChar>>8);
        Scib_xmit(ReceivedChar&0xff);
    }
```

### 第 10 章

# TMS320F2812 事件管理器(EV)模块

**要点提示**

本章主要介绍 F2812 的事件管理器(EV)模块,分为六节介绍:

10.1 节　总体概述 EV;

10.2 节　PWM 电路及 PWM 波形的产生;

10.3 节　捕获单元;

10.4 节　中断的产生及处理;

10.5 节　EV 寄存器介绍;

10.6 节　程序设计。

**学习重点**

(1) 如何利用通用(GP)定时器产生 PWM 波形;

(2) 如何利用比较单元产生 PWM 波形;

(3) 对称/不对称波形产生;

(4) 寄存器的配置及相关的 C 程序设计。

F2812 的事件管理器(EV)模块是一个典型的扩展功能模块,特别适用于运动控制和电机控制等领域。事件管理器模块主要包括通用(general purpose,GP)定时器、全比较/PWM 单元电路、捕获单元以及正交编码脉冲电路(QEP)。在 F2812 中共有两个事件管理器(EVA 和 EVB),这两个模块的外围设备接口相同,专门用于多轴/运动控制。

## 10.1　事件管理器概述

### 10.1.1　EV 功能概述

EVA 和 EVB(事件管理器 A 和 B)具有相同功能的定时器、比较单元、捕获单元,只是命名不同而已。事件管理器模块的功能概述以及常用的命名术语可见表 10.1。

事件管理器 A 和 B 有相同的外设寄存器,其中 EVA 的寄存器起始地址为 7400H,EVB 的寄存器起始地址为 7500H。在本节中主要介绍 EVA 的 GP 定时器、比较单元、捕获单元以及 QEP 的功能,具体的功能框图如图 10.1 所示,EVB 对应模块的功能与 EVA 相同,只是命名不同而已。表10.1所示为模块和信号的专用名称。

表10.1 模块和信号专用名称

| 事件管理器模块 | 事件管理器 A | | 事件管理器 B | |
|---|---|---|---|---|
| | 模 块 | 信 号 | 模 块 | 信 号 |
| GP 定时器 | GP1 | T1PWM/T1CMP(GPIOA6) | GP3 | T3PWM/T3CMP(GPIOB6) |
| | GP2 | T2PWM/T2CMP(GPIOA7) | GP4 | T4PWM/T4CMP(GPIOB7) |
| 比较单元 | 比较器 1 | PWM1/2(GPIOA0/1) | 比较器 4 | PWM7/8(GPIOB0/1) |
| | 比较器 2 | PWM3/4(GPIOA2/3) | 比较器 5 | PWM9/10(GPIOB2/3) |
| | 比较器 3 | PWM5/6(GPIOA4/5) | 比较器 6 | PWM11/12(GPIOB4/5) |
| 捕获单元 | 捕获单元 1 | CAP1 | 捕获单元 4 | CAP4 |
| | 捕获单元 2 | CAP2 | 捕获单元 5 | CAP5 |
| | 捕获单元 3 | CAP3 | 捕获单元 6 | CAP6 |
| | | (GPIOA8/9/10) | | (GPIOB8/9/10) |
| QEP 通道 | QEP | QEP1 | QEP | QEP3 |
| | | QEP2 | | QEP4 |
| | | QEP11 | | QEP12 |
| | | (GPIOA8/9/10) | | (GPIOB8/9/10) |
| 外部定时器输入 | 定时器方向 | TDIRA(GPIOA11) | 定时器方向 | TDIRB(GPIOB11) |
| | 外部时钟 | TCLKINA(GPIOA12) | 外部时钟 | TCLKINB(BPIOB12) |
| 外部比较输出-触发输入 | 比较器 1 | $\overline{C1TRIP}$ | 比较器 4 | $\overline{C4TRIP}$ |
| | 比较器 2 | $\overline{C2TRIP}$ | 比较器 5 | $\overline{C5TRIP}$ |
| | 比较器 3 | $\overline{C3TRIP}$ | 比较器 6 | $\overline{C6TRIP}$ |
| | | (GPIOA13/14/15) | | (GPIOB13/14/15) |
| 外部定时-比较触发输入 | | T1CTRIP/ (GPIOD0) | | T3CTRIP/(GPIOD5) |
| | | T2CTRIP(GPIOD1) | | T4CTRIP(GPIOD6) |
| 外部触发输入 | | $\overline{PDPINTA}$ (GPIOD0) | | $\overline{PDPINTB}$ (GPIOD5) |
| 外部 ADC 启动转换信号输出 | EVA 启动 | EVASOC(GPIOD1) | EVB 启动 | EVBSOC(GPIOD6) |

(1) GP 定时器

每个 EV 模块都有两个 GP 定时器,其中 GP1、GP2 定时器为 EVA 的定时器,GP3、GP4 定时器为 EVB 的定时器。定时器寄存器包括以下部分。

① 一个 16 位递增/递减定时器计数器 TxCNT,可读可写。

② 一个 16 位定时器比较寄存器 TxCMPR(双缓冲),可读可写。

③ 一个 16 位定时器周期寄器 TxPR(双缓冲),可读可写。

④ 一个 16 位定时器控制寄存器 TxCON,可读可写。

⑤ 可选择的内部或外部输入时钟。

⑥ 可编程的内部或外部输入时钟预定标。

⑦ 控制和中断逻辑,4 个可屏蔽中断(下溢、上溢、定时器比较、周期性中断)。

⑧ 可选择方向的输入引脚 TDIRx,当使用增/减双向计数模式时,用来选择增或减计数

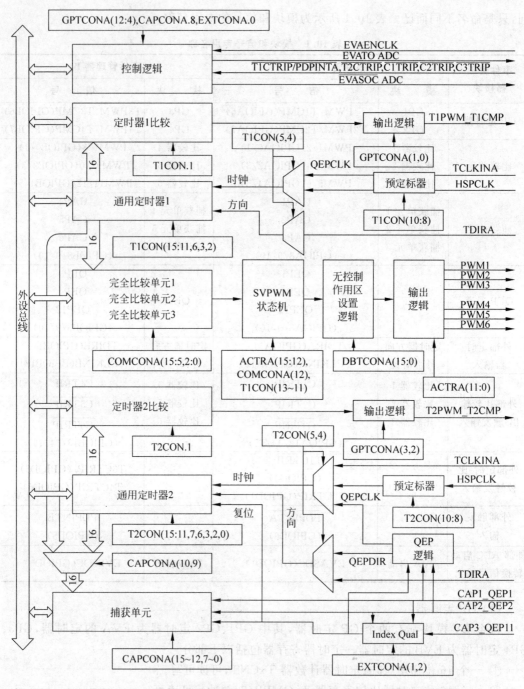

图 10.1　EVA 功能框图

方式。

　　每个 GP 定时器可以独立操作,也可以彼此间同步使用,比较寄存器结合 GP 定时器可以用于比较功能的 PWM 波形的产生。每个 GP 定时器在递增或增/减模式下,都有 3 种连续工作方式,且每个 GP 定时器都可使用可编程预定标的内部或外部输入时钟。GP 定时器还为其他的 EV 子模块提供时钟基准:GP 定时器 1 为所有的比较和 PWM 电路提供时钟基准,GP 定时器 2 或 1 为捕获单元和 QEP 提供时钟基准。周期比较寄存器的双缓冲结构,允许软件设置定时器产生的 PWM 脉冲周期和比较器/PWM 脉冲宽度。

(2) 全比较单元

每个 EV 模块都有三个全比较单元,这些比较单元采用 GP 定时器 1 作为时钟基准,可以产生 6 路独立的比较输出和 PWM 波形输出,这六路输出可独立配置。因为单元中的比较寄存器是双缓冲的,所以可以根据需要编程改变比较器/PWM 脉冲宽度。

(3) 可编程的无控制作用区(或死区)产生器

无控制作用区产生器电路包括 3 个 4 位计数器和一个 16 位的比较寄存器,要设置的无控制作用区值可以软件写入三个输出的比较单元的比较寄存器中,而且每个比较单元输出的无控制作用区产生可以使能也可以禁止。无控制作用区产生电路可以提供两个输出(含有无控制作用区和不含有无控制作用区),无控制作用区产生器的输出状态可以通过 ACTRx 寄存器改变和设置。

(4) PWM 波形产生器

每个 EV 最多可以同时产生八路 PWM 输出波形:3 个比较单元可以产生六路独立的 PWM 输出,2 个 GP 定时器可以产生两路 PWM 输出。

(5) PWM 特性

PWM 具有以下特性。

① 16 位寄存器。

② 很宽的 PWM 输出可编程无控制作用区范围。

③ 可以根据频率要求改变 PWM 的载波频率。

④ 可以根据周期要求改变 PWM 的脉冲宽度。

⑤ 可屏蔽的外部供电和驱动保护中断。

⑥ 脉冲图形产生电路,用于可编程产生对称、不对称、8 空间向量的 PWM 波形。

⑦ 当 $\overline{PDPINTx}$ 被拉低且当 $\overline{PDPINTx}$ 符合要求后,PWM 引脚将被置成高阻状态。$\overline{PDPINTx}$ 引脚的数据可以从 8 位 COMCONx(x=0,1)寄存器中读取,$\overline{PDPINTA}$ 状态可以从 COMCONA 寄存器中读取,$\overline{PDPINTB}$ 状态可以从 COMCONB 寄存器中读取。

(6) 捕获单元

捕获单元为不同事件或转换提供了一个记录存入功能,当在捕获输入引脚上检测到挑选的转换时,GP 定时器的值将被捕获且保存在两级 FIFO 堆栈中。

捕获单元具有下列特性。

① 一个 16 位的捕获控制寄存器,CAPCONx(可读/可写)。

② 一个 16 位的捕获 FIFO 状态寄存器,CAPFIFOx。

③ 选择 GP 定时器 1/2(EVA)或 GP 定时器 3/4(EVB)作为时钟基准。

④ 有三个 16 位的 2 级 FIFO 堆栈,分别对应着三个捕获单元。

⑤ 三个捕获输入引脚(EVA 的引脚为 CAP1/2/3,EVB 的引脚为 CAP4/5/6)所有的输入都是与 CPU 时钟同步。为了保证输入的转换能够被捕获,输入信号的当前状态必须保持两个上升沿的时间,其中 CAP1/2 和 CAP4/5 引脚还可以作为 QEP 电路的 QEP 输入引脚。

⑥ 用户定义转换检测(上升沿检测、下降沿检测或两种沿都可以)。

⑦ 三个可屏蔽中断标志位,分别对应于三个捕获单元。

(7) QEP 电路

两个捕获输入(EVA 的 CAP1/2,EVB 的 CAP4/5)可以用于片内 QEP 电路的外部接口,所有的输入信号的同步操作都是在片内完成的,当检测到正交编码脉冲序列,GP 定时器 2/4 会在两个信号的上升沿和下降沿处增加或减少(任意一个输入脉冲频率的四倍)。

(8) 外部 ADC 转换启动信号

EVA/EVB 启动 ADC 转换信号可以送到外部引脚(EVASOC),然后作为外部 ADC 接口,EVASOC 和 EVBSOC 信号线分别与 $\overline{T2CTRIP}$ 和 $\overline{T4CTRIP}$ 信号线复用同一引脚。

(9) 供电驱动保护中断

$\overline{PDPINTx}$ 引脚是一个安全装置,可以给系统提供一个安全的操作环境如电压转换、电机驱动等。$\overline{PDPINTx}$ 引脚用于通知电机驱动的监控程序系统出现异常情况(电压过大、电流过大、温度过高等情况)。如果 $\overline{PDPINTx}$ 引脚中断没有被屏蔽时,当 $\overline{PDPINTx}$ 引脚被拉低时,所有的 PWM 输出引脚将被置成高阻状态,同时会产生一个系统中断。EXTCONx 寄存器将介绍脉宽调制(PWM)对、供电保护以及差错检测等功能。

当事件发生时,中断标志位将与 $\overline{PDPINTx}$ 相连,但是必须等待 $\overline{PDPINTx}$ 引脚上的转换被量化且与内部时钟同步,一般等待时间为两个时钟周期的延时。其中标志位的置位与中断是否屏蔽无关,它发生于 $\overline{PDPINTx}$ 引脚上有符合条件的突变。复位时,中断会被使能,如果中断被禁止,那么 PWM 输出引脚将不会被设置成高阻状态。

(10) EV 寄存器

因为 EV 模块包括 EVA 和 EVB,且两个 EV 寄存器功能相同,所以 EV 寄存器占用两个 64 字(16 位)的地址空间,其中低 6 位由 EV 模块解码,高 10 位由外设地址解码逻辑解码。

在 F2812 模块中,EVA 寄存器的空间地址为 7400h～7431h,EVB 寄存器的空间地址为 7500h～7531h。

在 EV 模块中没有定义的寄存器或位,读操作将返回 0,写操作没有影响。

(11) EV 中断

每个 EV 中断组都会有多个中断源,CPU 的中断请求由外设扩展中断模块(PIE)处理,具体的每个阶段介绍如下。

① 中断源。如果外设中断产生,寄存器(EVxIFRA、EVxIFRB, 或 EVxIFRC (x = A 或 B))中的中断标志位将会被置位。标志位一旦置位,会一直保持,直到通过软件清除,而且这些标志位必须强制清除,否则后续的中断将不会被验证。

② 中断使能。EV 中断可以独立的使能或禁止(通过设置)中断屏蔽寄存器(EVxIMRA、EVxIMRB 和 EVxIMRC (x=A 或 B))。当设置成 1 时,使能中断或不屏蔽中断;清 0 时,禁止中断或屏蔽中断。

③ PIE 请求。当中断标志位置位且中断被使能,外设将向 PIE 模块发出一个中断请求,PIE 可以从外设接收多个中断请求,PIE 逻辑将记录所有的中断请求,并产生相应的 CPU 中断(基于预先分配的接收中断优先级)。

④ CPU 响应。当 INT1、2、3、4 或 5 中断请求被接收后,相应的 CPU 中断标志寄存器

的标志位将被置位(IFR),如果相应的中断屏蔽寄存器(IER)位被置位,那么INTM将被清零。CPU识别中断后会给PIE模块发出一个响应信号,当CPU执行完当前任务后,CPU会自动跳转到INT1、2、3、4或5中断向量表相应的地址处,此时IFR中相应的标志位将被清除,且INTM将被置位,禁止后来的中断识别。中断向量包括一个中断服务程序的地址,从那里可以通过软件控制中断响应。

⑤ PIE响应。PIE逻辑运用从CPU中接收到的响应信号来清除PIEIFR位。

⑥ 中断软件。在该阶段中,中断软件有一个任务就是去避免不正确的中断响应。在执行中断程序代码后,程序应该清除寄存器中的中断标志位(EVxIFRA、EVxIFRB,或EVxIFRC(x = A或B)),在返回前,中断软件需要清除响应位(PIEACK)和使能全局中断位(ITEM)来重新使能中断。

## 10.1.2 增强EV特性

F2812的EV模块与240x系列DSP的EV模块功能基本相同,但是在240x基础上增加了一些增强功能。具体的F2812EV增强特性介绍如下。

(1) 每个定时器和全比较单元都有独立的输出使能位;

(2) 新的控制寄存器,增加了特性,同时保持了与其他芯片的兼容性;

(3) 每个定时器和全比较单元都有专门的引脚用于对PDPIN引脚的数据进行移位转换操作;

(4) 差错使能位,这些变化允许独立的使能或禁止比较输出,从而可以独立地控制一个供电部分;

(5) 将CAP3引脚重新命名为CAP3-QEPI(EVA模块的CAP3-QEPI1,EVB模块的CAP3-QEPI2),当被使能时,该引脚还可以用于复位定时器2;

(6) EV ADC启动转换信号输出,且允许与外部高精度ADC同步。

## 10.1.3 EV寄存器地址

所有的EVA寄存器介绍如表10.2所示,所有的EVB寄存器介绍如表10.3所示。

表10.2 EVA寄存器

| 名 称 | 地 址 | 功 能 描 述 |
|---|---|---|
| 定时器寄存器 | | |
| GPTCONA | 0x0000 7400 | 全局GP定时器控制寄存器A |
| T1CNT | 0x0000 7401 | 定时器1计数寄存器 |
| T1CMPR | 0x0000 7402 | 定时器1比较寄存器 |
| T1PR | 0x0000 7403 | 定时器1周期寄存器 |
| T1CON | 0x0000 7404 | 定时器1控制寄存器 |
| T2CNT | 0x0000 7405 | 定时器2计数寄存器 |
| T2CMPR | 0x0000 7406 | 定时器2比较寄存器 |
| T2PR | 0x0000 7407 | 定时器2周期寄存器 |
| T2CON | 0x0000 7408 | 定时器2控制寄存器 |
| EXTCONA | 0x0000 7409 | 扩展控制寄存器A |

| 名　　称 | 地　　址 | 功 能 描 述 |
|---|---|---|
| 比较寄存器 | | |
| COMCONA | 0x0000 7411 | 比较控制寄存器 A |
| ACTRA | 0x0000 7413 | 比较操作控制寄存器 A |
| DBTCONA | 0x0000 7415 | 无控制作用区定时控制寄存器 A |
| CMPR1 | 0x0000 7417 | 比较寄存器 1 |
| CMPR2 | 0x0000 7418 | 比较寄存器 2 |
| CMPR3 | 0x0000 7419 | 比较寄存器 3 |
| 捕获寄存器 | | |
| CAPCONA | 0x0000 7420 | 捕获控制寄存器 A |
| CAPFIFOA | 0x0000 7422 | 捕获 FIFO 状态寄存器 A |
| CAP1FIFO | 0x0000 7423 | 两级捕获 FIFO 堆栈 1 |
| CAP2FIFO | 0x0000 7424 | 两级捕获 FIFO 堆栈 2 |
| CAP3FIFO | 0x0000 7425 | 两级捕获 FIFO 堆栈 3 |
| CAP1FBOT | 0x0000 7427 | 捕获 FIFO 堆栈 1 的底层寄存器 |
| CAP2FBOT | 0x0000 7428 | 捕获 FIFO 堆栈 2 的底层寄存器 |
| CAP3FBOT | 0x0000 7429 | 捕获 FIFO 堆栈 3 的底层寄存器 |
| 中断寄存器 | | |
| EVAIMRA | 0x0000 742C | 中断屏蔽寄存器 A |
| EVAIMRB | 0x0000 742D | 中断屏蔽寄存器 B |
| EVAIMRC | 0x0000 742E | 中断屏蔽寄存器 C |
| EVAIFRA | 0x0000 742F | 中断标志寄存器 A |
| EVAIFRB | 0x0000 7430 | 中断标志寄存器 B |
| EVAIFRC | 0x0000 7431 | 中断标志寄存器 C |

表 10.3　EVB 寄存器

| 名　　称 | 地　　址 | 功 能 描 述 |
|---|---|---|
| 定时器寄存器 | | |
| GPTCONB | 0x0000 7500 | 全局 GP 定时器控制寄存器 B |
| T3CNT | 0x0000 7501 | 定时器 3 计数寄存器 |
| T3CMPR | 0x0000 7502 | 定时器 3 比较寄存器 |
| T3PR | 0x0000 7503 | 定时器 3 周期寄存器 |
| T3CON | 0x0000 7504 | 定时器 3 控制寄存器 |
| T4CNT | 0x0000 7505 | 定时器 4 计数寄存器 |
| T4CMPR | 0x0000 7506 | 定时器 4 比较寄存器 |
| T4PR | 0x0000 7507 | 定时器 4 周期寄存器 |
| T4CON | 0x0000 7508 | 定时器 4 控制寄存器 |
| EXTCONB | 0x0000 7509 | 扩展控制寄存器 B |
| 比较寄存器 | | |
| COMCONB | 0x0000 7511 | 比较控制寄存器 B |
| ACTRB | 0x0000 7513 | 比较操作控制寄存器 B |
| DBTCONB | 0x0000 7515 | 无控制作用区定时控制寄存器 B |
| CMPR4 | 0x0000 7517 | 比较寄存器 4 |
| CMPR5 | 0x0000 7518 | 比较寄存器 5 |
| CMPR6 | 0x0000 7519 | 比较寄存器 6 |

续表

| 名　称 | 地　址 | 功 能 描 述 |
|---|---|---|
| 捕获寄存器 | | |
| CAPCONB | 0x0000 7520 | 捕获控制寄存器 B |
| CAPFIFOB | 0x0000 7522 | 捕获 FIFO 状态寄存器 B |
| CAP4FIFO | 0x0000 7523 | 两级捕获 FIFO 堆栈 4 |
| CAP5FIFO | 0x0000 7524 | 两级捕获 FIFO 堆栈 5 |
| CAP6FIFO | 0x0000 7525 | 两级捕获 FIFO 堆栈 6 |
| CAP4FBOT | 0x0000 7527 | 捕获 FIFO 堆栈 4 的底层寄存器 |
| CAP5FBOT | 0x0000 7528 | 捕获 FIFO 堆栈 5 的底层寄存器 |
| CAP6FBOT | 0x0000 7529 | 捕获 FIFO 堆栈 6 的底层寄存器 |
| 中断寄存器 | | |
| EVBIMRA | 0x0000 752C | 中断屏蔽寄存器 A |
| EVBIMRB | 0x0000 752D | 中断屏蔽寄存器 B |
| EVBIMRC | 0x0000 752E | 中断屏蔽寄存器 C |
| EVBIFRA | 0x0000 752F | 中断标志寄存器 A |
| EVBIFRB | 0x0000 7530 | 中断标志寄存器 B |
| EVBIFRC | 0x0000 7531 | 中断标志寄存器 C |

## 10.1.4　GP 定时器

每个事件管理器模块有两个 GP 定时器,每个定时器都可以作为独立的时钟基准,具体的应用如下:

① 在控制系统中产生采样周期;

② 为 QEP 电路和捕获单元操作提供时钟基准;

③ 为比较单元和相应的 PWM 产生电路操作提供时钟基准。

(1) 定时器功能模块

图 10.2 所示为 GP 定时器的结构框图,每个 GP 定时器都包括以下部分。

① 一个可读可写的 16 位递增/递减定时器计数器 TxCNT(x=1,2,3,4)。该寄存器保存当前计数器的计数值,并根据计数器的计数方向继续递增或递减计数。

② 一个可读可写的 16 位定时器比较寄存器 TxCMPR(x=1,2,3,4)。

③ 一个可读可写的 16 位定时器周期寄存器 TxPR(x=1,2,3,4)。

④ 一个可读可写的 16 位定时器寄存器 TxCON(x=1,2,3,4)。

⑤ 内部时钟或外部时钟可编程预定标。

⑥ 控制和中断逻辑。

⑦ 一个 GP 定时器比较输出引脚 TxCMP(x=1,2,3,4)。

⑧ 输出条件逻辑。

另一个全局控制寄存器 GPTCONA/B,规定 GP 定时器针对不同定时器任务所采取的操作方式,并指出 GP 定时器的计数方向。GPTCONA/B 是可读可写的寄存器,但是向状态位写数据时没有影响。

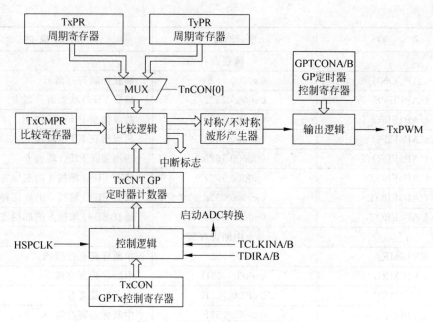

图 10.2　GP 定时器的结构框图

注：当 x=2 则 y=1,n=2；当 x=4 则 y=3,n=4。

（2）GP 定时器输入

GP 定时器的输入包括：

① 内部高速外设时钟（HSPCLK）；

② 外部时钟 TCLKINA/B,最高频率不超过 CPU 时钟的 1/4；

③ 方向输入 TDIRA/B,控制 GP 定时器递增/递减计数的方向；

④ 复位信号 RESET。

当定时器与 QEP 电路一起使用时,定时器的时钟和计数方向都由 QEP 电路产生。

（3）GP 定时器输出

定时器的输出包括：

① GP 定时器比较输出 TxCMP（x=1,2,3,4）；

② 为 ADC 模块提供 ADC 转换启动信号；

③ 为自身比较逻辑和比较单元提供下溢、上溢、比较匹配和周期匹配信号；

④ 计数方向标志位。

（4）独立的 GP 定时器控制寄存器（TxCON）

定时器的操作模式是由各自的控制寄存器（TxCON）决定的,控制寄存器（TxCON）的各位决定以下内容。

① 选择定时器的 4 种计数模式中的一种；

② GP 定时器使用内部时钟还是外部时钟；

③ 确定输入时钟的预定标参数（范围从 1~1/128）；

④ 确定定时器比较寄存器重新装载的条件；

⑤ 使能或禁止 GP 定时器；

⑥ 使能或禁止 GP 定时器的比较操作;

⑦ GP 定时器 2 使用的周期寄存器为定时器 2 的周期寄存器或定时器 1 的周期寄存器;

⑧ GP 定时器 4 使用的周期寄存器为定时器 4 的周期寄存器或定时器 3 的周期寄存器。

（5）全局 GP 定时器控制寄存器(GPTCONA/B)

全局控制寄存器 GPTCONA/B 确定 GP 定时器实现具体的定时器任务所需采取的操作方式,并指出 GP 定时器的计数方向。

（6）GP 定时器比较寄存器

比较寄存器结合 GP 定时器存储值与 GP 定时器的计数器进行比较,当比较匹配时,将产生下列事件。

① 根据 GPTCONA/B 位信息设置的模式,相关的比较输出引脚上将产生一个跳变;

② 相应的中断标志位置位;

③ 如果中断没有被屏蔽,那么将产生一个外设中断请求。

可以通过设置 TxCON 的相关位,使能或禁止比较操作。在任何定时器工作模式下,包括 QEP 模式,比较操作和输出都可以被使能。

（7）GP 定时器周期寄存器

GP 定时器周期寄存器中的值决定了定时器周期,当周期寄存器和定时器计数器之间发生事件时,根据计数器所使用的计数方式,GP 定时器复位为 0,或继续向下递减计数。

（8）双缓冲的 GP 定时器比较和周期寄存器

GP 定时器的比较寄存器和周期寄存器(TxCMPR 和 TxPR)是带映射缓冲的寄存器,一个新的数据可以在周期的任意时刻写入,但是新的值首先是写到了映射寄存器中。对于比较寄存器,只有当 TxCON 寄存器的特定定时器事件发生时,映射寄存器中的值才被加载到活跃的比较寄存器中。对于周期寄存器,只有当计数寄存器 TxCNT 为 0 时,映射寄存器的值才能重新加载到工作寄存器。当满足下列条件之一时比较寄存器可以重新加载。

① 映射寄存器被写入之后立即加载;

② 在下溢的时候,即 GP 定时器计数器值为 0 时;

③ 在下溢或周期匹配的时候,即当计数值为 0 或计数器值与周期寄存器的值相等时。

（9）GP 定时器的比较输出

GP 定时器的比较输出可以通过 GPTCONA/B 控制寄存器设置为高电平有效、低电平有效、强制高或强制低。当高(低)电平有效时,在第一次比较匹配时,比较输出将由低变为高(由高变为低)。如果 GP 定时器配置为递增/递减计数模式,则在第二次比较匹配或周期匹配时,比较输出从高至低(由低至高)。当定时器的比较输出设置为强制高(低)时,它立即变为高(低)电平。

（10）定时器计数方向

GP 定时器的计数方向是由寄存器 GPTCONA/B 中各自的位决定的。具体的决定方式如下:

① 1 代表递增计数;

② 0 代表递减计数。

GP 定时器工作在双向增/减计数模式下,输入引脚 T DIRA/B 决定了定时器的计数方向。当 TDIRA/B 引脚为高电平时,指定使用递增计数方式;当 TDIRA/B 引脚为低电平时,指定使用递减计数方式。

(11) 定时器时钟

GP 定时器可以采用内部时钟或者外部时钟输入(TCLKINA/B),外部输入时钟的频率必须小于等于内部 CPU 频率的 1/4。在递增/递减计数模式下,GP 定时器 2(EVA)和 GP 定时器 4(EVB)也可以与 QEP 电路结合使用,此时 QEP 电路为定时器提供时钟和确定方向输入。

(12) 基于 QEP 的时钟输入

在递增/递减计数模式下,当选择 QEP 电路时,QEP 电路能够为 GP 定时器 1、2、3、4 提供输入时钟和计数方向。此外,QEP 电路产生的时钟频率是每个 QEP 输入通道频率的 4 倍,因为被选择的定时器会在上升沿和下降沿对 QEP 输入通道进行计数,因此,QEP 输入频率必须小于或等于内部 CPU 时钟频率的 1/4。

(13) GP 定时器的同步

通过下面适当地对 T2CON 和 T4CON 控制寄存器进行配置,可以实现 GP 定时器 2 与 GP 定时器 1 的同步(EVA),GP 定时器 4 与 GP 定时器 3(EVB)的同步。

• EVA

① 设置 T2CON 寄存器的 T2SWT1 为 1,启动定时器 2,同时将 T1CON 中的 TENABLE 位置 1,使能定时器 1,这样两个计数器就可以同步启动。

② 在启动同步操作之前,初始化 GP 定时器 1 和 GP 定时器 2,使它们的初始值不同。

③ 通过设置 T2CON 寄存器的 SELT1PR 位,指定 GP 定时器 2 使用 GP 定时器 1 的周期寄存器作为自己的周期寄存器。

• EVB

① 设置 T4CON 寄存器的 T4SWT3 为 1,启动定时器 4,同时将 T3CON 中的 TENABLE 位置 1,使能定时器 3,这样两个计数器就可以同步启动。

② 在启动同步操作之前,初始化 GP 定时器 3 和 GP 定时器 4,使它们的初始值不同。

③ 通过设置 T4CON 寄存器的 SELT3PR 位,指定 GP 定时器 4 使用 GP 定时器 3 的周期寄存器作为自己的周期寄存器。

(14) 用一个定时器事件启动模/数(A/D)转换

通过 GPTCONA/B 寄存器设置 ADC 的启动信号产生条件,包括 GP 定时器下溢中断、周期中断和比较器中断等事件,这样就可以在没有 CPU 干预的情况下,实现 GP 定时器事件和 ADC 启动之间的同步。

(15) 仿真挂起时的 GP 定时器

GP 定时器的控制寄存器位定义了仿真挂起时 GP 定时器的操作。当产生仿真中断时,可以设置使 GP 计数器继续计数,也可以设置使计数立即停止或当前计数周期结束后停止。

当内部 CPU 时钟被仿真器停止时,也会产生仿真挂起。例如,当仿真器遇到一个断点时。

(16) GP 定时器中断

在 GP 定时器的 EVAIFRA、EVAIFRB、EVBIFRA 和 EVBIFRB 寄存器中有 16 个中

断标志,当发生下列事件,每4个GP定时器将产生4个中断。

- 上溢事件:TxOFINT(x=1,2,3或4)。
- 下溢事件:TxUFINT(x=1,2,3或4)。
- 比较匹配事件:TxCINT(x=1,2,3或4)。
- 周期匹配事件:TxPINT(x=1,2,3或4)。

当GP定时器计数器的值与比较寄存器中的值相同时,定时器比较匹配事件发生。如果比较操作被使能,在匹配后一个时钟周期,相应的比较中断标志位将置位。

当计数器的值达到FFFFH时,上溢事件将发生,当定时器计数器的值达到0000H时,下溢事件将发生;类似地,当定时器计数器的值与周期寄存器的值相同时,一个周期事件将发生。需要特别说明的是在每个事件发生一个时钟周期后,定时器的上溢、下溢和周期中断标志位才置位。

(17) GP定时器的计数操作

每一个GP定时器有4种可能的工作模式:

- 停止/保持模式;
- 连续递增计数模式;
- 方向增/减计数模式;
- 连续增/减计数模式。

控制寄存器TxCON中的相应位决定了GP定时器的计数模式,定时器使能位TENABLE(TxCON.6)可以使能或禁止一个定时器的计数操作。当定时器被禁止时,定时器的计数操作将停止,且定时器的预定标参数将被复位为x/1。当定时器被使能,定时器将按照寄存器TxCON剩下位确定的工作模式开始计数。

具体的定时器计数模式介绍如下。

① 停止/保持模式

在这种模式下,GP定时器停止并保持当前的状态下,定时器的计数器、比较输出和预定标计数器都保持当前状态不变。

② 连续递增计数模式

GP定时器在这种模式下,将根据输入时钟递增计数,直到定时器的计数器值和周期寄存器值相等,在匹配后的下一个输入时钟的上升沿,GP计数器复位为0,并开始重新递增计数。

周期中断标志位将在定时器计数器与周期寄存器匹配一个时钟周期后置位。如果标志位没有被屏蔽,那么一个外设中断请求将产生。如果在GPTCONA/B寄存器中选择了定时器信号用于启动ADC,那么在标志位置位的同时ADC启动信号将送到ADC模块。

在GP定时器的值变为0的一个时钟周期后,定时器的下溢中断标志位将被置位。如果标志位没有被屏蔽,那么一个外设中断请求将产生。如果在GPTCONA/B寄存器中选择了定时器信号用于启动ADC,那么在标志位置位的同时ADC启动信号将送到ADC模块。

在TxCNT的值与0xFFFF匹配的一个时钟周期后,上溢中断标志位置位。如果该位没有被屏蔽,那么一个外设中断请求将产生。

除了第一个周期外,定时器的持续时间周期为(TxPR+1)个输入时钟周期。如果定时器的计数器从 0 开始计数,那么第一个周期的持续时间也一样。

GP 定时器的初始值可以为 0H 到 0xFFFF 的任何值,当初始值大于周期寄存器的值,定时器将计数到 0xFFFF,然后复位到 0,再按照初始值为 0 进行计数操作。当计数器的初始值与周期寄存器的值相等时,周期中断标志位将置位,然后复位至零,从 0 开始重新计数。如果定时器的初始值在 0 和周期寄存器的值之间,定时器就计数到周期寄存器,然后按照计数器的值与周期寄存器的值相同的情况执行操作。

在这种模式下,定时器的计数方向标志位(GPTCONA/B 寄存器中)为 1,内部或外部时钟都可以作为定时器的输入时钟,TDIRA/B 输入将忽略,不会影响 GP 定时器的计数模式。

GP 定时器连续递增计数模式特别适用于边沿触发或异步 PWM 波形的产生和电机、运动控制系统采样周期的产生。

图 10.3 所示为 GP 定时器的连续递增计数模式。

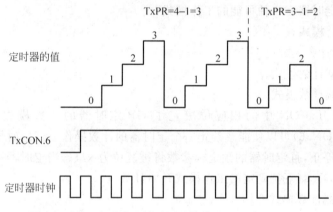

图 10.3　GP 定时器连续递增计数模式(TxPR＝3 或 2)

③ 方向增/减计数模式

GP 定时器在方向增/减计数模式中,根据时钟比例参数和 TDIRA/B 引脚来确定计数方式。当 TDIRA/B 引脚为高电平时,GP 定时器开始递增计数,直到它的值达到周期寄存器的值(或者达到 0xFFFF,在初始计数值大于周期寄存器的值的情况下)。当 GP 定时器的值等于它的周期寄存器的值(或等于 0xFFFF)时,定时器复位到零,并继续重新递增计数到周期值。当 TDIRA/B 引脚为低电平时,GP 定时器递减计数,直到值等于 0。当计数器的值递减到 0 时,定时器重新装载周期寄存器中的值,并重新开始计数。

定时器的初始值可以是 0x0000~0xFFFF 的任意值。当定时器的初始值比周期值大,在计数器清零并正常计数前,计数器首先递增计数到 0xFFFF。当定时器开始计数时,初始值大于周期寄存器的值,此时,如果 TDIRA/B 引脚为低电平,那么定时器将递减计数到周期寄存器的值后再继续递减计数到 0,当计数器递减到 0 时,定时器重新装载周期寄存器的值,重新递减计数。

周期、下溢、上溢中断标志位、中断以及相关的操作都由各自事件产生,产生方式与连续增/减计数模式相同。

从 TDIRA/B 引脚状态改变到计数模式的改变,需要一个延时时间,具体的延时为当前计数结束(当前预定标计数器周期结束)后的·个时钟周期。

计数器的计数方向由 GPTCONA/B 寄存器中相应的方向位决定:1 代表递增计数,0 代表递减计数。在这种模式下,无论是从 TCLKINA/B 引脚输入的外部时钟还是设备内部时钟都可以作为定时器的输入时钟。

图 10.4 所示为 GP 定时器双向增/减计数模式。

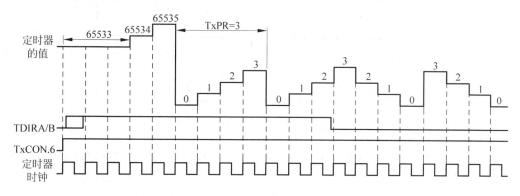

图 10.4　GP 定时器方向增/减计数模式(预定标因子为 1,且 TxPR=3)

在 EV 模块中,GP 定时器 2/4 的方向增/减计数模式可以与 QEP 电路结合使用。这种情况下,QEP 电路为 GP 定时器 2/4 提供计数时钟和计数方向。这种模式也可以用于记录外部事件发生的时间或次数,如在运动/电机控制和电力电子学中的应用。

④ 连续增/减计数模式

这种计数模式与双向增/减计数模式基本相同,但是在这种模式下,引脚 TDIRA/B 对计数方向没有影响。计数方向只是在计数器的值达到周期寄存器的值时(或 0xFFFF,初始定时器的值大于周期寄存器的值),才从递增计数变为递减计数。计数方向只有在计数器递减到 0 时,才从递减计数变为递增计数。

在这种模式下,除了第一个周期外,定时器计数周期都是 $2\times(TxPR)$ 个预定标输入时钟的周期。如果定时器计数初始值为 0,那么第一个计数周期的持续时间就与其他的周期相同。

GP 定时器的计数器的初始值可以是 0x0000～0xFFFF 中的任意值。当初始值比周期寄存器的值大时,定时器就递增计数到 0xFFFF,然后清零,再按照初始值为 0 的情况继续递增计数。当定时器计数器的初始值与周期寄存器的值相同时,计数器就递减计数到 0,然后按照初始值为 0 的情况重新递增计数。当计数器的初始值在 0 和周期寄存器的值之间时,定时器就递增计数至周期寄存器的值,并继续完成该周期。

周期、下溢、上溢中断标志位、中断以及相关的操作都由各自事件产生,产生方式与连续递增递减计数模式相同。

在这种模式下,GPTCONA/B 寄存器中的计数方向标志位被置为 1,内部或外部时钟均可作为定时器的输入时钟,TDIRA/B 输入将不会影响 GP 定时器的计数模式。

图 10.5 所示为 GP 定时器连续增/减计数模式。

(18) GP 定时器的比较操作

每个 GP 定时器都有一个与之相关联的比较寄存器 TxCMPR 和一个 PWM 输出引脚

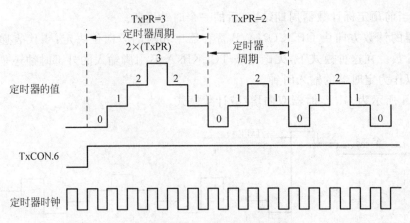

图 10.5　GP 定时器连续增/减计数模式(TxPR=3 或 2)

TxPWM,GP 定时器计数器的值与相关的比较寄存器的值相比较,一直是固定不变的,当定时器计数器的值与比较寄存器的值相等时,比较匹配产生,比较操作可以通过 TxCON.1 位置 1 来使能。如果比较操作被使能,当比较匹配时,下列事件将发生。

　① 匹配后的一个时钟周期,定时器的比较中断标志位将置位;

　② 匹配后的一个设备时钟周期,根据寄存器 GPTCONA/B 相应位的配置,相应的 PWM 的输出引脚上将产生一个跳变;

　③ 如果比较中断标志位被寄存器 GPTCONA/B 中的相应位选择用于启动 ADC,那么在比较中断位置位的同时将产生 ADC 启动转换信号;

　④ 如果比较中断标志位没有被屏蔽,那么将产生一个外设中断请求。

　(19) PWM 跳变

　PWM 输出引脚上的跳变是由一个不对称和对称的波形发生器以及相关的输出逻辑控制的,具体由下列设置决定。

　① GPTCONA/B 寄存器的位设置;

　② 定时器的计数模式的选择;

　③ 计数方向(当计数模式选择连续增/减模式)。

　(20) 不对称/对称波形发生器

　不对称/对称波形发生器可以根据 GP 定时器的计数模式产生一个不对称或对称的 PWM 波形。

　① 不对称波形产生

　图 10.6 所示为 GP 定时器处于连续递增计数模式时,产生不对称波形。在这种模式下,波形发生器产生的波形输出序列变化情况如下。

　• 计数操作开始前为 0;

　• 保持不变直到比较匹配发生前;

　• 在比较匹配时产生触发;

　• 保持不变直到周期结束;

　• 如果下一周期新的比较寄存器的值不是 0,则在周期匹配结束时复位清零。

　如果在周期开始时,比较器周期寄存器的值是 0,那么整个周期内输出都为 1。如果下

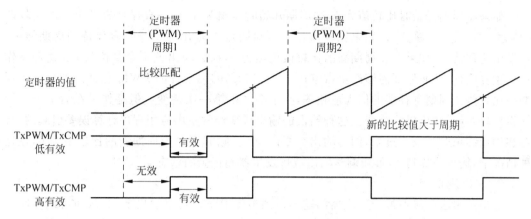

图 10.6 在连续递增计数模式下的 GP 定时器比较/PWM 输出

注:"+"表示比较匹配点。

一周期新的比较值为 0,那么输出不会被复位为 0。这条准则非常重要,据此可以产生占空比从 0~100% 的 PWM 无干扰的脉冲。如果比较值比周期寄存器中的值大,那么整个周期内输出为 0。如果比较值等于周期寄存器的值,那么在一个输入时钟后,输出为 1。

不对称 PWM 波形的一个重要特性就是改变比较寄存器的值仅仅影响 PWM 脉冲的一侧。

② 对称波形产生

图 10.7 所示为 GP 定时器处于连续增/减计数模式时,产生对称波形。在这种模式下,波形发生器产生的波形输出序列变化情况如下。

- 在计数操作前,输出为 0;
- 第一次比较匹配前保持不变;
- 第一次比较匹配时产生触发;
- 第二次比较匹配前保持不变;
- 第二次比较匹配时产生触发;
- 周期结束前保持不变;
- 如果没有第二次匹配且下一周期新的比较值不为 0,则在周期结束后复位为 0。

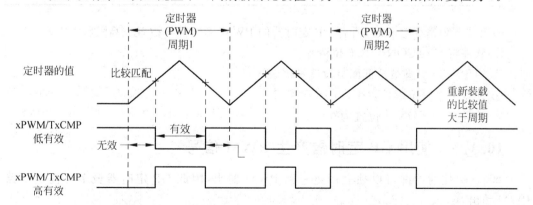

图 10.7 在连续增/减模式下的 GP 定时器比较/PWM 输出

如果在周期开始时比较值为0,则周期开始时输出为1,且一直保持直到第二次比较匹配发生。在第一次跳变后,如果比较值在后半周期是0,输出为1且一直保持到周期结束。当发生这种情况,如果下一周期新的比较值仍然为0,那么输出就不会复位为0。这种操作将会重复执行,从而保证能够产生占空比从0~100%的无干扰的PWM脉冲。如果前半周期的比较值比周期寄存器的值大或相等,则不会产生第一次跳变。但是如果在后半个周期发生比较匹配,输出仍将跳变。这种错误的输出跳变经常是由应用程序计算误差引起的,且会在周期结束时被校正过来,因为输出会复位为0。除非下一个周期新的比较值为0,在这种情况下,输出将保持1,重新调整输出波形发生器到正确的状态。

③ 输出逻辑

输出逻辑进一步使波形发生器的输出达到最大PWM功率输出要求,从而可以控制不同的电力设备,PWM的输出可以通过配置GPTCONA/B寄存器的相应位,设置为高电平有效、低电平有效,强制低或强制高。

当PWM输出指定为高电平有效时,它的极性与相关联的不对称/对称波形发生器的极性相同;当PWM输出指定为低电平有效时,它的极性与相关的不对称/对称波形发生器的极性相反。

如果寄存器GPTCONA/B相应的控制位置高,那么PWM输出将立即为强制高(或低)后,并指定相对应的PWM输出强制高(或强制低)。

置位有效意思是高有效则置高,低有效则置低,无效则正好相反。

基于定时器计数模式和输出逻辑的不对称/对称波形发生器同样适用于比较单元。

表10.4所示为连续递增计数模式下的GP定时器比较输出,表10.5所示为在连续增/减计数模式下的GP定时器的比较输出。

| 表 10.4 连续递增计数模式下的 GP 定时器比较输出 | |
| --- | --- |
| 时　　间 | 比较输出状态 |
| 在比较匹配之前 | 没有变化 |
| 在比较匹配时 | 置位有效 |
| 在周期比较匹配时 | 置位无效 |

| 表 10.5 连续增/减计数模式下的 GP 定时器比较输出 | |
| --- | --- |
| 时　　间 | 比较输出状态 |
| 第一次比较匹配之前 | 没有变化 |
| 第一次比较匹配时 | 置位有效 |
| 第二次比较匹配时 | 置位无效 |
| 第二次比较匹配之后 | 没有变化 |

当出现下列情况之一时,所有GP定时器的PWM输出都将被置成高阻状态。

① 软件将 GPTCONA/B.6 位清零;

② $\overline{PDPINTx}$引脚被拉低而且没有被屏蔽;

③ 任意一个复位事件发生;

④ 软件将 TxCON.1 位置为 0。

## 10.1.5　使用 GP 定时器产生 PWM 信号

每个GP定时器都可以独立产生一路PWM输出,因此GP定时器最多可提供2路PWM输出。

（1）PWM 操作

使用 GP 定时器产生 PWM 输出，需要采用连续递增或连续增/减计数模式。当选择连续递增计数模式时，可产生边沿触发或不对称 PWM 波形；当选用连续增/减计数模式时，可产生中心对称或简单对称 PWM 波形。要通过 GP 定时器产生 PWM 信号，需要以下操作：

① 根据所需的 PWM（载波）周期设置 TxPR 寄存器；

② 设置 TxCON 寄存器，指定计数器模式和时钟源，并启动操作；

③ 根据 PWM 脉冲宽度设置 TxCMPR 寄存器值。

在连续递增计数模式下，产生不对称 PWM 波形时，设置定时器的周期值等于所需要的 PWM 周期除以 GP 定时器输入时钟的周期，然后减 1；在连续增/减计数模式，产生不对称 PWM 波形时，设置的定时器周期值等于所需的 PWM 周期除以 2 倍的 GP 定时器输入时钟周期。GP 定时器可以采用前面的例子方法进行初始化。在程序运行的过程中，应根据任务周期实时更新比较寄存器的值。

（2）GP 定时器复位

任何复位事件发生，下列事件都会发生。

① 所有 GP 定时器寄存器位被复位为 0，除了 GPTCONA/B 中的计数方向标志位外。因此，所有 GP 定时器的操作被禁止，计数方向标志位都被置 1。

② 所有定时器中断标志位都被复位为 0。

③ 所有定时器的中断屏蔽位被复位为零，除了 $\overline{POPINTx}$。因此除了 $\overline{PDPINTx}$，所有的定时器的中断都被屏蔽。

④ 所有 GP 定时器比较输出都被置成高阻状态。

## 10.1.6　比较单元

在 EVA 模块中有三个全比较单元（1，2，3），在 EVB 模块中也有三个全比较单元（4，5，6），每个比较单元都有两个相关的 PWM 输出，其中 GP 定时器 1（EVA）和 GP 定时器 3（EVB）为比较单元提供时钟基准。

EV 模块中的每个比较单元包括：

① 三个 16 位比较寄存器（EVA 的 CMPR1、CMPR2、CMPR3；EVB 的 CMPR4、CMPR5、CMPR6），都有一个映射寄存器。（可读可写）

② 一个 16 位比较控制寄存器（EVA 的 COMCONA，EVB 的 COMCONB）。（可读可写）

③ 一个 16 位行为控制寄存器（EVA 的 ACTRA，EVB 的 ACTRB），都有一个映射寄存器。（可读可写）

④ 6 个 PWM（三态）输出（比较输出）引脚（EVA 的 PWMy，y=1,2,3,4,5,6；EVB 的 PWMz，z=1,2,3,4,5,6）。

⑤ 控制和中断逻辑。

比较单元的时钟基准是 GP 定时器提供的，当比较操作使能时，定时器可以工作在任何模式下，在比较输出引脚上将发生跳变。

（1）比较输入输出

比较单元的输入包括：

① 控制寄存器的控制信号;

② GP 定时器 1/3(T1CNT/T3CNT);

③ 复位。

比较单元输出是一个比较匹配信号,如果比较操作使能,那么匹配信号将使中断标志置位,同时将比较单元相关联的两个输出产生跳变。

（2）比较操作模式

比较单元操作模式是由寄存器 COMCONx 决定的,具体决定以下内容:

① 比较操作是否使能;

② 比较输出是否使能;

③ 映射寄存器中的值装载到比较寄存器的条件;

④ 空间向量 PWM 模式是否使能。

## 10.2 PWM 电路

每个 EV 模块与比较单元相关联的脉宽调制电路(PWM)可以产生六路 PWM 输出,而且输出可以软件设置无控制作用区和输出极性。

### 10.2.1 与比较单元相关联的 PWM 电路

如图 10.8 所示为 EVA 的 PWM 电路原理框图,它包括下列功能单元:

① 不对称/对称波形发生器;

② 可编程无控制作用区单元(DBU);

③ 输出逻辑;

④ 空间向量(SV)PWM 状态机。

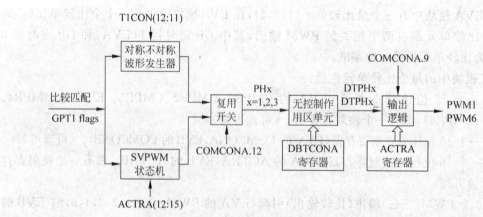

图 10.8　PWM 电路原理框图

EVB 模块的 PWM 电路功能模块框图与 EVA 模块的模块框图相同,只是相应的寄存器配置的改变。

不对称/对称波形发生器和 GP 定时器中的相同,无控制作用区单元和输出逻辑将在后续章节中介绍。

（1）事件管理器的 PWM 产生能力

事件管理器的 PWM 产生能力介绍如下。

① 5 个独立的 PWM 输出，3 个由比较单元产生，剩余 2 个由 GP 定时器产生。另外增加 3 个 PWM 输出，是由比较单元产生的 PWM 输出。

② 与比较单元相关联的 PWM 可编程输出无控制作用区。

③ 最小无控制作用区持续时间。

④ 确定最小的脉冲宽度且脉冲宽度增加或减少一个 CPU 时钟周期。

⑤ 16 位最大 PWM 协议。

⑥ 动态改变 PWM 的载波频率（双缓冲周期寄存器）。

⑦ 动态改变 PWM 的脉冲宽度（双缓冲比较寄存器）。

⑧ 供电驱动保护中断。

⑨ 可编程产生不对称、对称和空间向量 PWM 波形。

⑩ 可以减少 CPU 的开销，因为比较寄存器和周期寄存器可以自动装载。

（2）可编程无控制作用区单元

EVA 和 EVB 模块都有自己的可编程无控制作用区单元（分别是 DBTCONA 和 DBTCONB），可编程无控制作用区控制单元特点如下。

① 一个 16 位无控制作用区控制寄存器，DBTCONx（可读可写）；

② 一个输入时钟预定标器：x/1，x/2，x/4，…，x/32；

③ 设备（CPU）时钟输入；

④ 3 个 4 位递减计数定时器；

⑤ 控制逻辑。

（3）无控制作用区定时器控制寄存器 A 和 B（DBTCONA 和 DBTCONB）

无控制作用区单元的操作都是由无控制作用区定时器控制寄存器（DBTCONA 和 DBTCONB）控制，具体的 DBTCONA 和 DBTCONB 寄存器将在后续章节中详细介绍。

（4）无控制作用区单元的输入和输出

无控制作用区单元的输入是 PH1、PH2 和 PH3，它们分别是由比较单元 1、2、3 的不对称/对称波形发生器产生的。无控制作用区单元的输出是 DTPH1 和 DTPH1_、DTPH2 和 DTPH2_、DTPH3 和 DTPH3_，分别相对应于 PH1、PH2、PH3。

每个输入信号 PHx，对应产生两个输出信号 DTPHx 和 DTPHx_。当无控制作用区不用于比较单元和相关的输出时，这两个输出信号完全相同。当无控制作用区用于比较单元时，这两个信号的转变沿被一段时间分隔开，这段时间即称为无控制作用区，这个时间段由 DBTCONx 寄存器的位来决定。假设 DBTCONx(11:8) 中的值为 m，DBTCONx(4:2) 中的值相应的预定标为 x/p，这时无控制作用区值为（p×m）个 CPU 时钟周期。表 10.6 给出了 DBTCONx 中典型位与无控制作用区产生关系。其中时钟基准 HSPCLK 的周期为 25ns，图 10.9 所示为一个比较单元的无控制作用区逻辑的结构框图。

无控制作用区单元其他重要特征：

设计无控制作用区单元的目的，是为了防止在任何操作的条件下，每个单位产生的两路 PWM 信号同时打开被控设备的上、下部分引起的交叠。当无控制作用区单元用于比较操作时，与比较单元相关的 PWM 输出在周期结束时不会复位到无效状态。

表 10.6　无控制作用区产生实例

| DBT3.DBT0(m) (DBTCONx(11:8)) | DBTPS2.DBTPS0(p)（DBTCONx(4:2)) | | | | | |
|---|---|---|---|---|---|---|
| | 110(p=32) | 100(p=16) | 011(p=8) | 010(p=4) | 001(p=2) | 000(p=1) |
| 0 | 0 | 0 | 0 | 0 | 0 | 0 |
| 1 | 0.8 | 0.4 | 0.2 | 0.1 | 0.05 | 0.025 |
| 2 | 1.6 | 0.8 | 0.4 | 0.2 | 0.1 | 0.05 |
| 3 | 2.4 | 1.2 | 0.6 | 0.3 | 0.15 | 0.075 |
| 4 | 3.2 | 1.6 | 0.8 | 0.4 | 0.2 | 0.1 |
| 5 | 4 | 2 | 1 | 0.5 | 0.25 | 0.125 |
| 6 | 4.8 | 2.4 | 1.2 | 0.6 | 0.3 | 0.15 |
| 7 | 5.6 | 2.8 | 1.4 | 0.7 | 0.35 | 0.175 |
| 8 | 6.4 | 3.2 | 1.6 | 0.8 | 0.4 | 0.2 |
| 9 | 7.2 | 6 | 1.8 | 0.9 | 0.45 | 0.225 |
| A | 8 | 4 | 2 | 1 | 0.5 | 0.25 |
| B | 8.8 | 4.4 | 2.2 | 1.1 | 0.55 | 0.275 |
| C | 9.6 | 4.8 | 2.4 | 1.2 | 0.6 | 0.3 |
| D | 10.4 | 5.2 | 2.6 | 1.3 | 0.65 | 0.325 |
| E | 11.2 | 5.6 | 2.8 | 1.4 | 0.7 | 0.35 |
| F | 12 | 6 | 3 | 1.5 | 0.75 | 0.375 |

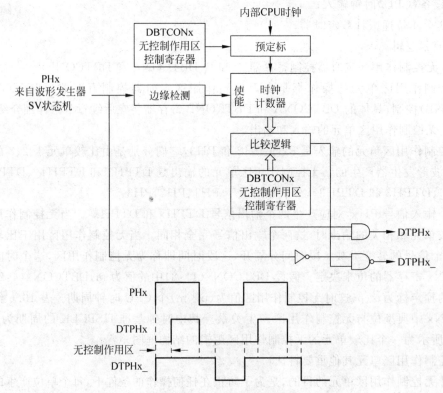

图 10.9　无控制作用区单元的结构框图(x=1,2,3)

（5）输出逻辑

输出逻辑电路决定了发生比较匹配时,输出引脚 PWMx(x=1～6)的输出极性和行为,与比较单元相关联的比较输出可被设置为低电平有效、高电平有效、强制低或强制高,可以通过正确地设置 ACTR 寄存器中的相应的位来确定 PWM 输出的极性和行为,PWM 输出引脚也可以通过下列设置方法置成高阻状态。

① 软件清除 $\overline{COMCONx.9}$ 位。

② 当 $\overline{PDPINTx}$ 没有被屏蔽时,硬件将 $\overline{PDPINTx}$ 引脚拉低。

③ 发生任何复位事件。

$\overline{PDPINTx}$ 引脚有效（被使能）且系统复位会忽略寄存器 COMCONX 和 ACTRX 的设置。

图 10.10 所示为输出逻辑电路(OLC)的结构框图,比较单元的输出逻辑的输入包括:

① 来自无控制作用区单元的 DTPH1、/DTPH1、DTPH2、/DTPH2、DTPH3、/DTPH3 和比较匹配信号;

② 寄存器 ACTRx 中的控制位;

③ $\overline{PDPINTx}$ 和复位信号。

比较单元输出逻辑的输出包括:

① PWMx,x=1～6(EVA);

② PWMy,y=7～12(EVB)。

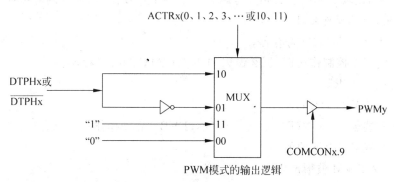

图 10.10　输出逻辑框图(x = 1,2,3; y = 1,2,3,4,5,6)

## 10.2.2　PWM 波形产生

PWM 信号是一系列脉宽可变的脉冲信号,这些脉冲分布于固定周期的大部分,从而可以保证每个周期都有一个脉冲输出。这个固定周期称为 PWM 载波周期,它的倒数称为 PWM 载波频率。PWM 脉冲宽度则根据一系列期望序列(调制信号)来确定和调制。

在电机控制系统中,PWM 信号控制供电设备的开关器件通断时间,从而为电机的绕组提供期望的电流和能量。相电流的频率、形状和提供的能量多少,可以控制电机的转速和转矩,在这种情况下,应用于电机的控制电压或电流都是调制信号,而且这个调制信号的频率比 PWM 载波频率要低许多。

（1）PWM 信号产生

为了产生一个 PWM 信号,适当的定时器需要重复计算周期(与 PWM 相同的周期)。

比较寄存器用于保持调制信号的值,比较寄存器中的值一直与定时器计数器的值相比较,当两个值匹配时,在相应的输出引脚上会产生跳变(由高变低或由低变高)。当两个值产生第二次匹配或一个定时器周期结束时,引脚上就会产生第二次输出跳变。这样一个输出脉冲就会产生,且周期值与比较寄存器中的值成比例。在比较单元中重复这个过程,从而产生了PWM信号。

(2) 事件管理器的 PWM 产生

三个比较单元的任何一个与 GP 定时器 1(EVA)、GP 定时器 3(EVB)、无控制作用区单元和输出逻辑联合使用就能产生一对无控制作用区和输出极性可编程的 PWM 输出,可用于控制三相交流感应电机或直流无刷电机。在每个 EV 中三个比较单元可以产生六路 PWM 输出,这六路 PWM 输出引脚非常适合于控制三相交流感应电机或直流有刷电机。具体的输出行为由比较行为控制寄存器(ACTRx)所控制,从而能方便地控制同步磁阻电机等。PWM 电路还可用于控制其他类型的电机,如直流有刷电机和步进电机。根据设计需求,每个 GP 定时器的比较单元还可以以自身作为时钟基准产生一路 PWM 输出。

(3) 不对称和对称的 PWM 产生

不对称和对称 PWM 波形可通过 EV 模块中的比较单元产生。另外,三个比较单元结合使用,还可以产生三相对称空间向量 PWM 输出。

(4) 产生 PWM 的寄存器配置

所有的采用比较单元以及其相关电路产生三种 PWM 波形,需要对相同事件管理器寄存器进行配置,具体操作步骤如下:

① 设置和装载 ACTPx 寄存器;

② 如果使用无控制作用区,那么设置和装载 DBTCONx 寄存器;

③ 初始化 CMPRx;

④ 设置和装载 COMCONx;

⑤ 设置和装载 TICON(EVA)或 T3CON(EVB),启动操作;

⑥ 重新装载 CMPRx 的值。

(5) 不对称 PWM 波形产生

边沿触发或不对称 PWM 信号的特点是调制脉宽不关于 PWM 周期中心对称,如图 10.11 所示,脉冲宽度只能从脉冲一侧开始变化。

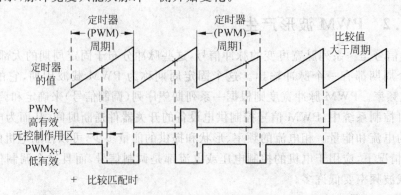

图 10.11　比较单元和 PWM 电路产生的不对称 PWM 波形(x=1,3 或 5)

注:"+"表示比较匹配。

为了产生不对称的 PWM 信号,需要:①GP 定时器 1 工作在连续递增计数模式下;②周期寄存器装入的值与所需的 PWM 载波周期的值相同;③配置 COMCONx 寄存器使能比较操作;④设置相应的引脚为 PWM 输出且使能输出。如果无控制作用区被使能,将无控制作用区时间值通过软件写入到寄存器 DBTCONx(11:8)的 DBT(3:0)位,作为4位无控制作用区定时器的周期,所有的 PWM 输出通道都使用这一个无控制作用区值。

通过软件适当配置 ACTRx 寄存器,可以在与比较单元相关的一个输出引脚上产生 PWM 信号,而其他引脚在 PWM 周期的开始、中间或结束保持低电平(关闭)或高电平(开启),这种用软件控制的灵活 PWM 输出特别适用于开关磁阻电机的控制。

在 GP 定时器 1(或用 GP 定时器 3)启动后,比较寄存器不断地写入新的比较值,不断地调整 PWM 脉冲宽度以及电力设备的开关通断时间。由于比较寄存器带有映射寄存器,所以一个新值可以在周期内的任何时候写入寄存器内。同理,新的值可以随时写入周期寄存器和行为寄存器,从而改变 PWM 的周期,或者强制改变 PWM 的输出状态。

(6) 对称 PWM 波形产生

对称 PWM 信号的特点是已调脉冲关于 PWM 周期中心对称,对称 PWM 信号、相对不对称 PWM 信号的优势在于:在每个 PWM 周期的开始和结束处有两个相同的持续时间的无效区段。图 10.12 所示为对称 PWM 波形产生的两个例子。

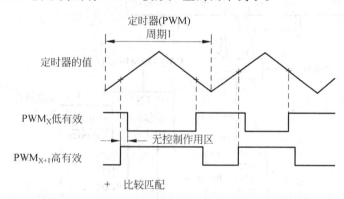

图 10.12　比较单元和 PWM 电路产生的对称 PWM 波形(x=1,3 或 5)

比较单元产生的对称 PWM 波形和不对称 PWM 波形是相似的,唯一区别是,需要将 GP 定时器 1(或 GP 定时器 3)设置为连续增/减计数模式。

在对称 PWM 波形产生的每周期内通常会产生两次比较匹配,一次在前半周期的递增计数期间,另一次在后半周期的递减计数期间。在第二次匹配产生时一个新的比较值会自动装载,因为这样可能提前或延时 PWM 脉冲的第二个边沿。这种 PWM 波形产生的特性可以弥补在交流电机控制中由于无控制作用区而引起的电流误差。由于比较寄存器带映射寄存器,在一个周期内的任何时候都可以装载新的值。根据这个特点,在交流电机控制中 PWM 产生器可以修正由于无控制作用区产生的当前错误。

由于比较寄存器带有映射寄存器,所以一个新值可以在周期内的任何时候写入寄存器内。同理,新的值可以随时写入周期寄存器和行为寄存器,从而改变 PWM 的周期,或者强制改变 PWM 的输出状态。

## 10.3　捕获单元

在事件管理器模块中共有 6 个捕获单元,每个 EV 各有 3 个,捕获单元 1、2 和 3 与 EVA 相关联,捕获单元 4、5 和 6 与 EVB 相关联,每个捕获单元都有对应的捕获输入引脚。

### 10.3.1　捕获单元概述

EVA 的捕获单元可以选择 GP 定时器 2 或 1 作为时钟基准,但 CAP1 和 CAP2 必须选择相同的定时器作为其时钟基准。EVB 的捕获单元都可选择 GP 定时器 4 或 3 作为其时钟基准,但 CAP4 和 CAP5 必须选择相同的定时器作为其时钟基准。

当输入引脚(CAPx)检测到指定的跳变时,GP 定时器的值将被捕获并存入到相应的两级 FIFO 堆栈中。图 10.13 所示为 EVA 模块的捕获单元结构图,EVB 捕获单元的结构图与 EVA 结构图大体相同。

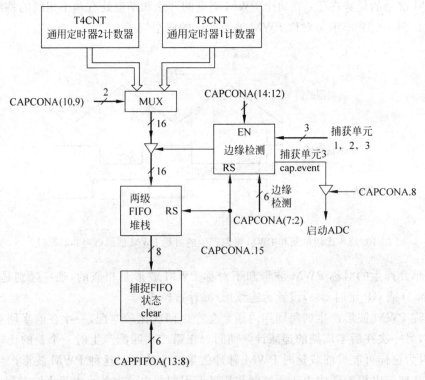

图 10.13　捕获单元结构框图(EVA)

捕获单元有以下特点。

① 一个 16b 的捕获控制寄存器(CAPCONA(EVA),COPCONB(EVB)),可读可写。

② 一个 16b 捕获 FIFO 状态寄存器(CAPFIFOA(EVA),CAPFIFOB(EVB))。

③ 选择 GP 定时器 1 或 2(EVA)和 GP 定时器 3 或 4(EVB)作为基准时钟。

④ 三个 16b 两级 FIFO 堆栈,分别对应于每个捕获单元。

⑤ 六个施密特触发捕获输入引脚,CAP1～6,一个捕获单元对应一个输入引脚。(所有输入和内部设备/CPU 时钟同步)为了捕获到输入的跳变,输入信号必须保持当前的电平状态在两个设备时钟的上升沿,如果使用了限制电路,那么脉冲宽度也必须满足限制电路的要求。输入引脚 CAP1 和 CAP2(在 EVB 中是 CAP4 和 CAP5),也可用于 QEP 输入。

⑥ 用户指定的跳变检测(上升沿、下降沿或上升下降沿)。

⑦ 6 个可屏蔽的中断标志位,分别对应于每个捕获单元。

## 10.3.2　捕获单元操作

在一个捕获单元被使能后,在对应的输入引脚上检测到指定的跳变时,所选择的 GP 定时器的计数值将自动装入相应的 FIFO 堆栈,同时如果有一个或多个有效的捕获值存储到 FIFO 堆栈(CAPxFIFO 位值不等于 0)里,那么将会使相应的中断标志位置位。如果标志没有被屏蔽,那么将产生一个外设中断请求。每次一个新的计数器的值被捕获到且存入 FIFO 堆栈时,CAPFIFOx 寄存器的相应的位将发生改变。从捕获单元输入引脚发生跳变到所选 GP 定时器的值被锁存所需的延时时间为两个 CPU 时钟周期(不包括限制电路的额外延时)。复位事件产生时,所有捕获单元的寄存器都被清零。

(1) 捕获单元的时钟基准的选择

对于 EVA,捕获单元 3 与单元 1 和 2 不同,捕获单元 3 有自己独立的时钟基准选择位,而捕获单元 1 和 2 共用一个时钟基准选择位,因此两个 GP 定时器可以同时使用,一个用于捕获单元 1 和 2,一个用于捕获单元 3。对于 EVB,捕获单元 6 有一个独立的时钟基准选择位。

捕获单元的操作不会影响任何 GP 定时器操作,也不会影响与 GP 定时器相关的比较/PWM 操作。

(2) 捕获单元设置

为保证捕获单元能够正常工作,必须正确设置下列寄存器:

① 初始化 CAPFIFOx 寄存器,清除相应的状态位;

② 设置所选 GP 定时器的工作模式(任意一种模式都可以);

③ 根据需要设置相关的 GP 定时器的比较寄存器或周期寄存器;

④ 适当地配置 CAPCONA 或 CAPCONB 寄存器。

## 10.3.3　捕获单元 FIFO 堆栈

每个捕获单元有一个专门的两级 FIFO 堆栈,顶部堆栈由 CAP1FIFO、CAP2FIFO 和 CAB3FIFO(EVA) 或 CAP4FIFO、CAP5FIFO 和 CAP6FIFO(EVB)组成。底部堆栈由 CAB1FBOT、CAP2FBOT 和 CAP3FBOT(EVA) 或 CAP4FBOT、CAP5FBOT 和 CAP6FBOT(EVB)组成。任何 FIFO 堆栈的顶层寄存器都是只读寄存器,总是存放着捕获单元捕获的最早的计数值,因此对捕获单元 FIFO 堆栈的读操作总是返回堆栈中最早的计数值。当在 FIFO 堆栈的顶层寄存器中的计数值被读取时,堆栈底层寄存器的新计数值,将被压进顶层寄存器。

根据需要,也可以读取 FIFO 堆栈的底层寄存器。如果 FIFO 的状态位先前是 10 或 11,那么读取 FIFO 堆栈的底层寄存器会使状态位变为 01。如果原来 FIFO 状态位是 01,则读取底层 FIFO 寄存器时,会变为 00(即为空)。

（1）第一次捕获

被选择的 GP 定时器（被捕获单元捕获到,当输入引脚出现跳变时）的计数值写入到 FIFO 堆栈的顶层寄存器（如果堆栈为空）,同时相应的状态位置为 01。如果在下一次捕获操作之前,产生了读操作,那么状态位将被复位为 00。

（2）第二次捕获

如果在先前捕获计数值被读取之前产生了另一次捕获,那么最新捕获到的计数值将被存储到底层的寄存器。同时,相应的状态位将置为 10。如果在捕获操作之前对 FIFO 堆栈进行了读操作,那么底层寄存器中最新的计数值将会被压入到顶层寄存器中,同时相应的状态位将被设置为 01。

第二次捕获会使相应的捕获中断标志位置位,如果中断没有被屏蔽,那么一个外设中断请求也会产生。

（3）第三次捕获

如果捕获发生时,已经有两个计数值被捕获且存放在 FIFO 堆栈中,那么堆栈的顶层寄存器中最早的计数值将被弹出并被丢弃,堆栈底层寄存器的值将被压入到顶层寄存器中,最新捕获到的计数值将被压入到底层寄存器中,并且状态位被置为 11,说明一个或多个之前捕获的计数值已经丢失。

第三次捕获会使相应的捕获中断标志位置位,如果中断没有被屏蔽,那么一个外设中断请求将会产生。

### 10.3.4　捕获中断

当捕获单元已经执行了一个捕获,而且至少有一个有效的值存放在 FIFO 中（即 CAPxFIFO 寄存器位不等于 0）,相应的中断标志位将置位,此时如果中断没有被屏蔽,一个外设中断请求将产生。因此,如果使用了中断,捕获的一对计数器的值可以通过中断服务子程序读取。如果用户不使用中断,可以通过查询中断标志位或者状态位来判断是否发生了两次捕获事件,从而可以确定是否可以读取捕获到的计数值。

### 10.3.5　QEP 电路

每个事件管理器模块都有一个 QEP 电路,如果电路被使能,那么可以对从 CAP1/QEP1 和 CAP2/QEP2(EVA)或 CAP4/QEP3 和 CAP5/QEP4(EVB)引脚上输入的正交编码脉冲进行解码和计数。当 QEP 电路被使能,CAP1/CAP2 和 CAP4/CAP5 引脚上的捕获功能将被禁止。

（1）QEP 引脚

捕获单元 1、2、3(或 4、5、6)和 QEP 电路共同占用三个 QEP 输入引脚。

（2）QEP 电路的时钟基准

QEP 电路的时钟基准由 GP 定时器 2(EVB 由 GP 定时器 4)提供。此时 GP 定时器必须工作在方向增/减计数模式。图 10.14 给出了 EVA 的 QEP 电路的结构图,EVB 的 QEP 电路的结构图与 EVA 大体相同,其中 EVA 中的通用定时器 2 对应于 EVB 中的通用定时器 4,捕获单元 1、2 分别对应于 4、5。

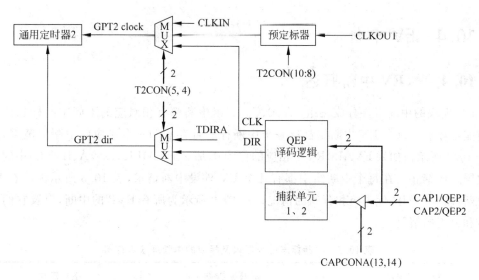

图 10.14 EVA 的 QEP 电路结构框图

（3）正交编码脉冲译码实例

图 10.15 所示为正交编码脉冲,时钟信号和计数方向的实例。

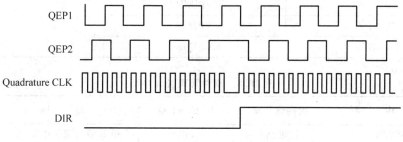

图 10.15 QEP:译码时钟和计数方向时序图

（4）QEP 计数

GP 定时器 2(或 4)总是从当前值开始计数,在使能 QEP 模式前,用户需要向 GP 定时器计数器中装载需要的值。当 QEP 电路被选择作为时钟源时,定时器会忽略 TDIRA/B 和 TCLKINA/B 输入引脚。

（5）QEP 电路的寄存器设置

启动 EVA 的 QEP 电路的设置如下:

① 向 GP 定时器 2 的计数器、周期和比较寄存器装载需要值;

② 配置 T2CON 寄存器,设置 GP 定时器 2 工作在方向增/减模式,且 QEP 电路作为时钟源、并使能被选择的 GP 定时器。

启动 EVB 的 QEP 电路的设置如下:

① 向 GP 定时器 4 的计数器、周期和比较寄存器装载需要值;

② 配置 T4CON 寄存器,设置 GP 定时器 4 工作在方向增/减模式,且 QEP 电路作为时钟源、并使能被选择的 GP 定时器。

## 10.4　EV中断

### 10.4.1　EV中断概述

EV模块的中断事件分成三组：A、B、C。每组中断都有相对应的不同中断标志位和中断使能寄存器。每个EV中断组都有一个中断标志寄存器和一个相应的中断屏蔽寄存器，如表10.7所示。如果EVAIMRx中相应的位为0，那么EVAIFRx（x＝A、B或C）中的标志位被屏蔽或禁止。在每个中断组中都有几个EV外设中断请求，表10.8所示为所有EVA的中断，以及它们的优先级和分组的情况；表10.9所示为所有EVB的中断，以及它们的优先级和分组的情况。

表 10.7　中断标志寄存器以及相应的中断屏蔽寄存器

| 标志寄存器 | 屏蔽寄存器 | EV 模块 |
|---|---|---|
| EVAIFRA | EVAIMRA | |
| EVAIFRB | EVAIMRB | EVA |
| EVAIFRC | EVAIMRC | |
| EVBIFRA | EVBIMRA | |
| EVBIFRB | EVBIMRB | EVB |
| EVBIFRC | EVBIMRC | |

表 10.8　事件管理器 A 中断

| 中断组 | 中　　断 | 组内优先级 | 中断向量 | 描　　述 | 中断 |
|---|---|---|---|---|---|
| A | PDPINTA | 1（最高） | 0x0020 | 供电驱动保护中断 A | 1 |
| | CMP1INT | 2 | 0x0021 | 比较单元 1 比较中断 | |
| | CMP2INT | 3 | 0x0022 | 比较单元 2 比较中断 | |
| | CMP3INT | 4 | 0x0023 | 比较单元 3 比较中断 | |
| | T1PINT | 5 | 0x0027 | GP 定时器 1 周期中断 | 2 |
| | T1CINT | 6 | 0x0028 | GP 定时器 1 比较中断 | |
| | T1UFINT | 7 | 0x0029 | GP 定时器 1 下溢中断 | |
| | T1OFINT | 8 | 0x002A | GP 定时器 1 上溢中断 | |
| B | T2PINT | 1 | 0x002B | GP 定时器 2 周期中断 | 3 |
| | T2CINT | 2 | 0x002C | GP 定时器 2 比较中断 | |
| | T2UFINT | 3 | 0x002D | GP 定时器 2 下溢中断 | |
| | T2OFINT | 4 | 0x002E | GP 定时器 2 上溢中断 | |
| C | CAP1INT | 1 | 0x0033 | 捕获单元 1 中断 | 3 |
| | CAP2INT | 2 | 0x0034 | 捕获单元 2 中断 | |
| | CAP3INT | 3（最低） | 0x0035 | 捕获单元 3 中断 | |

表 10.9 事件管理器 B 中断

| 中断组 | 中 断 | 组内优先级 | 中断向量 | 描 述 | 中断 |
|---|---|---|---|---|---|
| A | PDPINTB | 1(最高) | 0x0019 | 供电驱动保护中断 B | 1 |
| | CMP4INT | 2 | 0x0024 | 比较单元 4 比较中断 | 4 |
| | CMP5INT | 3 | 0x0025 | 比较单元 5 比较中断 | |
| | CMP6INT | 4 | 0x0026 | 比较单元 6 比较中断 | |
| | T3PINT | 5 | 0x002F | GP 定时器 3 周期中断 | |
| | T3CINT | 6 | 0x0030 | GP 定时器 3 比较中断 | |
| | T3UFINT | 7 | 0x0031 | GP 定时器 3 下溢中断 | |
| | T3OFINT | 8 | 0x0032 | GP 定时器 3 上溢中断 | |
| B | T4PINT | 1 | 0x0039 | GP 定时器 4 周期中断 | 5 |
| | T42CINT | 2 | 0x003A | GP 定时器 4 比较中断 | |
| | T4UFINT | 3 | 0x003B | GP 定时器 4 下溢中断 | |
| | T4OFINT | 4 | 0x003C | GP 定时器 4 上溢中断 | |
| C | CAP4INT | 1 | 0x0036 | 捕获单元 4 中断 | 6 |
| | CAP5INT | 2 | 0x0037 | 捕获单元 5 中断 | |
| | CAP6INT | 3(最低) | 0x0038 | 捕获单元 6 中断 | |

## 10.4.2 EV 中断请求和服务子程序

当 CPU 响应外设中断请求,相应的外设中断向量被 PIE 控制器装载到外设中断向量寄存器(PIVR)。装载到 PIVR 中的向量将占有最高优先级,向量寄存器可以被中断服务子程序(ISR)读取。表 10.10 中所示为中断产生的条件。

表 10.10 中断产生的条件

| 中 断 | 产 生 条 件 |
|---|---|
| 下溢 | 当计数器的值等于 0x0000 时 |
| 上溢 | 当计数器的值等于 0xFFFF 时 |
| 比较 | 当计数寄存器的值和比较寄存器匹配时 |
| 周期 | 当计数寄存器的值和周期寄存器匹配时 |

## 10.4.3 中断产生

在 EV 模块中当有中断事件产生时,EV 中断标志寄存器中的相应标志位将被置 1。如果标志位没有被屏蔽,模块将向 PIE 控制器发出一个外设中断。

## 10.4.4 中断向量

当外设中断响应,与中断标志位相对应的中断向量将拥有最高优先级,同时被使能装载到 PIVR。

## 10.5 EV 寄存器

### 10.5.1 定时器寄存器

定时器寄存器包括下列寄存器:

① 定时器 1 计数寄存器(T1CNT)　　——地址 7401H;

② 定时器 1 比较寄存器(T1CMPR)　——地址 7402H;

③ 定时器 1 周期寄存器(T1PR)　　　——地址 7403H;

④ 定时器 2 计数寄存器(T2CNT)　　——地址 7405H;

⑤ 定时器 2 比较寄存器(T2CMPR)　——地址 7406H;

⑥ 定时器 2 周期寄存器(T2PR)　　　——地址 7407H;

⑦ 定时器 3 计数寄存器(T3CNT)　　——地址 7501H;

⑧ 定时器 3 比较寄存器(T3CMPR)　——地址 7502H;

⑨ 定时器 3 周期寄存器(T3PR)　　　——地址 7503H;

⑩ 定时器 4 计数寄存器(T4CNT)　　——地址 7505H;

⑪ 定时器 4 比较寄存器(T4CMPR)　——地址 7506H;

⑫ 定时器 4 周期寄存器(T4PR)　　　——地址 7507H;

⑬ 定时器 1 控制寄存器(T1CON)　　——地址 7504H;

⑭ 定时器 2 控制寄存器(T2CON)　　——地址 7408H;

⑮ 定时器 3 控制寄存器(T3CON)　　——地址 7504H;

⑯ 定时器 4 控制寄存器(T4CON)　　——地址 7508H。

详细的寄存器介绍如下。

(1) 定时器计数寄存器(TxCNT)

定时器计数寄存器的位信息及功能介绍如表 10.11 和表 10.12 所示。

表 10.11　定时器计数寄存器(TxCNT)位信息

| 15 | 0 |
| --- | --- |
| TxCNT | |
| R/W-x | |

表 10.12　定时器计数寄存器位功能介绍

| 位 | 名　称 | 功　能　描　述 |
| --- | --- | --- |
| 15~0 | TxCNT | 存储定时器 x 当前的计数值 |

(2) 定时器比较寄存器(TxCMPR)

定时器比较寄存器的位信息及功能介绍如表 10.13 和表 10.14 所示。

(3) 定时器周期寄存器(TxPR)

定时器周期寄存器的位信息及功能介绍如表 10.15 和表 10.16 所示。

表 10.13　定时器比较寄存器位信息

| 15 | | 0 |
|---|---|---|
| | TxCMPR | |
| | R/W-x | |

表 10.14　定时器比较寄存器位功能介绍

| 位 | 名　称 | 功 能 描 述 |
|---|---|---|
| 15～0 | TxCMPR | 存储定时器 x 计数的比较值 |

表 10.15　定时器周期寄存器位信息

| 15 | | 0 |
|---|---|---|
| | TxPR | |
| | R/W-x | |

表 10.16　定时器周期寄存器位功能介绍

| 位 | 名　称 | 功 能 描 述 |
|---|---|---|
| 15～0 | TxPR | 存储定时器 x 计数的周期值 |

（4）定时器控制寄存器(TxCON)

定时器控制寄存器的位信息及功能介绍如表 10.17 和表 10.18 所示。

表 10.17　定时器控制寄存器位信息

| 15 | 14 | 13 | 12 | 11 | 10 | 9 | 8 |
|---|---|---|---|---|---|---|---|
| FREE | SOFT | Reserved | TMODE1 | TMODE0 | TPS2 | TPS1 | TPS0 |
| R/W-0 | R/W-0 | R/W-0 | R/W-0 | R/W-0 | R/W-0 | R/W-0 | R/W-0 |

| 7 | 6 | 5 | 4 | 3 | 2 | 1 | 0 |
|---|---|---|---|---|---|---|---|
| T2SWT1/<br>T4SWT3 | TENABLE | TCLKS1 | TCLKS0 | TCLD1 | TCLD0 | TECMPR | SELT1PR/<br>SELT3PR |
| R/W-0 | R/W-0 | R/W-0 | R/W-0 | R/W-0 | R/W-0 | R/W-0 | R/W-0 |

表 10.18　定时器控制寄存器位功能介绍

| 位 | 名　称 | 功 能 描 述 |
|---|---|---|
| 15,14 | FREE,SOFT | 仿真控制位<br>00　仿真挂起时立即停止；<br>01　仿真挂起,完成当前定时器周期后停止；<br>10　仿真挂起不影响操作；<br>11　仿真挂起不影响操作 |
| 13 | Reserved | 读操作返回 0,写操作没有影响 |

续表

| 位 | 名　称 | 功　能　描　述 |
|---|---|---|
| 12,11 | TMODE(1,0) | 计数模式选择位<br>00　停止/保持模式；<br>01　连续增/减计数模式；<br>10　连续递增计数模式；<br>11　方向增/减计数模式 |
| 10~8 | TPS(2:0) | 输入时钟比例参数<br><table><tr><td>000　x/1</td><td>001　x/2</td><td>010　x/4</td><td>011　x/8</td></tr><tr><td>100　x/16</td><td>101　x/32</td><td>110　x/64</td><td>111<br>x/128(x＝HSPCLK)</td></tr></table> |
| 7 | T2SWT1,<br>T4SWT3 | T2SWT1(对于 EVA 模块),利用 GP 定时器 1 的使能位启动定时器 2,在 T1CON 中该位保留；<br>T4SWT3(对于 EVB 模块),利用 GP 定时器 3 的使能位启动定时器 4,在 T3CON 中该位保留。<br>0　使用自己的使能位(TENABLE)；<br>1　使用 T1CON(EVA)或 T3CON(EVB)的 TENABLE 位使能或禁止操作,而不采用自己的 TENABLE 位 |
| 6 | TENABLE | 定时器使能位<br>0　禁止定时器操作；<br>1　使能定时器操作 |
| 5,4 | TCLKS(1,0) | 时钟源<br>00　内部时钟(如 HSPCLK)；<br>01　外部时钟(如 TCLKINx)；<br>10　保留；<br>11　QEP 电路 |
| 3,2 | TCLD(1,0) | 定时器比较寄存器装载条件<br>00　当计数器值等于 0 时；<br>00　当计数器值等于 0 或等于周期寄存器的值时；<br>10　立即；<br>11　保留 |
| 1 | TECMPR | 定时器比较使能位<br>0　禁止定时器比较操作；<br>1　使能定时器比较操作 |
| 0 | SELT1PR,<br>SELT3PR | SELT1PR (EVA)。当 T2CON 的该位置为 1 时,定时器 1 的周期寄存器也作为定时器 2 的寄存器,同时忽略定时器 2 的周期寄存器,TICON 中的该位保留；<br>SELT3PR(EVB)。当 T4CON 的该位置为 1 时,定时器 3 的周期寄存器也作为定时器 4 的寄存器,同时忽略定时器 4 的周期寄存器,T3CON 中的该位保留。<br>0　使用自己的周期寄存器；<br>1　使用 T1PR(EVA)或 T3PR(EVB)作为周期寄存器,而不使用自己的周期寄存器 |

（5）GP 定时器控制寄存器 A(GPTCONA)

GP 定时器控制寄存器 A 的位信息及功能介绍如表 10.19 和表 10.20 所示。

**表 10.19 定时器控制寄存器 A 位信息**

| 15 | 14 | 13 | 12 | 11 | 10 | | 9 | 8 |
|---|---|---|---|---|---|---|---|---|
| Reserved | T2STAT | T1STAT | T2CTRIPE | T1CTRIPE | T2TOADC | | | T1TOADC |
| R-0 | R-1 | R-1 | R/W-1 | R/W-1 | R/W-0 | | | R/W-0 |

| 7 | 6 | 5 | 4 | 3 | 2 1 | | 0 |
|---|---|---|---|---|---|---|---|
| T1TOADC | TCMPOE | T2CMPOE | T1CMPOE | | T2PIN | | T1PIN |
| R/W-0 | R/W-0 | R/W-0 | R/W-0 | | R/W-0 | | R/W-0 |

**表 10.20 定时器控制寄存器 A 位功能介绍**

| 位 | 名 称 | 功 能 描 述 |
|---|---|---|
| 15 | Reserved | 读操作返回 0,写操作没有影响 |
| 14 | T2STAT | GP 定时器 2 的状态位（只读位）<br>0 递减计数；1 递增计数 |
| 13 | T1STAT | GP 定时器 1 的状态位（只读位）<br>0 递减计数；1 递增计数 |
| 12 | T2CTRIPE | T2CTRIP 使能位<br>该位有效时,可以使能/禁止定时器 2 比较输出(T2CTRIP)。该位只有当 EXTCON.0=1 时才有效；当 EXTCON.0=0 时,该位保留<br>0 T2CTRIP 被禁止,T2CTRIP 不影响定时器 2 的比较输出 GPTCON.5,或 PDPINT 标志位；<br>1 T2CTRIP 被使能,当 T2CTRIP 位被置为 0,定时器 2 比较输出引脚设置为高阻状态,GPTCON.5 复位为 0,PDPINT 标志位置 1 |
| 11 | T1CTRIPE | T1CTRIP 使能位<br>该位有效时,可以使能/禁止定时器 1 的比较输出(T1CTRIP)。该位只有当 EXTCON.0=1 时才有效；当 EXTCON.0=0 时,该位保留<br>0 T1CTRIP 被禁止,T1CTRIP 不影响定时器 1 的比较输出 GPTCON.4,或 PDPINTA 标志位；<br>1 T2CTRIP 被使能,当 T1CTRIP 位被置为 0,定时器 1 比较输出引脚设置为高阻状态,GPTCON.4 复位为 0,PDPINT 标志位置 1 |
| 10,9 | T2TOADC | 定时器 2 事件启动 ADC 转换<br>00 没有事件启动 ADC；<br>01 下溢中断标志的产生启动 ADC；<br>10 周期中断的产生启动 ADC；<br>11 比较器中断的产生启动 ADC |
| 8,7 | T1TOADC | 定时器 1 事件启动 ADC 转换<br>00 没有事件启动 ADC；<br>01 下溢中断标志的产生启动 ADC；<br>10 周期中断的产生启动 ADC；<br>11 比较器中断的产生启动 ADC |

| 位 | 名 称 | 功 能 描 述 |
|---|---|---|
| 6 | TCMPOE | 定时器的比较输出使能<br>TCMPOE 有效时，能够使能/禁止定时器的比较输出。该位只有当 EXTCON.0＝0 时才有效；当 EXTCON.0＝1 时，该位保留。当 PDPINT/T1CTRIP 都为低电平且 EVIMRA.0＝1 时，该位复位 0。<br>0　定时器比较输出(T1/2PWM_T1/2CMP)为高阻状态；<br>1　定时器比较输出(T1/2PWM_T1/2CMP)由独立的定时器比较逻辑驱动 |
| 5 | T2CMPOE | 定时器 2 比较输出使能<br>T2CMPOE 有效时，使能/禁止 EV 的定时器 2 比较输出（T2PWM_T2CMP）。该位只有当 EXTCON.0＝1 时才有效；当 EXTCON.0＝0 时，该位保留。当 T2CTRIP 被使能且为低电平，该位复位为 0<br>0　定时器 2 比较输出(T2PWM_T2CMP)为高阻状态；<br>1　定时器 2 比较输出(T2PWM_T2CMP)由定时器 2 比较逻辑驱动 |
| 4 | T1CMPOE | 定时器 1 比较输出使能<br>T1CMPOE 有效时，使能/禁止 EV 的定时器 1 比较输出（T1PWM_T1CMP）。该位只有当 EXTCON.0＝1 时才有效；当 EXTCON.0＝0 时，该位保留。当 T1CTRIP 被使能且为低电平,该位复位为 0<br>0　定时器 1 比较输出(T1PWM_T1CMP)为高阻状态；<br>1　定时器 1 比较输出(T1PWM_T1CMP)由定时器 1 比较逻辑驱动 |
| 3,2 | T2PIN | GP 定时器 2 比较输出的极性<br>00　强制低　　01　低有效<br>10　高有效　　11　强制高 |
| 1,0 | T1PIN | GP 定时器 1 比较输出的极性<br>00　强制低　　01　低有效<br>10　高有效　　11　强制高 |

（6）定时器控制寄存器 B(GPTCONB)

定时器控制寄存器 B 的位信息及功能介绍如表 10.21 和表 10.22 所示。

表 10.21　定时器控制寄存器 B 位信息

| 15 | 14 | 13 | 12 | 11 | 10 | 9 | 8 |
|---|---|---|---|---|---|---|---|
| Reserved | T4STAT | T3STAT | T4CTRIPE | T3CTRIPE | T4TOADC | | T3TOADC |
| R/W-0 | R-1 | R-1 | R/W-1 | R/W-1 | R/W-0 | | R/W-0 |

| 7 | 6 | 5 | 4 | 3 | 2 | 1 | 0 |
|---|---|---|---|---|---|---|---|
| T3TOADC | TCMPOE | T4CMPOE | T3CMPOE | T4PIN | | T3PIN | |
| R/W-0 | R/W-0 | R/W-0 | R/W-0 | R/W-0 | | R/W-0 | |

表 10.22 定时器控制寄存器 B 位功能介绍

| 位 | 名 称 | 功 能 描 述 |
|---|---|---|
| 15 | Reserved | 读操作返回 0,写操作没有影响 |
| 14 | T4STAT | GP 定时器 4 的状态(只读位)<br>0 递减计数;1 递增计数 |
| 13 | T3STAT | GP 定时器 3 的状态(只读位)<br>0 递减计数;1 递增计数 |
| 12 | T4CTRIPE | T4CTRIP 使能位<br>该位有效时,可以使能/禁止定时器 4 比较输出(T4CTRIP)。该位只有当 EXTCON.0＝1 时才有效;当 EXTCON.0＝0 时,该位保留。<br>0 T4CTRIP 被禁止,T4CTRIP 不影响定时器 4 的比较输出 GPTCON.5,或 PDPINT 标志位;<br>1 T4CTRIP 被使能,当 T4CTRIP 位被置为 0,定时器 4 比较输出引脚设置为高阻状态,GPTCON.5 复位为 0,PDPINT 标志位置 1 |
| 11 | T3CTRIPE | T3CTRIP 使能位<br>该位有效时,可以使能/禁止定时器 3 比较输出(T3CTRIP)。该位只有当 EXTCON.0＝1 时才有效;当 EXTCON0＝0 时,该位保留。<br>0 T3CTRIP 被禁止,T3CTRIP 不影响定时器 3 的比较输出 GPTCON.4,或 PDPINT 标志位;<br>1 T3CTRIP 被使能,当 T3CTRIP 位被置为 0,定时器 3 比较输出引脚设置为高阻状态,GPTCON.4 复位为 0,PDPINT 标志位置 1 |
| 10,9 | T4TOADC | 定时器 4 事件启动 ADC 转换<br>00 没有事件启动 ADC;<br>01 下溢中断标志的产生启动 ADC;<br>10 周期中断的产生启动 ADC;<br>11 比较器中断的产生启动 ADC |
| 8,7 | T3TOADC | 定时器 3 事件启动 ADC 转换<br>00 没有事件启动 ADC;<br>01 下溢中断标志的产生启动 ADC;<br>10 周期中断的产生启动 ADC;<br>11 比较器中断的产生启动 ADC |
| 6 | TCMPOE | 定时器的比较输出使能位<br>如果 $\overline{PDPINTx}$ 引脚有效,那么该位将被置成 0<br>0 禁止所有的 GP 定时器比较输出(所有的比较输出引脚都置成高阻状态);<br>1 使能所有的 GP 定时器比较输出 |
| 5 | T4CMPOE | 定时器 4 比较输出使能位<br>T4CMPOE 有效时,使能/禁止 EV 的定时器 4 比较输出(T4PWM_T4CMP)。该位只有当 EXTCON.0＝1 时才有效;当 EXTCON.0＝0 时,该位保留。当 T4CTRIP 被使能且为低电平,该位复位为 0。<br>0 定时器 4 比较输出(T4PWM_T4CMP)为高阻状态;<br>1 定时器 4 比较输出(T4PWM_T4CMP)由定时器 4 比较逻辑驱动 |

| 位 | 名　称 | 功　能　描　述 |
|---|---|---|
| 4 | T3CMPOE | 定时器 3 比较输出使能位<br>T3CMPOE 有效时,使能/禁止 EV 的定时器 3 比较输出(T3PWM_T3CMP)。该位只有当 EXTCON. 0＝1 时才有效;当 EXTCON. 0＝0 时,该位保留。当 T4CTRIP 被使能且为低电平,该位复位为 0。<br>0　定时器 3 比较输出(T3PWM_T3CMP)为高阻状态;<br>1　定时器 3 比较输出(T3PWM_T3CMP)由定时器 3 比较逻辑驱动 |
| 3,2 | T4PIN | GP 定时器 4 比较输出的极性<br><table><tr><td>00</td><td>强制低</td><td>01</td><td>低有效</td></tr><tr><td>10</td><td>高有效</td><td>11</td><td>强制高</td></tr></table> |
| 1,0 | T3PIN | GP 定时器 3 比较输出的极性<br><table><tr><td>00</td><td>强制低</td><td>01</td><td>低有效</td></tr><tr><td>10</td><td>高有效</td><td>11</td><td>强制高</td></tr></table> |

## 10.5.2　比较控制寄存器

(1) 比较控制寄存器 A(COMCONA)

比较控制寄存器 A 的位信息及功能介绍如表 10.23 和表 10.24 所示。

**表 10.23　比较控制寄存器 A 位信息**

| 15 | 14 | 13 | 12 | 11 | 10 | 9 | 8 |
|---|---|---|---|---|---|---|---|
| CENABLE | CLD1 | CLD0 | SVENABLE | ACTRLD1 | ACTRLD0 | FCMPOE | PDPINTA STATUS |
| R/W-0 | R/W-0 | R/W-0 | R/W-0 | R/W-0 | R/W-0 | R/W-0 | R-0 |

| 7 | 6 | 5 | 4 | 3 | 2 | 1 | 0 |
|---|---|---|---|---|---|---|---|
| FCMP3OE | FCMP2OE | FCMP1OE | Reserved | | C3TRIPE | C2TRIPE | C1TRIPE |
| R/W-0 | R/W-0 | R/W-0 | R-0 | | R/W-1 | R/W-1 | R/W-1 |

**表 10.24　比较控制寄存器 A 位功能介绍**

| 位 | 名　称 | 功　能　描　述 |
|---|---|---|
| 15 | CENABLE | 比较器使能<br>0　禁止比较器操作;　1　使能比较器操作 |
| 14,13 | CLD(1,0) | 比较寄存器 CMPRx 重新装载条件<br>00　当 T3CNT＝0(下溢)时;<br>01　当 T3CNT＝0 或 T3CNT＝T3PR(下溢或周期匹配)时;<br>10　立即;<br>11　保留 |

续表

| 位 | 名　　称 | 功　能　描　述 |
|---|---|---|
| 12 | SVENABLE | 空间向量 PWM 模式使能<br>0　禁止空间向量 PWM 模式；<br>1　使能空间向量 PWM 模式 |
| 11,10 | ACTRLD(1,0) | 行为控制器寄存器重新装载条件<br>00　当 T3CNT=0(下溢)时；<br>01　当 T3CNT=0AK T3CNT=T3PR(下溢或周期匹配)；<br>10　立即；<br>11　保留 |
| 9 | FCMOPE | 全比较器输出使能<br>当该位有效时，可以使能/禁止所有的比较输出。该位只有当 EXTCON.0=1 时才有效；当 EXTCON.0=0 时，该位复位为 0。<br>0　全比较器输出(PWM1/2/3/4/5/6)处于高阻状态；<br>1　全比较器输出(PWM1/2/3/4/5/6)由相应的比较器逻辑驱动 |
| 8 | PDPINTA STATUS | 该位反映当前PDPINTA引脚的状态 |
| 7 | FCMP3OE | 全比较器 3 输出使能<br>该位有效时，可以使能或禁止全比较器 3 的输出(PWM5/6)。该位只有当 EXTCONA.0=1 时才有效；当 EXTCONA.0=0 时，该位保留。如果 C3TRIP 被使能且为低电平，该位复位为零。<br>0　全比较器 3 输出(PWM5/6)为高阻状态；<br>1　全比较器 3 输出(PWM5/6)由全比较器 3 逻辑驱动 |
| 6 | FCMP2OE | 全比较器 2 输出使能<br>该位有效时，可以使能或禁止全比较器 2 的输出(PWM3/4)。该位只有当 EXTCONA.0=1 时才有效；当 EXTCONA.0=0 时，该位保留。如果 C2TRIP 被使能且为低电平，该位复位为零。<br>0　全比较器 2 输出(PWM3/4)为高阻状态；<br>1　全比较器 2 输出(PWM3/4)由全比较器 2 逻辑驱动 |
| 5 | FCMP1OE | 全比较器 1 输出使能<br>该位有效时，可以使能或禁止全比较器 1 的输出(PWM1/2)。该位只有当 EXTCONA.0=1 时才有效；当 EXTCONA.0=0 时，该位保留。如果 C1TRIP 被使能且为低电平，该位复位为零。<br>0　全比较器 1 输出(PWM1/2)为高阻状态；<br>1　全比较器 1 输出(PWM1/2)由全比较器 1 逻辑驱动 |
| 4,3 | Reserved | 保留 |
| 2 | C3TRIPE | C3TRIPE 使能<br>该位有效，可以使能或禁止 C3TRIP。该位只有当 EXTCONA.0=0 时才有效；当 EXTCONA.0=1 时，该位保留。<br>0　C3TRIP 被禁止，C3TRIP 不影响全比较器 3 的输出、COMCONA.8 或 PDPINTA 标志位；<br>1　C3TRIP 被使能，当 C3TRIP 为低电平时，全比较器 3 的输出都处于高阻状态，COMCONA.8 复位为 0，且 PDPINTA 的标志位置 1 |

| 位 | 名　称 | 功　能　描　述 |
|---|---|---|
| 1 | C2TRIPE | C2TRIPE 使能<br>该位有效,可以使能或禁止 C2TRIP。该位只有当 EXTCONA.0＝0 时才有效;当 EXTCONA.0＝1 时,该位保留。<br>0　C2TRIP 被禁止,C2TRIP 不影响全比较器 2 的输出、COMCONA.7 或 PDPINTA 标志位;<br>1　C2TRIP 被使能,当 C2TRIP 为低电平时,全比较器 2 的输出都处于高阻状态,COMCONA.7 复位为 0,且 PDPINTA 的标志位置 1 |
| 0 | C1TRIPE | C1TRIPE 使能<br>该位有效,可以使能或禁止 C3TRIP。该位只有当 EXTCONA.0＝0 时才有效;当 EXTCONA.0＝1 时,该位保留。<br>0　C1TRIP 被禁止,C1TRIP 不影响全比较器 1 的输出、COMCONA.6 或 PDPINTA 标志位;<br>1　C1TRIP 被使能,当 C1TRIP 为低电平时,全比较器 1 的输出都处于高阻状态,COMCONA.6 复位为 0,且 PDPINTA 的标志位置 1 |

（2）比较控制寄存器 B(COMCONB)

比较控制寄存器 B 的位信息及功能介绍如表 10.25 和表 10.26 所示。

**表 10.25　比较控制寄存器 B 位信息**

| 15 | 14 | 13 | 12 | 11 | 10 | 9 | 8 |
|---|---|---|---|---|---|---|---|
| CENABLE | CLD1 | CLD0 | SVENABLE | ACTRLD1 | ACTRLD0 | FCMPOE | PDPINTB STATUS |
| R/W-0 | R/W-0 | R/W-0 | R/W-0 | R/W-0 | R/W-0 | R/W-0 | R-0 |

| 7 | 6 | 5 | 4 | 3 | 2 | 1 | 0 |
|---|---|---|---|---|---|---|---|
| FCMP6OE | FCMP5OE | FCMP4OE | Reserved | | C6TRIPE | C5TRIPE | C4TRIPE |
| R/W-0 | R/W-0 | R/W-0 | R-0 | | R/W-1 | R/W-1 | R/W-1 |

**表 10.26　比较控制寄存器 B 功能定义**

| 位 | 名　称 | 功　能　描　述 |
|---|---|---|
| 15 | CENABLE | 比较器使能<br>0　禁止比较器操作;1　使能比较器操作 |
| 14,13 | CLD(1,0) | 比较寄存器 CMPRx 重新装载条件<br>00　当 T3CNT＝0(下溢)时;<br>01　当 T3CNT＝0 或 T3CNT＝T3PR(下溢或周期匹配)时;<br>10　立即;<br>11　保留,结果不可预测 |
| 12 | SVENABLE | 空间向量 PWM 模式使能<br>0　禁止空间向量 PWM 模式;<br>1　使能空间向量 PWM 模式 |

续表

| 位 | 名 称 | 功 能 描 述 |
|---|---|---|
| 11,10 | ACTRLD(1,0) | 行为控制器寄存器重新装载条件<br>00 当 T3CNT=0(下溢)时;<br>01 当 T3CNT=0 或 T3CNT=T3PR(下溢或周期匹配)时;<br>10 立即;<br>11 保留,结果不可预测 |
| 9 | FCMPOE | 全比较器输出使能<br>当该位有效时,可以使能/禁止所有的比较输出。该位只有当 EXTCON.0=1 时才有效;当 EXTCON.0=0 时,该位复位为 0。<br>0 全比较器输出(PWM7/8/9/10/11/12)为高阻状态;<br>1 全比较器输出(PWM7/8/9/10/11/12)由相应的比较器逻辑驱动 |
| 8 | PDPINTB STATUS | 该位反映当前$\overline{PDPINTB}$引脚的状态 |
| 7 | FCMP6OE | 全比较器 6 输出使能<br>该位有效时,可以使能或禁止全比较器 6 的输出(PWM11/12)。该位只有当 EXTCONB.0=1 时才有效;当 EXTCONB.0=0 时,该位保留。如果 C6TRIP 被使能且为低电平,该位复位为零。<br>0 全比较器 6 输出(PWM11/12)为高阻状态;<br>1 全比较器 6 输出(PWM11/12)由全比较器 6 逻辑驱动 |
| 6 | FCMP5OE | 全比较器 5 输出使能<br>该位有效时,可以使能或禁止全比较器 5 的输出(PWM9/10)。该位只有当 EXTCONB.0=1 时才有效;当 EXTCONB.0=0 时,该位保留。如果 C5TRIP 被使能且为低电平,该位复位为零。<br>0 全比较器 5 输出(PWM9/10)为高阻状态;<br>1 全比较器 5 输出(PWM9/10)由全比较器 5 逻辑驱动 |
| 5 | FCMP4OE | 全比较器 4 输出使能<br>该位有效时,可以使能或禁止全比较器 4 的输出(PWM7/8)。该位只有当 EXTCONB.0=1 时才有效;当 EXTCONB.0=0 时,该位保留。如果 C4TRIP 被使能且为低电平,该位复位为零。<br>0 全比较器 4 输出(PWM7/8)为高阻状态;<br>1 全比较器 4 输出(PWM7/8)由全比较器 4 逻辑驱动 |
| 4,3 | Reserved | 保留 |
| 2 | C6TRIPE | C6TRIPE 使能<br>该位有效,可以使能或禁止 C6TRIP。该位只有当 EXTCONB.0=0 时才有效;当 EXTCONB.0=1 时,该位保留。<br>0 C6TRIP 被禁止,C6TRIP 不影响全比较器 6 的输出、COMCONA.8 或 PDPINTB 标志位;<br>1 C6TRIP 被使能,当 C6TRIP 为低电平时,全比较器 6 的输出都处于高阻状态,COMCONB.8 复位为 0,且 PDPINTB 的标志位置 1 |

| 位 | 名　称 | 功 能 描 述 |
|---|---|---|
| 1 | C5TRIPE | C5TRIPE 使能<br>该位有效,可以使能或禁止 C5TRIP。该位只有当 EXTCONB.0＝0 时才有效;当 EXTCONB.0＝1 时,该位保留。<br>0　C5TRIP 被禁止,C5TRIP 不影响全比较器 6 的输出、COMCONB.7 或 PDPINTB 标志位;<br>1　C5TRIP 被使能,当 C5TRIP 为低电平时,全比较器 5 的输出都处于高阻状态,COMCONB.7 复位为 0,且 PDPINTB 的标志位置 1 |
| 0 | C4TRIPE | C4TRIPE 使能<br>该位有效,可以使能或禁止 C4TRIP。该位只有当 EXTCONB.0＝0 时才有效;当 EXTCONB.0＝1 时,该位保留。<br>0　C4TRIP 被禁止,C4TRIP 不影响全比较器 4 的输出、COMCONB.6 或 PDPINTB 标志位;<br>1　C4TRIP 被使能,当 C4TRIP 为低电平时,全比较器 4 的输出都处于高阻状态,COMCONB.6 复位为 0,且 PDPINTB 的标志位置 1 |

## 10.5.3　比较行为控制寄存器

当比较事件产生时,如果通过 COMCONx.15 使能了比较操作,比较行为控制寄存器(ACTRA 和 ACTRB)控制 6 个比较输出引脚的行为(PWMx,x＝1~6(ACTRA),x＝7~12(ACTRB))。ACTRA 和 ACTRB 都是双缓冲的,在寄存器 COMCONx 中确定了其重新装载的条件。具体的寄存器位定义及介绍如下。

(1) 比较行为控制寄存器 A(ACTRA)

比较行为控制寄存器 A 的位信息及功能介绍如表 10.27 和表 10.28 所示。

表 10.27　比较行为控制寄存器 A 位信息

| 15 | 14 | 13 | 12 | 11 | 10 | 9 | 8 |
|---|---|---|---|---|---|---|---|
| SVRDIR | D2 | D1 | D0 | CMP6ACT1 | CMP6ACT0 | CMP5ACT1 | CMP5ACT0 |
| R/W-0 | R/W-0 | R/W-0 | R/W-0 | R/W-0 | R/W-0 | R/W-0 | R/W-0 |

| 7 | 6 | 5 | 4 | 3 | 2 | 1 | 0 |
|---|---|---|---|---|---|---|---|
| CMP4<br>ACT1 | CMP4<br>ACT0 | CMP3<br>ACT1 | CMP3<br>ACT0 | CMP2<br>ACT1 | CMP2<br>ACT0 | CMP1<br>ACT1 | CMP1<br>ACT0 |
| R/W-0 | R/W-0 | R/W-0 | R/W-0 | R/W-0 | R/W-0 | R/W-0 | R/W-0 |

表 10.28　比较行为控制寄存器 A 位功能介绍

| 位 | 名　称 | 功 能 描 述 |
|---|---|---|
| 15 | SVRDIR | 空间向量 PWM 旋转方向<br>0　正方向(CCW);1　负方向(CW) |
| 14~12 | D(2:0) | 基础空间向量位<br>只有在空间向量输出时才使用 |

| 位 | 名 称 | 功 能 描 述 |
|---|---|---|
| 11,10 | CMP6ACT(1,0) | 比较器输出引脚 6 的状态(CMP6)<br>00 强制低　　01 低有效<br>10 高有效　　11 强制高 |
| 9,8 | CMP5ACT(1,0) | 比较器输出引脚 5 的状态(CMP5)<br>00 强制低　　01 低有效<br>10 高有效　　11 强制高 |
| 7,6 | CMP4ACT(1,0) | 比较器输出引脚 4 的状态(CMP4)<br>00 强制低　　01 低有效<br>10 高有效　　11 强制高 |
| 5,4 | CMP3ACT(1,0) | 比较器输出引脚 3 的状态(CMP3)<br>00 强制低　　01 低有效<br>10 高有效　　11 强制高 |
| 3,2 | CMP2ACT(1,0) | 比较器输出引脚 2 的状态(CMP2)<br>00 强制低　　01 低有效<br>10 高有效　　11 强制高 |
| 1,0 | CMP1ACT(1,0) | 比较器输出引脚 1 的状态(CMP1)<br>00 强制低　　01 低有效<br>10 高有效　　11 强制高 |

(2) 比较行为控制寄存器 B(ACTRB,地址 7513H)

比较行为控制寄存器 B 的位信息及功能介绍如表 10.29 和表 10.30 所示。

表 10.29　比较行为控制寄存器 B 位信息

| 15 | 14 | 13 | 12 | 11 | 10 | 9 | 8 |
|---|---|---|---|---|---|---|---|
| SVRDIR | D2 | D1 | D0 | CMP12ACT1 | CMP12ACT0 | CMP11ACT1 | CMP11ACT0 |
| R/W-0 | R/W-0 | R/W-0 | R/W-0 | R/W-0 | R/W-0 | R/W-0 | R/W-0 |

| 7 | 6 | 5 | 4 | 3 | 2 | 1 | 0 |
|---|---|---|---|---|---|---|---|
| CMP10 ACT1 | CMP10 ACT0 | CMP9 ACT1 | CMP9 ACT0 | CMP8 ACT1 | CMP8 ACT0 | CMP7 ACT1 | CMP7 ACT0 |
| R/W-0 | R/W-0 | R/W-0 | R/W-0 | R/W-0 | R/W-0 | R/W-0 | R/W-0 |

表 10.30　比较行为控制寄存器 B 位功能介绍

| 位 | 名　称 | 功　能　描　述 | | | |
|---|---|---|---|---|---|
| 15 | SVRDIR | 空间向量 PWM 旋转方向<br>0　正方向(CCW)；1　负方向(CW) | | | |
| 14～12 | D(2:0) | 基础空间向量位<br>只有在空间向量输出时才使用 | | | |
| 11,10 | CMP12ACT(1,0) | 比较器输出引脚 12 的状态(CMP12) | | | |
| | | 00 | 强制低 | 01 | 低有效 |
| | | 10 | 高有效 | 11 | 强制高 |
| 9,8 | CMP11ACT(1,0) | 比较器输出引脚 11 的状态(CMP11) | | | |
| | | 00 | 强制低 | 01 | 低有效 |
| | | 10 | 高有效 | 11 | 强制高 |
| 7,6 | CMP10ACT(1,0) | 比较器输出引脚 10 的状态(CMP10) | | | |
| | | 00 | 强制低 | 01 | 低有效 |
| | | 10 | 高有效 | 11 | 强制高 |
| 5,4 | CMP9ACT(1,0) | 比较器输出引脚 9 的状态(CMP9) | | | |
| | | 00 | 强制低 | 01 | 低有效 |
| | | 10 | 高有效 | 11 | 强制高 |
| 3,2 | CMP8ACT(1,0) | 比较器输出引脚 8 的状态(CMP8) | | | |
| | | 00 | 强制低 | 01 | 低有效 |
| | | 10 | 高有效 | 11 | 强制高 |
| 1,0 | CMP7ACT(1,0) | 比较器输出引脚 7 的状态(CMP7) | | | |
| | | 00 | 强制低 | 01 | 低有效 |
| | | 10 | 高有效 | 11 | 强制高 |

## 10.5.4　捕获单元寄存器

捕获单元的操作是由 4 个 16 位的控制寄存器(CAPCONA/B 和 CAPFIFOA/B)来控制的。因为任何定时器都可以给捕获单元提供时钟基准，所以 TxCON 控制寄存器也间接地控制捕获单元的操作。具体的捕获单元寄存器的介绍如下。

(1) 捕获单元控制寄存器 A(CAPCONA)

捕获单元控制寄存器 A 的位信息及功能介绍如表 10.31 和表 10.32 所示。

**表 10.31 捕获单元控制寄存器 A 位信息**

| 15 | 14 | 13 | 12 | 11 | 10 | 9 | 8 |
|---|---|---|---|---|---|---|---|
| CAPRES | CAP12EN | | CAP3EN | Reserved | CAP3TSEL | CAP12TSEL | CAP3TOADC |
| R/W-0 | R/W-0 | | R/W-0 | R/W-0 | R/W-0 | R/W-0 | R/W-0 |

| 7 | 6 | 5 | 4 | 3 | 2 | 1 | 0 |
|---|---|---|---|---|---|---|---|
| CAP1EDGE | | CAP2EDGE | | CAP3EDGE | | Reserved | |
| R/W-0 | | R/W-0 | | R/W-0 | | R/W-0 | |

**表 10.32 捕获单元控制寄存器 A 位功能介绍**

| 位 | 名 称 | 功 能 描 述 |
|---|---|---|
| 15 | CAPRES | 捕获复位,读操作返回 0<br>0 清除捕获单元的所有寄存器;<br>1 无操作 |
| 14~13 | CAP12EN | 捕获单元 1 和 2 使能位<br>00 禁止捕获单元 1 和 2,FIFO 堆栈保存它们当前内容;<br>01 使能捕获单元 1 和 2;<br>10 保留;<br>11 保留 |
| 12 | CAP3EN | 捕获单元 3 使能位<br>0 禁止捕获单元 3,FIFO 堆栈保存它们当前内容;<br>1 使能捕获单元 3 |
| 11 | Reserved | 读返回 0,写操作没有影响 |
| 10 | CAP3TSEL | 为捕获单元 3 选择 GP 定时器<br>0 选择 GP 定时器 2;<br>1 选择 GP 定时器 1 |
| 9 | CAP12TSEL | 为捕获单元 1 和 2 选择 GP 定时器<br>0 选择 GP 定时器 2;<br>1 选择 GP 定时器 1 |
| 8 | CAP3TOADC | 捕获单元 3 事件启动 ADC 转换<br>0 无操作;<br>1 当 CAP3INT 标志位置位时启动 ADC 转换 |
| 7,6 | CAP1EDGE | 捕获单元 1 的边沿检测控制<br><table><tr><td>00</td><td>不检测</td><td>01</td><td>检测上升沿</td></tr><tr><td>10</td><td>检测下降沿</td><td>11</td><td>两个沿都检测</td></tr></table> |
| 5,4 | CAP2EDGE | 捕获单元 2 的边沿检测控制<br><table><tr><td>00</td><td>不检测</td><td>01</td><td>检测上升沿</td></tr><tr><td>10</td><td>检测下降沿</td><td>11</td><td>两个沿都检测</td></tr></table> |

| 位 | 名　称 | 功　能　描　述 |
|---|---|---|
| 3,2 | CAP3EDGE | 捕获单元 3 的边沿检测控制<br><br>00　不检测　\|　01　检测上升沿<br>10　检测下降沿　\|　11　两个沿都检测 |
| 1,0 | Reserved | 读返回 0,写没有影响 |

（2）捕获单元控制寄存器 B(CAPCONB)

捕获单元控制寄存器 B 的位信息及功能介绍如表 10.33 和表 10.34 所示。

表 10.33　捕获单元控制寄存器 B 位信息

| 15 | 14 | | 13 | 12 | 11 | 10 | 9 | 8 |
|---|---|---|---|---|---|---|---|---|
| CAPRES | CAP45EN | | | CAP6EN | Reserved | CAP6TSEL | CAP45TSEL | CAP6TOADC |
| R/W-0 | R/W-0 | | | R/W-0 | R/W-0 | R/W-0 | R/W-0 | R/W-0 |

| 7 | | 6 | 5 | | 4 | 3 | | 2 | 1 | | 0 |
|---|---|---|---|---|---|---|---|---|---|---|---|
| CAP4EDGE | | | CAP5EDGE | | | CAP6EDGE | | | | Reserved | |
| R/W-0 | | | R/W-0 | | | R/W-0 | | | | R/W-0 | |

表 10.34　捕获单元控制寄存器 B 位功能介绍

| 位 | 名　称 | 功　能　描　述 |
|---|---|---|
| 15 | CAPRES | 捕获复位,读操作返回 0<br>0　清除捕获单元的所有寄存器;<br>1　无操作 |
| 14,13 | CAP45EN | 捕获单元 4、5 和 QEP 电路控制<br>00　禁止捕获单元 4 和 5,FIFO 堆栈保存它们当前内容;<br>01　使能捕获单元 4 和 5;<br>10　保留;<br>11　保留 |
| 12 | CAP6EN | 捕获单元 6 使能位<br>0　禁止捕获单元 6,FIFO 堆栈保存它们当前内容;<br>1　使能捕获单元 6 |
| 11 | Reserved | 读返回 0,写操作没有影响 |
| 10 | CAP6TSEL | 为捕获单元 6 选择 GP 定时器<br>0　选择 GP 定时器 4;<br>1　选择 GP 定时器 3 |
| 9 | CAP45TSEL | 为捕获单元 4 和 5 选择 GP 定时器<br>0　选择 GP 定时器 4;<br>1　选择 GP 定时器 3 |
| 8 | CAP6TOADC | 捕获单元 6 事件启动 ADC 转换<br>0　无操作;<br>1　当 CAP6INT 标志位置位时启动 ADC 转换 |

续表

| 位 | 名　称 | 功 能 描 述 |
|---|---|---|
| 7,6 | CAP4EDGE | 捕获单元4的边沿检测控制<br>00　不检测 ∥ 01　检测上升沿<br>10　检测下降沿 ∥ 11　两个沿都检测 |
| 5,4 | CAP5EDGE | 捕获单元5边沿检测控制<br>00　不检测 ∥ 01　检测上升沿<br>10　检测下降沿 ∥ 11　两个沿都检测 |
| 3,2 | CAP6EDGE | 捕获单元6边沿检测控制<br>00　不检测 ∥ 01　检测上升沿<br>10　检测下降沿 ∥ 11　两个沿都检测 |
| 1,0 | Reserved | 读返回0,写操作没有影响 |

（3）捕获单元 FIFO 状态寄存器 A(CAPFIFOA)

CAPFIFOA 寄存器的位信息及功能介绍如表 10.35 和表 10.36 所示。

表 10.35　捕获单元 FIFO 状态寄存器 A 位信息

| 15 | 14　13 | 12　11 | 10　9 | 8　7　　　　0 |
|---|---|---|---|---|
| Reserved | CAP3FIFO | CAP2FIFO | CAP1FIFO | Reserved |
| R-0 | R/W-0 | R/W-0 | R/W-0 | R-0 |

表 10.36　捕获单元 FIFO 状态寄存器 A 位功能介绍

| 位 | 名　称 | 功 能 描 述 |
|---|---|---|
| 15,14 | Reserved | 读操作返回0,写操作没有影响 |
| 13,12 | CAP3FIFO | CAP3FIFO 状态<br>00　空 ∥ 01　有1个数据 ∥ 10　有2个数据<br>11　有2个数据并且已经捕获另一个,第一个已经被丢弃 |
| 11,10 | CAP2FIFO | CAP2FIFO 状态<br>00　空 ∥ 01　有1个数据 ∥ 10　有2个数据<br>11　有2个数据并且已经捕获另一个,第一个已经被丢弃 |
| 9,8 | CAP1FIFO | CAP1FIFO 状态<br>00　空 ∥ 01　有1个数据 ∥ 10　有2个数据<br>11　有2个数据并且已经捕获另一个,第一个已经被丢弃 |
| 7~0 | Reserved | 读操作返回0,写操作没有影响 |

（4）捕获单元 FIFO 状态寄存器 B（CAPFIFOB）

CAPFIFOB 寄存器的位信息及功能介绍如表 10.37 和表 10.38 所示。

表 10.37　捕获单元 FIFO 状态寄存器 B 位信息

| 15 | 14 13 | 12 11 | 10 9 | 8 7 | 0 |
|---|---|---|---|---|---|
| Reserved | CAP6FIFO | CAP5FIFO | CAP4FIFO | Reserved | |
| R-0 | R/W-0 | R/W-0 | R/W-0 | R-0 | |

表 10.38　捕获单元 FIFO 状态寄存器 B 位功能介绍

| 位 | 名　称 | 功　能　描　述 |
|---|---|---|
| 15,14 | Reserved | 读操作返回 0,写操作没有影响 |
| 13,12 | CAP6FIFO | CAP6FIFO 状态<br><table><tr><td>00</td><td>空</td><td>01</td><td>有 1 个数据</td><td>10</td><td>有 2 个数据</td></tr><tr><td>11</td><td colspan="5">有 2 个数据并且已经捕获另一个,第一个已经被丢弃</td></tr></table> |
| 11,10 | CAP5FIFO | CAP5FIFO 状态<br><table><tr><td>00</td><td>空</td><td>01</td><td>有 1 个数据</td><td>10</td><td>有 2 个数据</td></tr><tr><td>11</td><td colspan="5">有 2 个数据并且已经捕获另一个,第一个已经被丢弃</td></tr></table> |
| 9,8 | CAP4FIFO | CAP4FIFO 状态<br><table><tr><td>00</td><td>空</td><td>01</td><td>有 1 个数据</td><td>10</td><td>有 2 个数据</td></tr><tr><td>11</td><td colspan="5">有 2 个数据并且已经捕获另一个,第一个已经被丢弃</td></tr></table> |
| 7~0 | Reserved | 读操作返回 0,写操作没有影响 |

（5）无控制作用区控制寄存器 A（DBTCONA）

无控制作用区控制寄存器 A 的位信息及功能介绍如表 10.39 和表 10.40 所示。

表 10.39　无控制作用区控制寄存器 A 位信息

| 15 | | | 12 | 11 | 10 | 9 | 8 |
|---|---|---|---|---|---|---|---|
| Reserved | | | | DBT3 | DBT2 | DBT1 | DBT0 |
| R-0 | | | | R/W-0 | | | |

| 7 | 6 | 5 | 4 | 3 | 2 | 1 | 0 |
|---|---|---|---|---|---|---|---|
| EDBT3 | EDBT2 | EDBT1 | DBTPS2 | DBTPS1 | DBTPS0 | Reserved | |
| | R/W-0 | | | | | R-0 | |

表 10.40　无控制作用区控制寄存器 A 位功能介绍

| 位 | 名　称 | 功　能　描　述 |
|---|---|---|
| 15～12 | Reserved | 保留 |
| 11～8 | DBT3(MSB)～<br>DBT0(LSB) | 无控制作用区定时器周期<br>这些位定义 3 个 4 位无控制作用区定时器的周期值 |
| 7 | EDBT3 | 无控制作用区定时器 3 使能位(对应捕获单元 3 的 PWM5 和 PWM6)<br>0　禁止；1　使能 |
| 6 | EDBT2 | 无控制作用区定时器 2 使能位(对应捕获单元 2 的 PWM3 和 PWM4)<br>0　禁止；1　使能 |
| 5 | EDBT1 | 无控制作用区定时器 1 使能位(对应捕获单元 1 的 PWM1 和 PWM2)<br>0　禁止；1　使能 |
| 4～2 | DBTPS(2;0) | 无控制作用区定时器预定标参数<br><br>{| 000 x/1 | 001 x/2 | 010 x/4 | 011 x/8 |<br>100 x/16 | 101 x/32 | 110 x/32 | 111 x/32 |}<br>(x 为设备(CPU)的时钟频率) |
| 1,0 | Reserved | 保留 |

表 10.40 中 DBTPS 区段的子表：

| 000 | x/1 | 001 | x/2 | 010 | x/4 | 011 | x/8 |
|---|---|---|---|---|---|---|---|
| 100 | x/16 | 101 | x/32 | 110 | x/32 | 111 | x/32 |

(6) 无控制作用区控制寄存器 B(DBTCONB)

无控制作用区控制寄存器 B 的位信息及功能介绍如表 10.41 和表 10.42 所示。

表 10.41　无控制作用区控制寄存器 B 位信息

| 15 | | | 12 | 11 | 10 | 9 | 8 |
|---|---|---|---|---|---|---|---|
| Reserved | | | | DBT3 | DBT2 | DBT1 | DBT0 |
| R-0 | | | | | R/W-0 | | |

| 7 | 6 | 5 | 4 | 3 | 2 | 1 | 0 |
|---|---|---|---|---|---|---|---|
| EDBT3 | EDBT2 | EDBT1 | DBTPS2 | DBTPS1 | DBTPS0 | Reserved | |
| R/W-0 | | | | | | R-0 | |

表 10.42　无控制作用区控制寄存器 B 位功能介绍

| 位 | 名　称 | 功　能　描　述 |
|---|---|---|
| 15～12 | Reserved | 保留 |
| 11～8 | DBT3(MSB)～<br>DBT0(LSB) | 无控制作用区定时器周期<br>这些位定义 3 个 4 位无控制作用区定时器的周期值 |
| 7 | EDBT3 | 无控制作用区定时器 3 使能位(对应捕获单元 3 的 PWM11 和 PWM12)<br>0　禁止；1　使能 |
| 6 | EDBT2 | 无控制作用区定时器 2 使能位(对应捕获单元 2 的 PWM9 和 PWM10)<br>0　禁止；1　使能 |
| 5 | EDBT1 | 无控制作用区定时器 1 使能位(对应捕获单元 1 的 PWM7 和 PWM8)<br>0　禁止；1　使能 |

续表

| 位 | 名　称 | 功　能　描　述 |
|---|---|---|
| 4~2 | DBTPS(2:0) | 无控制作用区定时器预定标参数<br><table><tr><td>000</td><td>x/1</td><td>001</td><td>x/2</td><td>010</td><td>x/4</td><td>011</td><td>x/8</td></tr><tr><td>100</td><td>x/16</td><td>101</td><td>x/32</td><td>110</td><td>x/32</td><td>111</td><td>x/32</td></tr></table>（x 为设备(CPU)的时钟频率） |
| 1,0 | Reserved | 保留 |

## 10.5.5　EV 中断标志寄存器

EV 中断标志寄存器都可以作为 16 位内存映射寄存器进行处理,在软件读取时,遇到没有用到的位都返回 0,对没有用到的位进行写操作没有影响。因为 EVxIFRx 是可读寄存器,一个中断事件产生后,如果中断没有被屏蔽,那么可以通过软件轮流检测来监控。

（1）EVA 中断标志寄存器 A(EVAIFRA)

EVA 中断标志寄存器 A 的位信息及功能介绍如表 10.43 和表 10.44 所示。

表 10.43　EVA 中断标志寄存器 A 位信息

| 15 | | | 11 | 10 | 9 | 8 |
|---|---|---|---|---|---|---|
| | Reserved | | | T1OFINT FLAG | T1UFINT FLAG | T1CINT FLAG |
| | R-0 | | | R/W-0 | R/W-0 | R/W-0 |

| 7 | 6 | | 4 | 3 | 2 | 1 | 0 |
|---|---|---|---|---|---|---|---|
| T1PINT FLAG | Reserved | | | CMP3INT FLAG | CMP2INT FLAG | CMP1INT FLAG | PDPINTA FLAG |
| R/W-0 | R-0 | | | R/W-0 | R/W-0 | R/W-0 | R/W-0 |

表 10.44　EVA 中断标志寄存器 A 位功能介绍

| 位 | 名　称 | 功　能　描　述 |
|---|---|---|
| 15~11 | Reserved | 读操作返回 0,写操作没有影响 |
| 10 | T1OFINT FLAG | GP 定时器 1 上溢中断<br>读:0　标志位被复位清零;　　1　标志位置位<br>写:0　没有影响;　　　　　　1　复位标志位 |
| 9 | T1UFINT FLAG | GP 定时器 1 下溢中断<br>读:0　标志位被复位清零;　　1　标志位置位<br>写:0　没有影响;　　　　　　1　复位标志位 |
| 8 | T1CINT FLAG | GP 定时器 1 比较中断<br>读:0　标志位被复位清零;　　1　标志位置位<br>写:0　没有影响;　　　　　　1　复位标志位 |

| 位 | 名　称 | 功　能　描　述 |
|---|---|---|
| 7 | T1PINT FLAG | GP 定时器 1 周期中断<br>读：0　标志位被复位清零；　　1　标志位置位<br>写：0　没有影响；　　1　复位标志位 |
| 6～4 | Reserved | 读操作返回 0,写操作没有影响 |
| 3 | CMP3INT FLAG | 比较 3 中断<br>读：0　标志位被复位清零；　　1　标志位置位<br>写：0　没有影响；　　1　复位标志位 |
| 2 | CMP2INT FLAG | 比较 2 中断<br>读：0　标志位被复位清零；　　1　标志位置位<br>写：0　没有影响；　　1　复位标志位 |
| 1 | CMP1INT FLAG | 比较 1 中断<br>读：0　标志位被复位清零；　　1　标志位置位<br>写：0　没有影响；　　1　复位标志位 |
| 0 | PDPINTA FLAG | 供电驱动保护中断标志位<br>该位的定义取决于 EXTCONA(0) 的设置。当 EXTCONA.0＝0 时该位定义和 240x 相同；另一种 DIP 芯片 EXTCONA.0＝1 时,当任何比较为低电平且被使能时该位置位。<br>读：0　标志位被复位清零；　　1　标志位置位<br>写：0　没有影响；　　1　复位标志位 |

（2）EVA 中断标志寄存器 B(EVAIFRB)

EVA 中断标志寄存器 B 的位信息及功能介绍如表 10.45 和表 10.46 所示。

**表 10.45　EVA 中断标志寄存器 B 位信息**

| 15 | | | | | | | 8 |
|---|---|---|---|---|---|---|---|
| | | | Reserved | | | | |
| | | | R-0 | | | | |

| 7 | | | | 4 | 3 | 2 | 1 | 0 |
|---|---|---|---|---|---|---|---|---|
| | | Reserved | | | T2OFINT FLAG | T2UFINT FLAG | T2CINT FLAG | T2PINT FLAG |
| | | R-0 | | | R/W-0 | R/W-0 | R/W-0 | R/W-0 |

**表 10.46　EVA 中断标志寄存器 B 位功能介绍**

| 位 | 名　称 | 功　能　描　述 |
|---|---|---|
| 15～4 | Reserved | 读返回 0,写没有影响 |
| 3 | T2OFINT FLAG | GP 定时器 2 上溢中断<br>读：0　标志位被复位清零；　　1　标志位置位<br>写：0　没有影响；　　1　复位标志位 |

续表

| 位 | 名　　称 | 功　能　描　述 |
|---|---|---|
| 3 | T2UFINT FLAG | GP 定时器 2 下溢中断<br>读：0　标志位被复位清零；　　1　标志位置位<br>写：0　没有影响；　　1　复位标志位 |
| 1 | T2CINT FLAG | GP 定时器 2 比较中断<br>读：0　标志位被复位清零；　　1　标志位置位<br>写：0　没有影响；　　1　复位标志位 |
| 0 | T2PINT FLAG | GP 定时器 2 周期中断<br>读：0　标志位被复位清零；　　1　标志位置位<br>写：0　没有影响；　　1　复位标志位 |

（3）EVA 中断标志寄存器 C（EVAIFRC）

EVA 中断标志寄存器 C 的位信息及功能介绍如表 10.47 和表 10.48 所示。

**表 10.47　EVA 中断标志寄存器 C 位信息**

| 15 | | | | | | | 8 |
|---|---|---|---|---|---|---|---|
| Reserved | | | | | | | |
| R-0 | | | | | | | |

| 7 | | | | 3 | 2 | 1 | 0 |
|---|---|---|---|---|---|---|---|
| Reserved | | | | | CAP3FINT FLAG | CAP2FINT FLAG | CAP1FINT FLAG |
| R-0 | | | | | R/W1C-0 | R/W1C-0 | R/W1C-0 |

**表 10.48　EVA 中断标志寄存器 C 位功能介绍**

| 位 | 名　　称 | 功　能　描　述 |
|---|---|---|
| 15～3 | Reserved | 读返回 0,写没有影响 |
| 2 | CAP3FINT FLAG | 捕获单元 3 中断<br>读：0　标志位被复位清零；　　1　标志位置位<br>写：0　没有影响；　　1　复位标志位 |
| 1 | CAP2FINT FLAG | 捕获单元 2 中断<br>读：0　标志位被复位清零；　　1　标志位置位<br>写：0　没有影响；　　1　复位标志位 |
| 0 | CAP1FINT FLAG | 捕获单元 1 中断<br>读：0　标志位被复位清零；　　1　标志位置位<br>写：0　没有影响；　　1　复位标志位 |

（4）EVA 中断屏蔽寄存器 A（EVAIMRA）

EVA 中断屏蔽寄存器 A 的位信息及功能介绍如表 10.49 和表 10.50 所示。

**表 10.49 EVA 中断屏蔽寄存器 A 位信息**

| 15 | | | | 11 | 10 | 9 | 8 |
|---|---|---|---|---|---|---|---|
| | | Reserved | | | T1OFINT | T1UFINT | T1CINT |
| | | R-0 | | | R/W-0 | R/W-0 | R/W-0 |

| 7 | 6 | | | 4 | 3 | 2 | 1 | 0 |
|---|---|---|---|---|---|---|---|---|
| T1PINT | | | Reserved | | CMP3INT | CMP2INT | CMP1INT | PDPINTA |
| R/W-0 | | | R-0 | | R/W-0 | R/W-0 | R/W-0 | R/W-1 |

**表 10.50 EVA 中断屏蔽寄存器 A 位功能介绍**

| 位 | 名 称 | 功 能 描 述 |
|---|---|---|
| 15~11 | Reserved | 读返回 0,写没有影响 |
| 10 | T1OFINT | T1OFINT 使能位<br>0 禁止; 1 使能 |
| 9 | T1UFINT | T1UFINT 使能位<br>0 禁止; 1 使能 |
| 8 | T1CINT | T1CINT 使能位<br>0 禁止; 1 使能 |
| 7 | T1PINT | T1PINT 使能位<br>0 禁止; 1 使能 |
| 6~4 | Reserved | 读返回 0,写没有影响 |
| 3 | CMP3INT | CMP3INT 使能位<br>0 禁止; 1 使能 |
| 2 | CMP2INT | CMP2INT 使能位<br>0 禁止; 1 使能 |
| 1 | CMP1INT | CMP1INT 使能位<br>0 禁止; 1 使能 |
| 0 | PDPINTA | PDPINTA 使能位<br>该位的定义取决于 EXTCONA.0 的设置。当 EXTCONA.0=0 时,其定义与 240x 相同;当 EXTCONA.0=1 时,该位只是 PDP 中断的使能/禁止位。<br>0 禁止; 1 使能 |

（5）EVA 中断屏蔽寄存器 B(EVAIMRB)

EVA 中断屏蔽寄存器 B 的位信息及功能介绍如表 10.51 和表 10.52 所示。

**表 10.51 EVA 中断屏蔽寄存器 B 位信息**

| 15 | | | | | | | 8 |
|---|---|---|---|---|---|---|---|
| | | | Reserved | | | | |
| | | | R-0 | | | | |

| 7 | | | | 4 | 3 | 2 | 1 | 0 |
|---|---|---|---|---|---|---|---|---|
| | | Reserved | | | T2OFINT FLAG | T2UFINT FLAG | T2CINT FLAG | T2PINT FLAG |
| | | R-0 | | | R/W-0 | R/W-0 | R/W-0 | R/W-0 |

表 10.52　EVA 中断屏蔽寄存器 B 位功能介绍

| 位 | 名　称 | 功　能　描　述 |
|---|---|---|
| 15～4 | Reserved | 读返回 0，写没有影响 |
| 3 | T2OFINT FLAG | T2OFINT 使能位<br>0　禁止；　1　使能 |
| 3 | T2UFINT FLAG | T2UFINT 使能位<br>0　禁止；　1　使能 |
| 1 | T2CINT FLAG | T2CINT 使能位<br>0　禁止；　1　使能 |
| 0 | T2PINT FLAG | T2PINT 使能位<br>0　禁止；　1　使能 |

（6）EVA 中断屏蔽寄存器 C(EVAIMRC)

EVA 中断屏蔽寄存器 C 的位信息及功能介绍如表 10.53 和表 10.54 所示。

表 10.53　EVA 中断屏蔽寄存器 C 位信息

| 15 | | | | | 8 |
|---|---|---|---|---|---|
| | | Reserved | | | |
| | | R-0 | | | |

| 7 | | | 3 | 2 | 1 | 0 |
|---|---|---|---|---|---|---|
| | Reserved | | | CAP3INT | CAP2INT | CAP1INT |
| | R-0 | | | R/W-0 | R/W-0 | R/W-0 |

表 10.54　EVA 中断屏蔽寄存器 C 位功能介绍

| 位 | 名　称 | 功　能　描　述 |
|---|---|---|
| 15～3 | Reserved | 读返回 0，写没有影响 |
| 2 | CAP3INT | CAP3INT 使能位<br>0　禁止；　1　使能 |
| 1 | CAP2INT | CAP2INT 使能位<br>0　禁止；　1　使能 |
| 0 | CAP1INT | CAP1INT 使能位<br>0　禁止；　1　使能 |

（7）EVB 中断标志寄存器 A(EVBIFRA)

EVB 中断标志寄存器 A 的位信息及功能介绍如表 10.55 和表 10.56 所示。

**表 10.55　EVB 中断标志寄存器 A 位信息**

| 15 | | | 11 | 10 | 9 | 8 |
|---|---|---|---|---|---|---|
| | Reserved | | | T3OFINT FLAG | T3UFINT FLAG | T3CINT FLAG |
| | R-0 | | | R/W-0 | R/W-0 | R/W-0 |

| 7 | 6 | | 4 | 3 | 2 | 1 | 0 |
|---|---|---|---|---|---|---|---|
| T3PINT FLAG | | Reserved | | CMP6INT FLAG | CMP5INT FLAG | CMP4INT FLAG | PDPINTB FLAG |
| R/W1C-0 | | R-0 | | R/W1C-0 | R/W1C-0 | R/W1C-0 | R/W1C-0 |

**表 10.56　EVB 中断标志寄存器 A 位功能介绍**

| 位 | 名　称 | 功　能　描　述 |
|---|---|---|
| 15～11 | Reserved | 读返回 0,写没有影响 |
| 10 | T3OFINT FLAG | T3OFINT 标志位,GP 定时器 3 上溢中断<br>读:0　标志位被复位清零;　　1　标志位置位<br>写:0　没有影响;　　　　　　1　复位标志位 |
| 9 | T3UFINT FLAG | T3UFINT 标志位,GP 定时器 3 下溢中断<br>读:0　标志位被复位清零;　　1　标志位置位<br>写:0　没有影响;　　　　　　1　复位标志位 |
| 8 | T3CINT FLAG | T3CINT 标志位,GP 定时器 3 比较中断<br>读:0　标志位被复位清零;　　1　标志位置位<br>写:0　没有影响;　　　　　　1　复位标志位 |
| 7 | T3PINT FLAG | T3PINT 标志位,GP 定时器 3 周期中断<br>读:0　标志位被复位清零;　　1　标志位置位<br>写:0　没有影响;　　　　　　1　复位标志位 |
| 6～4 | Reserved | 读操作返回 0,写操作没有影响 |
| 3 | CMP6INT FLAG | CMP6INT 标志位,比较器 6 中断<br>读:0　标志位被复位清零;　　1　标志位置位<br>写:0　没有影响;　　　　　　1　复位标志位 |
| 2 | CMP5INT FLAG | CMP5INT 标志位,比较器 5 中断<br>读:0　标志位被复位清零;　　1　标志位置位<br>写:0　没有影响;　　　　　　1　复位标志位 |
| 1 | CMP4INT FLAG | CMP4INT 标志位,比较器 4 中断<br>读:0　标志位被复位清零;　　1　标志位置位<br>写:0　没有影响;　　　　　　1　复位标志位 |
| 0 | PDPINTB FLAG | PDPINTB 标志位,供电驱动保护中断标志<br>读:0　标志位被复位清零;　　1　标志位置位<br>写:0　没有影响;　　　　　　1　复位标志位 |

(8) EVB 中断标志寄存器 B(EVBIFRB)

EVB 中断标志寄存器 B 的位信息及功能介绍如表 10.57 和表 10.58 所示。

**表 10.57　EVB 中断标志寄存器 B 位信息**

| 15 | | | | | | | 8 |
|---|---|---|---|---|---|---|---|
| Reserved | | | | | | | |
| R-0 | | | | | | | |

| 7 | | | | 4 | 3 | 2 | 1 | 0 |
|---|---|---|---|---|---|---|---|---|
| Reserved | | | | | T4OFINT FLAG | T4UFINT FLAG | T4CINT FLAG | T4PINT FLAG |
| R-0 | | | | | R/W-0 | R/W-0 | R/W-0 | R/W-0 |

**表 10.58　EVB 中断标志寄存器 B 位功能介绍**

| 位 | 名　称 | 功　能　描　述 |
|---|---|---|
| 15～4 | Reserved | 读返回 0,写没有影响 |
| 3 | T4OFINT FLAG | GP 定时器 4 上溢中断<br>读：0　标志位被复位清零；　1　标志位置位<br>写：0　没有影响；　1　复位标志位 |
| 2 | T4UFINT FLAG | GP 定时器 4 下溢中断<br>读：0　标志位被复位清零；　1　标志位置位<br>写：0　没有影响；　1　复位标志位 |
| 1 | T4CINT FLAG | GP 定时器 4 比较中断<br>读：0　标志位被复位清零；　1　标志位置位<br>写：0　没有影响；　1　复位标志位 |
| 0 | T4PINT FLAG | GP 定时器 4 周期中断<br>读：0　标志位被复位清零；　1　标志位置位<br>写：0　没有影响；　1　复位标志位 |

(9) EVB 中断标志寄存器 C(EVBIFRC,地址 753H)

EVB 中断标志寄存器 C 的位信息及功能介绍如表 10.59 和表 10.60 所示。

**表 10.59　EVB 中断标志寄存器 C 位信息**

| 15 | | | | | | | 8 |
|---|---|---|---|---|---|---|---|
| Reserved | | | | | | | |
| R-0 | | | | | | | |

| 7 | | | | 3 | 2 | 1 | 0 |
|---|---|---|---|---|---|---|---|
| Reserved | | | | | CAP6INT FLAG | CAP5INT FLAG | CAP4INT FLAG |
| R-0 | | | | | R/W-0 | R/W-0 | R/W-0 |

**表 10.60　EVB中断标志寄存器C位功能介绍**

| 位 | 名　称 | 功 能 描 述 |
|---|---|---|
| 15～3 | Reserved | 读返回 0,写没有影响 |
| 2 | CAP6INT FLAG | 捕获单元 6 中断<br>读:0　标志位被复位清零;　　1　标志位置位<br>写:0　没有影响;　　　　　　1　复位标志位 |
| 1 | CAP5INT FLAG | 捕获单元 5 中断<br>读:0　标志位被复位清零;　　1　标志位置位<br>写:0　没有影响;　　　　　　1　复位标志位 |
| 0 | CAP4INT FLAG | 捕获单元 4 中断<br>读:0　标志位被复位清零;　　1　标志位置位<br>写:0　没有影响;　　　　　　1　复位标志位 |

（10）EVB 中断屏蔽寄存器 A(EVBIMRA)

EVB 中断屏蔽寄存器 A 的位信息及功能介绍如表 10.61 和表 10.62 所示。

**表 10.61　EVB 中断屏蔽寄存器 A 位信息**

| 15 | | | 11 | 10 | 9 | 8 |
|---|---|---|---|---|---|---|
| Reserved | | | | T3OFINT | T3UFINT | T3CINT |
| R-0 | | | | R/W-0 | R/W-0 | R/W-0 |

| 7 | 6 | | 4 | 3 | 2 | 1 | 0 |
|---|---|---|---|---|---|---|---|
| T3PINT | Reserved | | | CMP6INT | CMP5INT | CMP4INT | PDPINTB |
| R/W-0 | R-0 | | | R/W-0 | R/W-0 | R/W-0 | R/W-1 |

**表 10.62　EVB 中断屏蔽寄存器 A 位功能介绍**

| 位 | 名　称 | 功 能 描 述 |
|---|---|---|
| 15～11 | Reserved | 读返回 0,写没有影响 |
| 10 | T3OFINT | T3OFINT 使能位<br>0　禁止;　1　使能 |
| 9 | T3UFINT | T3UFINT 使能位<br>0　禁止;　1　使能 |
| 8 | T3CINT | T3CINT 使能位<br>0　禁止;　1　使能 |
| 7 | T3PINT | T3PINT 使能位<br>0　禁止;　1　使能 |
| 6～4 | Reserved | 读返回 0,写没有影响 |
| 3 | CMP6INT | CMP6INT 使能位<br>0　禁止;　1　使能 |
| 2 | CMP5INT | CMP5INT 使能位<br>0　禁止;　1　使能 |
| 1 | CMP4INT | CMP4INT 使能位<br>0　禁止;　1　使能 |
| 0 | PDPINTB | PDPINTB 使能位<br>0　禁止;　1　使能 |

(11) EVB 中断屏蔽寄存器 B(EVBIMRB)

EVB 中断屏蔽寄存器 B 的位信息及功能介绍如表 10.63 和表 10.64 所示。

**表 10.63　EVB 中断屏蔽寄存器 B 位信息**

| 15 | | | | | | | 8 |
|---|---|---|---|---|---|---|---|
| Reserved | | | | | | | |
| R-0 | | | | | | | |

| 7 | | | 4 | 3 | 2 | 1 | 0 |
|---|---|---|---|---|---|---|---|
| Reserved | | | | T4OFINT | T4UFINT | T4CINT | T4PINT |
| R-0 | | | | R/W-0 | R/W-0 | R/W-0 | R/W-0 |

**表 10.64　EVB 中断屏蔽寄存器 B 位功能介绍**

| 位 | 名　称 | 功　能　描　述 |
|---|---|---|
| 15～4 | Reserved | 读返回 0,写没有影响 |
| 3 | T4OFINT | T4OFINT 使能位<br>0　禁止；　1　使能 |
| 2 | T4UFINT | T4UFINT 使能位<br>0　禁止；　1　使能 |
| 1 | T4CINT | T4CINT 使能位<br>0　禁止；　1　使能 |
| 0 | T4PINT | T4PINT 使能位<br>0　禁止；　1　使能 |

(12) EVB 中断屏蔽寄存器 C(EVBIMRC)

EVB 中断屏蔽寄存器 C 的位信息及功能介绍如表 10.65 和表 10.66 所示。

**表 10.65　EVB 中断屏蔽寄存器 C 位信息**

| 15 | | | | | | | 8 |
|---|---|---|---|---|---|---|---|
| Reserved | | | | | | | |
| R-0 | | | | | | | |

| 7 | | | 3 | 2 | 1 | 0 |
|---|---|---|---|---|---|---|
| Reserved | | | | CAP6INT | CAP5INT | CAP4INT |
| R-0 | | | | R/W-0 | R/W-0 | R/W-0 |

**表 10.66　EVB 中断屏蔽寄存器 C 位功能介绍**

| 位 | 名　称 | 功　能　描　述 |
|---|---|---|
| 15～3 | Reserved | 读返回 0,写没有影响 |
| 2 | CAP6INT | CAP6INT 使能位<br>0　禁止；　1　使能 |

| 位 | 名　称 | 功　能　描　述 |
|---|---|---|
| 1 | CAP5INT | CAP5INT 使能位<br>0　禁止；　1　使能 |
| 0 | CAP4INT | CAP4INT 使能位<br>0　禁止；　1　使能 |

## 10.5.6　EV 控制寄存器

EXTCONA 和 EXTCONB 是附加控制寄存器,用于使能或禁止附加/改良的功能。表 10.67 和表 10.68 给出了 EV 控制寄存器 A(EXTCONA)的位信息及功能介绍。

**表 10.67　EV 控制寄存器 A 位信息**

| 15 | | | | | | | 8 |
|---|---|---|---|---|---|---|---|
| Reserved | | | | | | | |
| R-0 | | | | | | | |

| 7 | | | | 4 | 3 | 2 | 1 | 0 |
|---|---|---|---|---|---|---|---|---|
| Reserved | | | | | EVSOCE | QEPIE | QEPIQUAL | INDCOE |
| R-0 | | | | | R/W-0 | R/W-0 | R/W-0 | R/W-0 |

**表 10.68　EV 控制寄存器 A 位功能介绍**

| 位 | 名　称 | 功　能　描　述 |
|---|---|---|
| 15～4 | Reserved | 读返回 0,写没有影响 |
| 3 | EVSOCE | EV 启动转换输出使能<br>该位能够使能/禁止 EV 模块的 ADC 开始转换输出(EVA 模块的 EVASOCn,EVB 模块的 EVBSOCn)。当转换输出被使能时,所选定的 EV 模块会产生一个负脉冲(低有效)。该位并不影响 EVTOADC(发送给 ADC 模块作为 SOC 触发信号)。<br>0　禁止$\overline{EVSOC}$输出,$\overline{EVSOC}$被置为高阻状态;<br>1　使能$\overline{EVSOC}$输出 |
| 2 | QEPIE | QEP Index 使能<br>该位能够使能/禁止 CAP3_QEPI1 作为 Index 输入,当 CAP3_QEPI1 被使能作为 Index 输入时,可以使 QEP 定时器复位。<br>0　禁止 CAP3_QEPI1 作为 Index 输入,CAP3_QEPI1 的跳变不会影响 QEP 计数器;<br>1　使能 CAP3_QEPI1 作为 Index 输入,或者 CAP3_QEPI1 的信号从 0 变到 1 跳变,或者从 1 变到 0 跳变,且 CAP1_QEP1 和 CAP2_QEP2 都为高电平(当 EXTCON.1=1),会使 QEP 计数器复位到 0 |

| 位 | 名　　称 | 功　能　描　述 |
|---|---|---|
| 1 | QEPIQUAL | CAP3_QEPI1 Index 限制模式<br>该位用于打开或关闭 QEP 的 Index 限制。<br>0　CAP3_QEPI1 限制模式关闭,CAP3_QEPI1 允许经过限制器而不受其影响;<br>1　CAP3_QEPI1 限制模式打开,只有 0 到 1 的转换才允许通过限制器且 CAP3_QEPI1 和 CAP2_QEP2 都为高电平,否则限制输出将保持低电平 |
| 0 | INDCOE | 独立比较输出使能模式<br>该位置 1 时,允许比较输出被独立使能/禁止。<br>0　独立比较输出使能模式被禁止。定时器 1 和 2 可以通过 GPTCONA.6 同时使能/禁止输出;完全比较器 1、2 和 3 可以通过 COMCONA.9 同时使能/禁止输出,GPTCONA(12,11,5,4)和 COMCONA(7,5,2,0)位保留;EVIFRA.0 同时使能/禁止所有比较器的输出;EVIMR.0 同时使能/禁止 PDP 中断和 PDPINT 直接通道。<br>1　独立比较输出使能模式被使能。比较器输出分别由 GPTCON(5,4)和 COMCON(7,5)使能和禁止;比较器纠错分别由 GPTCON(12,11)和 COMCON(2,0)使能和禁止,GPTCON.6 和 COMCON.9 被保留。当任何输入为低电平并且被使能时,EVIFRA.0 被置位,此时 EVIMRA.0 的功能为中断的使能/禁止 |

# 10.6　C 程序设计

## 10.6.1　PWM 波形产生程序

```
// ----------------------------------------------------------------------
// 功能描述:
//       本程序主要是通过设置 EV 定时器(定时器 1、2、3、4)来产生 PWM 波形
//       (T1PWM、T2PWM、T3PWM、T4PWM),以及通过比较器产生 PWM1~12 波形。
// ----------------------------------------------------------------------
# include "DSP281x_Device.h"
# include "DSP281x_Examples.h"

// 功能函数原型 ----------------------------------------------------------
void init_eva(void);
void init_evb(void);
void delay_loop(void);

// 例子中的全局变量及初始值 ----------------------------------------------
Uint16 mm = 0x0000;
Uint16 nn = 0x7fff;
```

```
void main(void)
{
                            // Step 1. 初始化系统控制
                            // PLL(锁相环倍频)，WatchDog(看门狗)，使能外设时钟
                            // 这个系统初始化函数在 DSP281x_SysCtrl.c 文件中定义
    InitSysCtrl();

                            // Step 2. 初始化 GPIO
                    // GPIO 的初始化在 DSP281x_Gpio.c 文件中定义并规定了 GPIO 的默认状态
                            // 在本例中只需初始化 GPAMUX 和 GPBMUX
                            // 使能 PWM 引脚
    EALLOW;
    GpioMuxRegs.GPAMUX.all = 0x00FF; // EVA PWM 1~6 引脚
    GpioMuxRegs.GPBMUX.all = 0x00FF; // EVB PWM 7~12 引脚
    EDIS;
                            // Step 3. 清除所有的中断并初始化 PIE 中断向量表
                            // 禁止 CPU 中断
    DINT;

                // 初始化 PIE 控制寄存器为默认值，默认值即所有的 PIE 中断都被禁止且标志位清零
                            // 这个函数在 the DSP281x_PieCtrl.c 文件中定义
    InitPieCtrl();

                            // 禁止 CPU 中断并清除所有的 CPU 中断标志位
    IER = 0x0000;
    IFR = 0x0000;

                // 初始化 PIE 中断向量表，并设置当中断发生时，程序会自动跳转到服务程序(ISR)处
                            // 这个功能函数在 DSP281x_PieVect.c 文件中定义
    InitPieVectTable();

                            // Step 4. 初始化所有的外设
                            // 这个功能函数在 DSP281x_InitPeripherals.c 文件中定义
    InitPeripherals();      // 在本例中可以省略

  // init_evb();
    init_eva();
                            // Step 5. 用户定义的程序段
                            // 注意：用户定义的主程序需要设置无限循环
                            // 用户可以随意设置 PWM pins 引脚状态
    for(;;)
    {
    EvaRegs.CMPR2 = mm;
    mm++;
    delay_loop();
    }
}

void delay_loop()
{
    long      i;
```

```
        for (i = 0; i < 1000; i++) {}
}
// 事件管理器A初始化-------------------------------------------------
void init_eva()
{
                                            // 事件管理器A主要用于产生 T1PWM、T2PWM、PWM1~6
                                            // 初始化定时器1
    EvaRegs.T1PR = 0xFFFF;                  // 定时器1周期
    EvaRegs.T1CMPR = 0x7fff;                // 定时器1比较值
    EvaRegs.T1CNT = 0x0001;                 // 定时器1计数器
                                            // 设置计数模式为连续增/减，使能定时器和比较操作

    EvaRegs.T1CON.all = 0x1042;

                                            // 初始化定时器2
 /* EvaRegs.T2PR = 0xffff;                  // 定时器2周期
    EvaRegs.T2CMPR = 0x7fff;                // 定时器2比较值
    EvaRegs.T2CNT = 0x0000;                 // 定时器2计数器
                                            // 设置计数模式为连续增/减，使能定时器和比较操作

    EvaRegs.T2CON.all = 0x1042;   */
                                            // 设置 T1PWM 和 T2PWM
                                            // 通过逻辑产生 T1/T2 PWM
    EvaRegs.GPTCONA.bit.TCMPOE = 1;
                                            // GP 定时器1比较时低有效
    EvaRegs.GPTCONA.bit.T1PIN = 1;
                                            // GP 定时器2比较时高有效
 // EvaRegs.GPTCONA.bit.T2PIN = 2;
                                            // 使能比较器产生 PWM1~6 波形
    EvaRegs.CMPR1 = 0x7fff;
    EvaRegs.CMPR2 = mm;
    EvaRegs.CMPR3 = 0x7fff;

                                            // 控制比较操作
                                            // 引脚1比较时高有效
                                            // 引脚2比较时低有效
                                            // 引脚3比较时高有效
                                            // 引脚4比较时低有效
                                            // 引脚5比较时高有效
                                            // 引脚6比较时低有效
    EvaRegs.ACTRA.all = 0x0666;
    EvaRegs.DBTCONA.all = 0x0000;           // 禁止无控制作用区
    EvaRegs.COMCONA.all = 0xA600;


}
void init_evb()
{
                                            // 事件管理器B主要用于产生 T1PWM、T2PWM、PWM1~6
                                            // 初始化定时器
                                            // 初始化定时器3
                                            // 定时器3控制 T3PWM 和 PWM7~12
    EvbRegs.T3PR = 0xFFFF;                  // 定时器3周期
```

```
        EvbRegs.T3CMPR = 0x3C00;              // 定时器 3 比较值
        EvbRegs.T3CNT = 0x0000;               // 定时器 3 计数器
                                              // 设置计数模式为连续增/减，使能定时器和比较操作
        EvbRegs.T3CON.all = 0x1042;


                                              // 初始化定时器 3
                                              // 定时器 3 控制 T3PWM
        EvbRegs.T4PR = 0x00FF;                // 定时器 4 周期
        EvbRegs.T4CMPR = 0x0030;              // 定时器 4 比较值
        EvbRegs.T4CNT = 0x0000;               // 定时器 4 计数器
                                              // 设置计数模式为连续增/减，使能定时器和比较操作
        EvbRegs.T4CON.all = 0x1042;

                                              // 设置 T3PWM 和 T4PWM
                                              // 通过逻辑产生 T3/T4 PWM
        EvbRegs.GPTCONB.bit.TCMPOE = 1;

                                              // GP 定时器 3 比较时低有效
        EvbRegs.GPTCONB.bit.T3PIN = 1;

                                              // GP 定时器 4 比较时高有效
        EvbRegs.GPTCONB.bit.T4PIN = 2;

                                              // 使能比较器产生 PWM1～6 波形
        EvbRegs.CMPR4 = 0x0C00;
        EvbRegs.CMPR5 = 0x3C00;
        EvbRegs.CMPR6 = 0xFC00;


                                              // 控制比较操作
                                              // 引脚 1 比较时高有效
                                              // 引脚 2 比较时低有效
                                              // 引脚 3 比较时高有效
                                              // 引脚 4 比较时低有效
                                              // 引脚 5 比较时高有效
                                              // 引脚 6 比较时低有效
        EvbRegs.ACTRB.all = 0x0666;
        EvbRegs.DBTCONB.all = 0x0000;         // 禁止无控制作用区
        EvbRegs.COMCONB.all = 0xA600;
}
```

## 10.6.2 EV GP 定时器程序

```
// -------------------------------------------------------------------
// 名称：   事件管理器 GP 定时器例子程序

// 功能描述：
//
//        本程序主要是通过 EV 定时器(定时器 1、2、3、4)在周期溢出时
//        产生一个系统中断，中断产生时，系统将自动跳转到中断服务程序处。
//
//        EVA 定时器 1 的周期值最短，EVB 定时器 4 的周期值最长
//
//        中断次数计数器：
//
```

```
//                    EvaTimer1InterruptCount;
//                    EvaTimer2InterruptCount;
//                    EvbTimer3InterruptCount;
//                    EvbTimer4InterruptCount;
// ---------------------------------------------------------------
# include "DSP281x_Device.h"
# include "DSP281x_Examples.h"


// 功能函数原型 ---------------------------------------------------
interrupt void eva_timer1_isr(void);
interrupt void eva_timer2_isr(void);
interrupt void evb_timer3_isr(void);
interrupt void evb_timer4_isr(void);
void init_eva_timer1(void);
void init_eva_timer2(void);
void init_evb_timer3(void);
void init_evb_timer4(void);

// 全局计数变量 ---------------------------------------------------
Uint32   EvaTimer1InterruptCount;
Uint32   EvaTimer2InterruptCount;
Uint32   EvbTimer3InterruptCount;
Uint32   EvbTimer4InterruptCount;

void main(void)
{
                    // Step 1. 初始化系统控制
                    // PLL(锁相环倍频), WatchDog(看门狗), 使能外设时钟
                    // 这个系统初始化函数在 DSP281x_SysCtrl.c 文件中定义
    InitSysCtrl();
                    // Step 2. 初始化 GPIO
                    // GPIO 的初始化在 DSP281x_Gpio.c 文件中定义并规定了 GPIO 的默认状态
                    // 在本例中只需初始化 GPAMUX 和 GPBMUX
                    // 使能 PWM 引脚
                    // Step 3. 清除所有的中断并初始化 PIE 中断向量表
                    // 禁止 CPU 中断
    DINT;
            // 初始化 PIE 控制寄存器为默认值, 默认值即所有的 PIE 中断都被禁止且标志位清零
                    // 这个函数在 the DSP281x_PieCtrl.c 文件中定义
    InitPieCtrl();
                    // 禁止 CPU 中断并清除所有的 CPU 中断标志位
    IER = 0x0000;
    IFR = 0x0000;

// 初始化 PIE 中断向量表, 并设置当中断发生时, 程序会自动跳转到服务程序(ISR)处
    InitPieVectTable();

    EALLOW;              // 需要 EALLOW 保护寄存器
    PieVectTable.T1PINT = &eva_timer1_isr;
    PieVectTable.T2PINT = &eva_timer2_isr;
```

```
    PieVectTable.T3PINT = &evb_timer3_isr;
    PieVectTable.T4PINT = &evb_timer4_isr;
    EDIS;                                   // 需要设置禁止向 EALLOW 保护的寄存器中写数据

                                            // Step 4. 初始化所有的外设
                             // 这个功能函数在 DSP281x_InitPeripherals.c 文件中定义
// InitPeripherals();                       // 在本例中可以省略
    init_eva_timer1();
    init_eva_timer2();
    init_evb_timer3();
    init_evb_timer4();

                                            // Step 5. 用户定义程序段,使能中断
                                            // 计数器清零
    EvaTimer1InterruptCount = 0;
    EvaTimer2InterruptCount = 0;
    EvbTimer3InterruptCount = 0;
    EvbTimer4InterruptCount = 0;

                                            // 使能 PIE 中断 INT2.4(T1PINT 中断)
    PieCtrlRegs.PIEIER2.all = M_INT4;
                                            // 使能 PIE 中断 INT3.1(T2PINT 中断)
    PieCtrlRegs.PIEIER3.all = M_INT1;
                                            // 使能 PIE 中断 INT4.4(T3PINT 中断)
    PieCtrlRegs.PIEIER4.all = M_INT4;
                                            // 使能 PIE 中断 INT5.1(T4PINT 中断)
    PieCtrlRegs.PIEIER5.all = M_INT1;
                                            // 使能上述的 PIE 中断
    IER |= (M_INT2 | M_INT3 | M_INT4 | M_INT5);
                                            // 使能全局中断
    EINT;                                   // 使能全局中断 INTM
    ERTM;                                   // 使能全局时钟中断
DBGM
                                            // Step 6. 空循环,用户需要设置程序无限循环

    for(;;);

}
                                            // 事件管理器 A 的定时器 1 的初始化函数
void init_eva_timer1(void)
{
                                            // 初始化定时器 1 并设置定时器 1 寄存器
    EvaRegs.GPTCONA.all = 0;
                                            // 设置 GP 定时器 1 的周期为 0x0200
    EvaRegs.T1PR = 0x0200;                  // 周期
    EvaRegs.T1CMPR = 0x0000;                // 比较值
                                            // 使能周期 GP 定时器 1 的中断位
                       // 递增计数,×128,内部时钟,使能比较,使用自己的周期
    EvaRegs.EVAIMRA.bit.T1PINT = 1;
    EvaRegs.EVAIFRA.bit.T1PINT = 1;
```

```
                                              // 清除 GP 定时器 1 的值
    EvaRegs.T1CNT = 0x0000;
    EvaRegs.T1CON.all = 0x1742;

                                              // 启动由 EVA 的定时器 1 周期中断产生的 ADC 转换
    EvaRegs.GPTCONA.bit.T1TOADC = 2;

}
                                              // 事件管理器 A 的定时器 2 的初始化函数


void init_eva_timer2(void)
{
                                              // 初始化 EVA 定时器 2 并设置定时器 2 寄存器
    EvaRegs.GPTCONA.all = 0;
                                              // 设置 GP 定时器 2 的周期为 0x0200
    EvaRegs.T2PR = 0x0400;                     // 周期
    EvaRegs.T2CMPR = 0x0000;                   // 比较值

                                              // 使能 GP 定时器 2 的周期中断位
                                      // 递增计数,×128,内部时钟,使能比较,使用自己的周期
    EvaRegs.EVAIMRB.bit.T2PINT = 1;
    EvaRegs.EVAIFRB.bit.T2PINT = 1;

                                              // 清除 GP 定时器 2 的值
    EvaRegs.T2CNT = 0x0000;
    EvaRegs.T2CON.all = 0x1742;
                                              // 启动由 EVA 的定时器 2 周期中断产生的 ADC 转换
    EvaRegs.GPTCONA.bit.T2TOADC = 2;
}
                                              // 事件管理器 B 的定时器 3 的初始化函数


void init_evb_timer3(void)
{
                                              // 初始化 EVB 定时器 3 并设置定时器 3 寄存器
    EvbRegs.GPTCONB.all = 0;
                                              // 设置 GP 定时器 3 的周期为 0x0200
    EvbRegs.T3PR = 0x0800;                     // 周期
    EvbRegs.T3CMPR = 0x0000;                   // 比较值
                                              // 使能 GP 定时器 3 的周期中断位
                                      // 递增计数,×128,内部时钟,使能比较,使用自己的周期
    EvbRegs.EVBIMRA.bit.T3PINT = 1;
    EvbRegs.EVBIFRA.bit.T3PINT = 1;

                                              // 清除 GP 定时器 3 的值
    EvbRegs.T3CNT = 0x0000;
    EvbRegs.T3CON.all = 0x1742;

                                              // 启动由 EVB 的定时器 3 周期中断产生的 ADC 转换
    EvbRegs.GPTCONB.bit.T3TOADC = 2;
}
                                              // 事件管理器 B 的定时器 4 的初始化函数
```

```
void init_evb_timer4(void)
{
                                        // 初始化 EVB 定时器 4 并设置定时器 4 寄存器
    EvbRegs.GPTCONB.all = 0;

                                        // 设置 GP 定时器 4 的周期为 0x0200
    EvbRegs.T4PR = 0x1000;              // 周期
    EvbRegs.T4CMPR = 0x0000;            // 比较值

                                        // 使能 GP 定时器 4 的周期中断位
                        // 递增计数，×128，内部时钟，使能比较，使用自己的周期
    EvbRegs.EVBIMRB.bit.T4PINT = 1;
    EvbRegs.EVBIFRB.bit.T4PINT = 1;

                                        // 清除 GP 定时器 4 的值
    EvbRegs.T4CNT = 0x0000;
    EvbRegs.T4CON.all = 0x1742;

                                        // 启动由 EVB 的定时器 4 周期中断产生的 ADC 转换
    EvbRegs.GPTCONB.bit.T4TOADC = 2;
}


                                        // 定时器 1 的中断服务程序
interrupt void eva_timer1_isr(void)
{
    // 用户可以在此处添加应用程序 -------------------------------------------
    EvaTimer1InterruptCount ++ ;
                                        // 使能定时器的更多中断
    EvaRegs.EVAIMRA.bit.T1PINT = 1;
    EvaRegs.EVAIFRA.all = BIT7;

                                        // 响应中断，从而使 INT2 中断组继续接收中断
    PieCtrlRegs.PIEACK.all = PIEACK_GROUP2;
}
                                        // 定时器 2 的中断服务程序

interrupt void eva_timer2_isr(void)
{
    // 用户可以在此处添加应用程序 -------------------------------------------
    EvaTimer2InterruptCount ++ ;
                                        // 使能定时器的更多中断
    EvaRegs.EVAIMRB.bit.T2PINT = 1;
    EvaRegs.EVAIFRB.all = BIT0;

                                        // 响应中断，从而使 INT3 中断组继续接收中断
    PieCtrlRegs.PIEACK.all = PIEACK_GROUP3;
}
                                        // 定时器 3 的中断服务程序
interrupt void evb_timer3_isr(void)
{
```

```
    // 用户可以在此处添加应用程序 ----------------------------------------------
    EvbTimer3InterruptCount ++;
      EvbRegs.EVBIFRA.all = BIT7;

                                    // 响应中断，从而使 INT4 中断组继续接收中断
    PieCtrlRegs.PIEACK.all = PIEACK_GROUP4;

}
                                    // 定时器 4 的中断服务程序
interrupt void evb_timer4_isr(void)
{
    // 用户可以在此处添加应用程序 ----------------------------------------------
    EvbTimer4InterruptCount ++ ;
    EvbRegs.EVBIFRB.all = BIT0;
                                    // 响应中断，从而使 INT5 中断组继续接收中断
    PieCtrlRegs.PIEACK.all = PIEACK_GROUP5;
}
```

# 第 11 章

# Boot ROM介绍和F2812程序仿真与下载

**要点提示**

本章主要介绍 F2812 的 Boot ROM 相关知识,其中 11.3 节~11.5 节是重点。

**学习重点**

(1) 掌握 Bootloader 的特性、模式选择;

(2) 掌握不同的启动方式步骤以及相关的程序;

(3) 从 Flash、RAM 运行程序的步骤,相关的 CMD 文件的编写。

Boot ROM 是芯片出厂时已经固化的程序段,在 DSP 中通用 GPIO 口可以设置 Bootloader 启动方式,在 F2812 的 Boot ROM 中还包括标准的数学公式表,如:Sin/Cos 函数。本章主要介绍 Bootloader 的作用和特性,还将介绍 ROM 中的其他内容及其在内存中的位置。

## 11.1 Boot ROM 概述

在 F2812 中有 4KB 的 Boot ROM 空间,地址位置为 0x3F F000~0x3F FFC0,这块地址空间只有在 XINTCNF2 寄存器的 MPNMC 位为 0 时才作为特殊 ROM 空间。

### 11.1.1 XMPNMC 对 Boot ROM 的影响

在这里 XMPNMC 是指当 MPNMC 连接到外部接口(XINTF)配置寄存器 XINTCNF2 的状态位时,输入到设备中的信号。如果外部接口(XINTF)没有被配置,那么 XMPNMC 输入信号将会被置低。

XINTCNF2 寄存器的 MPNMC 位可以设置 CPU 工作在微处理器模式或微计算机模式。CPU 上电启动时,当 MPNMC 置高时,外部接口将使能 Zone7 模块,内部的 Boot ROM 将会被禁止;当 MPNMC 置低时,外部接口将禁止 Zone7 模块,芯片内部的 Boot ROM 将会被使能。在复位时,XMPNMC 输入信号将被保存在配置寄存器 XINTCNF2 的 MPNMC 位中,在 CPU 正常工作后,MPNMC 位的信息将被忽略,用户也可以通过软件设置 MPNMC 位的值。

在 F2812 中,含有外部接口,可以通过输入信号 XMPNMC 来设置系统启动方式,可以选择从内部 Boot ROM 启动,或选择从外部接口 Zone7 处启动。如果系统中没有外部接口模块,则输入信号 XMPNMC 将会内部置低,因此这种芯片在上电复位时只能从 Boot ROM 处启动。

在本章中介绍的上电启动方式都是 Boot ROM 启动,即假设 XMPNMC 输入信号被系统内部置低。

## 11.1.2　片内 ROM 介绍

在 F2812 中有 4K×16 位片内 ROM,这些 ROM 主要是 Bootloader 的程序以及一些增加的功能。

图 11.1 为 Boot ROM 中的内容介绍图,对应的片内的空间为 0x3F F000~0x3F FFFF。

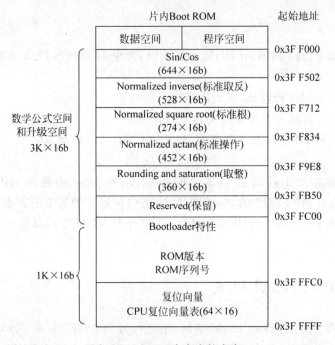

图 11.1　ROM 内存中的内容

在片内 ROM 中主要包括以下功能模块:

① Bootloader 功能模块;

② 复位向量;

③ CPU 中断向量;

④ 数学公式表。

在 ROM 中有 3K×16 位被保留用于存放数学公式表以及未来的开发,这些数学公式表以及数学公式功能是为了未来能够节省更多的程序和数据空间。这些程序主要用于高速度和高精度的实时计算,使用这些程序可以使程序达到要求的高速度,比同等程度的 ANSIC C 语言效率更高。而且这些高效率的算法程序可以节省用户更多的设计和调试时间,大大方便了用户开发设计。

在 F2812 的 Boot ROM 中的数学公式表主要有以下几种。

（1）Sin/Cos 函数表

函数大小：128 字。

内容：对正弦波的 1/4 周期进行的 32 位采样。

这个函数主要用于产生精确的正弦波以及 32 位快速傅里叶变换，这个函数也可以设置为 16 位采样，只需隔点采样即可。

（2）规格化的转置函数

函数大小：528 字。

内容：对规格化转置的 32 位采样，并设置饱和极限。

这个函数主要是初步计算牛顿的转置法则，采用精确运算收敛变快，因此转换速度变快。

（3）规格化的平方根函数

函数大小：274 字。

内容：对平方根进行 32 位采样。

这个函数主要是初步计算牛顿的平方根法则，采用精确运算收敛变快，因此转换速度变快。

（4）圆的函数

函数大小：360 字。

内容：含有饱和极限的制圆函数。

## 11.2　CPU 中断向量表

F2812 的向量表位于内存的 0x3F FFC0 ～ 0x3F FFFF 空间处。当 VMAP = 1，ENPIE = 0（此时 PIE 中断向量表将被禁止）和 MPNMC=0（内部 Boot ROM 空间被使能，外部接口 Zone7 模块被禁止）时，这个向量表将被激活。

向量表的映射内存地址如图 11.2 所示。

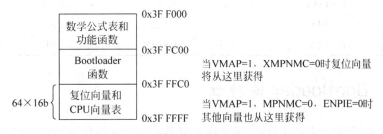

图 11.2　中断向量地址映射

**注意**：（1）VAMP 位位于状态寄存器 1 中（ST1），VAMP 在上电复位时的状态总为 1，在 CPU 正常工作后可以通过软件改变它的值，但在正常工作模式下通常会保持该位值为 1。

（2）在 28 系列 DSP 中，只有 F2812 的输入信号 XMPNMC 有效，F2810 和 F2811 的 XMPNMC 信号被内部置为低电平。在复位时，输入信号 XMPNMC 的值会直接保存在寄存器 XINTCNF2 的 MPNMC 位中，在系统正常工作时，该位的值可以软件改变。

（3）ENPIE 位位于 PIECTRL 寄存器中，在复位时的状态为 0，此时外设扩展中断将被禁止。

唯一的能够正常地从 Boot ROM 调用的向量是复位向量，其地址为 0x3F FFC0。这个向量是芯片出厂时固化在芯片中的向量,向量直接指向初始化 Bootloader 空间处,这个空间可以直接重新装载程序。复位后,将有一系列的 GPIO 判断,来决定最终的启动模式。关于启动模式的选择将在下节介绍。

在正常的操作时,ROM 中剩下的向量是不会使用的,当 CPU 复位完毕后,用户需要使能外设扩展中断(PIE)向量表以及 PIE 模块。从这里看,所有的向量,除了复位向量,都是从 PIE 中获取的,而不是从 CPU 中断向量表中获取的。

PIE 中断向量表如表 11.1 所示。

表 11.1 PIE 中断向量表

| 向量 | Boot ROM 中的地址 | 内容(例如 指针指向) | 向量 | Boot ROM 中的地址 | 内容(例如 指针指向) |
| --- | --- | --- | --- | --- | --- |
| RESET | 0x3F FFC0 | InitBoot (0X3F FC00) | RTOSINT | 0x3F FFE0 | 0x00 0060 |
| INT1 | 0x3F FFC2 | 0x00 0042 | Reserved | 0x3F FFE2 | 0x00 0062 |
| INT2 | 0x3F FFC4 | 0x00 0044 | NMI | 0x3F FFE4 | 0x00 0064 |
| INT3 | 0x3F FFC6 | 0x00 0046 | ILLEGAL | 0x3F FFE6 | 0x00 0066 |
| INT4 | 0x3F FFC8 | 0x00 0048 | USER1 | 0x3F FFE8 | 0x00 0068 |
| INT5 | 0x3F FFCA | 0x00 004A | USER2 | 0x3F FFEA | 0x00 006A |
| INT6 | 0x3F FFCC | 0x00 004C | USER3 | 0x3F FFEC | 0x00 006C |
| INT7 | 0x3F FFCE | 0x00 004E | USER4 | 0x3F FFEE | 0x00 006E |
| INT8 | 0x3F FFD0 | 0x00 0050 | USER5 | 0x3F FFF0 | 0x00 0070 |
| INT9 | 0x3F FFD2 | 0x00 0052 | USER6 | 0x3F FFF2 | 0x00 0072 |
| INT10 | 0x3F FFD4 | 0x00 0054 | USER7 | 0x3F FFF4 | 0x00 0074 |
| INT11 | 0x3F FFD6 | 0x00 0056 | USER8 | 0x3F FFF6 | 0x00 0076 |
| INT12 | 0x3F FFD8 | 0x00 0058 | USER9 | 0x3F FFF8 | 0x00 0078 |
| INT13 | 0x3F FFDA | 0x00 005A | USER10 | 0x3F FFFA | 0x00 007A |
| INT14 | 0x3F FFDC | 0x00 005C | USER11 | 0x3F FFFC | 0x00 007C |
| DLOGINT | 0x3F FFDE | 0x00 005E | USER12 | 0x3F FFFE | 0x00 007E |

## 11.3 Bootloader 的特性

本节将介绍 F2812 的启动方式,同时将介绍 Bootloader 操作的详细内容。

### 11.3.1 Bootloader 的功能操作

F2812 的 Bootloader 程序存放在 ROM 内,在微计算机模式下,系统复位后,会自动调用该程序。Bootloader 的主要作用是在系统上电复位时将程序代码从外部设备转移到内部存储空间或外部接口空间。这就允许程序代码暂时存储在非永久性存储器内,然后转移到高速的缓冲器中执行。

为了适应不同的系统需求,Bootloader 提供了许多不同的下载程序方式,这些不同的下载方式只当系统工作在微计算机模式(外部输入信号 XMPNMC 为低电平)下才有效。

Bootloader 通过设置不同的 GPIO 信号来决定采用程序下载的方式。在本节中主要介绍下载方式的选择,以及下载的过程操作。图 11.3 为程序下载的整体流程。

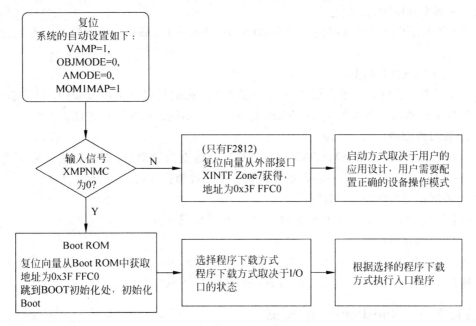

图 11.3　程序下载的整体流程

**说明**:F2810 的输入信号 XMPNMC 被内部拉低,所以系统总是从内部 ROM 复位。

在复位时,系统将采集输入信号 XMPNMC 引脚的状态,根据引脚状态来决定采用内部 ROM 复位还是外部接口 XINTF Zone7 复位。

如果 XMPNMC=1(微处理器模式),那么复位向量将通过 Zone7 从外部空间中获取。在这种情况下,用户需要保证复位指针指向一个有效的外部程序代码空间,而且这种模式只在系统有外部接口 XINTF 的情况下有效,所以在 28 系列 DSP 中只有 F2812 才有微处理器模式。

如果 XMPNMC=0(微计算机模式),那么内部 Boot ROM 将被使能,外部接口 Zone7 将被禁止。在这种模式下,所有的复位向量都是从内部 ROM 中获取,如果系统没有外部接口,那么输入信号 XMPNMC 引脚将被内部置低,系统复位时,总是从内部 ROM 中获取复位向量。

Boot ROM 中的复位向量使得程序转向初始化 InitBoot 功能程序,Bootloader 初始化完成后,系统将检查 GPIO 引脚状态,来决定用户采用的程序下载方式。选择包括:Flash、SARAM、OTP 和片内载入程序方式。

下载方式选择后,如果 Bootloader 所需的程序都已完成,系统将继续执行入口程序。程序的入口地址可能为外部的数据流也可能从 Boot ROM 中获得。

### 11.3.2　Bootloader 的配置

对于 28 系列 DSP,如果选择内部 ROM 启动(XMPNMC=0),那么设备将被 Boot ROM 软件配置为合适的 28 系列 DSP 操作模式,其他功能需要用户添加相应的配置。

例如：

（1）如果用户想使用 C2xLP 的头文件，那么用户需要在使用 C2xLP 的头文件之前配置设备兼容 C2xLP 的头文件。

（2）如果用户想从外部存储器中启动（XMPNMC＝1），那么用户必须配置系统的正确工作模式。

① 锁相环乘法器（PLL）

锁相环乘法器（PLL）不会受系统复位的影响，系统复位不会改变 PLL 的状态，因此 CCS 软件复位和通过外部复位线（/XRS）复位会产生不同的系统运行速度。

② 看门狗模块（Watchdog）

当采用 Flash、单口 RAM（SARAM）、OTP 存储空间启动时，看门狗模块将不会被设置，而在其他的启动方式下，在启动前看门狗模块将被禁止，然后被使能并被清零。

③ 外部扩展中断配置（PIE）

在系统启动时，PIE 的状态不会被改变，PIE 模块仍然被禁止。

④ 保留的存储空间

M1 存储块（地址为 0x400～0x450）的首 80 字空间用作 Boot 下载的堆栈，如果程序代码存储在这块区域内，将不会有错误检查，即使 ROM 堆栈受到破坏同样如此。

## 11.3.3 Bootloader 的模式

为了适应不同的系统需求，F2812 提供了许多程序下载模式，在本小节中将主要介绍不同的下载模式以及对应的功能操作，其中不同的下载模式是通过 GPIO 口的状态决定的，GPIO 口的状态与下载模式的关系如表 11.2 所示。

表 11.2 下载模式选择

| GPIOF4 (SCITXDA) PU | GPIOF12 (MDXA) NO PU | GPIOF3 (SPISTEA) NO PU | GPIOF2 (SPICLK) NO PU | 下 载 模 式 |
| --- | --- | --- | --- | --- |
| 1 | x | x | x | 从 Flash 处启动用户需要编写转移指令，使得该部分优先复位，直接执行该部分的程序代码 |
| 0 | 1 | x | x | 通过 SPI 口下载程序，可以在外部的 E²PROM 中存储程序 |
| 0 | 0 | 1 | 1 | 通过 SCIA 口下载程序 |
| 0 | 0 | 1 | 0 | 从 H0 SARAM 处启动，地址为 0x3F 8000 |
| 0 | 0 | 0 | 1 | 从 OTP 处启动，地址为 0x3D 7800 |
| 0 | 0 | 0 | 0 | 并行接口下载通过 GPIOB 口下载程序 |

注：① PU 代表引脚内部拉高，NO PU 表示引脚内部没有拉高。

② 用户需要特别注意 SPICLK 引脚，因为作为模式选择引脚时内部会产生相应的逻辑。

③ 如果选择从 Flash、H0、OTP 处启动时，则无需外部的 Bootloader。

图 11.4 所示为程序下载的进程，其中每个进程在本节的后序会详细介绍。

下面的启动方式不需要调用 Bootloader，相反它们直接转入预先确定的内存位置。

（1）从 Flash 处启动

在这种模式下，Boot ROM 软件会将设备配置成 F2812 操作模式，并将复位指针指向

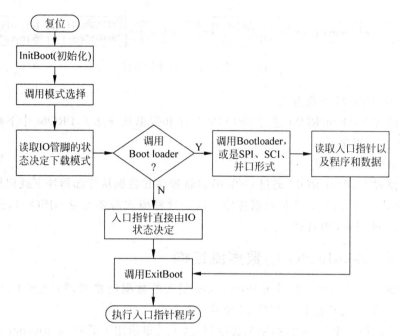

图 11.4 Boot ROM 功能概览

Flash 存储空间,地址为 0x3F 7FF6。这段 Flash 空间位于 128 位密码安全保护模块的前面,用户需要在 0x3F 7FF6 空间内编写转移指令,将指针指向用户的应用程序。

图 11.5 所示为从 Flash 处启动的流程。

图 11.5 从 Flash 处启动的流程

（2）从 H0 SARAM 处启动

在这种模式下,Boot ROM 软件会将设备配置成 F2812 操作模式,并将复位指针指向 0x3F 8000 地址处,该地址为 H0 SARAM 空间的首地址。

图 11.6 所示为从 H0 SARAM 处启动的流程。

图 11.6 从 H0 SARAM 处启动的流程

（3）从 OTP 存储空间处启动

在这种模式下,Boot ROM 软件会将设备配置成 F2812 操作模式,并将复位指针指向 0x3D 7800 地址处,该地址为 OTP 空间的首地址。

图 11.7 所示为从 OTP 处启动的流程。

（4）SCI 下载方式

在这种模式下,Boot ROM 通过 SCIA 口将程序下载到片内存储空间内,并执行程序。

图 11.7　从 OTP 处启动的流程

（5）SPI E²PROM 下载方式

在这种模式下，Boot ROM 通过 SPI 口将程序和数据从外部 E²PROM 中下载到片内存储空间内，并执行程序。

（6）GPIO 口下载方式

在这种模式下，Boot ROM 通过 GPIOB 口将程序和数据从外部器件下载到片内存储空间内，这种模式支持 8 位和 16 位数据传输。因为这种模式需要大量 GPIO 口，所以一般应用于下载程序到 Flash 中启动的情况下。

### 11.3.4　Bootloader 的数据流结构

结合下面的介绍和程序来说明 Bootloader 引入的数据流格式，28 系列 DSP 支持十六进制数据，所以数据流中的数据都是 16 位的。

数据流中的第一个 16 位数据字为关键值，这个关键值用于通知 Bootloader 引入的数据流位数，是 8 位还是 16 位，但是不是所有的 Bootloader 都支持 8 位或 16 位数据，可以参考数据手册，确定每个 Bootloader 下载数据流的位数。当数据流长度为 8 位时，关键值为 0x08AA；数据流长度为 16 位时，关键值为 0x10AA。如果 Bootloader 接收到一个无效的关键值，那么数据流传输将中断，系统会自动调用 Flash 的入口向量。

数据流中的下 8 个字的数据通常用于初始化寄存器值或是传输数值扩大 Booloader 的功能，如果 Bootloader 不需要这些值，那么 Bootloader 读取数据后可以直接丢弃，在当前只有 SPI 模式需要使用这 8 位数据来初始化寄存器。

第 10 个字和第 11 个字中的内容为 22 位入口地址，这个地址用于在 Boot 下载完毕后初始化 PC，这个地址大部分为 Booloader 下载的程序的入口地址。

数据流中的第 12 个字为第一个要传输的数据块大小，不管数据流是 8 位还是 16 位，数据块的大小都是以 16 位数据定义的。例如一个 8 位的数据流传输的数据块大小为 20×8b，那么数据块的大小为 0x000A，表示 10 个 16 位的数据。

下两个字数据为 Bootloader 下载程序的目的地址，数据大小和地址后面即为 16b 的数据块。

在每块数据发送前都会发送数据块的大小和目的地址，当所有的数据块都发送完毕后，会发送一个数据大小为 0 的信号，通知 Bootloader 数据发送完毕。此时指向 Bootloader 的指针将指向下载程序的入口地址。

**例 11.1**　数据流结构为 16 位的编程结构。

```
10AA ;     // 0x10AA 16 位数据的关键值
0000 ;     // 8 个默认的字节
0000
0000
0000
0000
```

```
0000
0000
0000
003F ;          // 0x003F 8000 入口地址，当程序下载完毕后指针自动指向这里
8000
0005 ;          // 0x0005——第一个数据块包括 5 个 16b 数据字节
003F ;          // 0x003F 9010——第一个数据块将从 0x3F 9010 处开始下载
9010
0001 ;          // 数据下载 = 0x0001 0x0002 0x0003 0x0004 0x0005
0002
0003
0004
0005
0002 ;          // 0x0002——第二个数据块包括 2 个 16b 字节
003F ;          // 0x003F 8000—— 第二个数据块将会从 0x3F 8000 处开始下载
8000
7700 ;          // 数据下载 = 0x7700 0x7625
7625
0000 ;          // 0x0000——数据块大小为 0 的信号表示所有的数据发送完毕
```

当所有的程序下载完毕后，表 11.3 中的地址空间的值将被初始化。

**表 11.3　地址对应的值**

| 地　　址 | 值 | 地　　址 | 值 |
| --- | --- | --- | --- |
| 0x3F 9010 | 0x0001 | 0x3F 9014 | 0x0005 |
| 0x3F 9011 | 0x0002 | 0x3F 8000 | 0x7700 |
| 0x3F 9012 | 0x0003 | 0x3F 8001 | 0x7625 |
| 0x3F 9013 | 0x0004 | | |

PC 开始从 0x3F 8000 处执行程序。

8 位数据流的传输与 16 位数据流传输的结构一样。

## 11.3.5　基本的传输程序

图 11.8 所示为 Bootloader 下载程序的基本程序流程，首先判断要发送的数据是 8 位还是 16 位，然后发送数据，最后执行程序。只有当 Bootloader 检测到有效的 GPIO 引脚状态（模式选择）时才执行这个流程图。

系统首先对第一个字节进行采样，然后将采样值与 16 位数据的关键值 0x10AA 进行比较，如果两个值不相等，那么系统重新对第一个字节进行采样，然后将采样值与 8 位数据的关键值 0x08AA 进行比较。如果系统发现第一个字节不是 16 位数据的关键值也不是 8 位数据的关键值，或者第一个字节无效，那么 Bootloader 将返回入口地址指针，然后系统从 Flash 处启动。

## 11.3.6　InitBoot 汇编程序

复位后，首先调用的程序就是 InitBoot 汇编程序，程序的功能为使系统工作在 F2812 模式下。下一步需要读取代码安全模块（CSM）的密码，如果读取的密码为 0xFFFFs，那么

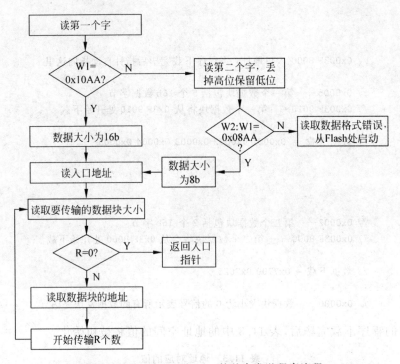

图 11.8   F2812 Bootloader 的基本发送程序流程

注意：① 不是所有的下载模式都是 8 位或 16 位数据格式，要具体参照数据手册。

② 在 8 位数据格式时，系统首先读取低 8 位数据，然后再读取高 8 位数据。

说明模块已经解锁；但是如果返回的值不是 0xFFFFs，说明模块已经被锁，且读取模块密码并不能解锁，不会产生任何影响。在对新的设备进行操作前，执行这一步操作是需要的。

在读取 CSM 密码后，InitBoot 的汇编程序将会进行模式选择，不同的模式是由 GPIO 口的状态值决定的，模式确定后，系统会调用程序的入口地址，下载程序，然后执行程序代码。InitBoot 汇编程序的功能概述如图 11.9 所示。

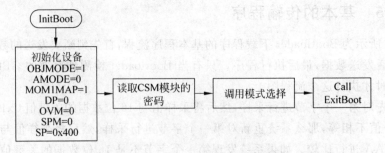

图 11.9   InitBoot 汇编程序的功能概述

## 11.3.7   模式选择功能

通过配置 4 个 GPIO 口的状态值，可以配置用户需要的程序下载方式。所选用的 GPIO 口都是 GPIOF 口，它们作为外设功能口时，都是作为输出口。具体的 GPIO 口的状态与下载模式的关系如表 11.2 所示。

当进行模式选择时,GPIO 口需要根据模式选择的要求进行拉高或拉低,直到模式选择结束。需要特别说明的是,系统不是复位后马上对 GPIO 进行采样锁存,而是在模式选择后几个周期内进行采样锁存。

在 SCI、SPI、并口下载程序前,模式选择程序时需要禁止看门狗。如果没有调用 Bootloader 程序,那么看门狗将不会被设置,在模式选择完毕后,需要使能看门狗,且使能定时器,定时执行喂狗程序。

**注意**:当 GPIO 口作为模式选择口时,无论是上拉还是下拉都要设置为弱上拉或弱下拉,以便 DSP 在需要时可以改变引脚的状态值。例如,如果选择从 SCIA 口下载程序,则需要将 SCITXDA 引脚拉低,但是这个下拉为弱下拉,所以在下载程序时,SCITXDA 引脚可以作为正常的发送引脚使用。但是如果需要使用 SPICLK 作为模式选择引脚时,需要特别注意,引脚会在内部产生相应的逻辑,此时必须考虑。

F2812 的模式选择功能概述见图 11.10。

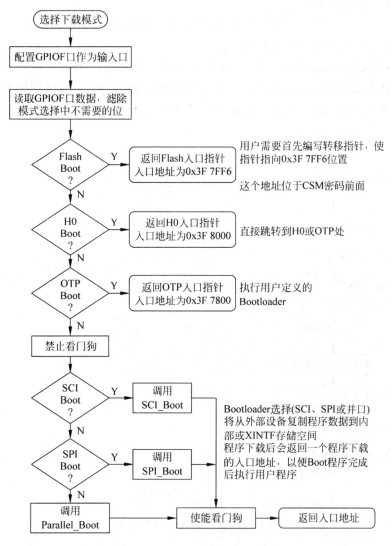

图 11.10  F2812 模式选择功能概述

### 11.3.8 串口(SCI)下载模式

SCI 下载模式是一种异步传输模式,将程序代码从 SCIA 口下载到内部或 XINTF 存储空间中。在 SCI 下载模式中只支持 8 位数据流格式。

SCI 下载模式的硬件连接框图如图 11.11 所示。

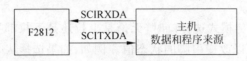

图 11.11　SCI 下载模式的硬件连接框图

F2812 可以通过 SCIA 口与外部主机设备进行通信,通信时需要将 F2812 的波特率设置为与主机相同的波特率,以保证数据的传输正确,且 F2812 有多种不同的波特率,所以主机可以设置多种不同的波特率。

主机发送完一个数据后,DSP 收到数据都会给主机发送一个应答信号,主机可以根据是否有应答信号来确定 DSP 是否收到数据。

当波特率设置得很高时,输入数据就会受到收发器和连接器的影响,当波特率高于100Kbps 时,串行通信将不能正常工作。为了避免串行通信故障,需要选用一个比较低的通信速率(波特率)。SCI_BOOT 功能概述如图 11.12 所示。

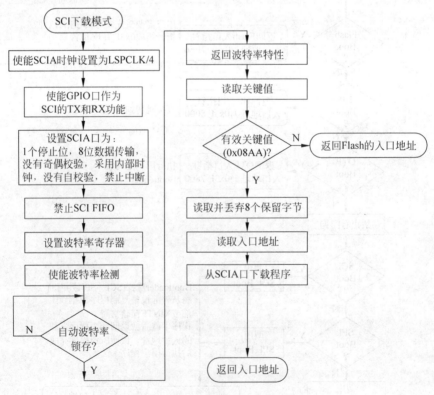

图 11.12　SCI_BOOT 功能概述

从 SCIA 口下载程序的流程图如图 11.13 所示。

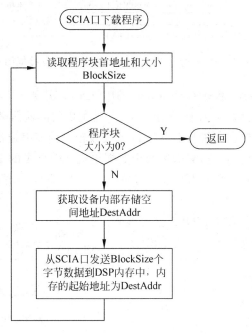

图 11.13　从 SCIA 口下载程序的流程

SCI 中读取数据块大小的程序流程如图 11.14 所示。

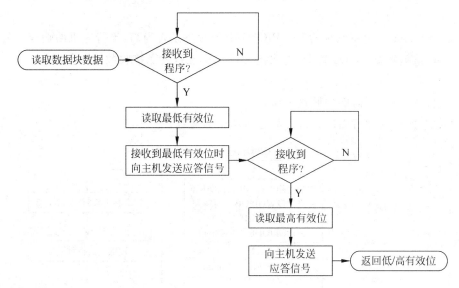

图 11.14　读取数据块大小的程序流程

## 11.3.9　并行 GPIO 口下载模式

并行 GPIO 口下载模式是一种异步传输模式,将程序代码通过 GPIOB 口下载到内部或 XINTF 存储空间中,程序数据流可以是 16 位也可以是 8 位数据格式。并行 GPIO 口下载模式的硬件连接框图如图 11.15 所示。

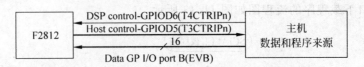

图 11.15　并行 GPIO 口下载模式的硬件连接框图

F2812 通过不断地检测/驱动 GPIOD5 和 GPIOD6 来实现与主机相互通信。F2812 与主机之间的握手信号协议如图 11.16 所示,F2812 与主机间的通信必须严格按照握手协议,这个握手协议比较宽松,允许主机与 F2812 以较快或较慢的速率通信。

如果选择的数据结构为 8 位,那么每两个数据组成一个单个的 16 位数据。数据读取时首先读取最低有效位(LSB),然后读取最高有效位(MSB),此时,只需要 GPIOB 口的低 8 位数据,高 8 位数据忽略。

DSP 准备发送数据时,将 GPIOD6 信号线置低,通知主机可以发送数据,主机接到 DSP 发送准备完毕信号后,将 GPIOD5 信号线置低,同时发送数据。整个发送协议时序如图 11.16 所示。

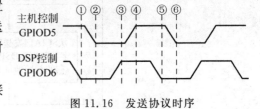

图 11.16　发送协议时序

① DSP 将 GPIOD6 置低,表明 DSP 准备接收数据。

② Bootloader 等待,直到主机发送数据,此时主机会把 GPIOD5 信号线拉低。

③ DSP 读取数据,当数据读取完毕后,DSP 会将 GPIOD6 置高,通知主机数据已经读取完毕。

④ Bootloader 通过不断地检测 GPIOD5 引脚状态是否为高,等待主机的响应信号。

⑤ DSP 重新将 GPIOD6 置低,再次向发送主机准备发送接收数据准备好信号。

……

每个数据的发送都需要按照这个协议。

图 11.17 所示为并行 GPIO 口下载程序的整体流程。

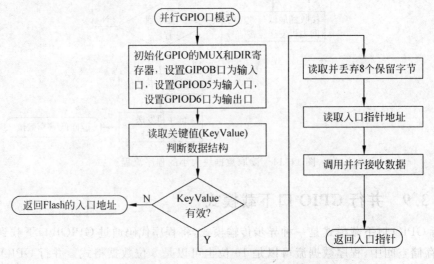

图 11.17　并行 GPIO 口下载程序的整体流程

图 11.18 所示为主机发送程序数据的整体流程。因为主机与 F2812 的通信是靠中间的握手信号(GPIOD5 和 GPIOD6)来实现的,所以通信协议对传输速率要求不是很严,主机与 F2812 的速率不匹配时也可以工作。例如,当主机向 F2812 发送数据时,同时会向 F2812 发送指示信号(令 GPIOD5 为低电平),当 F2812 检测到指示信号,就开始接收数据,当 F2812 接收数据完毕后又会向主机发送指示信号(令 GPIOD6 为高电平),主机接收到 F2812 的数据接收完毕指示信号后会向 F2812 发送一个响应信号(令 GPIOD5 为高电平),这样 F2812 与主机之间通过检测/驱动指示信号,来实现之间的通信。

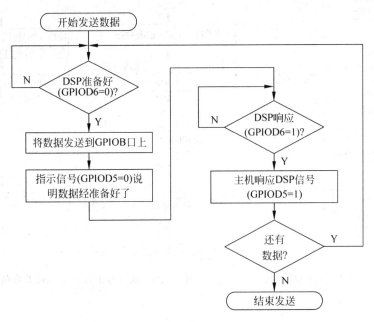

图 11.18　主机发送程序数据的整体流程

并行 GPIO 口下载复制程序的流程如图 11.19 所示。

图 11.20 所示为从并行接口获取一个字节数据的流程。这个程序的主要功能是从 GPIO 口上读取数据,数据结构可以是 8 位或 16 位。当数据格式为 16 位,那么程序读完数据后,直接返回读取的数据;如果数据格式为 8 位,那么系统会将先前读取的数据的高 8 位丢弃,只保留低 8 位有效,程序会第二次读取高有效位,读取的高有效位和低有效位共同组成一个 16 位的单一数据。

## 11.3.10　SPI 下载模式

SPI 下载是指将程序从外部存储空间通过 SPI 口下载到片内存储空间,然后执行程序。一般 SPI 下载时外部的存储空间使用 $E^2PROM$,且 $E^2PROM$ 兼容 SPI 接口,下载时,SPI 支持 8 位数据格式的数据流。具体的 $E^2PROM$ 与 F2812 的 SPI 接口设计的硬件原理如图 11.21 所示。

SPI 的 Boot ROM loader 主要是初始化 SPI 模块为一个 SPI 接口的设备,使得外部存储设备 $E^2PROM$ 可以通过 SPI 口下载程序。Bootloader 初始化 SPI 模块主要包括以下内容:

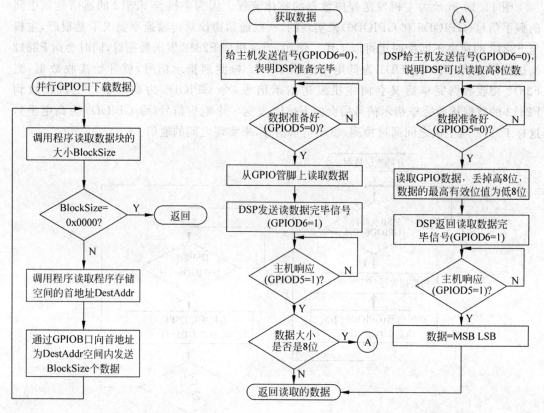

图 11.19　并行 GPIO 口下载复制
程序的流程

图 11.20　从并行 I/O 口上读取数据的流程

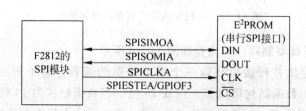

图 11.21　E²PROM 与 F2812 的 SPI 接口设计

（1）使能 FIFO。

（2）数据格式为 8 位。

（3）采用内部 SPICLK 主模式。

（4）时钟相位（clock phase）为 0，时钟极性（clock polarity）为 0。

（5）采用最慢的波特率。

　　如果采用外部设备下载程序，那么外部 SPI 接口设备一定要工作在从模式下，例如
E²PROM。当进入 SPI 下载模式，系统首先配置 SPI 引脚，然后初始化 SPI 模块，初始化
的速度应该尽量减慢。当 SPI 初始化完毕，SPI 读取了关键值（key value）后，用户可以
重新设置波特率和外部时钟。需要说明的是数据是以脉冲的形式从 E²PROM 中传输
出来，传输的数据都是以字节为单位，数据格式都为 8 位。下面将详细介绍 SPI 下载的

过程。

（1）初始化 SPI 口（将 GPIO 口设置为特殊功能口 SPI 口）。

（2）GPIOF3 作为 SPI 接口的 E²PROM 的片选信号。

（3）SPI 输出一个读 E²PROM 的命令信号。

（4）SPI 向 E²PROM 发送地址 0x0000，这个地址是主机规定 E²PROM 存放程序的首地址。

（5）下一个要获取的字节一定是 8 位数据流的关键值 0x08AA，如果接收到的字节不是 0x08AA，那么此次下载程序失败，系统将自动从 Flash 处启动。

（6）下两个字节用于改变低速外设时钟寄存器（LOSPCP）和波特率寄存器（SPIBRR）的值，首先接收到的数据是 LOSPCP 的值，然后接收到的是 SPIBRR 的值。下 7 个字节保留，用于将来 SPI 功能扩展，SPI Bootloader 读取这 7 个字节然后丢弃它。

（7）下两个字节为 32 位的入口指针地址，程序下载的目标地址。当程序下载成功后，系统将从这里执行程序。

（8）程序和代码将通过 SPI 口从外部存储空间复制到片内 RAM 中，数据是以标准的数据流形式发送的。当所有的数据发送完毕后，外设会向系统发送大小为 0x0000 的数据块，此时入口指针会迅速指到程序首地址处，开始执行程序。

E²PROM 发送数据以及 SPI 接收数据的流程如图 11.22～图 11.24 所示。

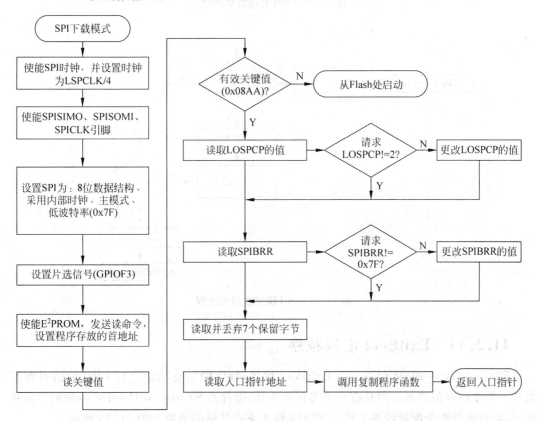

图 11.22　数据发送的流程

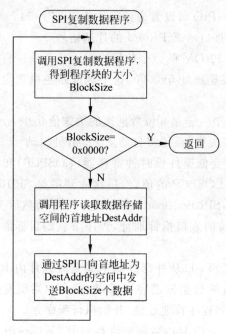

图 11.23　SPI 复制数据流程

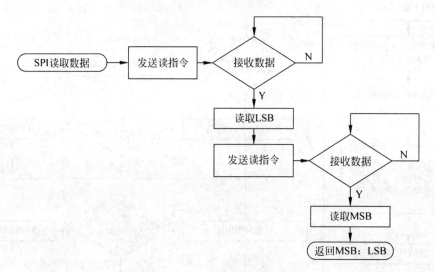

图 11.24　SPI 读取数据的流程

## 11.3.11　ExitBoot 汇编程序

F2812 的 Boot ROM 包含一个 ExitBoot 程序,程序的主要功能是将 CPU 的所有寄存器恢复到复位时的状态。但是有一个寄存器除外,寄存器 ST1 的 OBJMODE 位的值不会被改变,该位的功能为配置设备工作在 F2812 模式下。具体的流程如图 11.25 所示。

在 ExitBoot 程序中,具体恢复 CPU 寄存器的值情况如下:

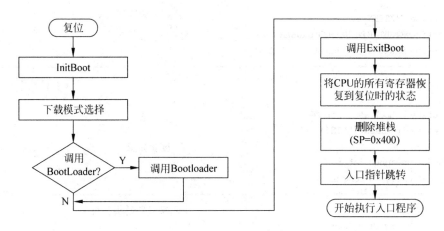

图 11.25  ExitBoot 程序流程

```
ACC = 0x0000 0000
RPC = 0x0000 0000
P = 0x0000 0000
XT = 0x0000 0000
ST0 = 0x0000
ST1 = 0x0A0B
XAR0 = XAR7 = 0x0000 0000
```

# 11.4  C 语言程序设计

在本节中将详细介绍每种启动方式的相关程序设计。相关的程序的实现需要硬件将相应的引脚置位,具体的每种启动方式的硬件设置可参考前面章节,在本节中主要以解释相关的程序设计为主,及相关启动方式的程序编写重点和步骤等。

## 11.4.1  F2812_Boot.h

```
// --------------------------------------------------------------------
//
// 文件：F2812_Boot.h
// 功能：F2812 Boot ROM 定义
//
// --------------------------------------------------------------------
#ifndef F2812_BOOT_H
#define F2812_BOOT_H
                                          // 固定 boot 入口指针
#define Flash_ENTRY_POINT 0x3F7FF6
#define OTP_ENTRY_POINT 0x3D7800
#define H0_ENTRY_POINT 0x3F8000
#define PASSWORD_LOCATION 0x3F7FF8
                                          // 其他常量定义
#define ERROR 1
#define NO_ERROR 0
#define EIGHT_BIT 8
```

```
# define SIXTEEN_BIT 16
# define EIGHT_BIT_HEADER 0x08AA
# define SIXTEEN_BIT_HEADER 0x10AA
// --------------------------------------------------------------------
// 公共 CPU 定义
//
# define EALLOW asm("EALLOW");
# define EDIS asm("EDIS");
                                              // 变量定义
typedef unsigned int ui16;
typedef unsigned long ui32;
// --------------------------------------------------------------------
                                              // 调用外设头文件
# include "SysCtrl_Boot.h"
# include "SPI_Boot.h"
# include "SCI_Boot.h"
# include "Parallel_Boot.h"
# endif // end of DSP28_DEVICE_H definition
// --------------------------------------------------------------------
;; 文件：Init_Boot.asm
;; 功能：
;; _InitBoot
;; _ExitBoot
// --------------------------------------------------------------------
.def _InitBoot
.ref _SelectBootMode
.sect ".Version"
.word 0x0001 ;                                // F2810/12 Boot ROM 版本 1
.word 0x0302 ;                                // 月/年：3/02
.sect ".Checksum" ;
.long 0x70F3099C ;                            // 最低有效位为 32b
.long 0x00000402 ;                            // 最高有效位为 32b
.sect ".InitBoot"
;--------------------------------------------------------------------
; _InitBoot 初始化 boot 程序
;--------------------------------------------------------------------
; 模块功能
; (1) 初始化堆栈指针
; (2) 设置设备工作在 F2812 模式
; (3) 调用主 boot 功能
; (4) 调用跳出程序
;--------------------------------------------------------------------
_InitBoot：
                                              // 初始化堆栈指针
__stack：.usect ".stack", 0
MOV SP, #__stack ;                            // 初始化堆栈指针
                                              // 初始化设备，使设备工作在 F2812 模式下
C28OBJ ;                                      // 28 工作模式
C28ADDR ;                                     // 选择 28 地址
C28MAP ;                                      // 选择 M0/M1 作为 28 的工作模式
CLRC PAGE0 ;                                  // 用堆栈地址模式
```

```
MOVW DP,＃0 ;                                    // 初始化 DP 指针，指到低 64K 地址处
CLRC OVM
SPM 0                                           // 设置 PM 移位为 0
// 读取密码地址，只有到那个密码被擦除 CSM 才会解锁，否则读取操作不会改变 CSM 的状态
MOVL XAR1,＃0x3F7FF8;
MOVL XAR0,＊XAR1++
MOVL XAR0,＊XAR1++
MOVL XAR0,＊XAR1++
MOVL XAR0,＊XAR1
                                                // 判断下载方式
LCR _SelectBootMode
BF _ExitBoot,UNC
;------------------------------------------------------------------------
; _ExitBoot
;------------------------------------------------------------------------
// 一般在程序结束时调用 ExitBoot 程序
//（1）确保堆栈没有被分配
//（2）在使用 LRETR 跳转到入口指针时，将堆栈清零此时 RPC 将为 0，向 RPC
// 装载中装载入口指针
//（3）清除所有的 XARn 寄存器
//（4）清除 ACC、P、XT 寄存器
//（5）LRETR 也会清除 RPC 寄存器，因为堆栈被清零
;------------------------------------------------------------------------
_ExitBoot:
;------------------------------------------------------------------------
MOV SP,＃ _stack
;------------------------------------------------------------------------
// 清除堆栈的底部
;------------------------------------------------------------------------
MOV ＊SP++ ,＃0
MOV ＊SP++ ,＃0
;------------------------------------------------------------------------
// 装载 RPC 入口指针（由模式决定的），这个地址将返回到 ACC 寄存器中
;------------------------------------------------------------------------
PUSH ACC
POP RPC
;------------------------------------------------------------------------
// 将寄存器设置到复位时的状态
// 清除所有的 XARn、ACC、XT、P 和 DP 寄存器
// 注意：保持设备工作在 F2812 模式下
//（OBJMODE = 1, AMODE = 0）
;------------------------------------------------------------------------
ZAPA
MOVL XT,ACC
MOVZ AR0,AL
MOVZ AR1,AL
MOVZ AR2,AL
MOVZ AR3,AL
MOVZ AR4,AL
MOVZ AR5,AL
MOVZ AR6,AL
```

```
MOVZ AR7,AL
MOVW DP, # 0
;-------------------------------------------------------------------------
// 重新存储 ST0 和 ST1,注意 OBJMODE 是唯一的一位没有存储到复位时的状态
;-------------------------------------------------------------------------
MOV * SP++ , # 0
MOV * SP++ , # 0x0A0B
POP ST1
POP ST0
;-------------------------------------------------------------------------
// 跳转到模式选择确定的入口地址处,继续执行程序
;-------------------------------------------------------------------------
LRETR
```

## 11.4.2　SelectMode_Boot.c(模式选择)

```
// -------------------------------------------------------------------------
// 文件:SelectMode_Boot.c
//
// F2812 模式选择程序
//
// 功能函数原型
// -------------------------------------------------------------------------
// Uint32   SelectBootMode(void)
// inline void SelectMode_GPOISelect(void)
// -------------------------------------------------------------------------
# include "F2812_Boot.h"
inline void SelectMode_GPIOSelect(void);
                                // 模式选择所需的 I/O 口,以及 I/O 口状态与模式的关系
// GPIOF4 GPIOF12 GPIOF3 GPIOF2
// (SCITXDA)(MDXA)(SPISTEA)(SPICLKA) Mode Selected
// 1 x x x Jump to Flash address 0x3F 7FF6
// 0 1 x x Call SPI_Boot
// 0 0 1 1 Call SCI_Boot
// 0 0 1 0 Jump to H0 SARAM
// 0 0 0 1 Jump to OTP
// 0 0 0 0 Call Parallel_Boot
# define MODE_PIN1 0x0010                        // GPIOF4
# define MODE_PIN2 0x1000                        // GPIOF12
# define MODE_PIN3 0x0008                        // GPIOF3
# define MODE_PIN4 0x0004                        // GPIOF2
                                // F2812 的模式选择只与下面的 I/O 口有关
# define MODE_MASK (MODE_PIN1 | MODE_PIN2 | MODE_PIN3 | MODE_PIN4)
                                // 使用 I/O 口的状态定义模式
# define Flash_MASK (MODE_PIN1)
# define SPI_MASK (MODE_PIN1 | MODE_PIN2)
# define SCI_MASK (MODE_PIN1 | MODE_PIN2 | MODE_PIN3 | MODE_PIN4)
# define H0_MASK (MODE_PIN1 | MODE_PIN2 | MODE_PIN3 | MODE_PIN4)
# define OTP_MASK (MODE_PIN1 | MODE_PIN2 | MODE_PIN3 | MODE_PIN4)
```

```
#define PARALLEL_MASK (MODE_PIN1 | MODE_PIN2 | MODE_PIN3 | MODE_PIN4)
                                        // 定义在选择下载方式时，哪些引脚必须设置
#define Flash_MODE (MODE_PIN1)
#define SPI_MODE (MODE_PIN2)
#define SCI_MODE (MODE_PIN3 | MODE_PIN4)
#define HO_MODE (MODE_PIN3)
#define OTP_MODE (MODE_PIN4)
#define PARALLEL_MODE 0x0000
Uint32   SelectBootMode()
{
Uint32   EntryAddr;
Uint16   BootMode;
SelectMode_GPIOSelect();
BootMode = GPIODataRegs.GPFDAT.all & MODE_MASK;
                                // 首先检测哪个模式不需要 Bootloader(Flash/HO/OTP)
if( (BootMode & Flash_MASK) == Flash_MODE ) return Flash_ENTRY_POINT;
if( (BootMode & HO_MASK) == HO_MODE) return HO_ENTRY_POINT;
if( (BootMode & OTP_MASK) == OTP_MODE) return OTP_ENTRY_POINT;
                                // 另外禁止看门狗并检测下载模式
WatchDogDisable();
if( (BootMode & SCI_MASK) == SCI_MODE) EntryAddr = SCI_Boot();
else if( (BootMode & SPI_MASK) == SPI_MODE) EntryAddr = SPI_Boot();
else EntryAddr = Parallel_Boot();
WatchDogEnable();
return EntryAddr;
}
// ----------------------------------------------------------------------
                                        // inline void SelectMode_GPIOSelect(void)
// ----------------------------------------------------------------------
                                        // Enable GP I/O port F as an input port.
// ----------------------------------------------------------------------
inline void SelectMode_GPIOSelect()
{
EALLOW;
                // 设置 GPIOF 口都是普通 I/O 口，0 代表普通 I/O 口，1 代表特殊功能口
GPIOMuxRegs.GPFMUX.all = 0x0000;
                                // 设置 GPIOF 口都是输入口，0 代表输入，1 代表输出
GPIOMuxRegs.GPFDIR.all = 0x0000;
EDIS;
}
```

## 11.4.3　SCI_Boot.c(SCI 下载模式)

```
// ----------------------------------------------------------------------
// 文件：SCI_Boot.c
//
// 功能函数原型
// ----------------------------------------------------------------------
// Uint32   SCI_Boot(void)
// inline void SCIA_GPIOSelect(void)
```

```
// inline void SCIA_SysClockEnable(void)
// inline void SCIA_Init(void)
// inline void SCIA_AutobaudLock(void)
// inline Uint16   SCIA_CheckKeyVal(void)
// inline void SCIA_ReservedFn(void)
// Uint32   SCIA_GetLongData(void)
// Uint32   SCIA_GetWordData(void)
// void SCIA_CopyData(void)
// ----------------------------------------------------------------
# include "F2812_Boot.h"
// 私有功能函数
inline void SCIA_GPIOSelect(void);
inline void SCIA_Init(void);
inline void SCIA_AutobaudLock(void);
inline Uint16   SCIA_CheckKeyVal(void);
inline void SCIA_ReservedFn(void);
inline void SCIA_SysClockEnable(void);
Uint32   SCIA_GetLongData(void);
Uint16   SCIA_GetWordData(void);
void SCIA_CopyData(void);
                                              // SCIA 控制寄存器的数据块
# pragma DATA_SECTION(SCIARegs,".SCIARegs");
volatile struct SCI_REGS SCIARegs;
// ----------------------------------------------------------------
// Uint32   SCI_Boot(void)
// ----------------------------------------------------------------
// 整个模块是 SCI 口下载方式的主要程序,通过 SCIA 口下载程序调用该程序后,会返回一个入口
// 指针地址,用于跳转到 InitBoot,InitBoot 程序结束后会调用 ExitBoot 程序
// ----------------------------------------------------------------
Uint32   SCI_Boot()
{
Uint32   EntryAddr;
Uint16   ErrorFlag;
SCIA_SysClockEnable();
SCIA_GPIOSelect();
SCIA_Init();
SCIA_AutobaudLock();
                                    // 如果获取的关键值有效,程序将自动从 Flash 处启动
ErrorFlag = SCIA_CheckKeyVal();
if (ErrorFlag == ERROR) return Flash_ENTRY_POINT;
SCIA_ReservedFn();
EntryAddr = SCIA_GetLongData();
SCIA_CopyData();
return EntryAddr;
}
// ----------------------------------------------------------------
// void SCIA_GPIOSelect(void)
// ----------------------------------------------------------------
// 函数功能: 使能 GPIO 为特殊功能口,即 SCIA 口
// ----------------------------------------------------------------
inline void SCIA_GPIOSelect()
```

```
{
EALLOW
GPIOMuxRegs.GPFMUX.all = 0x0030;
EDIS
}
// -----------------------------------------------------------------
// void SCIA_Init(void)
// -----------------------------------------------------------------
// 函数功能：使能 SCIA 口用于与主机通信
// -----------------------------------------------------------------
inline void SCIA_Init()
{
                                            // 只使能 FIFO 复位
SCIARegs.SCIFFTX.all = 0x8000;
                          // 1 位停止位，没有奇偶校验，8 位数据结构，没有自校验
SCIARegs.SCICCR.all = 0x0007;
                                    // 使能发送、接收，使用内部时钟
SCIARegs.SCICTL1.all = 0x0003;
                // 禁止接收错误检查、休眠位、发送唤醒位、发送接收中断位、接收中断位
SCIARegs.SCICTL2.all = 0x0000;
                                        // 复位后自动释放 SCIA 口
SCIARegs.SCICTL1.all = 0x0023;
return;
}
// -----------------------------------------------------------------
// void SCIA_AutobaudLock(void)
// -----------------------------------------------------------------
// 执行自动锁存主机的波特率，需要说明的是如果没有设置自动波特率，那么程序将在这里终止，
// 认为没有超时机制
// -----------------------------------------------------------------
inline void SCIA_AutobaudLock()
{
Uint16  byteData;
                                // 必须首先设置波特率寄存器的值大于等于 1
SCIARegs.SCILBAUD = 1;
                // 等待波特率检测，使能 CDC 位以使能波特率检测，并且清除 ABD 位的值
SCIARegs.SCIFFCT.all = 0x2000;
                                    // 等待我们正确读取一个 A 或 a 并锁存
while(SCIARegs.SCIFFCT.bit.ABD != 1) {}
                                    // 当锁存波特率后，清除 CDC 位
SCIARegs.SCIFFCT.bit.CDC = 0;
while(SCIARegs.SCIRXST.bit.RXRDY != 1) { }
byteData = SCIARegs.SCIRXBUF.bit.RXDT;
SCIARegs.SCITXBUF = byteData;
return;
}
// -----------------------------------------------------------------
// Uint16   SCIA_CheckKeyVal(void)
// -----------------------------------------------------------------
```

// 在程序的开始应该接收到一个正确的关键值 0x08 和 0xAA，如果接收到的数据不是，那么说明系统
// 接收数据错误，或者没有正确启动，此时系统会出现一个错误，并返回到主程序处

```
// ------------------------------------------------------------------
inline Uint16   SCIA_CheckKeyVal()
{
Uint16   wordData;
wordData = SCIA_GetWordData();
if(wordData != EIGHT_BIT_HEADER) return ERROR;
                                                    // 未发现错误
return NO_ERROR;
}
// ------------------------------------------------------------------
// void SCIA_ReservedFn(void)
// ------------------------------------------------------------------
// 这个函数用于读取 8 个保留字节，读取这 8B 数据后，系统自动丢弃，这 8B 的空间主要用于未来
// 的开发
// ------------------------------------------------------------------
inline void SCIA_ReservedFn()
{
Uint16   i;
                                                    // 读取并丢弃 1 个字节
for(i = 1; i <= 8; i++)
{
SCIA_GetWordData();
}
return;
}
// ------------------------------------------------------------------
// Uint32   SCIA_GetLongData(void)
// ------------------------------------------------------------------
// 这个函数主要是从 SCIA 口中读取两个字的数据，并将数据组成一个单一的 32 位数据，前提是主
// 机发送数据是采用先发送高位然后再发送低位的格式
// ------------------------------------------------------------------
Uint32   SCIA_GetLongData()
{
Uint32   longData = (Uint32 )0x00000000;
                                            // 获取 32 位数据的高 16 位
longData = ( (Uint32 )SCIA_GetWordData() << 16);
                                            // 获取 32 位数据的低 16 位
longData |= (Uint32 )SCIA_GetWordData();
return longData;
}
// ------------------------------------------------------------------
// Uint16   SCIA_GetWordData(void)
// ------------------------------------------------------------------
// 这个函数主要是从 SCIA 口中读取两个字节的数据，并将数据组成一个单一的 16 位数据，前提是
// 主机发送数据是采用先发送高位然后再发送低位的格式
// ------------------------------------------------------------------
Uint16   SCIA_GetWordData()
{
Uint16   wordData;
Uint16   byteData;
wordData = 0x0000;
```

```
byteData = 0x0000;
                                    // 获取低位, 检测并返回给主机
while(SCIARegs.SCIRXST.bit.RXRDY != 1) { }
wordData = (Uint16 )SCIARegs.SCIRXBUF.bit.RXDT;
SCIARegs.SCITXBUF = wordData;
                                    // 获取高位, 检测并返回给主机
while(SCIARegs.SCIRXST.bit.RXRDY != 1) { }
byteData = (Uint16 )SCIARegs.SCIRXBUF.bit.RXDT;
SCIARegs.SCITXBUF = byteData;
                                    // 数据的组成为 MSB:LSB
wordData |= (byteData << 8);
return wordData;
}
// ----------------------------------------------------------------------
// void SCIA_CopyData(void)
// ----------------------------------------------------------------------
// 该函数是 SCIA 口程序复制函数, 程序将数据块从主机复制到指定的 RAM 空间, 且在复制过程中
// 没有错误检测, 当所有的数据都下载完毕后, 主机将发送一个数据块大小为 0x0000 的信号, 指
// 示数据发送完毕
// ----------------------------------------------------------------------
void SCIA_CopyData()
{
struct HEADER {
Uint16  BlockSize;
Uint32  DestAddr;
} BlockHeader;
Uint16  wordData;
Uint16  i;
                                    // 获取第一个数据块的大小
BlockHeader.BlockSize = SCIA_GetWordData();
// 当数据块的大小大于 0 就开始复制程序到首地址为 DestAddr 的空间中, 其中 DestAddr 为用户设
// 置的程序存放空间的首地址
while(BlockHeader.BlockSize != (Uint16 )0x0000)
{
BlockHeader.DestAddr = SCIA_GetLongData();
for(i = 1; i <= BlockHeader.BlockSize; i++ )
{
wordData = SCIA_GetWordData();
*(Uint16   * )BlockHeader.DestAddr++ = wordData;
}
// Get the size of the next block
BlockHeader.BlockSize = SCIA_GetWordData();
}
return;
}
// ----------------------------------------------------------------------
// inline void SCIA_SysClockEnable(void)
// ----------------------------------------------------------------------
// 函数功能: 使能 SCIA 口时钟
// ----------------------------------------------------------------------
inline void SCIA_SysClockEnable()
```

```
{
EALLOW;
SysCtrlRegs. PCLKCR. bit. SCIAENCLK = 1;
SysCtrlRegs. LOSPCP. all = 0x0002;
EDIS;
}
```

## 11.4.4    Parallel_Boot. c(并行 I/O 口下载模式)

```
// --------------------------------------------------------------------
//
// F2812 并行 GPIO 下载模式的程序代码
//
// 功能函数
// Uint32   Parallel_Boot(void)
// inline void Parallel_GPIOSelect(void)
// inline Uint16   Parallel_CheckKeyVal(void)
// invline void Parallel_ReservedFn(void)
// Uint32   Parallel_GetLongData(Uint16   DataSize)
// Uint16   Parallel_GetWordData(Uint16   DataSize)
// void Parallel_CopyData(Uint16   DataSize)
// void Parallel_WaitHostRdy(void)
// void Parallel_HostHandshake(void)
/// -------------------------------------------------------------------
# include "F2812_Boot. h"
                                        // 私有功能定义
inline void Parallel_GPIOSelect(void);
inline Uint16   Parallel_CheckKeyVal(void);
inline void Parallel_ReservedFn();
Uint32   Parallel_GetLongData(Uint16   DataSize);
Uint16   Parallel_GetWordData(Uint16   DataSize);
void Parallel_CopyData(Uint16   DataSize);
void Parallel_WaitHostRdy(void);
void Parallel_HostHandshake(void);
# define HOST_DATA_NOT_RDY GPIODataRegs. GPDDAT. bit. GPIOD5! = 0
# define WAIT_HOST_ACK GPIODataRegs. GPDDAT. bit. GPIOD5! = 1
                // 通过改变 GPIOD6 的值来实现产生 DSP 应答信号和清除 DSP 的读准备好信号
# define DSP_ACK GPIODataRegs. GPDSET. all = 0x0040
# define DSP_RDY GPIODataRegs. GPDCLEAR. all = 0x0040
# define DATA GPIODataRegs. GPBDAT. all
                                // GPIO 的控制和数据寄存器对应的数据段
# pragma DATA_SECTION(GPIODataRegs, ". GPIODataRegs");
volatile struct GPIO_DATA_REGS GPIODataRegs;
# pragma DATA_SECTION(GPIOMuxRegs, ". GPIOMuxRegs");
volatile struct GPIO_MUX_REGS GPIOMuxRegs;
# endif
// --------------------------------------------------------------------
// Uint32   Parallel_Boot(void)
// --------------------------------------------------------------------
// 这个程序模块是并行 GPIO 下载模式的主要程序，数据程序通过 GPIOB 口下载，其中这种模式支
```

```
// 持8位或16位数据流。当传输的数据流为8位时，定义先传输高位，然后再传输低位，该程序
// 将返回一个入口指针地址，指向InitBoot程序，当程序执行完毕后，将调用ExitBoot程序
// --------------------------------------------------------------------
Uint32  Parallel_Boot()
{
Uint32  EntryAddr;
Uint16  DataSize;
Parallel_GPIOSelect();
DataSize = Parallel_CheckKeyVal();
if (DataSize == ERROR) return Flash_ENTRY_POINT;
Parallel_ReservedFn(DataSize);
EntryAddr = Parallel_GetLongData(DataSize);
Parallel_CopyData(DataSize);
return EntryAddr;
}
// --------------------------------------------------------------------
// void Parallel_GPIOSelect(void)
// --------------------------------------------------------------------
// 使能GPIOB引脚，同时使能主机和DSP之间的握手信号线
// --------------------------------------------------------------------
inline void Parallel_GPIOSelect()
{
EALLOW;
                              // GPIOB口设置为普通I/O口，0代表普通I/O口，1代表特殊功能口
GPIOMuxRegs.GPBMUX.all = 0x0000;
// 设置GPIOD5和GPIOD6口为普通I/O口，在程序中作为DSP和主机之间的握手信号线
GPIOMuxRegs.GPDMUX.all &= 0xFF9F;
// GPIOB口都设置为输入口，D5作为主机控制口，设置成输入口；D6作为DSP返回
// 的应答信号，设置成输出口。其中寄存器的值为0代表输入，1代表输出
GPIOMuxRegs.GPDDIR.bit.GPIOD6 = 1;
GPIOMuxRegs.GPDDIR.bit.GPIOD5 = 0;
GPIOMuxRegs.GPBDIR.all = 0x0000;
EDIS;
}
// --------------------------------------------------------------------
// void Parallel_CheckKeyVal(void)
// --------------------------------------------------------------------
// 判断接收到的数据为8位还是16位格式，如果都不是那么将返回错误。需要说明的是如果主机
// 没有作出反应，那么程序将一直在此中断，这里将没有超时机制
// --------------------------------------------------------------------
inline Uint16  Parallel_CheckKeyVal()
{
Uint16  wordData;
// 从平行GPIO口上获取一个字节数据，然后与16位数据关键值相比，如果不是16位数据，然后再
// 与8位数据关键值相比
wordData = Parallel_GetWordData(SIXTEEN_BIT);
if(wordData == SIXTEEN_BIT_HEADER) return SIXTEEN_BIT;
// 如果不是8位数据结构模式，那么检查16位数据结构模式
// 调用获取数据程序(16位数据结构)，此时用户只需获取关键值的高有效位，可以忽略高8位，和
// 前面的字节组成关键值
wordData = wordData & 0x00FF;
```

```
wordData |= Parallel_GetWordData(SIXTEEN_BIT) << 8;
if(wordData == EIGHT_BIT_HEADER) return EIGHT_BIT;
                            // 如果获取的关键值不是16位数据也不是8位数据的关键值，那么将返回错误
else return ERROR;
}
// ------------------------------------------------------------------
// void Parallel_ReservedFn(void)
// ------------------------------------------------------------------
// 这个函数用于读取8个保留字节，读取这8个字节数据后，系统自动丢弃，这8个字节的空间
// 主要用于未来的开发
// ------------------------------------------------------------------
inline void Parallel_ReservedFn(Uint16   DataSize)
{
Uint16  i;
                                            // 读取并丢弃8个字节

for(i = 1; i <= 8; i++)
{
Parallel_GetWordData(DataSize);
}
return;
}
// ------------------------------------------------------------------
// void Parallel_CopyData(void)
// ------------------------------------------------------------------
// 该函数是并行GPIO口程序复制函数，程序将数据块从主机复制到指定的RAM空间，且在复制过
// 程中没有错误检测。当所有的数据都下载完毕后，主机将发送一个数据块大小为0x0000的信号，
// 指示数据发送完毕
// ------------------------------------------------------------------
void Parallel_CopyData(Uint16   DataSize)
{
struct HEADER {
Uint16   BlockSize;
Uint32   DestAddr;
} BlockHeader;
Uint16  wordData;
Uint16  i;
                                            // 获取第一个数据块的大小
BlockHeader.BlockSize = Parallel_GetWordData(DataSize);
// 当数据块的大小大于0就开始复制程序到首地址为DestAddr的空间中，其中DestAddr为用户设
// 置的程序存放空间的首地址
while(BlockHeader.BlockSize != (Uint16 )0x0000)
{
BlockHeader.DestAddr = Parallel_GetLongData(DataSize);
for(i = 1; i <= BlockHeader.BlockSize; i++)
{
wordData = Parallel_GetWordData(DataSize);
*(Uint16   *)BlockHeader.DestAddr++ = wordData;
}
                                            // 获取下一个数据块的大小
BlockHeader.BlockSize = Parallel_GetWordData(DataSize);
}
```

```
return;
}
// --------------------------------------------------------------------
// Uint16   Parallel_GetWordData(Uint16 DataSize)
// --------------------------------------------------------------------
```
// 这个函数主要是从 GPIO 口中读取一个 16 位字，函数中的参数为 DataSize。如果 DataSize 为 16
// 位，那么输入的数据流也应该为 16 位数据。函数的功能为获取一个单一字节的数据，然后将数
// 据返回给主机
// 如果 DataSize 为 8 位，那么输入的数据流也应为 8 位格式，且 GPIO 的高 8 位将被忽略，在这种
// 情况下，首先从 GPIO 口获取低有效位，然后再获取高有效位，获取的两个字节组成一个单一的
// 16 位数据，然后传输给主机。注意，在这种情况下，主机的输出流的顺序为先低有效位然后再
// 高有效位
```
// --------------------------------------------------------------------
Uint16   Parallel_GetWordData(Uint16  DataSize)
{
Uint16   wordData;
                    // 获取一个字节数据，如果是在 16 位数据结构情况下，那么处理已完成
Parallel_WaitHostRdy();
wordData = DATA;
Parallel_HostHandshake();
              // 如果获取的是 8 位数据结构，那么首先获取的是低有效位，然后是高有效位
if(DataSize == EIGHT_BIT) {
wordData = wordData & 0x00FF;
Parallel_WaitHostRdy();
wordData |= (DATA << 8);
Parallel_HostHandshake();
}
return wordData;
}
// --------------------------------------------------------------------
// Uint32   Parallel_GetLongData(Uint16 DataSize)
// --------------------------------------------------------------------
```
// 程序从 GPIO 引脚上获取两个字节数据，然后将它们组成一个单一的 32 位数据，前提是主机发送
// 数据的格式为 MSB:LSB
```
// --------------------------------------------------------------------
Uint32   Parallel_GetLongData(Uint16 DataSize)
{
Uint32   longData;
longData = ( (Uint32 )Parallel_GetWordData(DataSize) )<< 16;
longData |= (Uint32 )Parallel_GetWordData(DataSize);
return longData;
}
// --------------------------------------------------------------------
// void Parallel_WaitHostRdy(void)
// --------------------------------------------------------------------
```
// 程序主要是通知主机 DSP 已经准备接收数据了，然后 DSP 等待主机发送信号（数据已经发送到
// GPIO 引脚上）
```
// --------------------------------------------------------------------
void Parallel_WaitHostRdy()
{
DSP_RDY;
```

```
while(HOST_DATA_NOT_RDY) { }
}
// ----------------------------------------------------------------------------
// void Parallel_HostHandshake(void)
// ----------------------------------------------------------------------------
// 程序主要是通知主机 DSP 已经接收了数据，DSP 等待主机的应答信号
// ----------------------------------------------------------------------------
void Parallel_HostHandshake()
{
DSP_ACK;
while(WAIT_HOST_ACK) { }
}
```

## 11.4.5　SPI_Boot.c(SPI 口下载模式)

```
// ----------------------------------------------------------------------------
// 文件：SPI_Boot.c
//
// F2812 SPI 下载模式程序
//
// 功能函数：
// Uint32   SPI_Boot(void)
// inline void SPIA_GPIOSelect(void)
// inline void SPIA_SysClockEnable(void)
// inline void SPIA_Init(void)
// inline void SPIA_Transmit(u16 cmdData)
// inline Uint16   SPIA_CheckKeyVal(void)
// inline void SPIA_ReservedFn(void);
// Uint32   SPIA_GetLongData(void)
// Uint32   SPIA_GetWordData(void)
// void SPIA_CopyData(void)
// ----------------------------------------------------------------------------
# include "F2812_Boot.h"
# pragma DATA_SECTION(SPIARegs, ".SPIARegs");
volatile struct SPI_REGS SPIARegs;
                                        // 私有功能函数
inline void SPIA_GPIOSelect(void);
inline void SPIA_Init(void);
inline Uint16   SPIA_Transmit(Uint16   cmdData);
inline Uint16   SPIA_CheckKeyVal(void);
inline void SPIA_ReservedFn(void);
inline void SPIA_SysClockEnable(void);
Uint32   SPIA_GetLongData(void);
Uint16   SPIA_GetWordData(void);
void SPIA_CopyData(void);
// ----------------------------------------------------------------------------
// Uint32   SPI_Boot(void)
// ----------------------------------------------------------------------------
// This module is the main SPI boot routine.
// It will load code via the SPI - A port.
```

```
//
// It will return a entry point address back
// to the ExitBoot routine.
// 这个程序是 SPI 下载模式的主要程序,该程序将返回一个入口指针地址到 ExitBoot 程序处
// ----------------------------------------------------------------
Uint32  SPI_Boot()
{
Uint32  EntryAddr;
Uint16  ErrorFlag;
SPIA_SysClockEnable();
SPIA_GPIOSelect();
SPIA_Init();
                                    // 1. 使能 E² PROM 的片选信号
GPIODataRegs.GPFCLEAR.bit.GPIOF3 = 1;
                                    // 2. 使能 E² PEOM,并发送读取 E² PROM 的命令
SPIA_Transmit(0x0300);
                                    // 3. 设置 E² PROM 的起始地址(16b)
SPIA_GetWordData();
                                    // 4. 检查数据流格式是否为 8b,否则从 Flash 处启动
ErrorFlag = SPIA_CheckKeyVal();
if (ErrorFlag != 0) return Flash_ENTRY_POINT;
                                    // 4a.检查改变的时钟速度和保留字
SPIA_ReservedFn();
                                    // 5. 获取下载后的入口指针地址
EntryAddr = SPIA_GetLongData();
                                    // 6. 接收并将代码段复制到目的空间内
SPIA_CopyData();
                                    // 7. 禁止使能 E² PROM
GPIODataRegs.GPFSET.bit.GPIOF3 = 1;
return EntryAddr;
}
// ----------------------------------------------------------------
// void SPIA_GPIOSelect(void)
// ----------------------------------------------------------------
// 使能 SPI 引脚作为特殊功能口
// ----------------------------------------------------------------
inline void SPIA_GPIOSelect()
{
EALLOW
                                    // 使能 SPISIMO/SPISOMI/SPICLK 口
GPIOMuxRegs.GPFMUX.all = 0x0007;
                                    // SPISTE 作为输出引脚
GPIOMuxRegs.GPFDIR.all = 0x0008;
                                    // 设置 E² PROM 的片选使能为高
GPIODataRegs.GPFDAT.all = 0x0008;
EDIS
}
// ----------------------------------------------------------------
// void SPIA_Init(void)
// ----------------------------------------------------------------
                                    // 初始化 SPI 口,用于与主机通信
```

```
inline void SPIA_Init()
{
                                                // 使能 FIFO 复位
SPIARegs.SPIFFTX.all = 0x8000;
                                                // 8 位数据结构
SPIARegs.SPICCR.all  = 0x0007;
                                                // 采用内部时钟、主模式、会话模式
SPIARegs.SPICTL.all = 0x000E;
                                                // 采用较慢的波特率
SPIARegs.SPIBRR = 0x007f;
                                                // 释放 SPIA 口
SPIARegs.SPICCR.all  = 0x0087;
return;
}
// ------------------------------------------------------------------------
// void SPIA_Transmit(void)
// ------------------------------------------------------------------------
// 通过 SPI 口发送一个字节
// ------------------------------------------------------------------------
inline Uint16  SPIA_Transmit(Uint16  cmdData)
{
Uint16   recvData;
                                                // 发送数据 recvData
SPIARegs.SPITXBUF = cmdData;
while( (SPIARegs.SPISTS.bit.INT_FLAG) != 1);
                                                // 清除中断标志位，接收返回的数据
recvData = SPIARegs.SPIRXBUF;
return recvData;
}
// ------------------------------------------------------------------------
// Uint16   SPIA_CheckKeyVal(void)
// ------------------------------------------------------------------------
// 获取关键值，如果下载正确将会获取到的关键值为 0x08 0xAA。如果不是，那么说明下载不正常；
// 如果这样，将返回一个错误到主程序
// ------------------------------------------------------------------------
inline Uint16   SPIA_CheckKeyVal()
{
Uint16   wordData;
wordData = SPIA_GetWordData();
if(wordData != 0x08AA) return ERROR;
                                                // 没有错误
return NO_ERROR;
}
// ------------------------------------------------------------------------
// void SPIA_ReservedFn(void)
// ------------------------------------------------------------------------
// 函数的功能为读取头文件中 8 个保留的字节，第一个字节是 LOSPCP 和 SPIBRR 寄存器的参数 0xMSB；
// LSB。其中 LSB 是一个 3 位数据，对应 LOSPCP 的值；MSB 是一个 6 位数据，用于 SPIBRR 寄存器的
// 升级。如果所有的位都为默认值，那么系统的速度将不会改变，默认值为 LOSPCP = 0x02，SPIBRR =
// 0x7F，读取默认值并丢弃，然后返回到主程序处
// ------------------------------------------------------------------------
```

```
inline void SPIA_ReservedFn()
{
Uint16   speedData;
Uint16   i;
speedData = (Uint16 )0x0000;
                                // 更新 LOSPCP 寄存器的值，如果字节中的数据不是保留数据 0x02
speedData = SPIA_Transmit((Uint16 )0x0000);
if(speedData != (Uint16 )0x0002)
{
EALLOW;
SysCtrlRegs.LOSPCP.all = speedData;
EDIS;
                                            // Dummy cycles
asm(" RPT #0x0F ||NOP");
}
                                // 更新 SPIBRR 寄存器的值，如果字节中的数据不是保留数据 0x7F
speedData = SPIA_Transmit((Uint16 )0x0000);
if(speedData != (Uint16 ) 0x007F)
{
SPIARegs.SPIBRR = speedData;
                                            // Dummy cycles
asm(" RPT #0x0F ||NOP");
}
                                    // 读取丢弃 7B 数据
for(i = 1; i <= 7; i++)
{
SPIA_GetWordData();
}
return;
}
// --------------------------------------------------------------------
// Uint32   SPIA_GetLongData(void)
// --------------------------------------------------------------------
// 程序为从 SPIA 口获取 2 个字数据，并将它们组成一个单一的 32 位数据，前提为主机发送数据的
// 格式为 MSW:LSW
// --------------------------------------------------------------------
Uint32   SPIA_GetLongData()
{
Uint32   longData = (Uint32 )0x00000000;
                                    // 获取高 16 位数据
longData = ( (Uint32 )SPIA_GetWordData() << 16);
                                    // 获取低 16 位数据
longData |= (Uint32 )SPIA_GetWordData();
return longData;
}
// --------------------------------------------------------------------
// Uint16   SPIA_GetWordData(void)
// --------------------------------------------------------------------
// 程序主要是从 SPIA 口获取 2B 的数据，并将数据组成一个 16 位数据，前提是主机发送数据的格
// 式为 MSB:LSB
// --------------------------------------------------------------------
```

```
Uint16   SPIA_GetWordData()
{
Uint16   wordData;
Uint16   byteData;
wordData = 0x0000;
                                      // 获取低有效位，检测并返回给主机
wordData = SPIA_Transmit(0x0000);
                                      // 获取高有效位，检测并返回给主机
byteData = SPIA_Transmit(0x0000);
                                      // 将高字节移到高有效位
wordData |= (byteData << 8);
return wordData;
}
// ----------------------------------------------------------------------------
// void SPIA_CopyData(void)
// ----------------------------------------------------------------------------
// 该函数是 SPIA 口程序复制函数，程序将数据块从主机复制到指定的 RAM 空间，且在复制过程中没
// 有错误检测。当所有的数据都下载完毕后，主机将发送一个数据块大小为 0x0000 的信号，指示
// 数据发送完毕
// ----------------------------------------------------------------------------
void SPIA_CopyData()
{
struct HEADER {
Uint16   BlockSize;
Uint32   DestAddr;
} BlockHeader;
Uint16   wordData;
Uint16   i;
                                      // 获取第一个数据块的大小
BlockHeader.BlockSize = SPIA_GetWordData();
// 当数据块的大小大于 0 就开始复制程序到首地址为 DestAddr 的空间中，其中 DestAddr 为用户
// 设置的程序存放空间的首地址
while(BlockHeader.BlockSize != (Uint16 )0x0000)
{
BlockHeader.DestAddr = SPIA_GetLongData();
for(i = 1; i <= BlockHeader.BlockSize; i++)
{
wordData = SPIA_GetWordData();
*(Uint16  *)BlockHeader.DestAddr++ = wordData;
}
                                      // 获取下一个数据块的大小
BlockHeader.BlockSize = SPIA_GetWordData();
}
return;
}
// ----------------------------------------------------------------------------
// ----------------------------------------------------------------------------
// inline void SPIA_SysClockEnable(void)
// ----------------------------------------------------------------------------
// 程序主要是使能 SPI 的时钟
// ----------------------------------------------------------------------------
```

```
inline void SPIA_SysClockEnable()
{
EALLOW;
SysCtrlRegs.PCLKCR.bit.SPIAENCLK = 1;
SysCtrlRegs.LOSPCP.all = 0x0002;
EDIS;
}
```

## 11.5 F2812 程序仿真与下载

对 F2812 程序通常进行仿真和下载两种操作,其中仿真一般是将程序下载到片内 RAM 空间中,然后直接执行程序;下载最常用的方式为通过仿真器将程序下载到片内 Flash 中,执行程序时,将程序从 Flash 复制到 RAM 中。其中基本的程序结构在前面几章已经详细介绍了,本节将主要介绍从片内 Flash 和片内 RAM 处运行应用程序的 CMD 文件的编写。改变 F2812 的运行方式主要是修改 CMD 文件。

### 11.5.1 从内部 Flash 运行应用程序

在 F2812 内部有 128K×16b Flash,分为 4 个 8K×16b 和 6 个 16K×16b 存储段,用户可以利用内部 Flash 空间永久地存储程序和数据。存储在 Flash 中的程序和数据在掉电后仍然被保存,所以在产品中。一般程序代码都是存储在 Flash 中。程序下载到片内 Flash 一般需要以下几步。

(1) 初始化 Flash 控制寄存器

初始化程序的功能是设置 Flash 控制寄存器(FOPT,FPWR,FSTDBYWAIT,FACTIVEWAIT,FBANKWAIT,FOTPWAIT)。因为这些寄存器不能在 Flash 内部执行,所以运行时需要将程序从 Flash 中复制到 RAM 中。CODE_SECTION 用于创造一个分离的 Flash 初始化功能的连接,例如如果想把 Flash 寄存器的内容映射到程序段 secureRamFuncs 内,那么采用 C 语言的程序代码为 #pragma CODE_SECTION(InitFlash, "secureRamFuncs")。

具体的初始化程序如下所示。

```
#pragma CODE_SECTION(InitFlash, "secureRamFuncs")
void InitFlash(void)
{
    asm(" EALLOW");                                   // 使能 EALLOW 保护的寄存器空间
    FlashRegs.FPWR.bit.PWR = 3;                       // Flash 设置成活动模式
    FlashRegs.FSTATUS.bit.V3STAT = 1;                 // 清除 3VSTAT 位
    FlashRegs.FSTDBYWAIT.bit.STDBYWAIT = 0x01FF;      // 等待状态时休眠
    FlashRegs.FACTIVEWAIT.bit.ACTIVEWAIT = 0x01FF;    // 等待和活动转变周期
    FlashRegs.FBANKWAIT.bit.RANDWAIT = 5;             // 随机获取等待时间
    FlashRegs.FBANKWAIT.bit.PAGEWAIT = 5;             // 多页访问的等待时间
    FlashRegs.FOTPWAIT.bit.OTPWAIT = 8;               // OTP 等待时间
    FlashRegs.FOPT.bit.ENPIPE = 1;                    // 使能 Flash 传递途径
    asm(" EDIS");                                     // 禁止 EALLOW 保护的寄存器
    asm(" RPT #6 || NOP");
```

```
}                                                    // 初始化 Flash 结束
```

**(2) 将 InitFlash()映射到程序段**

```
SECTIONS
{
    /*用户定义部分*/
        secureRamFuncs    :     LOAD = Flash_AB,  PAGE = 0
                                                 // 下载到 Flash 的目标空间
                                RUN = L0SARAM,    PAGE = 0
                                                 // 程序运行的 RAM 空间
                                LOAD_START(_secureRamFuncs_loadstart),
                                LOAD_END(_secureRamFuncs_loadend),
                                RUN_START(_secureRamFuncs_runstart)
}
```

**(3) 执行复制程序**

在程序执行前需要先定义要调用的变量：

```
extern Uint16 secureRamFuncs_loadstart;
extern Uint16 secureRamFuncs_loadend;
extern Uint16 secureRamFuncs_runstart;
```

在主程序文件中执行复制程序,将程序从 Flash 复制到 RAM 中。

```
memcpy(  &secureRamFuncs_runstart,
         &secureRamFuncs_loadstart,
         &secureRamFuncs_loadend - &secureRamFuncs_loadstart);
```

需要特别说明的是在复制前要保证 Flash 和 RAM 空间已经在 f2812_nonBIOS_flash.cmd 文件中定义了。

具体的 f2812_nonBIOS_flash.cmd 文件的定义程序如下：

```
MEMORY
{
PAGE 0:    /* 程序存储器 */
    L0SARAM     : origin = 0x008000, length = 0x001000    /*4K 大小的 L0 SARAM */
    OTP         : origin = 0x3D7800, length = 0x000400    /* 片内 OTP */
    Flash_IJ    : origin = 0x3D8000, length = 0x004000    /* 片内 Flash */
    Flash_GH    : origin = 0x3DC000, length = 0x008000
    Flash_EF    : origin = 0x3E4000, length = 0x008000
    Flash_CD    : origin = 0x3EC000, length = 0x008000
    Flash_AB    : origin = 0x3F4000, length = 0x003F80
    CSM_RSVD    : origin = 0x3F7F80, length = 0x000076
                                        /* FlashA 的一部分。当使用 CSM 时保留 */
    BEGIN_Flash : origin = 0x3F7FF6, length = 0x000002
                                        /* FlashA 的一部分。用于从 Flash 处启动模式 */
    PASSWORDS   : origin = 0x3F7FF8, length = 0x000008
                                        /* FlashA 的一部分。CSM 密码部分 */
    BEGIN_H0    : origin = 0x3F8000, length = 0x000002
                                        /* H0 空间。用于从 H0 处启动的下载模式 */
```

```
    HOSARAM        : origin = 0x3F8002, length = 0x001FFE
                                                           /* 8K H0 SARAM */

    BOOTROM        : origin = 0x3FF000, length = 0x000FC0
                                                  /* 当 MP/MCn = 0 时 Boot ROM 有效 */
    RESET          : origin = 0x3FFFC0, length = 0x000002
                              /* boot ROM (MP/MCn = 0) or XINTF Zone 7 (MP/MCn = 1) 部分 */
    VECTORS        : origin = 0x3FFFC2, length = 0x00003E
                              /* boot ROM (MP/MCn = 0)或 XINTF Zone 7 (MP/MCn = 1)部分 */

PAGE 1 :   /* 数据存储空间 */
    MOSARAM        : origin = 0x000000, length = 0x000400   /* 1K M0 SARAM */
    M1SARAM        : origin = 0x000400, length = 0x000400   /* 1K M1 SARAM */
    L1SARAM        : origin = 0x009000, length = 0x001000   /* 4K L1 SARAM */

}
SECTIONS
{
/*** 编译器需要部分 ***/
  /* 程序存储器部分(PAGE 0) */
    .text              : > Flash_AB,      PAGE = 0
    .cinit             : > Flash_CD,      PAGE = 0
    .const             : > Flash_CD,      PAGE = 0
    .econst            : > Flash_CD,      PAGE = 0
    .pinit             : > Flash_CD,      PAGE = 0
    .reset             : > RESET,         PAGE = 0, TYPE = DSECT
                                                    /* 用户没有用到 .reset 部分 */
    .switch            : > Flash_CD,      PAGE = 0

/* 数据存储器部分 (PAGE 1) */
    .bss               : > L1SARAM,       PAGE = 1
    .ebss              : > L1SARAM,       PAGE = 1
    .cio               : > MOSARAM,       PAGE = 1
    .stack             : > M1SARAM,       PAGE = 1
    .sysmem            : > L1SARAM,       PAGE = 1
    .esysmem           : > L1SARAM,       PAGE = 1

/*** 用户定义部分 ***/
    codestart          : > BEGIN_Flash,   PAGE = 0
                                              /* 被 CodeStartBranch.asm 文件调用 */
    csm_rsvd           : > CSM_RSVD,      PAGE = 0
                                                  /* 被 passwords.asm 文件调用 */
    passwords          : > PASSWORDS,     PAGE = 0
                                                  /* 被 passwords.asm 文件调用 */
    secureRamFuncs     : LOAD = Flash_AB,  PAGE = 0
                         RUN = LOSARAM,    PAGE = 0
                         LOAD_START(_secureRamFuncs_loadstart),
                         LOAD_END(_secureRamFuncs_loadend),
                         RUN_START(_secureRamFuncs_runstart)
}
```

从整个 f2812_nonBIOS_flash.cmd 文件中可以看出程序下载到 Flash 的目标空间为

Flash_AB,要复制到 RAM 的目标空间为 L0SARAM。文件规定程序首先下载到 Flash_AB,然后执行主程序时,将程序段复制到 L0SARAM 中执行。这就是 Flash 下载的过程,也是 Flash 下载的机制。

## 11.5.2 从内部 RAM 运行应用程序

从内部 RAM 运行程序实际上就是通常所说的在线仿真,电气开发平台通过仿真器与主机进行通信,主机将程序下载到片内 RAM 空间中。在.cmd 文件中将启动方式确定为从 H0 处启动时,系统上电后会自动从内部 RAM 处启动执行程序。具体的.cmd 文件如下所示。

```
MEMORY
{
PAGE 0 :
   RAMM0     : origin = 0x000000, length = 0x000400
                                    /* H0 空间,用于从 H0 处启动的下载模式 */
   BEGIN     : origin = 0x3F8000, length = 0x000002
   PRAMH0    : origin = 0x3F8002, length = 0x000FFE
                   /* 当从 XINTF Zone 7 处启动,那么 RESET 将作为装载复位向量空间 */
   RESET     : origin = 0x3FFFC0, length = 0x000002

PAGE 1 :

   /* 在本程序中 H0 被分成 PAGE0 和 PAGE1 两个部分 */
   RAMM1     : origin = 0x000400, length = 0x000400
   DRAMH0    : origin = 0x3f9000, length = 0x001000          // 数据空间
}
SECTIONS
{
   /* 设置下载模式为 H0 模式   */
   codestart    : > BEGIN,      PAGE = 0
   ramfuncs     : > PRAMH0      PAGE = 0
   .text        : > PRAMH0      PAGE = 0
   .cinit       : > PRAMH0,     PAGE = 0
   .pinit       : > PRAMH0,     PAGE = 0
   .switch      : > RAMM0,      PAGE = 0
   .reset       : > RESET,      PAGE = 0,TYPE = DSECT

   .stack       : > RAMM1,      PAGE = 1
   .ebss        : > DRAMH0,     PAGE = 1
   .econst      : > DRAMH0,     PAGE = 1
   .esysmem     : > DRAMH0,     PAGE = 1
}
```

# 第 12 章

# 基于TMS320F2812的电气平台开发设计

**要点提示**

本章主要讲述 F2812 的应用,具体介绍以 F2812 为核心的电气控制平台的设计,介绍相关外设的原理、硬件、软件设计等。本章是本书的精华,也是本书原理的总结,学习本章可以很好地帮助 DSP 软硬件工程师应用 F2812。

**学习重点**

(1) 各个模块的用途(设计的目的,模块具体工作),如何充分设计 F2812 的外设。如:总线可以扩展 SRAM、Flash,也可以作为通信线,还可以外接 ADC、DAC 等。

(2) 各个模块的硬件、软件如何设计。

(3) 本章最后一节为作者长期调试硬件、软件中遇到的问题,可以为初学者解决相关问题提供帮助,读者应认真学习。

TMS320F2812 作为一款高性能的核心处理芯片,广泛应用于工业控制、医疗、电子等领域。F2812 最高可在 150MHz 主频下工作,其片内集成众多资源:存储资源 Flash、RAM;标准通信接口如串行通信接口(SCI)、串行外设接口(SPI)、增强型 eCAN 总线接口,方便与外设之间进行通信。在 F2812 内部还集成了一个 12b 的 ADC 模块,最高采样速率达 12.5Msps;F2812 片上还包括事件管理器(EV)、定时器、看门狗以及大量的用户可开发利用的 GPIO 口等资源,结合 F2812 内部众多资源以及工业开发需要设计了电气平台。电气平台主要包括以下模块:核心处理系统(TI 公司的 TMS320F2812 系列 DSP 和 Xilinx 公司的 Spartan2E 系列 FPGA)、数/模转换模块(DAC8532)、外部存储器模块 SRAM(IS61LV6416)E$^2$PROM(AT24C64)、串口模块(MAX3232)、485 模块(MAX3490)、CAN 总线模块(PCA82C250)、看门狗模块(TPS3828)、3.3V 和 5V GPIO 口模块。

整个系统的功能特点如下。

(1) 主处理器:TMS320F2812PGFA;主频:150MHz;

                FPGA:Spartan2E,30 万门。

(2) 片内 128K×16b Flash,自带 128b 加密位。

(3) 16 路 PWM。

(4) 数据地址总线:最多支持 1M×16b 外部存储器。

(5) SPI 接口。

(6) 扩展 64K×16b SRAM。

(7) 扩展 64KB $E^2$PROM。

(8) 3.3V 和 5V 数字 I/O 设计。

(9) 4 路 D/A(100Ksps),精度 16b。

(10) 16 路 A/D(12.5Msps),精度 12b。

(11) 1 路 RS-232 串行数据接口,可扩展为 4 路。

(12) 1 路 485 标准接口。

(13) 1 路 CAN 总线标准接口。

(14) 用户开关和测试指示灯及蜂鸣器。

电气平台的结构框图如图 12.1 所示。

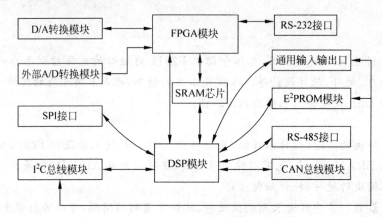

图 12.1　电气平台的结构框图

## 12.1　核心处理系统

核心处理系统由 TI 公司的 TMS320F2812 系列 DSP 和 Xilinx 公司的 XC2S300E FPGA 组成,其中 FPGA 作为 DSP 的一个外设,DSP 作为数据处理中心。FPGA 负责与 DSP 通信(接收 DSP 指令并将数据返回给 DSP)、初始化 DAC、配置串口等工作,DSP 通过数据、地址总线与 FPGA 通信,FPGA 控制外围 DAC、串口以及 GPIO 模块,这样设计既可以节省 DSP 内部资源,同时也可以减少 DSP 因为控制外围器件而消耗的时间,大大提高系统的性能。

因为 Xilinx 公司的 XC2S300E FPGA 的 I/O 电压为 3.3V,与 DSP 兼容,所以可以组合为一个系统。

(1) DSP 与 FPGA 的连接方式如图 12.2 所示。

(2) 在 F2812 中,对上电顺序有严格要求,而普通的线性稳压芯片并不能达到设计要求,所以在电气平台中采用了 DSP 专门的电源管理芯片 TPS767D318。TPS767D318 为双通道输出的可控电源转换芯片,可以通过控制转换使能端从而控制输出电压的顺序。

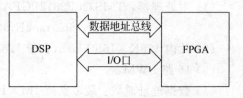

图 12.2　DSP 与 FPGA 的连接方式

TPS767D318 具有以下性能。

① 提供双通道输出电压；

② 每个通道最大可以提供 1A 的输出电流；

③ 每个通道都有独立的使能信号，可以独立工作；

④ 具有很快的瞬态响应特性；

⑤ 最低的静态电流为 85μA；

⑥ 每个通道内部都有热保护功能；

⑦ 负载和温度对输出电压影响很小，最大误差 2%。

TPS767D318 的芯片引脚图和引脚说明如图 12.3 和表 12.1 所示。

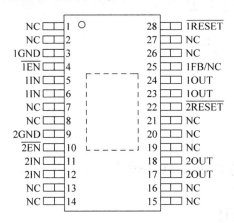

图 12.3　TPS767D318 的芯片引脚图

表 12.1　TPS767D318 的芯片引脚说明

| 引　脚　名 | 引　脚　号 | 输入输出状态 | 功　能　描　述 |
| --- | --- | --- | --- |
| 1GND | 3 | | 通道 1 地 |
| $\overline{1EN}$ | 4 | I | 通道 1 使能 |
| 1IN | 5、6 | I | 通道 1 输入 |
| 2GND | 9 | | 通道 2 地 |
| $\overline{2EN}$ | 10 | I | 通道 2 使能 |
| 2IN | 11、12 | I | 通道 2 输入 |
| 2OUT | 17、18 | O | 通道 2 输出电压 |
| $\overline{2RESET}$ | 22 | O | 通道 2 复位信号 |
| 1OUT | 23、24 | O | 通道 1 输出电压 |
| 1FB/NC | 25 | I | 通道 1 的反馈校正或悬空 |
| $\overline{1RESET}$ | 28 | O | 通道 1 复位信号 |

TPS767D318 的具体硬件设计如图 12.4 所示，F2812 的供电电压为 3.3V 和 1.8V，上电顺序先后为 3.3V、1.8V。设计的基本思想是，先使能 3.3V 输出，然后利用场效应管 BSS138 驱动 1.8V 电的使能端，使芯片产生 1.8V 电压，从而实现上电顺序的控制。其中电路图中的 +5V 电压为外部电源提供，+3.3V、+1.8V 为芯片产生电压。

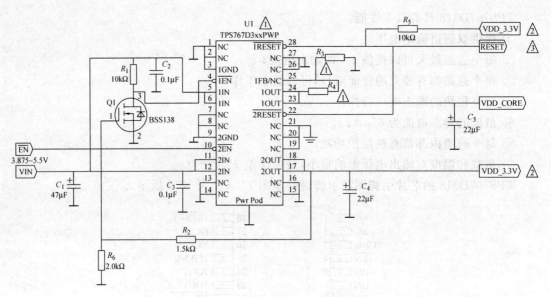

图 12.4　TPS767D318 设计原理

## 12.2　数/模转换(DAC)设计

### 12.2.1　硬件设计

DAC 在工业控制、电子仪器仪表等各个领域都得到广泛应用,因为现实世界的控制都是模拟控制的,所以由此显得 DAC 作用非凡。不同的应用领域,所需求的 DAC 的性能是不同的,有的领域需要高速 DAC,如仪器仪表;有的领域需要高精度的 DAC,如医疗器械。针对不同的需求,选择适合的 DAC 芯片成为硬件工程师的重要工作。DAC 的性能也主要体现在精度和速度方面,一般并行 DAC 比串行 DAC 的转换速度要快,但是并行 DAC 所需的控制引脚较多。根据开发需要,在电气平台中采用 TI 公司的 DAC8532。

DAC8532 具有以下性能:

(1) 16 位转换精度;

(2) 转换时间为 $10\mu s$,转换速度为 $100kHz$;

(3) 供电电压为 $2.7\sim5.5V$;

(4) 低功耗,在 5V 工作时的电流为 $500\mu A$;

(5) 极低的色度干扰,一般典型值为 $-100dB$;

(6) 串行控制接口;

(7) 两路输入,两路信号共用一个放大缓冲寄存器,通过程序进行设置选择;

(8) 可配置为同时输出或顺序输出;

(9) 8 引脚的小型贴片封装。

DAC8532 的芯片引脚图以及引脚介绍如图 12.5 和表 12.2 所示。

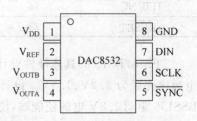

图 12.5　DAC8532 的芯片引脚图

表 12.2　DAC8532 的芯片引脚说明

| 引　脚　号 | 引　脚　名 | 功　能　描　述 |
|---|---|---|
| 1 | $V_{DD}$ | 电源输入，$2.7 \sim 5.5V$ |
| 2 | $V_{REF}$ | 参考电压输入 |
| 3 | $V_{OUTB}$ | 模拟输出通道 B |
| 4 | $V_{OUTA}$ | 模拟输出通道 A |
| 5 | $\overline{SYNC}$ | 同步输入信号。当同步信号变低时，在时钟信号(SCLK)下降沿时，移位寄存器工作，开始移位数据 |
| 6 | SCLK | 串行输入时钟，最高时钟为 30MHz |
| 7 | DIN | 串行数据输入，在每个时钟下降沿时，数据被保存在输入移位寄存器中 |
| 8 | GND | 整个电路的参考地 |

DAC8532 的输出电压公式为：$V_{OUT} = V_{REF} \times D/65535$(D 为程序中二进制码对应的 10 进制数，$V_{REF}$ 为参考电压，$V_{OUT}$ 为输出的模拟电压值)。

从 DAC8532 的输出电压公式可以看出参考电压的精度直接影响输出电压的精度，所以要提高 DAC8532 的精度首先应提高参考电压的精度。在电气平台中，利用 REF02 来产生高精度的 5V 参考电压。参考电压设计电路如图 12.6 所示。

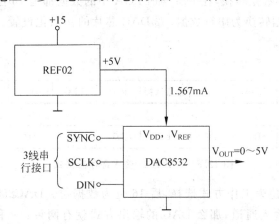

图 12.6　DAC8532 的参考电压设计电路

具体的 DAC8532 的硬件设计电路如图 12.7 所示。

其中引脚 DAC1OUT(3 脚)、DAC2OUT(4 脚)为 DA 的输出通道，直接输出；引脚 DADIN1(7 脚)、DACLK1(6 脚)、$\overline{SYNC1}$(5 脚)为 DA 的控制信号线，直接连接到 FPGA 引脚上，DSP 通过 FPGA 控制 DAC。

**说明**：(1) 如果 DAC 所需的输出电压为 4V 时，可以采用 REF3240 产生参考电压，此时 REF3240 的输入电压可以为 5V。可以去掉 12V 电源，减少电源种类。

(2) DAC 的信号控制线也可以直接连接到 DSP 的 GPIO 引脚上，实现 DSP 直接控制 DA。

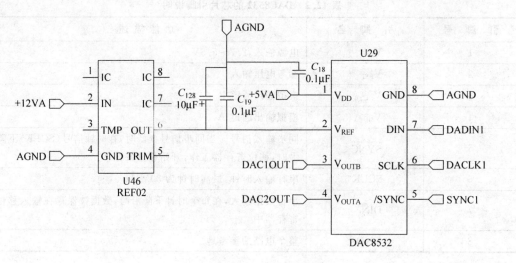

图 12.7　DAC8532 设计电路

## 12.2.2　软件设计

DAC8532 有 3 根控制线——SCLK、SYNC、DIN，采用串行控制方式，DAC8532 的软件设计包括两个部分：①数据转换，在 DSP 和 FPGA 中的数据都是 16 位二进制格式，要控制 DAC，需要将 16 位数据转换为串行数据；②DAC 芯片的初始化设置。DAC8532 输入寄存器格式如图 12.8 所示。

DB23　　　　　　　　　　　　　　　　　　　　　　　　　　　　　　　　　　DB12

| 0 | 0 | LDB | LDA | × | 通道选择 | PD1 | PD0 | D15 | D14 | D13 | D12 |
|---|---|-----|-----|---|---------|-----|-----|-----|-----|-----|-----|

DB11　　　　　　　　　　　　　　　　　　　　　　　　　　　　　　　　　　DB0

| D11 | D10 | D9 | D8 | D7 | D6 | D5 | D4 | D3 | D2 | D1 | D0 |
|-----|-----|----|----|----|----|----|----|----|----|----|----|

图 12.8　DAC8532 输入寄存器格式

DAC8532 的前 8 位为工作方式选择，后 16 位为数据位。DAC8532 有两路输出通道，这两路通道共用一个输入通道，那么 DAC 的输出方式就有两种：一种是同时输出模拟电压，另一种是顺序输出模拟电压。

**例 12.1**　两通道同时输出电压。

①向数据缓冲器 A 中写数据，寄存器数据格式如表 12.3 所示。

表 12.3　寄存器数据格式（1）

| 保留 | 保留 | LDB | LDA | DC | 通道选择 | PD1 | PD0 | DB15 | ... | DB1 | DB0 |
|------|------|-----|-----|----|---------|-----|-----|------|-----|-----|-----|
| 0 | 0 | 0 | 0 | × | 0 | 0 | 0 | D15 | ... | D1 | D0 |

注：×号表示自身的取值对寄存器整体没有影响。

②向数据缓冲器 B 中写数据，并同时输出 A 通道和 B 通道，数据格式如表 12.4 所示。

表12.4 寄存器数据格式(2)

| 保留 | 保留 | LDB | LDA | DC | 通道选择 | PD1 | PD0 | DB15 | … | DB1 | DB0 |
|---|---|---|---|---|---|---|---|---|---|---|---|
| 0 | 0 | 1 | 1 | × | 1 | 0 | 0 | D15 | … | D1 | D0 |

注:×号表示自身的取值对寄存器整体没有影响。

**例12.2** 两通道顺序输出电压。

① 向数据缓冲器 A 中写数据,并输出 A 通道,寄存器数据格式如表12.5所示。

表12.5 寄存器数据格式(3)

| 保留 | 保留 | LDB | LDA | DC | 通道选择 | PD1 | PD0 | DB15 | … | DB1 | DB0 |
|---|---|---|---|---|---|---|---|---|---|---|---|
| 0 | 0 | 0 | 1 | × | 0 | 0 | 0 | D15 | … | D1 | D0 |

注:×号表示自身的取值对寄存器整体没有影响。

② 向数据缓冲器 B 中写数据,并输出 B 通道,寄存器数据格式如表12.6所示。

表12.6 寄存器数据格式(4)

| 保留 | 保留 | LDB | LDA | DC | 通道选择 | PD1 | PD0 | DB15 | … | DB1 | DB0 |
|---|---|---|---|---|---|---|---|---|---|---|---|
| 0 | 0 | 1 | 0 | × | 1 | 0 | 0 | D15 | … | D1 | D0 |

注:×号表示自身的取值对寄存器整体没有影响。

电气平台中的 DA 有两种开发方式:

① 在 FPGA 内部将 DSP 引脚与 DAC 芯片引脚相连,实现 DSP 直接控制 DAC,这种方式下,DSP 将以串行方式控制 DAC。

② DSP 将数据通过总线发送给 FPGA,在 FPGA 内部控制 DAC,此时 FPGA 的程序主要功能是接收数据,然后将数据由并行转为串行发送给 DAC。

**例12.3** DSP 直接控制 DAC 程序。

DSP 直接控制 DAC,需在 FPGA 内部将 DSP 引脚与 DAC 引脚相连,具体的连接方式为:GPIOA10 作为数据输入信号线 DIN;GPIOA8 作为时钟信号线 SCLK;GPIOA9 作为同步信号线 $\overline{SYNC}$。

因为工作方式选择和数据位共 24 位,所以采用 8 位串行方式发送数据,每路 DA 程序都是先写入工作方式标志字,然后再发送 16 位数据。

```
void da1_writeone(Uint16 data)                  // 发送 8 位数据
{
  Uint16 j = 8;
  while(j--)
  {
    if((data&0x80)==0x80)
        GpioDataRegs.GPASET.bit.GPIOA10 = 1;
    else
        GpioDataRegs.GPACLEAR.bit.GPIOA10 = 1;
    tdelay();
    data<<= 1;
    data&= 0xff;
    GpioDataRegs.GPASET.bit.GPIOA8 = 1;
    tdelay();
```

```
            GpioDataRegs.GPACLEAR.bit.GPIOA8 = 1;
        }
    }                                                      // 设置第一路 DA 程序段
    void DA1(Uint16 data1)
    {
        Uint16 hdata1,ldata1;
        hdata1 = (data1>>8)&0xff;
        ldata1 = data1&0xff;
        GpioDataRegs.GPASET.bit.GPIOA9 = 1;
        tdelay();
        GpioDataRegs.GPACLEAR.bit.GPIOA9 = 1;
        tdelay();
        da1_writeone(0x00);
        da1_writeone(hdata1);
        da1_writeone(ldata1);
    }
    void DA2(Uint16 data2)                                 // 设置第二路 DA 程序段
    {
        Uint16 hdata2,ldata2;
        hdata2 = (data2>>8)&0xff;
        ldata2 = data2&0xff;
        GpioDataRegs.GPASET.bit.GPIOA9 = 1;
        tdelay();
        GpioDataRegs.GPACLEAR.bit.GPIOA9 = 1;
        tdelay();
        da1_writeone(0x34);
        da1_writeone(hdata2);
        da1_writeone(ldata2);
    }
```

因为函数已经封装好,所以在主程序中可以直接调用函数,如:DA1(0xffff)。这种函数设计思想在工程实践中广泛应用,设计时先将每个部分的函数封装好,在主程序中灵活调用即可。

## 12.3 SRAM 设计

### 12.3.1 硬件设计

添加 SRAM 是为了增加系统的存储空间,在 F2812 中内部存储空间很小,许多程序要求有较大存储空间,所以应在电气平台中添加 SRAM。F2812 中为用户提供了众多外部存储空间,最多可扩展 1M×16b 存储空间。

SRAM 为静态随机存储器,一般由存储矩阵、地址译码器和读/写控制电路组成(如图 12.9 所示)。

在电气平台中采用 IS61LV6416 SRAM,IS61LV6416 有 16 根数据总线和 16 根地址总线,最大存储空间为 65535×16b。

IS61LV6416 具有以下性能:

(1) 高速存取访问,存取时间为 8ns;

(2) CMOS 低电工作方式;

（3）兼容 TTL 电平接口；

（4）单电源 3.3V 供电；

（5）芯片不需要时钟信号和复位信号；

（6）三态输出；

（7）可以在工业温度下工作；

（8）自由引导方式工作。

IS61LV6416 的芯片引脚图以及引脚说明如图 12.10 和表 12.7 所示。

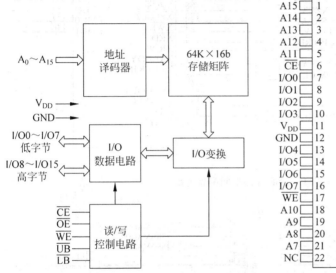

图 12.9　SRAM(IS61LV6416)的结构框图

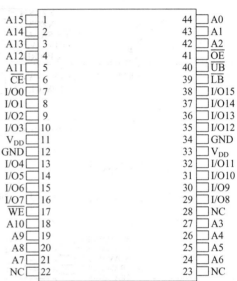

图 12.10　IS16LV6416 芯片引脚图

表 12.7　**IS16LV6416 芯片引脚说明**

| 引　脚　名 | 功 能 描 述 | 引　脚　名 | 功 能 描 述 |
|---|---|---|---|
| A0～A15 | 地址总线 | $\overline{\text{LB}}$ | 低位控制(I/O0～I/O7) |
| I/O0～I/O15 | 数据总线 | $\overline{\text{UB}}$ | 高位控制(I/O8～I/O15) |
| $\overline{\text{CE}}$ | SRAM 片选信号线 | NC | 悬空 |
| $\overline{\text{OE}}$ | SRAM 读使能信号线 | $V_{DD}$ | 电源 |
| $\overline{\text{WE}}$ | SRAM 写使能信号线 | GND | 地 |

在电气平台中，DSP 作为数据处理中心，FPGA 作为 DSP 的一个外设，DSP 通过控制 FPGA 来间接控制外围电路，DSP 通过总线与 FPGA 通信、发送指令、接收 FPGA 返回的数据，所以总线既连接到 DSP 上同时也连接到 FPGA 上。

在 F2812 中，可用的外部存储空间为 Zone0、Zone1、Zone2、Zone6，其中 Zone0、Zone1 共用一个片选信号线 $\overline{\text{XZCS01}}$(44 脚)，Zone2 的片选信号线为 $\overline{\text{XZCS2}}$(88 脚)，Zone6 的片选信号线为 $\overline{\text{XZCS67}}$(133 脚)。在开发中，将 Zone6 分配给 SRAM，在硬件设计上，将 $\overline{\text{XZCS67}}$(133 脚)连接到 IS16LV6416 的片选信号线($\overline{\text{CE}}$)上，同时将 DSP 的读使能信号线($\overline{\text{XRD}}$)和写使能信号线($\overline{\text{XWE}}$)分别连接到 IS16LV6416 的读、写使能信号线上，实现对 IS16LV6416 的读写控制。DSP 外部空间配置电路和 IS16LV6416 设计电路如图 12.11 和图 12.12 所示。

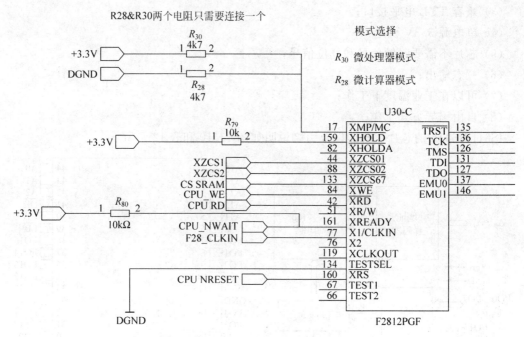

图 12.11 DSP 外部空间配置电路

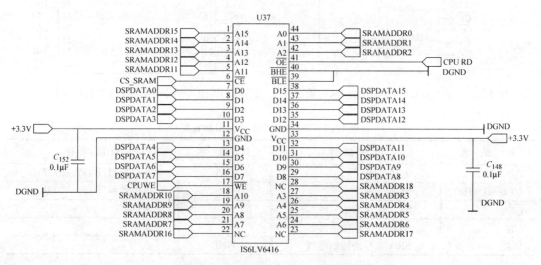

图 12.12 IS16LV6416 设计电路图

## 12.3.2 软件设计

SRAM 读、写数据的方式和总线读、写数据的方式相同,写数据时,只需将数据放在总线上(＊rambase＝(CHECKNO－Count);)即可,DSP 会自动使能相应的信号(片选信号 CS、写使能信号 WE);读数据时,只需将总线上的数据复制(tmp[Count]＝＊rambase;)即可,DSP 也会自动使能相应的信号(片选信号 CS、读使能信号 RD)。

下面的程序为 SRAM 读写程序,因为 SRAM 与 DSP 利用总线方式连接所以实际上是总线的读写。首先向 SRAM 中发送 1024 个数,然后从指定的 SRAM 空间中读取数据并与正确数据相比较,得出错误率。通过本程序的学习可以掌握总线读、写方式。

```
#define RAMBASE 0x00100000              // Zone6 空间的起始地址
#define CHECKNO 1024                    // 发送数据大小
void ISSI_RAMcheck(void)
{
        Uint16 * rambase;
// 向 SRAM 中写数据------------------------------------------------
        rambase = (Uint16 *)RAMBASE;           // 将 rambase 指针指向 RAM 存储器
        for(Count = 0;Count<CHECKNO;Count++)
        {
            * rambase = (CHECKNO - Count);      // 向 rambase 指针对应的地址中写数据
            rambase++;                          // 地址指针自动加 1(移动一个空间)
        }
// 从 SRAM 中读取数据----------------------------------------------
        rambase = (Uint16 *)RAMBASE;           // 将 rambase 指针指向 RAM 存储器
        for(Count = 0;Count<CHECKNO;Count++)
        {
            tmp[Count] = * rambase;             // 从 rambase 指针对应地址处读取数据
            if(tmp[Count]! = (CHECKNO - Count)) // 检测判断数据
                errNO++;
                                                // 如果产生错误,错误标志位加 1
            rambase++;                          // 移动地址指针
        }
}
```

# 12.4 E²PROM(I²C)设计

I²C(inter-integrated circuit)总线是一种由 Philips 公司开发的两线式串行总线,用于连接微控制器及其外围设备。I²C 总线产生于 20 世纪 80 年代,最初为音频和视频设备开发,如今主要在服务器管理中使用,其中包括单个组件状态的通信。

I²C 总线是由数据线 SDA 和时钟线 SCL 构成的串行总线,可发送和接收数据。在 CPU 与被控 IC 之间、IC 与 IC 之间进行双向传送,最高传送速率 100Kbps。各种被控制电路均并联在这条总线上,但就像电话机一样只有拨通各自的号码才能工作,所以每个电路和模块都有唯一的地址。在信息的传输过程中,I²C 总线上并接的每一模块电路既是主控器(或被控器),又是发送器(或接收器),这取决于它所要完成的功能。CPU 发出的控制信号分为地址码和控制量两部分,地址码用来选址,即接通需要控制的电路,确定控制的种类;控制量决定该调整的类别(如对比度、亮度等)及需要调整的量。这样,各控制电路虽然挂在同一条总线上,却彼此独立,互不相关。

## 12.4.1 硬件设计

E²PROM 为可电信号擦除的可编程 ROM,因为其掉电后仍能保存数据,所以在实际开发中经常使用,用于存储一些固定的数据,且 E²PROM 读写操作简单,性价比高。在电气平台中选用的 E²PROM 芯片为 AT 24C64,AT 24C64 为 64KB 兼容 I²C 协议的串行 E²PROM。

AT24C64 具有以下性能：

(1) 单电源供电，供电电压范围为 2.5~5.5V；

(2) 采用低功耗 CMOS 技术，工作电流为 1mA，待机电流为 1μA；

(3) 分为 8 个 8Kb 存储模块（共 64Kb）；

(4) 采用分页存储数据，每页最多可存储 32B；

(5) 每页的存储的典型时间为 2ms；

(6) 可以硬件设计写保护；

(7) 可以作为一个串行 ROM 进行操作；

(8) 可以擦写 1000000 次。

AT24C64 的芯片引脚图以及引脚说明如图 12.13 和表 12.8 所示。

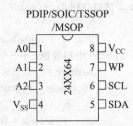

图 12.13 AT24C64 芯片的引脚图

表 12.8 AT24C64 芯片引脚说明

| 引 脚 名 | 功 能 描 述 | 引 脚 名 | 功 能 描 述 |
|---|---|---|---|
| A0 | 芯片地址线 | SDA | 串行地址/数据线 |
| A1 | 芯片地址线 | SDL | 串行时钟 |
| A2 | 芯片地址线 | WP | 写保护控制 |
| $V_{SS}$ | 地 | $V_{CC}$ | 供电电源 |

在电气平台中，将 $E^2PROM$ 的数据和时钟线连接至 DSP 的 I/O 上，在 DSP 内部通过 I/O 设计构建 $I^2C$ 协议来控制 $E^2PROM$。具体的硬件电路图如图 12.14 所示。

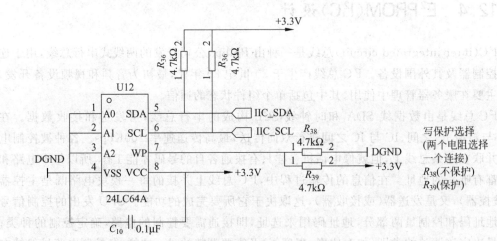

图 12.14 AT24C64 的硬件电路图

**注意**：(1) 串行信号线（SDA）是一根双向的信号线，既可以向 $E^2PROM$ 中写入数据和地址，也可以从 $E^2PROM$ 中读取数据，因为其终端开路，所以需要在 SDA 信号线处添加上拉电阻。100kHz 时的典型上拉电阻值为 10kΩ，400kHz 时的典型上拉电阻值为 2kΩ。在电气平台上采用 4.7kΩ 的上拉电阻。

（2）WP 引脚（7 脚）为写保护控制引脚，可以硬件设置 $E^2PROM$ 写保护。当 WP 引脚被下拉到地时，$E^2PROM$ 可以正常进行读写操作；当 WP 引脚被上拉到电源时，$E^2PROM$ 将被写保护。

## 12.4.2　软件设计

$I^2C$ 总线在传送数据过程中共有三种类型信号，分别是开始信号、结束信号和应答信号。

开始信号：SCL 为高电平时，SDA 由高电平向低电平跳变，开始传送数据。

结束信号：SCL 为低电平时，SDA 由低电平向高电平跳变，结束传送数据。

应答信号：接收数据的 IC 在接收到 8b 数据后，向发送数据的 IC 发出特定的低电平脉冲，表示已收到数据。CPU 向受控单元发出一个信号后，等待受控单元发出一个应答信号，CPU 接收到应答信号后，根据实际情况作出是否继续传递信号的判断。若未收到应答信号，则判断为受控单元出现故障。

（1）开始函数

完成开始函数的操作为：使时钟信号（SCL）为高电平时，数据线（SDA）产生一个下降沿。所有的操作前都需对 $E^2PROM$ 进行起始化。

```c
void I2C_start(void)
{
    GpioDataRegs.GPASET.bit.GPIOA15 = 1;        // I²CSCL = 1;
    tdelay();
    GpioDataRegs.GPASET.bit.GPIOA14 = 1;        // I²CSDA = 1;
    tdelay();
    GpioDataRegs.GPACLEAR.bit.GPIOA14 = 1;      // I²CSDA = 0;
    tdelay();
}
```

（2）结束函数

完成结束函数的操作与开始函数一样，使时钟信号（SCL）为高电平时，数据线（SDA）产生一个下降沿。

```c
void I2C_stop(void)
{
    GpioDataRegs.GPACLEAR.bit.GPIOA14 = 1;      // I²CSDA = 0;
    tdelay();
    GpioDataRegs.GPASET.bit.GPIOA15 = 1;        // I²CSCL = 1;
    tdelay();
    GpioDataRegs.GPASET.bit.GPIOA14 = 1;        // I²CSDA = 1;
    tdelay();
}
```

开始、结束函数的时序图如图 12.15 所示。

（3）向 $E^2PROM$ 中写入 8b 数据

向 $E^2PROM$ 中写入数据的时序图如图 12.16 所示。

在时钟信号下降沿时，将数据放在数据信号线（SDA）上，从而完成对 $E^2PROM$ 的写操

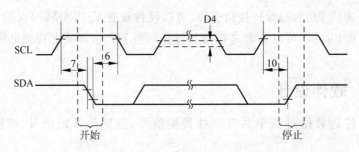

图 12.15　开始、结束函数的时序图

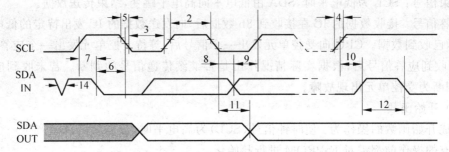

图 12.16　向 E²PROM 中写数据时序图

作。因为 F2812 内部没有集成 I²C 模块，所以需要在内部通过 I/O 口构建 I²C 模块。使用 I/O 实现 I²C 操作比较简单，只需判断需要写的数据（data）为高或低，然后在程序中设置 I/O 口（SDA）的高低即可。在程序中首先需要将并行数据转换为串行数据，在本程序中采用移位操作（data<<= 1;），将数据转换为串行，同时将数据发送到数据线上。

```
void I2C_writeOne(Uint16 data)
{
    Uint16 j = 8;
    while(j--)
    {
        if((data&0x80)==0x80)
            GpioDataRegs.GPASET.bit.GPIOA14 = 1;        // I²CSDA = 1;
        else
            GpioDataRegs.GPACLEAR.bit.GPIOA14 = 1;      // I²CSDA = 0;
        tdelay();
        data<<= 1;
        data& = 0xff;
        GpioDataRegs.GPASET.bit.GPIOA15 = 1;            // I²CSCL = 1;
        tdelay();
        GpioDataRegs.GPACLEAR.bit.GPIOA15 = 1;          // I²CSCL = 0;
    }
}
```

（4）从 E²PROM 中读出 8b 数据

从 E²PROM 中读取数据，首先需要将数据线设置为输入状态（I²C_readmode();），然后将数据存储在十六进制变量 receivebyte 中。

```
Uint16 I2C_readOne(void)
{
    Uint16 receivebyte = 0;
    Uint16 j = 8;
    I2C_readmode();
    while(j--)
    {
        GpioDataRegs.GPASET.bit.GPIOA15 = 1;        // I²CSCL = 1;
        if(GpioDataRegs.GPADAT.bit.GPIOA14 ==0)
            receivebyte = (receivebyte<<1);
        else
            receivebyte = (receivebyte<<1)|0x01;
        tdelay();
        GpioDataRegs.GPACLEAR.bit.GPIOA15 = 1;      // I²CSCL = 0;
        tdelay();
    }
    I2C_writemode();
    return receivebyte;
}
```

（5）检查应答位

$E^2PROM$ 中规定，当主设备发送数据，每个接收设备接收到数据时，都需要强制产生一个低电平的响应信号，当主设备接收到响应信号时，表示从设备已经接收到数据，主设备可以继续发送数据。检查应答位函数，主要用于 DSP 向 $E^2PROM$ 中写数据，根据响应信号来判断是否可以向 $E^2PROM$ 中继续写数据。检查应答位函数的核心思想为：在时钟信号为下降沿时，判断数据线是否为低（while(GpioDataRegs.GPADAT.bit.GPIOA14 ==1){})。如果数据线为高电平（GPIOA14 的数据寄存器中的数值为1），则程序进入无限循环；如果数据线为低电平，说明接收到响应信号，则程序可以跳出无限循环继续运行。

```
void I2C_checkack(void)//
{
    I2C_readmode();
    tdelay();
    GpioDataRegs.GPASET.bit.GPIOA15 = 1;        // I²CSCL = 1;
    tdelay();
    while(GpioDataRegs.GPADAT.bit.GPIOA14 ==1)
    {}
    GpioDataRegs.GPACLEAR.bit.GPIOA15 = 1;      // I²CSCL = 0;
    tdelay();
    I2C_writemode();
}
```

（6）响应

响应信号主要用于 DSP 从 $E^2PROM$ 中读取数据，此时 DSP 作为从设备，$E^2PROM$ 作为主设备发送数据，所以在 DSP 接收数据时需要向主设备（$E^2PROM$）发送响应信号。具体发送响应信号的格式如图 12.17 所示。

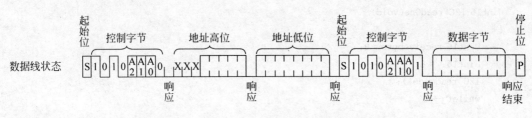

图 12.17   响应信号图

```c
void I2C_returnack(void)
{
    I2C_writemode();
    GpioDataRegs.GPACLEAR.bit.GPIOA14 = 1;          // I²CSDA = 0;
    tdelay();
    GpioDataRegs.GPASET.bit.GPIOA15 = 1;            // I²CSCL = 1;
    tdelay();
    GpioDataRegs.GPACLEAR.bit.GPIOA15 = 1;          // I²CSCL = 0;
    tdelay();
    I2C_readmode();
}
void I2C_returnnoack(void)
{
    I2C_writemode();
    GpioDataRegs.GPASET.bit.GPIOA14 = 1;            // I²CSDA = 1;
    tdelay();
    GpioDataRegs.GPASET.bit.GPIOA15 = 1;            // I²CSCL = 1;
    tdelay();
    GpioDataRegs.GPACLEAR.bit.GPIOA15 = 1;          // I²CSCL = 0;
    tdelay();
}
```

（7）读数据模式

读数据模式的操作为将 GPIOA14 口（数据线）设置为输入模式。

```c
void I2C_readmode(void)
{
    EALLOW;
    GpioMuxRegs.GPADIR.bit.GPIOA14 = 0;             // I²CSDA
    EDIS;
}
```

（8）写数据模式

写数据模式的操作为将 GPIOA14 口（数据线）设置为输出模式。

```c
void I2C_writemode(void)
{
    EALLOW;
    GpioMuxRegs.GPADIR.bit.GPIOA14 = 1;             // I²CSDA
    EDIS;
}
```

```
void I2C_init(void)
{
    I2C_writemode();
    I2C_start();
    I2C_stop();

}
```

（9）向 $E^2PROM$ 中写数据的总函数

AT24C64 中按每次写入的数据多少有两种写数据方式：按字节方式写数据（byte write）；按页方式写数据（page write）。

① 按字节方式写数据

按字节方式写数据是指每次只写入一个字节，如果想写多个字节时需要多次执行该操作。

**注意**：此时的响应为 AT24C64 向 DSP 发出的响应，所以 DSP 通过判断是否有响应（I2C_checkack();）来决定是否继续发送数据。

② 按页方式写数据

按页方式写数据是指一次可以连续写入多个字节的数据（在 AT24C64 中规定一次最多可以写入 32 个数据）的方式，具体的写数据时的数据线状态如图 12.18 所示。

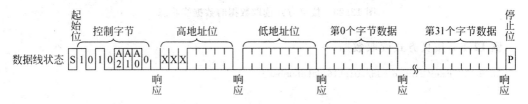

图 12.18　按页方式写数据时数据线状态

**例 12.4**　按页方式写数据的函数。

确定首地址后，每次可以向 $E^2PROM$ 中写入 32B 的数据，每写一个字节地址自动会加 1。

```
void I2C_write(Uint16 addr)
{
    Uint16 i;
    I2C_start();
    I2C_writeOne(0xa0);
    I2C_checkack();
    I2C_writeOne(addr>>8);
    I2C_checkack();
    I2C_writeOne(addr&0xff);
    I2C_checkack();
    for(Count = 0;Count<PAGENO;Count++)
    {
     I2C_writeOne(tmp[Count]);
     I2C_checkack();
```

```
    }
    I2C_stop();
    delay();
}
```

（10）从 $E^2PROM$ 中读数据的总函数

从 AT24C64 中读取数据也可以分为按地址直接读取和按页读取数据两种方式，它们的读取数据时的数据线状态如图 12.19 和图 12.20 所示。

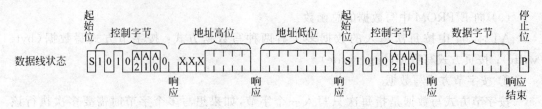

图 12.19　按字节方式读取数据时数据线状态

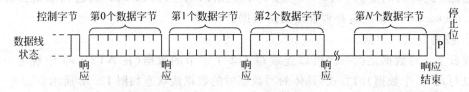

图 12.20　按页方式读取数据时数据线状态

**例 12.5**　按页方式读取数据。

```c
void I2C_read(Uint16 addr,Uint16 datanumber)
{
    I2C_start();
    I2C_writeOne(0xa0);
    I2C_checkack();
    I2C_writeOne(addr>>8);
    I2C_checkack();
    I2C_writeOne(addr&0xff);
    I2C_checkack();
    I2C_start();
    I2C_writeOne(0xa1);
    I2C_checkack();
    for(Count = 0;Count<datanumber;Count++)
    {
        tmp_rd[Count] = I2C_readOne();
        if(Count==(datanumber - 1))
            I2C_returnnoack();
        else
            I2C_returnack();
    }
    I2C_stop();
}
```

**例 12.6** 主函数中向 $E^2PROM$ 中写数据、读数据的操作。

```
tmp[0] = 0x23;
tmp[1] = 0x45;
tmp[2] = 0x67;
tmp[3] = 0x89;
tmp[4] = 0x90;
I2C_write(0x00);          // 发少于 32 个数都是这个地址
I2C_read(0x00,5);         // 地址是这个,主要修改读数个数,该程序是读 5 个数
```

该例主要介绍如何在主函数中调用 $E^2PROM$ 的子函数,该程序段首先向首地址为 00 的空间写入 5 个数据,然后再将 5 个数据从首地址为 00 的空间中读出,读出的数据保存在数组 tmp_rd[1024] 中。

# 12.5 RS-232(串口)设计

串行通信接口(SCI)是一个采用发送、接收双线制的异步串行通信接口,即通常所说的 UART 口,它支持 16 级的接收发送 FIFO,从而降低了串口通信时 CPU 的开销。SCI 模块支持 CPU 和其他使用非归零制(NRZ)的外围设备之间的数字通信。在不使用 FIFO 的情况下,SCI 接收器和发送器采用双级缓冲模式,此时 SCI 接收器和发送器都有独立的使能和中断位,它们可以被设置成独立操作或同时进行全双工通信模式。

## 12.5.1 硬件设计

在 F2812 中有两路串行通信接口(SCI 口),在进行电气平台设计时,将 SCIB 口设计成 RS-232 口,主要功能是与上位机进行通信,电平转换芯片采用美信公司的 MAX3232。

MAX3232 具有以下性能:

(1) 符合电子工业联合会制定的 232 协议;

(2) 数据的传输速率为 250Kbps;

(3) 低功耗芯片,接收数据时的电流为 $1\mu A$;

(4) 有两个发送接收通道。

MAX3232 的芯片引脚图和引脚说明如图 12.21 和表 12.9 所示。

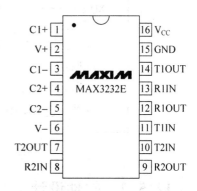

图 12.21 MAX3232 的芯片引脚图

表 12.9 MAX3232 的芯片引脚说明

| 引 脚 号 | 引 脚 名 | 引 脚 说 明 |
| --- | --- | --- |
| 1 | C1+ | |
| 2 | V+ | |
| 3 | C1− | |
| 4 | C2+ | |
| 5 | C2− | |

续表

| 引 脚 号 | 引 脚 名 | 引 脚 说 明 |
|---|---|---|
| 6 | V− | |
| 7,14 | T_OUT | RS-232 发送输出端 |
| 8,13 | R_IN | RS-232 接收输入端 |
| 9,12 | R_OUT | TTL/CMOS 接收输出端 |
| 10,11 | T_IN | TTL/CMOS 发送输入端 |
| 15 | GND | 地 |
| 16 | $V_{CC}$ | 电源 |

电气平台中的硬件电路图如图 12.22 所示:其中 J4 为 10 排的排针,J4 为 RS-232 接口,可以直接与上位机或计算机串口相连,实现通信。232_TXD1、232_RXD1、232_TXD3、232_RXD3 分别与 FPGA I/O 的引脚相连,DSP 的 SCIB 接口也与 FPGA I/O 引脚相连,在 FPGA 内部构建逻辑,来选择不同的串口通道。

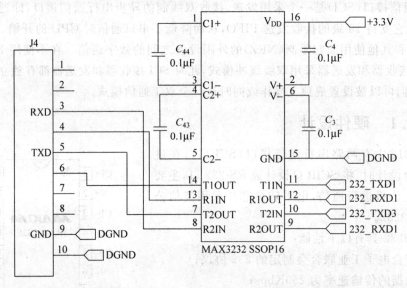

图 12.22　RS-232 的硬件设计电路图

## 12.5.2　软件设计

该函数为 SCIB(串口)测试的主函数,函数功能为通过串口 B 向上位机发送 0~767,共 768 个数。

```
void SCI_check(void)
{
    Uint16 k;
    Uint16 J;
    for(J = 0;J<3;J++)
    {
        for(k = 0;k<256;k++)
        {Scib_xmit(k);}
```

```
    }
}
// 串口 B 的初始化程序段 -----------------------------------------------------
void Scib_init(void)
{
    ScibRegs.SCIFFTX.all = 0xE040;              // 允许接收,使能 FIFO,没有 FIFO 中断
                                                // 清除 TXFIFINT
    ScibRegs.SCIFFRX.all = 0x2021;              // 使能 FIFO 接收,清除 RXFFINT,16 级 FIFO
    ScibRegs.SCIFFCT.all = 0x0000;              // 禁止波特率校验
    ScibRegs.SCICCR.all = 0x0007;               // 1 个停止位,无校验,禁止自测试
                                                // 空闲地址模式,字长 8b
    ScibRegs.SCICTL1.all = 0x0003;              // 复位
    ScibRegs.SCICTL2.all = 0x0003;
    ScibRegs.SCIHBAUD    = 0x0001;              // 设定波特率 9600bps
    ScibRegs.SCILBAUD    = 0x00E7;              // 设定波特率 9600bps
    ScibRegs.SCICTL1.all = 0x0023;              // 退出 RESET
}
// 串口 B 的发送函数段 -----------------------------------------------------
void Scib_xmit(Uint16 a)
{
    ScibRegs.SCITXBUF = (a&0xff);               // 发送数据缓冲寄存器
    while(ScibRegs.SCICTL2.bit.TXRDY!=1){};     // 发送缓冲寄存器准备好标志位
}
// 串口 B 开发的主程序段 -----------------------------------------------------
# include "DSP281x_Device.h"
# include "DSP281x_Examples.h"

void Scib_xmit(Uint16 a);
void Scib_init(void);
void SCI_check(void);

void main(void)
{
    InitSysCtrl();
    Scib_init();

    EALLOW;
    GpioMuxRegs.GPGMUX.all| = 0x0030;           // 配置 SCIB 口功能口
    EDIS;
    SCI_check();                                // SCI 检测函数
    for(;;){}
}
```

# 12.6　RS-485 设计

在 12.5 节中介绍了 F2812 中有两路 SCI 串口,其中一路(SCIB)经过 MAX3232 芯片转换扩展为 RS-232 接口,另一路(SCIA)经过 MAX3490 转换扩展为 RS-485 口。RS-485 协议抗干扰能力强而且数据传输速率快,所以常用于工业生产时的系统间的通信。本节将介绍 RS-485 口扩展的具体硬件和软件操作。

## 12.6.1 硬件设计

MAX3490 的特性如下：

(1) 3.3V 单电源供电；

(2) 兼容 5V 系统；

(3) 12Mbps 的数据传输速率；

(4) 正常情况下的输入电压范围为 $-7 \sim 12V$；

(5) 兼容全双工和半双工通信协议；

(6) 过载保护功能，当电路电流或热量超过标准
会自动断开电路。

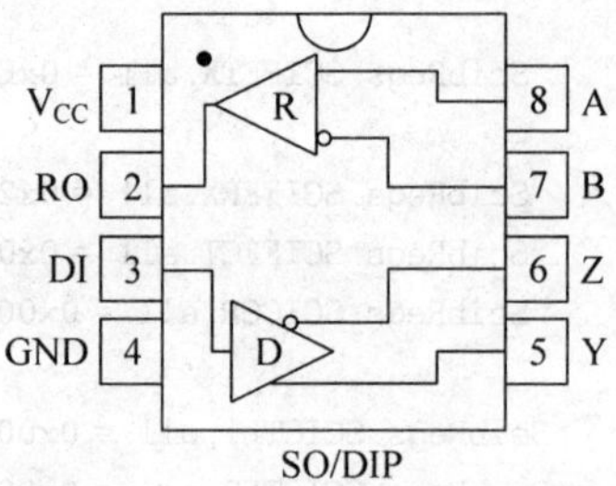

MAX3490 的芯片引脚图和引脚说明如图 12.23
和表 12.10 所示。

图 12.23　MAX3490 的芯片引脚图

**表 12.10　MAX3490 的芯片引脚说明**

| 引　脚　号 | 引　脚　名 | 功　能　说　明 |
|---|---|---|
| 1 | $V_{CC}$ | 供电电源（$3.0V < V_{CC} < 3.6V$） |
| 2 | RO | 485 接收输出端 |
| 3 | DI | 485 发送输入端 |
| 4 | GND | 地 |
| 5 | Y | 发送输出端（＋） |
| 6 | Z | 发送输出端（－） |
| 7 | B | 接收输入端（＋） |
| 8 | A | 接收输入端（－） |

　　MAX3490 的发送输出端和接收输入端都是差分形式，其中芯片引脚图中的 A、B 为两个差分接收输入端，Z、Y 为两个差分发送输出端，RO 为 485 的接收输出端，将接收的数据发送给 DSP，DI 为 485 的发送输入端，将 DSP 要发送的数据发送给 485。MAX3490 的发送接收的输入输出端的相应状态如表 12.11 和表 12.12 所示。

**表 12.11　485 发送数据时对应的输入输出状态**

| 输　　入 | 输　　出 | |
|---|---|---|
| DI | Z | Y |
| 1 | 0 | 1 |
| 0 | 1 | 0 |

**表 12.12　485 接收数据时对应的输入输出状态**

| 输　　入 | 输　　出 |
|---|---|
| A，B | RO |
| $\geqslant +0.2V$ | 1 |
| $\leqslant -0.2V$ | 0 |
| 输入开路 | 1 |

　　RS-485 协议一般在工业环境下，特别是噪声干扰比较大的环境下工作，所以外界对系统的影响比较大。为了防止外界环境的突变产生瞬间较大电流烧毁 DSP 芯片，在电气平台设计时，采用光耦隔离的方式，将系统与外界环境隔离，从而很好地保护系统硬件。

　　系统隔离时首先通过 MAU102 电源隔离芯片，为 MAX3490 提供隔离的＋3.3V 电源

（485_+3.3V）；然后将485接口的发送接收信号线经过光耦隔离后再连接到DSP的SCI模块。

具体的硬件设计如图12.24～图12.27所示。

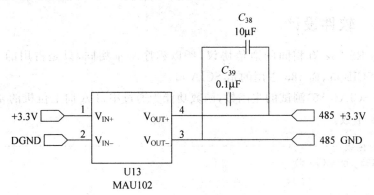

图12.24　MAU102电源隔离电路

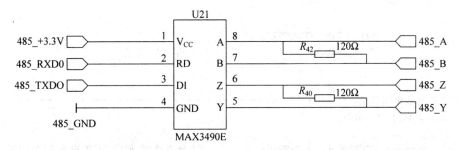

图12.25　MAX3490电路图

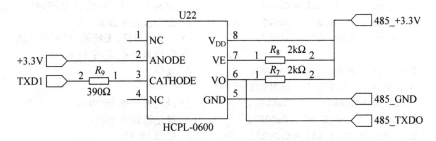

图12.26　发送数据隔离电路

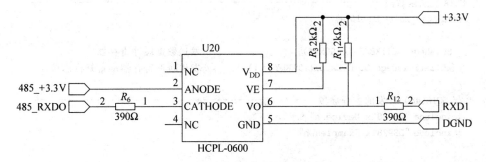

图12.27　接收数据隔离电路

其中＋3.3V电源为DSP系统电源,485_＋3.3V电源为MAX3490系统的供电电源。

电路图中的RXD1(U20)和TXD1(U22)分别连接到DSP的SCIA模块的接收和发送I/O引脚。

## 12.6.2　软件设计

RS-485与RS-232有相同的通信协议,所以程序基本相同,只是占用的SCI口不同。232占用的是SCIB口,而485占用的是SCIA口。

该函数为SCIA(485)测试的主函数,函数功能为通过串口A向上位机的485接口发送0～767,共768个数。

```
// 485 检测函数 -------------------------------------------------
    void U485_check(void)
    {
        Uint16 k;
        Uint16 J;
            for(J = 0;J<3;J++)
            {
                for(k = 0;k<CHECKNO;k++)
                {Scia_xmit(k);}                    // 485 发送数据
            }
    }
// SCIA 初始化函数段 ---------------------------------------------
    void Scia_init(void)
    {
        SciaRegs.SCIFFTX.all = 0xE040;        // 允许接收,使能 FIFO,没有 FIFO 中断
                                              // 清除 TXFIFINT
        SciaRegs.SCIFFRX.all = 0x2021;        // 使能 FIFO 接收,清除 RXFFINT,16 级 FIFO
        SciaRegs.SCIFFCT.all = 0x0000;        // 禁止波特率校验
        SciaRegs.SCICCR.all = 0x0007;         // 1 个停止位,无校验,禁止自测试
                                              // 空闲地址模式,字长 8b
        SciaRegs.SCICTL1.all = 0x0003;        // 复位
        SciaRegs.SCICTL2.all = 0x0003;
        SciaRegs.SCIHBAUD    = 0x0001;        // 设定波特率 9600bps
        SciaRegs.SCILBAUD    = 0x00E7;        // 设定波特率 9600bps
        SciaRegs.SCICTL1.all = 0x0023;        // 退出 RESET
    }
// SCIA 发送函数段 ----------------------------------------------
    void Scia_xmit(Uint16 a)
    {
      SciaRegs.SCITXBUF = (a&0xff);           // 发送数据缓冲寄存器
      while(SciaRegs.SCICTL2.bit.TXRDY!=1){}; // 发送缓冲寄存器准备好标志位
    }
    // SCIA(485)开发的主程序段 ----------------------------------
    # include "DSP281x_Device.h"
    # include "DSP281x_Examples.h"

    void Scia_xmit(Uint16 a);
    void Scia_init(void);
```

```
void U485_check(void);

    void main(void)
    {
        InitSysCtrl();                              // 系统控制及初始化函数
        Scia_init();                                // 初始化 SCIA

        EALLOW;
        GpioMuxRegs.GPFMUX.all| = 0x0030;           // 配置 SCIA 口为特殊功能口
        EDIS;
        U485_check();                               // 485 检测函数
        for(;;){}
    }
```

## 12.7 CAN 模块设计

### 12.7.1 硬件设计

在 F2812 内部集成了增强型 CAN 模块,CAN 总线是一种串行通信协议,以邮箱形式发送和接收数据。一次最多可以传输 32 个邮箱数据(32×64b)。因为 CAN 总线抗干扰能力强,所以一般用于工业生产领域,特别是噪声干扰大的环境下。在电气平台中的 CAN 芯片选用 PCA82C250。

PCA82C250 具有以下特性:

(1) 它是一种 CAN 总线和物理总线之间的转换接口;

(2) 兼容 CAN 协议和 ISO 11898 协议;

(3) 1Mbps 的数据传输速率;

(4) 内部集成限流保护电路,防止发送输出端短路对芯片的影响;

(5) CANH 和 CANL 引脚也有保护功能,防止外部环境对芯片的影响。

PCA82C250 的芯片引脚图和引脚说明如图 12.28 和表 12.13 所示。

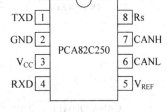

图 12.28 PCA82C250 芯片引脚图

表 12.13 PCA82C250 芯片引脚说明

| 引 脚 号 | 引 脚 名 | 功 能 说 明 |
|---|---|---|
| 1 | TXD | 发送数据输入端 |
| 2 | GND | 地 |
| 3 | $V_{CC}$ | 供电电源 |
| 4 | RXD | 接收数据输出端 |
| 5 | $V_{REF}$ | 参考电压输出 |
| 6 | CANL | CAN 输入输出端(一) |
| 7 | CANH | CAN 输入输出端(+) |
| 8 | RS | 校正电阻输入端 |

CAN 总线一般在工业环境下，特别是噪声干扰比较大的环境下工作，所以外界对系统的影响比较大。为了防止外界环境的突变产生瞬间较大电流烧毁 DSP 芯片，在电气平台设计时，采用光耦隔离的方式，将系统与外界环境隔离，从而很好地保护系统硬件。

　　系统隔离时首先通过 MAU102 电源隔离芯片，为 PCA82C250 提供隔离的＋5V 电源（OCA_VDD5.0）。然后将 CAN 总线的发送接收信号线经过光耦隔离后再连接到 DSP 的 CAN 模块。

　　具体的硬件设计如图 12.29～图 12.32 所示。

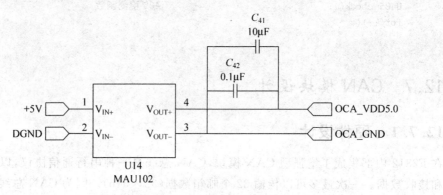

图 12.29　MAU102 电源隔离电路

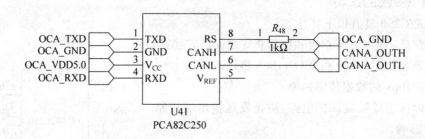

图 12.30　PCA82C250 设计电路

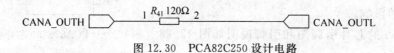

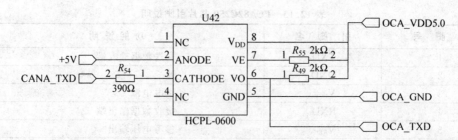

图 12.31　发送数据隔离电路

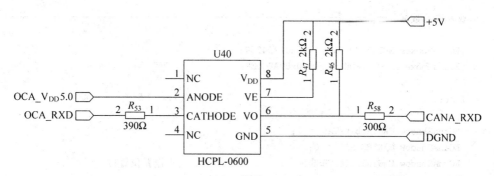

图 12.32 接收数据隔离电路

## 12.7.2 软件设计

在该小节中主要介绍 CAN 模块的发送和接收程序,这两个程序为电气平台的测试程序。测试时一块开发板作为 CAN 模块发送板,另一块板作为 CAN 模块接收板。测试结束时,CAN 接收板会将接收的结果与准确值进行比较,然后通过串口将错误率发送给上位机。硬件需要将 CAN 模块发送接收引脚对应相连。

(1) CAN 发送程序

```
# include "DSP281x_Device.h"
# include "DSP281x_Examples.h"
# define TXCOUNT   10000                          // Transmission will take place (TXCOUNT) times..
long        i;
long        loopcount = 0;
void InitECan(void);
void main(void)
{
                     // 设置 CAN 总线为增强型 CAN 总线模式,此时 eCAN 的控制和状态寄存器必
                                   // 须采用 32b 寻址
                     // 一种方法是先将数据写入临时寄存器(shadow register)中,处理完数据后将
                                   // 32b 数据用.all 形式写入寄存器中
      struct ECAN_REGS ECanaShadow;
      InitECan();
// 确定发送信息邮箱的 ID ---------------------------------------------------------
      ECanaMboxes.MBOX5.MSGID.all = 0x9555AAA1;// Extended Identifie
// 确定邮箱为发送邮箱 -----------------------------------------------------------
      ECanaShadow.CANMD.all = ECanaRegs.CANMD.all;
      ECanaShadow.CANMD.bit.MD5 = 0;
      ECanaRegs.CANMD.all = ECanaShadow.CANMD.all;

// 使能邮箱 --------------------------------------------------------------------
      ECanaShadow.CANME.all = ECanaRegs.CANME.all;
      ECanaShadow.CANME.bit.ME5 = 1;
      ECanaRegs.CANME.all = ECanaShadow.CANME.all;

// 确定数据长度为 8B------------------------------------------------------------
      ECanaMboxes.MBOX5.MSGCTRL.bit.DLC = 8;
```

```
// 要发送的数据 --------------------------------------------------------------

    ECanaMboxes.MBOX5.MDL.all = 0x01234567;
    ECanaMboxes.MBOX5.MDH.all = 0x89ABCDEF;

    for(;;)
    {
    ECanaShadow.CANTA.bit.TA5 = 1;
    ECanaShadow.CANTRS.all = 0;
    ECanaShadow.CANTRS.bit.TRS5 = 1;        // 将发送请求设置位置位
    ECanaRegs.CANTRS.all = ECanaShadow.CANTRS.all;

    while(ECanaRegs.CANTA.bit.TA5 ==0 ) {}  // 等待发送

    ECanaShadow.CANTA.all = 0;
    ECanaShadow.CANTA.bit.TA5 = 1;          // 发送响应位清零
    ECanaRegs.CANTA.all = ECanaShadow.CANTA.all;

    loopcount ++;
    }

}
```

## (2) CAN 接收程序

```
# include "DSP281x_Device.h"
# include "DSP281x_Examples.h"

long        RXCOUNT = 0;
long        i;
int m;
Uint32   TestMbox1 = 0;
Uint32   TestMbox2 = 0;
Uint32   TestMbox3 = 0;
Uint16   ErrorCount = 0;
Uint32   check = 0x00000000;
int k;
int j;
// 函数原型声明 -----------------------------------------------------------------
void mailbox_read(int16 MBXnbr);           // CAN 邮箱读取函数
void InitECan(void);                       // CAN 邮箱初始化函数
void Scib_init(void);                      // SCI(串口)初始化函数
void Scib_xmit(char a);                    // SCI(串口)发送函数
void mailbox_check(int32 T1, int32 T2, int32 T3);  // 数据检测函数

# define SCI_IO 0x0030

void main(void)
{
```

```
                    // 设置 CAN 总线为增强型 CAN 总线模式,此时 eCAN 的控制和状态寄存器必须
                                            // 采用 32b 寻址
                // 一种方法是先将数据写入临时寄存器(shadow register)中,处理完数据后将
                                      // 32b 数据用.all 形式写入寄存器中

struct ECAN_REGS ECanaShadow;
volatile struct MBOX * Mailbox;

    InitSysCtrl();                              // 系统初始化
    InitECan();                                 // CAN 初始化
    Scib_init();                                // 串口初始化

    EALLOW;
    GpioMuxRegs.GPGMUX.all| = SCI_IO;           // 设置 SCIB 口为特殊功能口
    EDIS;
// 确定接收信息邮箱的 ID -------------------------------------------------------
    ECanaMboxes.MBOX0.MSGID.all = 0x9555AAA1;

// 确定邮箱为接收邮箱 ---------------------------------------------------------
    ECanaShadow.CANMD.all = ECanaRegs.CANMD.all;
    ECanaShadow.CANMD.all = 0xFFFFFFFF;
    ECanaRegs.CANMD.all = ECanaShadow.CANMD.all;

// 使能邮箱 -----------------------------------------------------------------
    ECanaShadow.CANME.all = ECanaRegs.CANME.all;
    ECanaShadow.CANME.all = 0xFFFFFFFF;
    ECanaRegs.CANME.all = ECanaShadow.CANME.all;

// 开始接收数据 -------------------------------------------------------------
    while(1)
    {
    while(ECanaRegs.CANRMP.all! = 0x1 ) {}       // 等待接收标志位置位
    ECanaRegs.CANRMP.all = 0xFFFFFFFF;           // 清除标志位
    RXCOUNT++;

    mailbox_read(0);                             // 读取接收邮箱中的数据
    mailbox_check(TestMbox1,TestMbox2,TestMbox3);   // 判断接收数据的准确率
    }

}
// 读取邮箱数据函数段 ---------------------------------------------------------
void mailbox_read( int16 MBXnbr)
{
    volatile struct MBOX * Mailbox;
    Mailbox = &ECanaMboxes.MBOX0 + MBXnbr;
    TestMbox1 = Mailbox->MDL.all; // = 0x01234567   // 设置的一个常数
    TestMbox2 = Mailbox->MDH.all; // = 0x89ABCDEF   // 设置的一个常数
    TestMbox3 = Mailbox->MSGID.all;// = 0x9555AAAn (n is the MBX number)
}
// 检测读取的数据函数段 -------------------------------------------------------
void mailbox_check( int32 T1, int32 T2, int32 T3)
```

```
{
    if((T1 != check) || ( T2 != 0x89ABCDEF))
    {
        ErrorCount++;
    }
    Scib_xmit(ErrorCount&0xff);              // 将错误率通过串口发送给上位机
    Scib_xmit(ErrorCount>>8);

}
// 串口(SCI)初始化函数 -------------------------------------------------
void Scib_xmit(char a)
{
    ScibRegs.SCITXBUF = a;
    while(ScibRegs.SCICTL2.bit.TXRDY != 1){};
}
// 串口(SCI)发送函数 ---------------------------------------------------
void Scib_init(void)
{
    ScibRegs.SCIFFTX.all = 0xE040;          // 允许接收,使能 FIFO,没有 FIFO 中断
                                            // 清除 TXFIFINT
    ScibRegs.SCIFFRX.all = 0x2021;          // 使能 FIFO 接收,清除 RXFFINT,16 级 FIFO
    ScibRegs.SCIFFCT.all = 0x0000;          // 禁止波特率校验
    ScibRegs.SCICCR.all = 0x0007;           // 1 个停止位,无校验,禁止自测试
                                            // 空闲地址模式,字长 8b
    ScibRegs.SCICTL1.all = 0x0003;          // 复位
    ScibRegs.SCICTL2.all = 0x0003;
    ScibRegs.SCIHBAUD    = 0x0001;          // 设定波特率 9600bps
    ScibRegs.SCILBAUD    = 0x00E7;          // 设定波特率 9600bps
    ScibRegs.SCICTL1.all = 0x0023;          // 退出 RESET
}
```

# 12.8　3.3V 和 5V 数字 I/O 设计

在控制外围器件或与其他系统通信时,经常需要 5V 的 I/O 口,而 DSP 和 FPGA 都是
3.3V I/O 口,所以需要外扩 5V 数字 I/O 口。3.3V
数字 I/O 口转换成 5V 数字 I/O 口只需经过电平转
换芯片,在电气平台中选用 74LVX3245。

74LVX3245 具有以下特性:

(1) 双向电平转换芯片;

(2) 输入电平为 TTL 电平;

(3) A 口为 3V 信号,B 口为 5V 信号;

(4) 输出电流为 24mA;

(5) 与其他的 74 系列 245 芯片兼容。

具体的芯片引脚以及引脚说明如图 12.33 和
表 12.14 所示。

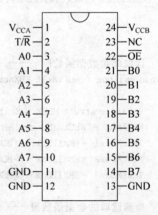

图 12.33　74LVX3245 芯片引脚图

表 12.14 74LVX3245 芯片引脚说明

| 引 脚 名 | 功 能 说 明 |
|---|---|
| $\overline{OE}$ | 输出使能输入 |
| T/$\overline{R}$ | 发送/接收输入 |
| A0~A7 | A 端输入或 A 端作为 3 态输出 |
| B0~B7 | B 端输入或 B 端作为 3 态输出 |

74LVX3245 芯片输入输出的真值表如表 12.15 所示。

表 12.15 74LVX3245 芯片输入输出真值表

| 输 入 | | 输 出 |
|---|---|---|
| $\overline{OE}$ | T/$\overline{R}$ | |
| L | L | B 端电压转换成 A 端电压 |
| L | H | A 端电压转换成 B 端电压 |
| H | X | 高阻状态 |

具体的电路设计如图 12.34 所示。

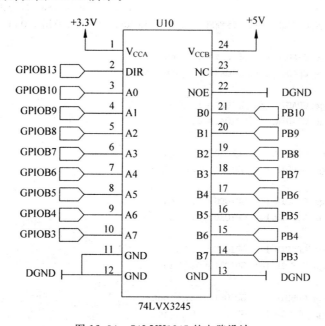

图 12.34 74LVX3245 的电路设计

其中电路图中 A 端为 DSP 的 GPIO 口, B 端为直接的输出 I/O 口。当 DIR(GPIOB13) 为 1 时, 此时电平由 A 端(DSP 的 GPIO 口)变换到 B 端(输出口), 即 DSP 直接输出 5V 电平; 当 DIR(GPIOB13)为 0 时, 此时电平由 B 端(输入口)变换到 A 端(DSP 的 GPIO 口), 即 5V 电平直接输入到 DSP 系统内。

下面程序为 GPIO 测试的例子程序, 测试时将输入口和输出口相应连接。在本例子程序中, 主要介绍对 GPIO 的操作, 以及通用 GPIO 和特殊 I/O 口的配置方式, 注意寄存器 GpioMuxRegs 需要 EALLOW 保护。具体的操作方式以及相应的介绍如下。

I/O 口初始化函数即确定 GPIO 的工作方式(普通 I/O 口/特殊 I/O 口,输入/出):

```
void IO_function(void)
{
    EALLOW;
    GpioMuxRegs.GPGMUX.all| = SCI_IO;      // 设置 SCI 功能口
    GpioMuxRegs.GPFMUX.all| = U485_IO;     // 设置 RS - 485 功能口
    GpioMuxRegs.GPFMUX.all| = SPI_IO;      // SPI 功能口
    GpioMuxRegs.GPAMUX.all& = 0X3fff;      // I²CSDA SCL
    GpioMuxRegs.GPADIR.bit.GPIOA15 = 0x01; // I²CSCL 输出
    GpioMuxRegs.GPAMUX.all& = 0Xc7ff;      // DADIN DACLK DA/SYNC
    GpioMuxRegs.GPADIR.bit.GPIOA11 = 0x01; // DA/SYNC 输出
    GpioMuxRegs.GPADIR.bit.GPIOA12 = 0x01; // DACLK 输出
    GpioMuxRegs.GPADIR.bit.GPIOA13 = 0x01; // DADIN 输出
    GpioMuxRegs.GPFMUX.all| = CAN_IO;      // CAN 功能口

    GpioMuxRegs.GPAMUX.all& = 0xffe0;      // GPIOA4~GPIOA0 通用 I/O 口
    GpioMuxRegs.GPFMUX.all& = 0x80ff;      // GPIOF14~GPIOF8 通用 I/O 口
    GpioMuxRegs.GPDMUX.all& = 0xffdf;      // GPIOD6 通用 I/O 口
    GpioMuxRegs.GPBMUX.all& = 0x2004;
                                           // GPIOB0、GPIOB1、GPIOB3~GPIOB12、GPIOB14、GPIOB15
    GpioMuxRegs.GPEMUX.all& = 0xFFF8;      // GPIOE0~GPIOE2 通用 I/O 口

    GpioMuxRegs.GPADIR.bit.GPIOA4 = 1;// out
    GpioMuxRegs.GPADIR.bit.GPIOA3 = 0;// in

    GpioMuxRegs.GPADIR.bit.GPIOA2 = 1;// out
    GpioMuxRegs.GPADIR.bit.GPIOA1 = 0;// in

    GpioMuxRegs.GPADIR.bit.GPIOA0 = 1;// out
    GpioMuxRegs.GPFDIR.bit.GPIOF14 = 0;// in

    GpioMuxRegs.GPDDIR.bit.GPIOD6 = 1;// out
    GpioMuxRegs.GPEDIR.bit.GPIOE0 = 0;// in

    GpioMuxRegs.GPEDIR.bit.GPIOE2 = 1;// out
    GpioMuxRegs.GPEDIR.bit.GPIOE1 = 0;// in

    GpioMuxRegs.GPBDIR.bit.GPIOB12 = 1;// out
    GpioMuxRegs.GPBDIR.bit.GPIOB11 = 0;// in

    GpioMuxRegs.GPBDIR.bit.GPIOB15 = 1;// out
    GpioMuxRegs.GPBDIR.bit.GPIOB14 = 0;// in

    GpioMuxRegs.GPBDIR.bit.GPIOB10 = 1;// out
    GpioMuxRegs.GPBDIR.bit.GPIOB9 = 0;// in

    GpioMuxRegs.GPBDIR.bit.GPIOB8 = 1;// out
    GpioMuxRegs.GPBDIR.bit.GPIOB7 = 0;// in

    GpioMuxRegs.GPBDIR.bit.GPIOB6 = 1;// out
```

```
        GpioMuxRegs.GPBDIR.bit.GPIOB5 = 0;// in

        GpioMuxRegs.GPBDIR.bit.GPIOB4 = 1;// out
        GpioMuxRegs.GPBDIR.bit.GPIOB3 = 0;// in

        GpioMuxRegs.GPBDIR.bit.GPIOB1 = 1;// out
        GpioMuxRegs.GPBDIR.bit.GPIOB0 = 0;// in

        GpioMuxRegs.GPFDIR.bit.GPIOF11 = 1;// out
        GpioMuxRegs.GPFDIR.bit.GPIOF8 = 0;// in

        GpioMuxRegs.GPFDIR.bit.GPIOF10 = 1;// out
        GpioMuxRegs.GPFDIR.bit.GPIOF9 = 0;// in

        GpioMuxRegs.GPFDIR.bit.GPIOF12 = 1;// out
        GpioMuxRegs.GPFDIR.bit.GPIOF13 = 0;// in

        EDIS;
    }
// GPIO 测试函数
void GPIO_check(void)
{
    Uint16 i;
        GpioDataRegs.GPACLEAR.bit.GPIOA4 = 1;    // 将 GPIOA4 置 0,下面同理
        GpioDataRegs.GPACLEAR.bit.GPIOA2 = 1;
        GpioDataRegs.GPACLEAR.bit.GPIOA0 = 1;
        GpioDataRegs.GPDCLEAR.bit.GPIOD6 = 1;
        GpioDataRegs.GPECLEAR.bit.GPIOE2 = 1;
        GpioDataRegs.GPBCLEAR.bit.GPIOB12 = 1;
        GpioDataRegs.GPBCLEAR.bit.GPIOB15 = 1;
        GpioDataRegs.GPBCLEAR.bit.GPIOB10 = 1;
        GpioDataRegs.GPBCLEAR.bit.GPIOB8 = 1;
        GpioDataRegs.GPBCLEAR.bit.GPIOB6 = 1;
        GpioDataRegs.GPBCLEAR.bit.GPIOB4 = 1;
        GpioDataRegs.GPBCLEAR.bit.GPIOB1 = 1;
        GpioDataRegs.GPFCLEAR.bit.GPIOF11 = 1;
        GpioDataRegs.GPFCLEAR.bit.GPIOF10 = 1;
        GpioDataRegs.GPFCLEAR.bit.GPIOF12 = 1;

        delay();

        GPIO_DATA[0] = GpioDataRegs.GPADAT.bit.GPIOA3;
                                // 获取 GPIOA3 引脚数据,保存在 GPIO_DATA[0]中,下面同理
        GPIO_DATA[1] = GpioDataRegs.GPADAT.bit.GPIOA1;
        GPIO_DATA[2] = GpioDataRegs.GPFDAT.bit.GPIOF14;
        GPIO_DATA[3] = GpioDataRegs.GPEDAT.bit.GPIOE0;
        GPIO_DATA[4] = GpioDataRegs.GPEDAT.bit.GPIOE1;
        GPIO_DATA[5] = GpioDataRegs.GPBDAT.bit.GPIOB11;
        GPIO_DATA[6] = GpioDataRegs.GPBDAT.bit.GPIOB14;
        GPIO_DATA[7] = GpioDataRegs.GPBDAT.bit.GPIOB9;
        GPIO_DATA[8] = GpioDataRegs.GPBDAT.bit.GPIOB7;
```

```
GPIO_DATA[9] = GpioDataRegs.GPBDAT.bit.GPIOB5;
GPIO_DATA[10] = GpioDataRegs.GPBDAT.bit.GPIOB3;
GPIO_DATA[11] = GpioDataRegs.GPBDAT.bit.GPIOB0;
GPIO_DATA[12] = GpioDataRegs.GPFDAT.bit.GPIOF8;
GPIO_DATA[13] = GpioDataRegs.GPFDAT.bit.GPIOF9;
GPIO_DATA[14] = GpioDataRegs.GPFDAT.bit.GPIOF13;
        // 将获取的 GPIO 引脚状态与正确值进行判断,同时将比较结果通过串口返回给上位机
for(i = 0;i<GPIO_NUM;i++)
{
    if(GPIO_DATA[i]==0x00)
    {GPIO_DATA[i] = 0x65;}
    if(GPIO_DATA[i]==0x01)
    {GPIO_DATA[i] = 0x66;}
    Scib_xmit(GPIO_DATA[i]&0xff);
}
}
```

## 12.9  液晶设计

显示模块作为一种直观的输出设备,是设计中必不可少的模块,液晶模块可以通过总线控制,也可以通过 GPIO 口控制。F2812 中有众多的 GPIO 口,所以在模块设计时选择通过 GPIO 口控制液晶模块。

液晶模块分为点阵型和字符型。在设计中采用的液晶模块为长沙太阳人公司的 SMG12864ZK,含字库的字符型液晶。SMG12864ZK 为 5V 供电,而 DSP 的 I/O 输出电压为 3.3V,所以在输出到液晶之前需要先经过 3.3V 转 5V 芯片。可以使用 74LVX3245(以下简称 3245),3245 为可选择方向的电压转换芯片,所以读数据和写数据时,需要设置方向选择引脚,在设计中同样采用两个 GPIO 引脚(GPIOB13 和 GPIOB2)分别控制 3245 的方向选择引脚。

SMG12864ZK 共有 20 个引脚,其中包括数据线 8 根,指令数据选择引脚(RS)、读写选择引脚(RW)、使能引脚(e),剩下的为电源、地线等。具体的液晶资料可以参考太阳人公司提供的液晶使用说明。

在模块软件设计中需要对数据线和三根控制信号线(RS、RW、e)进行控制,所以共需 11 根 GPIO 输出引脚控制液晶。

模块软件设计共分为以下函数模块。

(1) 将内部数据写入 GPIO 引脚上(利用 gpio_set(Uint16 dispdata);函数)

(2) 写指令函数(lcdwc(Uint16 cmdcode);)

(3) 写数据函数(lcdwd(Uint16 lcddata);)

(4) 写内容函数(hzkdis(unsigned char ∗ s);)

(5) 填充函数(lcdfill(unsigned char disdata);)

(6) 复位函数(lcdreset();)

(7) 显示内容函数(hzklib();)

具体的时序设计参考 SMG12864ZK 的使用说明。

在本程序中已经添加控制信号的状态标志,读者可以方便地读取程序,然后对照液晶模块的使用说明,深入了解液晶模块的软件设计。

在程序设计时要特别注意 GPIO 的控制,应参考前面所讲的 GPIO 知识,尤其是 EALLOW 保护的寄存器,一定要添加 EALLOW 保护,否则会导致配置数据时发生数据丢失或数据冲突。

具体的程序设计代码如下:

```
# include "DSP281x_Device.h"
# include "DSP281x_Examples.h"

// I/O 定义
# define FIRST_ADDR 0                        // 定义字符/汉字显示起始位置
// 基本功能函数原型 -------------------------------------------------
// void chk_busy();
void lcdwd(Uint16 lcddata);                  // 写数据函数
void lcdwc(Uint16 cmdcode);                  // 写指令函数
void lcdreset();                             // 液晶复位函数
void delay(unsigned int t);                  // 延时函数
void hzklib();                               // 显示内容函数
void hzkdis(unsigned char * s);              // 写内容函数
void lcdfill(unsigned char disdata);         // 填充整个屏幕
void gpio_set(Uint16 dispdata);              // GPIO 设置函数

int m;

void main(void)
{
    InitSysCtrl();                           // 初始化系统控制寄存器、PLL、看门狗和时钟

    DINT;                                    // 禁止和清除所有 CPU 中断向量表

    InitPieCtrl();                           // 初始化 PIE 控制寄存器

    IER = 0x0000;
    IFR = 0x0000;

    InitPieVectTable();                      // 初始化中断向量表

    EALLOW;
    GpioMuxRegs.GPBMUX.all = 0;
    GpioMuxRegs.GPFMUX.all = 0;
    GpioMuxRegs.GPFDIR.bit.GPIOF11 = 1;      // rs(控制液晶屏的数据指令选择引脚)
    GpioMuxRegs.GPFDIR.bit.GPIOF8 = 1;       // rw(控制液晶屏的数据读写选择引脚)
    GpioMuxRegs.GPFDIR.bit.GPIOF10 = 1;      // e(控制液晶屏的使能引脚)
    GpioMuxRegs.GPBDIR.bit.GPIOB13 = 1;      // 引脚用于控制 74LVX3245 方向选择
    GpioMuxRegs.GPBDIR.bit.GPIOB2 = 1;       // 引脚用于控制 74LVX3245 方向选择
    GpioDataRegs.GPBSET.bit.GPIOB2 = 1;      // 将方向选择引脚置高

    EDIS;
```

```
    lcdreset();                                          // 初始化 LCD 屏
    lcdwc(0x01);
    delay(1000);
    hzklib();
    delay(4000);
    while(1){}
}
/* void chk_busy()
{
  int l = 0;
  EALLOW;
  GpioDataRegs.GPBSET.bit.GPIOB2 = 1;
  GpioDataRegs.GPFCLEAR.bit.GPIOF11 = 1;               // rs    0
//  delay(100);
  GpioDataRegs.GPFSET.bit.GPIOF8 = 1;                  // rw    1
  delay(100);
  GpioDataRegs.GPFSET.bit.GPIOF10 = 1;                 // e     1
  delay(100);
  GpioDataRegs.GPBCLEAR.bit.GPIOB13 = 1;               // 3245 输入
  delay(100);
  GpioMuxRegs.GPBDIR.bit.GPIOB10 = 0;                  // D7
  EDIS;
  l = GpioDataRegs.GPBDAT.bit.GPIOB10;
//  while(l==1){};
  GpioDataRegs.GPFCLEAR.bit.GPIOF10 = 1;
} */
void gpio_set(Uint16 dispdata)                          // 将 dispdata 数据赋给 DSP 的相应控制引脚
{
EALLOW;
                                                        // 此时必须添加保护，否则会导致数据丢失或冲突
GpioDataRegs.GPBDAT.bit.GPIOB3 = (dispdata&0x01);
                                                        // 将 dispdata 的最低位赋给 GPIOB3
GpioDataRegs.GPBDAT.bit.GPIOB4 = ((dispdata>>1)&0x01);
GpioDataRegs.GPBDAT.bit.GPIOB5 = ((dispdata>>2)&0x01);
GpioDataRegs.GPBDAT.bit.GPIOB6 = ((dispdata>>3)&0x01);
GpioDataRegs.GPBDAT.bit.GPIOB7 = ((dispdata>>4)&0x01);
GpioDataRegs.GPBDAT.bit.GPIOB8 = ((dispdata>>5)&0x01);
GpioDataRegs.GPBDAT.bit.GPIOB9 = ((dispdata>>6)&0x01);
GpioDataRegs.GPBDAT.bit.GPIOB10 = ((dispdata>>7)&0x01);
EDIS;
}
void lcdwd(Uint16 lcddata)
{
    delay(500);
    EALLOW;
    GpioMuxRegs.GPBDIR.all = 0xffff;
    GpioDataRegs.GPBSET.bit.GPIOB13 = 1;
    GpioDataRegs.GPBSET.bit.GPIOB2 = 1;

    GpioDataRegs.GPFSET.bit.GPIOF11 = 1;                // rs    1
    GpioDataRegs.GPFCLEAR.bit.GPIOF8 = 1;               // rw    0
```

```
      delay(1000);
      GpioDataRegs.GPFSET.bit.GPIOF10 = 1;        // e      1
      delay(1000);
      EDIS;
      gpio_set(lcddata);
      // ---------------------------------------------------------------
      delay(500);
      GpioDataRegs.GPFCLEAR.bit.GPIOF10 = 1;      // e      0
      delay(500);
//    gpio_set(0xff);
//    delay(10000);
      }
      void lcdwc(Uint16 cmdcode)
      {
      Uint16 r,k = 0;
//    chk_busy();
      delay(500);
      EALLOW;
      GpioMuxRegs.GPBDIR.all = 0xffff;
      GpioDataRegs.GPBSET.bit.GPIOB13 = 1;
      GpioDataRegs.GPBSET.bit.GPIOB2 = 1;

      GpioDataRegs.GPFCLEAR.bit.GPIOF11 = 1;      // rs     0
      GpioDataRegs.GPFCLEAR.bit.GPIOF8 = 1;       // rw     0
      delay(1000);
      GpioDataRegs.GPFSET.bit.GPIOF10 = 1;        // e      1
      delay(1000);
      EDIS;
      gpio_set(cmdcode);
      delay(500);
      GpioDataRegs.GPFCLEAR.bit.GPIOF10 = 1;      // e      0
      delay(500);
      gpio_set(0xff);
      delay(100);
}

// 初始化函数 -----------------------------------------------------------
void lcdreset()
{  delay(2000);
   lcdwc(0x30);                          // 选择基本指令集
   lcdwc(0x30);                          // 选择8b数据流
   delay(50);
   lcdwc(0x0c);                          // 开显示(无游标、不反白)
   delay(50);
   lcdwc(0x01);                          // 清除显示,并且设定地址指针为00H
   delay(50);
   lcdwc(0x06);              // 指定在资料的读取及写入时,设定游标的移动方向及指定显示的移位
}

void hzkdis(unsigned char * s)
{  while( * s>0)
```

```
    {   lcdwd( * s);
        s++;
        delay(50);
    }
}

void hzklib()
{   lcdwc(0x80 + FIRST_ADDR);
    hzkdis("少小离家老大回,");
    lcdwc(0x90 + FIRST_ADDR);
    hzkdis("乡音未改鬓毛衰。");
    lcdwc(0x88 + FIRST_ADDR);
    hzkdis("儿童相见不相识,");
    lcdwc(0x98 + FIRST_ADDR);
    hzkdis("笑问客从何处来。");
}
// 整屏显示
// 当 ii = 0 时显示上面 128 × 32
// 当 ii = 8 时显示下面 128 × 32
void lcdfill(unsigned char disdata)
{   unsigned char x,y,ii;
    for(ii = 0;ii<9;ii += 8)
        for(y = 0;y<0x20;y++)
        for(x = 0;x<8;x++)
        {   lcdwc(0x36);
            lcdwc(y + 0x80);                // 行地址
            lcdwc(x + 0x80 + ii);           // 列地址
            lcdwc(0x30);
            lcdwd(disdata);
            lcdwd(disdata);
        }
}

void delay(unsigned int t)
{   unsigned int i,j;
    for(i = 0;i<t;i++)
        for(j = 0;j<10;j++)
            ;
}
```

# 12.10   实时时钟(DS1302)设计

## 12.10.1   概述

　　DS1302 是 DALLAS 公司推出的一种时钟芯片,片内包含一个实时时钟/日历和 31B 的静态 RAM。芯片通过一个简单的串行接口与外部微处理器进行通信。实时时钟/日历芯片可以提供秒、分、小时、日、月、年等信息,在月末时,时钟/日历芯片会自动调整为新的日期,即使是闰年或月份少于 31 天的日期也可以通过软件设置为自动调整。现实中的钟表可以设置为 24 小时制或 12 小时制,DS1302 也可以设置 12 小时制或 24 小时制,如果设置为 12 小时制,系统可以通过 AM/PM 指示具体的时间,从而可以防止时间混乱。

DS1302 采用同步串行通信方式,通过 3 条信号线作为接口,与外部处理器相连接,这 3 条信号线为 CE、I/O(数据线)、SCLK(串行时钟)。时钟/通信中的数据格式可以采用 1 个字节,也可以一次性发送或接收 31 个字节。DS1302 还有一个显著的优点就是低功耗,如果只有数据和时钟信息,那么功耗将低于 $1\mu$W。

下面将 DS1302 主要的性能指标作一综合。

(1) 实时时钟具有能计算 2100 年之前的秒、分、时、日、星期、月、年的能力,还有闰年调整的能力;

(2) $31\times8$b 数据暂存 RAM;

(3) 串行 I/O 口方式使得通信所需的引脚数量最少;

(4) 宽范围工作电压,为 2.0~5.5V;

(5) 工作电压为 2.0V 时,工作电流小于 300nA;

(6) 数据传输格式可以为单字节,也可以采用多字节方式;

(7) 8 脚 DIP 封装或可选的 8 脚 SOIC 封装;

(8) 简单 3 线接口;

(9) 与 TTL 兼容,$V_{cc}=5V$;

(10) 可选工业级温度范围(−40~85)℃;

(11) 与 DS1202 兼容。

一般 DSP 与 DS1302 采用 I/O 口连接方式,通过 I/O 口模拟串行数据线。具体的接口连接示意如图 12.35 所示。

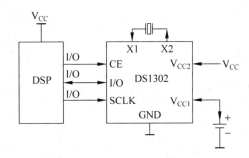

图 12.35 DS1302 硬件设计电路

## 12.10.2 软件设计

下例所示的程序为时钟 DS1302 的应用程序,通过时钟初始化函数 Rtc_init(),可以设置时钟的运行模式(12 小时制或 24 小时制),可以设置时钟的初始值;初始值设置后,时钟就会在初始值的基础上进行计时。而且 DS1302 可以设置为双供电模式,在外围电路掉电的情况下,通过锂电池提供少量的供电,可维持时钟的正常运转。在本程序中,通过串口与上位机(如 PC)进行通信,定时向上位机发送时间信息,通过上位机的串口调试助手(可以从网上下载)读取当前的时间值。

在本程序的编写中需要重点注意如下几点。

(1) DSP 的数字 I/O 口的设置,以及 I/O 口的输入、输出设置。

(2) DS1302 的读写时序,读函数、写函数、DS1302 初始化函数等。

(3) 大部分信号线都是 I/O 口,对 I/O 口进行操作应注意 EALLOW 保护,防止不必要的混乱。

(4) 养成良好的程序编写习惯,尽量将程序分解、最小化,以单个函数形式存在,并添加必要的注释,便于理解程序。

具体的程序代码如下所示:

```c
# include "DSP281x_Device.h"
# include "DSP281x_Examples.h"


// SCI 口定义 --------------------------------------------------------
# define SCI_IO 0x0030


// 基本功能函数原形 --------------------------------------------------
void tdelay(void);                            // 延时函数
void IO_function(void);                       // I/O 口功能配置函数
void Scib_init(void);                         // 串口(SCI)初始化函数
void Scib_xmit(int a);                        // 串口(SCI)发送函数
void Rtc_init(void);                          // 时钟初始化函数
void delay(void);                             // 延时函数

void Rst1302(void);                           // DS1302 复位函数
void EndWrCLK(void);                          // 写数据结束函数
void EnWrite1302(void);                       // DS1302 的写许可
void DisWrite1302(void);                      // DS1302 的写保护
void RTC_init_out(void);                      // RTCDAT 设置为输出函数
void RTC_init_in(void);                       // RTCDAT 设置为输入函数
Uint16 RTC_receive(void);                     // DS1302 读取一个字节
void RTC_send(Uint16 data);                   // 向 DS1302 发一个字节

void URTC_check(void);
void RTC_check(void);

Uint16 tmp[3500] = {0};

void main(void)
{
    Uint16 i;
    InitSysCtrl();

    IO_function();

    DINT;

    InitPieCtrl();
    IER = 0x0000;
    IFR = 0x0000;
```

```
    InitPieVectTable();

    Scib_init();                                    // 串口初始化
    Rtc_init();                                     // 实时时钟初始化

    for(;;)
    {
    RTC_check();
    for(i = 0;i<100;i++)
    delay();

    }
}
// 长延时函数 ---------------------------------------------------------------
void delay(void)

{
    Uint16 i;
    for(i = 0;i<0xffff;i++)
        asm("NOP");
}
// 短延时函数 ---------------------------------------------------------------
void tdelay(void)
{
    Uint16 i;
    for(i = 0;i<15;i++)
        asm("NOP");
}
// 定义 DSP 的数字 I/O 口的状态 ------------------------------------------------
void IO_function(void)
{
    EALLOW;
    GpioMuxRegs.GPGMUX.all| = SCI_IO;               // 设置 SCIB 口为功能口
    GpioMuxRegs.GPAMUX.all& = 0xFFF2;               // 设置控制 DS3102 的 I/O 口为普通数字口
    GpioMuxRegs.GPADIR.bit.GPIOA3 = 1;              // 设置 A3 口为输出口,作为串行时钟线
    GpioMuxRegs.GPADIR.bit.GPIOA0 = 1;              // 设置 A0 口为输出口,作为复位线
    EDIS;
}
// 串口发送函数 --------------------------------------------------------------
void Scib_xmit(int a)

{
    ScibRegs.SCITXBUF = (a&0xff);
    while(ScibRegs.SCICTL2.bit.TXRDY! = 1){};
}
// 串口初始化函数 ------------------------------------------------------------
void Scib_init()
{
    ScibRegs.SCIFFTX.all = 0xE040;                  // 允许接收,使能 FIFO,没有 FIFO 中断
                                                    // 清除 TXFIFINT
    ScibRegs.SCIFFRX.all = 0x204f;                  // 使能 FIFO 接收,清除 RXFFINT,16 级 FIFO
```

```
    ScibRegs.SCIFFCT.all = 0x0000;               // 禁止波特率校验
    ScibRegs.SCICCR.all  = 0x0007;               // 1 个停止位,无校验,禁止自测试
                                                 // 空闲地址模式,字长 8b
    ScibRegs.SCICTL1.all = 0x0003;               // 复位
    ScibRegs.SCICTL2.all = 0x0000;
    ScibRegs.SCIHBAUD = 0x0001;                  // 设定波特率 9600bps
    ScibRegs.SCILBAUD = 0x00E7;                  // 设定波特率 9600bps
    ScibRegs.SCICCR.bit.LOOPBKENA = 0;           // 禁止芯片内部连接
    ScibRegs.SCIPRI.bit.FREE = 1;                // 自由运行
    ScibRegs.SCICTL1.all = 0x0023;               // 退出 RESET

}


// DS1302 复位函数 ------------------------------------------------------------
void Rst1302(void)
{
    GpioDataRegs.GPACLEAR.bit.GPIOA3 = 1;        // RTCCLK = 0;
    tdelay();
    GpioDataRegs.GPACLEAR.bit.GPIOA0 = 1;        // RTCERSET = 0;
    tdelay();
    GpioDataRegs.GPASET.bit.GPIOA0 = 1;          // RTCERSET = 1;
    tdelay();
}
// 写数据结束函数 ------------------------------------------------------------
void EndWrCLK(void)
{
    GpioDataRegs.GPACLEAR.bit.GPIOA0 = 1;        // RTCERSET = 0
    tdelay();
    GpioDataRegs.GPASET.bit.GPIOA3 = 1;          // RTCCLK = 1
    tdelay();
}
// DS1302 的写许可 ------------------------------------------------------------
void EnWrite1302(void)
{
    Rst1302();
    RTC_send(0x8e);
    RTC_send(0x00);
    EndWrCLK();
}
// DS1302 的写保护 ------------------------------------------------------------
void DisWrite1302(void)
{
    Rst1302();
    RTC_send(0x8e);
    RTC_send(0x80);
    EndWrCLK();
}
// RTCDAT 设置为输出 ------------------------------------------------------------
void RTC_init_out(void)
{
    EALLOW;
```

```
        GpioMuxRegs.GPADIR.bit.GPIOA2 = 1;                      // 1302DATA 输出
        tdelay();
        EDIS;
}
// RTCDAT 设置为输入 ----------------------------------------------------------
void RTC_init_in(void)
{
        EALLOW;
        GpioMuxRegs.GPADIR.bit.GPIOA2 = 0;                      // 1302DATA 输入
        tdelay();
        EDIS;
}
// DS1302 读取一个字节 -------------------------------------------------------
Uint16 RTC_receive(void)
{
        Uint16 i,buf;
        buf = 0;
        for(i = 0;i<8;i++)
        {
            GpioDataRegs.GPACLEAR.bit.GPIOA3 = 1;               // RTCCLK = 0;
            tdelay();
            buf = buf>>1;
            if(GpioDataRegs.GPADAT.bit.GPIOA2==1)               // RTCDAT==1?
                buf = buf + 0x80;
            tdelay();
            GpioDataRegs.GPASET.bit.GPIOA3 = 1;                 // RTCCLK = 1;
            tdelay();
        }
        return buf;
}
// 向 DS1302 发一个字节:Cmd ------------------------------------------------
void RTC_send(Uint16 data)
{
        Uint16 i;
        for(i = 0;i<8;i++)
        {
                if((data % 2)==0x1)
                    GpioDataRegs.GPASET.bit.GPIOA2 = 1;         // RTCDAT = 1;
                else
                    GpioDataRegs.GPACLEAR.bit.GPIOA2 = 1;       // RTCDAT = 0;
                tdelay();
                GpioDataRegs.GPASET.bit.GPIOA3 = 1;             // RTCCLK = 1;
                tdelay();
                GpioDataRegs.GPACLEAR.bit.GPIOA3 = 1;           // RTCCLK = 0;
                data>> = 1;
                tdelay();
        }
}
// DS1302 初始化函数 --------------------------------------------------------
void Rtc_init(void)
{
```

```
    Uint16 i,j;
    EnWrite1302();

    tmp[0] = 0;                                      // 设置初始时钟的秒位
    tmp[1] = 0x59;                                   // 设置初始时钟的分钟位
    tmp[2] = 0x92;                          // 设置时钟为12小时制,同时设置初始时钟的小时位
    i = 0;
    for(j = 0;j<3;j++)
    {
        Rst1302();
        GpioDataRegs.GPACLEAR.bit.GPIOA3 = 1;        // RTCCLK = 0;
        tdelay();
        GpioDataRegs.GPASET.bit.GPIOA0 = 1;          // RTCERSET = 1;
        tdelay();
        RTC_send(0x80 + i);          // 时钟的秒位、分钟位、小时位的地址:0x80、0x82、0x84
        RTC_send(tmp[j]);                            // 设置时钟的初始值
        EndWrCLK();
        i += 2;
        EndWrCLK();
    }
    DisWrite1302();
}
// 时钟计时检测函数 -----------------------------------------------------------
void RTC_check(void)
{
    Uint16 i,j;
    for(i = 0;i<= 3;i++)
    tmp[i] = 0;

    for(i = 0,j = 0;i<3;i++)
    {
        RTC_init_out();
            Rst1302();
        RTC_send(0x81 + j);
            RTC_init_in();
        tmp[i] = RTC_receive();
        j += 2;
        EndWrCLK();
    }
    Scib_xmit(tmp[2]&0x1f);                          // 将时间值通过串口发送给主机
    Scib_xmit(tmp[1]);
    Scib_xmit(tmp[0]);
}
```

## 12.11　平台调试中的常见问题解答

(1) 在使用 CCS 软件打开一个工程时经常会弹出图 12.36 所示的警告对话框。对话框中的信息说明,工程中缺少某个或某些文件,而这些文件又是程序不可缺少的文件,所以

必须将这些缺少的文件添加进来。具体的添加方法为,单击 Browse(浏览)按钮,然后在工程文件夹中查找,此时查找的文件格式已经被限制了,只能添加固定的缺少文件。如果缺少多个文件,可以重复该操作,直至将所有的文件都添加到工程中为止。

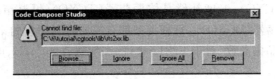

图 12.36　警告对话框

(2) 在配置完 CCS 和仿真器文件后,打开 CCS 时,如果出现图 12.37 所示的问题,说明仿真器还没有连接好,或仿真器驱动程序没有安装成功,或者 CCS 软件配置不正确,可以从上述 3 种问题中寻求解答。解决完问题后,可以单击 Retry(重试)按钮,重新启动 CCS 程序。如果想要退出程序,可以单击 Abort 按钮,退出 CCS 程序。具体的 CCS 软件配置在第 1 章中已详细介绍了,这里只是介绍如何解决和处理类似的问题,寻找问题的根源。

图 12.37　错误对话框

(3) 使用 F2812 内部的 ADC 在一个周期(20ms)采集 128 点,发现采样值的跳动比较大,而且采样值和真实值之间的误差成非线性。

在 F2812 中的非线性误差确实存在,粗略估计为 5%。可以分段测量得到一个系数,然后在软件中进行处理,但效果可能不明显,最好的方法为外部添加校正电路。校正电路主要的作用就是通过外部高精度的电压源为内部提供参考电压,这样可以提高参考电压的精度,减少误差。而对于 F2812 来说,提供 ADC 精度,还需要增加软件校正。具体的 ADC 校正原理以及 ADC 校正方法在前面 ADC 模块中已详细叙述,这里不再赘述。

对于 ADC 采样值跳动比较大可能是因为前端的滤波或电源地处理得不是很好,添加必要的滤波电路可以得到很好的改善;也可能是输入端的电容效应导致的问题,采样通道上的等效电容可能还是保持有上一个采样数据的数值,当对当前数据进行采样时,会造成当前数据不准确。如果条件允许,可以在每次转化完成后将输入切换到参考地,然后再对信号进行下一次采样。

（4）关于 F2812 晶振的选择，以及各种晶振的优缺点比较。集成晶体振荡器比较稳定；石英晶体容易受干扰，在做板不佳时，电源波动时，或者上电时，容易停振或不起振。

时钟振荡器有多种封装，其特点是电气性能规范多种多样。它有多种不同的类型：电压控制晶体振荡器（VCXO）、温度补偿晶体振荡器（TCXO）、恒温箱晶体振荡器（OCXO），以及数字补偿晶体振荡器（DCXO）。每种类型都有需要特别注意的某些性能。所以在选择晶振时一定要注意其晶振参数，对于 F2812 来说，一般选择 30MHz、电源 3.3V 的集成晶体振荡器。

（5）关于外扩 ADC 芯片的计划。DSP 内部 ADC 虽然采样速率快，但是精度只有 12 位，对于一些对精度要求很高的设备（如医疗器械）而言，很显然精度不够，可以在 DSP 外部扩展一片高精度的 ADC 芯片。在选择芯片时需要考虑一些问题，如采样精度、速度、供电电压等。表 12.16 为一些 ADC 芯片的比较，举例说明了 ADC 芯片的重要参数，以及比较时需要考虑的因素。

表 12.16 ADC 芯片比较

| 性能<br>参数 | 型 号 | | | |
|---|---|---|---|---|
| | ADS1258 | ADS1256 | ADS8344 | ADS8345 |
| 分辨率/b | 24 | 24 | 16 | 16 |
| 通道数 | 16 路单端输入<br>8 路差分输入 | 8 路单端输入<br>4 路差分输入 | 8 路单端输入<br>4 路差分输入 | 8 路单端输入<br>4 路差分输入 |
| 转换速率/Ksps | 固定通路，125<br>自动通路扫描，23.7 | 30 | 100 | 100 |
| 数字电源<br>（DVDD）/V | 2.7～5.25 | 1.8～3.6 | 2.7～5 | 2.7～5 |
| 模拟电源 /V | 0 和 5（单端）<br>−2.5 和 2.5（差分） | 0 和 5 | | |
| 参考电压/V | 5 | 2.5 | 500mV～$V_{cc}$<br>（2.7～5V） | 500mV～$V_{cc}$/2 |
| 输入电压范围/V | −2.5～2.5 或 0～5 | −5～5 | 0～$V_{REF}$ | −$V_{REF}$～$V_{REF}$ |
| 功耗/mW | 43 | 正常 38，待机 0.4 | 10 | 8 |
| 噪声，漂移 | 噪声 2.8uvrms；<br>失调漂移 0.5$\mu$V/℃；<br>增益漂移 0.4×$10^{-6}$/℃ | 23b 的无噪声精度，<br>最大非线性特性<br>为±0.001% | 信噪比为 84dB | 信噪比为 84dB |
| 工作温度范围/℃ | −40～105 | −40～105 | −40～85 | −40～85 |
| 价格/价格公布<br>时间 | 8.95 美元/2003 年 | 8.95 美元/2003 年 | 98.3 元人民币/<br>2006 年 | 7.59 美元/2003 年 |
| 其他说明 | 设计时可以将该芯片与 DSP 的 SPI 的相应的引脚相连，来实现通信以及数据的传输 | 设计时可以将该芯片与 DSP 的 SPI 的相应的引脚相连，来实现通信以及数据的传输 | ADS8345 与 ADS8344 的区别是：在差分输入时，ADS8345 允许有负电压输入 | |

关于 ADC 的各种芯片比较如表 12.16 所列,通过比较可以发现 ADS1258 的分辨率比 ADS8344 要高,但是 ADS8344 的转换速率要比 ADS1258 快许多,如果在转换速率要求不高的情况下,可以考虑 ADS1258。ADS1258 的转换通道比较多,而且从价格上看 ADS1258 也比较便宜。关于抗噪声、漂移方面几款芯片的性能都较高,从设计上看基本相同,都是串行输出类型,都需要对芯片进行初始化寄存器配置,基本思想可以通过 DSP 的 SPI 与 AD 芯片相连来实现之间的通信。

(6) 关于 DSP 的外设控制芯片 CPLD 或 FPGA 的选择问题。CPLD 或 FPGA 一般作为 DSP 的外设控制芯片,用于控制外围设备如 ADC、DAC 等,DSP 作为数据处理核心,这样 DSP+FPGA 可以构成一个强大的电气控制平台。作为逻辑控制器件 CPLD 或 FPGA 也有许多参数需要考虑,一般常用的 CPLD 或 FPGA 芯片生产厂家有 Xilinx 公司和 Altera 公司,具体的比较参数如表 12.17 所示。

表 12.17　CPLD 芯片比较

| 性能 参数 | 型　　号 | |
| --- | --- | --- |
| | XC95144XL | EPM570 |
| 可用 I/O 数量 | 117 | 116 |
| 替代芯片 | XC95288XL | EPM1270 |
| 与替代芯片的兼容性 | 兼容 | 兼容 |
| 参考成本/元 | 22 | 40 |
| 替代芯片价格/元 | 69(XC95288XL) | 57(EPM1270) |
| 封装 | TQ144 | TQFP144 |
| 供电电压/V | 3.3 | 3.3 或 2.5 |
| 可输出 I/O 电压/V | 3.3 或 2.5 | 3.3,2.5,1.8,1.5 |
| 与 DSP 的兼容性 | DSP 的电压与该芯片匹配 | DSP 的电压与该芯片匹配 |
| 与 DSP 兼容时要求输出电压/V | 3.3 | 3.3 |

(7) 调试硬件电路时,需要耐心,逐点寻找问题;在设计硬件电路时,对于重要的信号线最好在外部设置测试点,方便测试电路。在调试电路时,要有针对性地测试,从问题着手,逐步分析,逐点测试,测试每个信号线的状态。因为在焊接电路板时,很可能出现虚焊或漏焊的情况,这就对硬件工程师提出了更高的要求,在测试电路板时要十分小心,防止测试仪器(如:示波器探针)形成回路,导致电路短路。

(8) 将程序下载到 Flash 中的问题。平时程序一般在 RAM 中仿真,但是 RAM 仿真有个缺陷就是掉电不能够保存程序、数据,要想永久性地保存程序和数据,就需要将程序和数据下载到 Flash 中,这一步是产品成型前的关键一步。对于 F2812 来说,将程序下载到 Flash 中去,不是一件容易的事情,这些在前面章节中已经介绍过,这里不再赘述。但是即使注意了前面所讲的内容,还是会出现很多问题,比如:之前一套电路板可以实现下载,但是现在的电路板不能够下载,会弹出错误对话框等,具体原因很多,如果下载程序没有问题,那么问题就在于下载插件版本低。如 DSP 芯片从 CE 版本升级到 CG 版本,那么下载插件也需要升级,具体的下载插件可以到 TI 公司的官方网站上下载。

(9) 注意程序中的延时程序,防止延时程序导致程序"跑飞"。有时仿真时程序可以通过,而且产生的现象也正确,但是下载到 Flash 后,程序跑飞,或程序执行的效果较差,这种情况很可能是由于程序中包含过长的延时程序。

(10) 应充分意识到程序在 RAM 和 Flash 中运行的效率不同。一般程序在 Flash 中运行的效率为在 Flash 中运行效率的 85%，所以在设计定时器或中断时，需要严格计算程序运行的时间等。

(11) 在下载到 Flash 过程中可能会出现缺少头文件的情况，如缺少 FlashAPIInterface. c 和 boot28. inc 两个文件，缺少这两个文件并不会影响系统的运行，只是程序上电后的运行速度比较慢，效率比较低。

(12) E²PROM 的调试问题。E²PROM 作为可多次擦除读、写而且掉电能够保存的存储设备，广泛用于存储固定数据或程序。在正式开发软件之前，需要调试 E²PROM，保证 E²PROM 运行正常。在测试时，可以先向 E²PROM 中写入一些数据，然后再从 E²PROM 中读取数据，如果读取的数据与写入的数据相同，那么说明 E²PROM 工作正常；如果读出的数据为 FF，那么说明 E²PROM 芯片已经烧毁，需要重新检测。

(13) 爱护实验器材。研发人员要养成良好的习惯，人走电断，这样既节约用电，又能够防止事故产生；在上电时，不要插拔仿真器，因为这样一方面会损坏仿真器，另一方面可能会导致系统死机，影响程序的调试。

(14) 调试看门狗的经验。DSP 内部看门狗可以产生两个信号：看门狗复位信号 (WDRST)、看门狗中断信号 (WDINT)。可以通过寄存器 SCSR，屏蔽其中一个信号，使能另一个信号，如果使能看门狗复位信号，那么如果程序跑飞，看门狗未能定时清零，则电路将产生看门狗复位信号，DSP 芯片复位。如果使能看门狗中断信号，那么如果程序跑飞，系统将产生看门狗中断信号。具体需要执行的工作将在中断服务程序中体现，所以看门狗中断信号与系统复位没什么直接联系，如果需要复位，应该在中断服务程序中具体编写。在 DSP 中需要定时喂狗，给计数器清零；具体的函数为：KickDog();

(15) 注意在调试外设 (SPI、SCI、CAN、EV、ADC) 时，需要首先使能外设时钟。具体的外设时钟使能在前面章节中已经介绍，例如使能 CAN 时钟 SysCtrlRegs.PCLKCR.all = 0x4000;

(16) 采用宏定义方式提高程序的执行效率。如：

```
#define StartCpuTimer0() CpuTimer0Regs.TCR.bit.TSS = 0
```

(17) 重视外部接口 (XINTF) 的应用。XINTF 作为 F2812 的外扩接口，广泛用于 DSP 的设计中，一般用于与外设进行通信。通常可以利用 XINTF 扩展 AD、DA、SRAM、Flash 等，XINTF 自带片选、使能信号，可以方便与外设进行通信。例如 DSP 与 FPGA 之间通过总线传输数据，DSP 相当于一个 CPU，所有的操作都是针对 DSP 的，如包括读、写操作，都是指对于 DSP 来说的，对 FPGA 则表示相反的意思。这里面包括一个时序问题：不管是读还是写操作都是先使片选信号变低，然后分别使读、写信号变低，再进行相应的操作。

① 片选信号（使能信号）

完成这些操作只需将 DSP 的总线地址对应的片选信号与 FPGA 相连接。如地址 0x0008 0000 对应于 XZCS2 信号，那么将 XZCS2 信号与 FPGA 某个引脚相连，作为片选信号，当 DSP 向 0x0008 0000 地址内写数据时，会自动将 XZCS2 信号置低，从而选择 FPGA 芯片。

② 读、写信号

读、写信号都将由 CPU(DSP) 接到命令后自动产生，在 FPGA 中只需判断是否为低电平,是则可进行相应的操作。

③ 在 DSP 中数据直接赋值。下例所示为 DSP 通过总线读取数据,此时对于 FPGA 来说为写数据,操作时序为,DSP 向某个地址发送读数据信号,此时该地址的片选信号、读使能信号线有效,当 FPGA 检测到读信号线为低电平时,向总线上发送数据,然后 DSP 从总线上读取数据。注意总线为单口模式,不能有多个器件同时控制总线,否则会导致芯片不断重启,最终导致烧毁,所以在这里,FPGA 不能控制总线,只能是不断查询总线的状态。

```
#define RAMBASE 0x0080000
    Uint16 * rambase;
    Uint16 tmp;
    rambase = (Uint16 * )RAMBASE;
    tmp = * rambase;
```

要特别注意的是:在写 DSP 读总线的程序中一定要将中断关闭,特别是将定时中断关闭。定时中断会占用 CPU 大量资源,可能导致死机。

(18) 烧写完 Flash 程序后,在输出信息框中,输出如下信息:

This program contains initialized RAM data. It may run successfully under Code Composer Studio, but not as a standalone system because of this. If your Flash program requires initialized data in RAM, you will need to write Flash code to initialize RAM memory

此信息说明有部分有用的数据定位到 RAM 中,在 CCS 下能够成功运行,但是在 Flash 中不能正常运行,这部分数据会丢失从而影响程序的执行。当出现上述情况时,一般问题出于 cmd 文件,应检查 cmd 文件,查找是否有部分数据定位到 RAM 中。

# μC/OS-Ⅱ操作系统在F2812上移植及实时多任务管理

　　μC/OS-Ⅱ的移植是为了实现对多任务的管理。例如将每个独立的应用程序部分(SCI、SPI、AD、DA 等)装到每个任务中,每个任务具有唯一确定的优先级。任务可通过链表的形式排序,任务间的切换通过优先级的比较来实现,优先级数小的具有更高的优先级,系统可按优先级识别每一个任务,实现实时多任务管理。结构如下:

```
// 头文件 ------------------------------------------------------------
# include "includes. h"
# include "DSP28_Device. h"
# include "os_globalstack. h"

extern OS_STK TaskStartStk[TASK_STK_SIZE];
extern OS_STK TaskStk[N_TASKS][TASK_STK_SIZE];

// 任务或功能函数 -----------------------------------------------------
void Task (void * data);
void Task1(void * data);
void Task2(void * data);
void Task3(void * data);
void Task4(void * data);
void Task5(void * data);
void Task6(void * data);
void Task7(void * data);
void TaskStart(void * data);
void Scib_init(void);                    // 串口(Scib)初始化函数
void Scib_xmit(int a);                   // 串口发送函数

# define SCI_IO 0x0030

void main (void)
{
    DINT;
    EALLOW;                              // EALLOW 保护寄存器
    InitSysCtrl();                       // 系统初始化
```

```
    InitPieVectTable();                        // 初始化中断向量表
    InitPicCtrl();
    IER = 0x0000;
    IFR = 0x0000;
    EDIS;

    OSInit();                                  /* 初始化 μC/OS */
    OSTaskCreate(TaskStart, (void * )0, (void * )&TaskStartStk[0], 0);
    OSStart();                                 /* 开始多任务 */
}


void TaskStart (void * data)
{

    data = data;
    EALLOW;
    GpioMuxRegs.GPGMUX.all| = SCI_IO;          // 设置 Scib 口为功能口
    EDIS;
    Scib_init();
    EALLOW;
    IER | = 0x8000;                            // 使能实时操作系统中断向量(RTOSINT)
    PieVectTable.RTOSINT = &OSCtxSw;           // 中断向量指向任务调度函数
    EDIS;
                                               // 创建任务
    OSTaskCreate(Task, (void * )0, (void * )&TaskStk[0][0], 10);
    OSTaskCreate(Task1, (void * )0, (void * )&TaskStk[1][0], 12);
    OSTaskCreate(Task2, (void * )0, (void * )&TaskStk[2][0], 14);
    OSTaskCreate(Task3, (void * )0, (void * )&TaskStk[3][0], 16);
    OSTaskCreate(Task4, (void * )0, (void * )&TaskStk[4][0], 18);
    OSTaskCreate(Task5, (void * )0, (void * )&TaskStk[5][0], 20);
    OSTaskCreate(Task6, (void * )0, (void * )&TaskStk[6][0], 22);
    OSTaskCreate(Task7, (void * )0, (void * )&TaskStk[7][0], 24);
/* 将任务挂起(除了优先级为 10 的任务),此时只有任务 Task 处于就绪态,所以首先执行 Task 任务 */
    OSTaskSuspend(12);
    OSTaskSuspend(14);
    OSTaskSuspend(16);
    OSTaskSuspend(18);
    OSTaskSuspend(20);
    OSTaskSuspend(22);
    OSTaskSuspend(24);
    for (;;)
    {
        OSTimeDly (20000);
    }
}
                                               // 任务函数
void Task (void * data)
{
    for(;;)
    {
    Scib_xmit(0x0C);
```

```
    OSTaskResume(12);
    OSTaskSuspend(10);
  }
}
```

/*进入任务后,采用将优先级高的任务挂起(Task),恢复优先级为 12 的任务(Task1),此时优先级
12 为最高优先级,所以首先执行任务(Task1)。*/

```
void Task1(void * data)
{
    for(;;)
    {
    Scib_xmit(0x0E);
    OSTaskResume(14);
    OSTaskSuspend(12);
    }
}
```

/*进入任务后,采用将优先级为 12 的任务挂起(Task1),恢复优先级为 14 的任务(Task2),此时优先
级 14 为最高优先级,所以首先执行任务(Task2)。*/

```
void Task2 (void * data)
{
    for(;;)
    {
    Scib_xmit(0x10);
    OSTaskResume(16);
    OSTaskSuspend(14);
    }
}
```

```
// 任务切换方法同上
void Task3 (void * data)
{
    for(;;)
    {
    Scib_xmit(0x12);
    OSTaskResume(18);
    OSTaskSuspend(16);
    }
}
void Task4 (void * data)
{
    for(;;)
    {
    Scib_xmit(0x14);
    OSTaskResume(20);
    OSTaskSuspend(18);
    }
}
void Task5(void * data)
{
    for(;;)
    {
    Scib_xmit(0x16);
    OSTaskResume(22);
```

```
    OSTaskSuspend(20);
    }
}
void Task6(void * data)
{
    for(;;)
    {
    Scib_xmit(0x18);
    OSTaskResume(24);
    OSTaskSuspend(22);
    }
}
void Task7(void * data)
{
    for(;;)
    {
    Scib_xmit(0x0A);
 OSTaskResume(10);
 }
}
```

/ * 因为优先级 24 为最低优先级,所以循环最后只需将任务优先级高的任务恢复,而并不需要将优先级为 24 的任务挂起,就可使高优先级的任务抢占 CPU。 * /

```
void Scib_xmit(int a)
{
    ScibRegs.SCITXBUF = (a&0xff);
    while(ScibRegs.SCICTL2.bit.TXRDY!=1){};
}
void Scib_init(void)
 {
    ScibRegs.SCIFFTX.all = 0xE040;        // 允许接收,使能 FIFO,没有 FIFO 中断
                                          // 清除 TXFIFINT
    ScibRegs.SCIFFRX.all = 0x2021;        // 使能 FIFO 接收,清除 RXFFINT,16 级 FIFO
    ScibRegs.SCIFFCT.all = 0x0000;        // 禁止波特率校验
    ScibRegs.SCICCR.all = 0x0007;         // 1 个停止位,无校验,禁止自测试
                                          // 空闲地址模式,字长 8 位
    ScibRegs.SCICTL1.all = 0x0003;        // 复位
    ScibRegs.SCICTL2.all = 0x0003;
    ScibRegs.SCIHBAUD = 0x0001;           // 设定波特率 9600bps
    ScibRegs.SCILBAUD = 0x00E7;           // 设定波特率 9600bps
    ScibRegs.SCICTL1.all = 0x0023;        // 退出 RESET
 }
```

上面例子程序为 μC/OS-Ⅱ 实时操作系统在 F2812 上的移植,这样可以实现对多任务的实时管理。通过建立链表顺序来切换不同的任务,使得任务调度变得清晰、简单。实时操作系统的移植大大提高了系统的性能,充分发挥 DSP 的高效能,广泛被用户所用。需要特别说明的是,在操作系统中的中断向量选择 RTOSINT,该向量为 F2812 专门为实时操作系统提供的中断向量,将中断向量指向任务调度函数,可以很好地实现任务之间的调度。除了使用专用的中断向量调度函数,还可以采用定时中断来调度函数,但是这样将降低系统的效率,所以建议用户使用专用的中断向量 RTOSINT。

# 参 考 文 献

1. TMS320F2810，TMS320F2811，TMS320F2812，TMS320C2810，TMS320C2811，TMS320C2812. Digital Signal Processors Data Manual(资料序列号:SPRS174N)
2. TMS320x281x. System Control and Interrupts（SPRU078C）
3. TMS320x281x. External Interface（XINTF）（SPRU067C）
4. TMS320x28xx，28xxx. Enhanced Controller Area Network（eCAN）（SPRU074E）
5. TMS320x281x. Event Manager（EV）（SPRU065C）
6. TMS320x281x. Analog-to-Digital Converter（ADC）（SPRU060D）
7. F2810，F2811，and F2812. ADC Calibration(SPRA989A)
8. TMS320x28xx，28xxx. Serial Communications Interface（SCI）（SPRU051）
9. TMS320x28xx，28xxx. Serial Peripheral Interface（SPI）（SPRU059B）
10. TMS320x281x. Boot ROM（SPRU095B）
11. Code Composer Studio Getting Started Guide(SPRU509C)
12. Programming TMS320x280x and 281x Peripherals in C/C++(SPRAA85)
13. TMS320F2812 原理与开发. 苏奎峰. 北京：电子工业出版社，2005
14. 软件开发项目管理. 栾跃. 上海：上海交通大学出版社，2005